Research on Wireless Sensor Network Technology for Complex Environment Monitoring

面向复杂环境监测的无线传感网络技术研究

■ 詹杰 刘宏立 张杰 著

人民邮电出版社
北京

图书在版编目（CIP）数据

面向复杂环境监测的无线传感网络技术研究 / 詹杰，刘宏立，张杰著. -- 北京 : 人民邮电出版社，2014.9
ISBN 978-7-115-36704-4

Ⅰ. ①面… Ⅱ. ①詹… ②刘… ③张… Ⅲ. ①无线电通信－传感器－应用－环境监测－研究 Ⅳ. ①X83

中国版本图书馆CIP数据核字(2014)第201109号

内容提要

本书关注复杂环境下面向环境应用的无线传感器网络设计问题，包括物理层的调制解调方式、商业协议的应用性能分析、监测应用中的节点定位、动态跟踪、定位安全、复杂环境下的节点部署和动态拓扑控制、路由和数据传播等在监测应用中必须要解决的问题，对每项问题都讨论了研究的思路并提出了有效的解决方案。

本书可以作为从事无线传感器网络、物联网领域的科学研究、产业应用等方面专业人士的参考书，也适用于高等院校电子、通信类专业的教师、研究生和高年级学生将其作为技术指导书。

◆ 著　　　詹　杰　刘宏立　张　杰
责任编辑　邢建春
执行编辑　肇　丽
责任印制　焦志炜

◆ 人民邮电出版社出版发行　　北京市丰台区成寿寺路 11 号
邮编　100164　　电子邮件　315@ptpress.com.cn
网址　http://www.ptpress.com.cn
大厂聚鑫印刷有限责任公司印刷

◆ 开本：700×1000　1/16
印张：19.5　　　2014 年 9 月第 1 版
字数：382 千字　　　2014 年 9 月河北第 1 次印刷

定价：69.00 元

读者服务热线：(010)81055488　印装质量热线：(010)81055316
反盗版热线：(010)81055315

前　　言

传感技术是现代科技的前沿技术，是现代信息技术的三大支柱之一。随着微机电系统技术、无线通信和数字电子技术的进步和日益成熟，传统的单个传感器、传感器阵列的数据采集方式逐渐演变成网络化的传感器采集系统，即无线传感器网络。这是一项在民用和军事领域有广泛应用范围和潜在应用价值的技术。典型的无线传感器网络由大量低成本、低功耗、包含多种传感器的传感节点组成，分布在特定的区域。传感节点配备了传感器、嵌入式微处理器、射频收发器，不仅有感知功能而且还有数据处理和通信能力。节点之间相距不远，通过无线方式进行数据通信，合作完成特定的任务，在环境监测、国防军事、工业控制处理等领域应用广泛。

传感节点采用电池供电，不需要操作人员就能相对长时间地工作，在许多应用中，更换电池或给电池充电是非常困难甚至是不可能的。与传统无线网络的主要区别是无线传感器网络节点需要高密度分布，节点不可靠性较高，有功率、计算能力和内存容量的限制。无线传感器网络这些特点和约束条件给网络的应用和发展提出了许多新的挑战。特别是在复杂区域的监测任务中，需要从协议栈的各个层次进行网络设计。

本书首先从全局的角度综述了无线传感器网络，介绍了无线传感器网络的特点、典型的网络应用和技术背景、网络设计的主要问题和挑战。第 2 章和第 3 章介绍了无线传感器网络结构和协议栈，重点介绍了无线传感器网络的媒介接入控制层（MAC，Media Access Control），包括基本概念和传统无线网络的 MAC 层协议，讨论了传感网络在设计 MAC 层时面临的挑战以及 MAC 层协议的整体情况。前 3 章是无线传感器网络的基础知识，也是在复杂环境下设计满足监测任务的无线传感器网络时所必须掌握的知识。从第 4 章到第 9 章，从各个不同的协议层对满足监测任务的无线传感器网络进行研究，具体如下。

第 4 章针对无线传感器网络应用中耗能最多的射频通信部分，讨论了物理层调制解调技术，设计了低功耗全数字调制解调的 CCVSLMS 调制解调技术，内容全方位涉及滤波器设计、频偏估计补偿、差分纠错、帧检测及 FPGA 验证等网络物理层必须要解决的问题。

第 5 章针对商业化 ZigBee 协议在监测系统中的应用，分析了该协议的抗干扰性、共存性，对协议应用中最重要的网络接入概率、数据延迟性能进行了讨论，并根据监测应用的需求设计了基于信道空闲评估的 CSMA/CA 改进算法。

第 6 章针对监测应用中必须解决的节点定位问题，讨论了提高 RSSI 测距精度的问题，在此基础上设计了一种低成本、高精度、易实现的 GFDWCL 静态节点定位算法，并针对移动节点的定位追踪设计了一种 CCCP 快速定位算法。

第 7 章针对无线传感器网络在监测应用定位中的易受攻击问题，讨论了无线传感器网络面临的安全问题，并针对几种经典的定位攻击设计了 DPC 安全定位算法。

第 8 章针对监测应用中的节点部署问题，讨论了复杂区域矿井巷道的网络覆盖技术，提出了优化的节点部署方案，并针对网络运行过程中的网络拓扑变化问题提出了基于虚拟力的动态拓扑控制算法。

第 9 章针对小区无线抄表系统中的数据传输问题，结合小区实际复杂的工作环境，提出了一种能量高效的、静态分簇的 EEMLC 路由算法，以均衡节点能耗，满足网络长时间监测运行的需要。

本书主要由湖南科技大学物理与电子科学学院詹杰、湖南大学电气与信息工程学院刘宏立教授完成，是刘宏立教授团队多年来在无线传感器网络监测应用方向的研究成果。在写作过程中，总参某研究所张杰高级工程师全程对该书进行了审校。除封面署名作者以外，本书还采用了刘述钢博士、朱凡的研究成果，谷志茹、徐琨博士、科大的李先春、张浩、孙琪皓等在本书的编写过程中也做了大量的工作，在此一并表示衷心的感谢。同时本书的编写得到了国家自然科学基金项目（61172089，61377024）、国家科技重大专项（2014ZX03006003）、湖南省高等学校科学研究项目（12A045）、湖南科技大学学术出版基金的资助。

由于本书是在业余时间完成，编写时间紧，作者在该方向的研究还不够深入，本书的错误或疏漏之处在所难免，还望广大读者能够多加理解、批评指正。

编者

2014 年 6 月

目　　录

第1章　无线传感器网络简介

1.1　无线传感器网络概述

无线传感器网络（WSN, Wireless Sensor Network）是21世纪最重要的技术之一[1]，它由大量低成本、低功耗和多功能的传感器节点组成，可以广泛地分布在各种复杂环境中。微机电系统（MEMS）和无线通信技术的快速发展，使传感器节点的小型化、智能化和低成本成为现实。虽然传感器节点体积小，但集成了嵌入式微处理器、射频收发装置和各种传感器，因此，WSN不仅能够进行信息采集，而且还能实现数据处理、无线通信与因特网互连，可以广泛地应用到环境监测、战场侦查和工业控制等多个领域[2]。WSN与其他传统网络（如蜂窝网络和移动自组织网络）相比，在节点的分布密度、可靠性、能源供应、计算和存储能力等方面有明显的区别[3]，这些区别给WSN的部署和应用带来了许多新的挑战。WSN是继因特网之后，将对人类生活方式发生重大影响的重要技术。因特网改变了人与人之间的交流、通信和沟通方式[4,5]，然而，WSN的出现将信息世界与物理世界融合在一起，将改变人与自然的通信和交互模式。最近十几年以来，WSN在学术和工业界得到了前所未有的关注，同时也引发了对它的研究热潮。为了解决WSN的设计和应用问题，开展了大量的研究活动，取得了一些显著的成绩。可以预计，WSN将在民用和军事领域获得广泛的应用。

传统的无线网络包括移动通信网、无线局域网、无线个人网、蓝牙网络等，这些网络设计的目的基本上都是为了满足如语音、视频、图像等通信的需要。而WSN一般是为某个特定的应用而设计，它是一种基于应用的无线网络，和传统的无线通信网络、蜂窝通信网、移动自组网相比，WSN具有以下几个独有的特点。

（1）资源有限。由于受到价格、硬件体积等的影响，WSN节点只具备有限的信号处理能力、计算能力和存储容量。

（2）网络规模大。WSN节点的数量通常成百上千，有的甚至上万。为了在某个地理区域进行监测，需高密度部署节点，其数量比移动自组织网络多了几个数量级。

（3）自组织。传感器节点通常随机部署在环境恶劣或无人的区域，一旦完成部署，传感器节点必须能够自动进行配置，完成组网工作。网络节点可以有一个全局性的标识，如节点地址等，也可以没有。WSN 通过相邻节点之间的相互协作来进行信号处理和通信，具有很强的协作性。

（4）拓扑动态性。WSN 节点容易被破坏或失效，添加节点、能量耗尽、信道衰落等原因都能引起网络拓扑结构发生变化。

（5）数据冗余高。WSN 通常采用大量传感器节点协同完成指定的任务，这些节点被密集地部署在指定的地理区域，多个传感器节点所获取的数据和信息通常具有较强的相关性和较高的冗余度。

（6）能量有限。由于受到硬件条件的影响，WSN 节点通常采用电池供电，其能量有限。受到能量的影响，WSN 节点的通信距离相对较短。

（7）应用相关性。WSN 通常设计和部署在特定的应用环境中，要求其能适应各种应用的变化。

（8）没有全局的身份中心。因为 WSN 中节点数目庞大，而且动态变化，一般不可能为一个网络设计一个全局的身份系统，因为这需要一个非常复杂的系统才能完成该项任务。

（9）多对一的传输模式。在 WSN 中，节点监测和采集的数据与信息通常由多个源节点向一个汇聚节点传送，呈现为多对一的传输模式。

1.2 无线传感器网络应用范围

无线传感器网络由于其独特的网络结构和特殊应用模式而具备了广阔的应用前景，主要表现在军事、环境、健康、家庭和其他商业领域[6~10]。无线传感器网络的低成本、随机分布、自组织性和高容错能力的特点使其不会因为某些节点在恶意攻击中的损坏或失效而导致整个系统崩溃，从而使无线传感器网络非常适合应用于各种复杂的恶劣环境中。无线传感器与传统的有线传感器相比，有许多优势[11]，它们不仅能够减少网络部署的成本和时间，而且可以应用于任何环境，特别在那些不能够部署传统有线传感器网络的环境，如不友好区域、战场、荒凉地带、外太空、海洋深处等。无线传感器网络最初主要应用于军事领域，应用范围可从大型海洋监视系统到小型地面目标侦察系统[1]。然而，低成本、低功耗、微型传感器的出现以及无线通信和嵌入式计算等技术的发展，为无线传感器网络开辟了更为广阔的应用前景。部分应用如图 1.1 所示，图中应用包括：生产车间安全监测；金门大桥形变监测；灾难救援；战场监控；森林火灾监测；农业生态环境监测。

图 1.1　无线传感器网络部分行业应用

无线传感器网络应用大致分为以下几方面。

（1）环境监测

环境监测是最早的无线传感器网络应用之一。在环境监测中，无线传感器可以监测各种环境参数或状态。

习性监测。传感器节点可以部署在野生动植物的栖息地，用来监测野生动物或植物的生存状态以及栖息地的环境参数。主要的案例有美国加州大学伯克利分校和大西洋巴港学院实施的一项研究计划[12]，在缅因州的大鸭岛部署了湿度、压力、温度和辐射等 190 多个传感器，监测该岛环境与筑巢海燕习性的关系。

危害物监测。传感器节点可以部署在化工厂、战场区域，用来监测可能的生物或化学危害物。

灾害监测。传感器节点可以部署在指定的地域，用来监测各种自然灾害或非自然灾难。例如，传感器节点可以撒播在森林或河流中，用来监测森林大火或者洪水。地震传感器可以安装在建筑物上，用于监测地震的方向和强度，提供建筑物的安全评估数据。

（2）军事应用

无线传感器节点无需任何基础设施就可以快速部署在战场或敌对区域，部署方便，具有自组织能力，可以在无人值守的情况下工作，而且有较强的容错能力，所以无线传感器网络将在未来的 C^3I 系统中扮演越来越重要的角色。

战场监视。传感器节点可以部署在战场区域、监视部队和车辆并跟踪其活动。

目标保护。传感器节点可以部署在一些敏感、重要的目标附近，如核电厂、桥梁、油田、天然气管道、通信中心或军事总部，对目标进行防护。

智能导航。传感器节点可以安装在无人车辆、坦克、战斗机、潜艇、导弹或者鱼雷上，引导它们绕过障碍物接近目标。

远程监测。传感器节点可以部署在指定的地理区域，对核武器、生物化学武器进行远程监测，对可能的恐怖袭击进行远程监视[13]。

（3）健康医疗

无线传感器网络可以用来监测老年人和病人的身体状况，跟踪他们的活动，缓解目前医疗保健人员严重短缺的问题，并大幅度降低医疗保健的费用[14]。

活动监视。传感器节点可以部署在病人家中，监测病人的活动。例如，当病人摔倒时，传感器节点可以立即向医生报告，要求给予及时、必要的关注。传感器节点可以监测病人在做什么，或提醒病人需要注意的事项。

健康监护。多种传感器节点可以佩带在人体的不同部位，形成人体传感器网络（WBAN），长时间地收集人的生理数据，为未来的远程医疗提供了更加方便、快捷的技术实现手段。在住院病人身上安装特殊用途的传感器节点，如心率和血压监测设备，利用传感器网络，医生就可以随时了解被监护病人的病情，进行及时处理。同时，人体传感器网络还能够实时向病人报告身体情况，更新病人的医疗记录[15]。

（4）工业监控

无线传感器网络可以用来监控生产过程或机器设备的工作状况。例如，无线传感器节点可以安装在生产或组装线上，监控生产过程以提高生产效率，保证产品质量。炼油厂和化工厂可以使用传感器网络监测管道的状况，及时发现损坏情况，减少经济损失。微型传感器可以嵌入到工作人员无法触及区域的机器设备中，监测机器的运行情况并在发生故障时报警。嵌入传感器网络可以根据设备的工作状况来决定是否需要进行设备维护，从而能够降低维护成本，延长机器的使用寿命。

（5）公共安全

无线传感器网络可以用来对一些重要场所或犯罪事件多发地区进行监控。例如，音频、视频等传感器可以布设在建筑、机场、地铁和其他重要设施如核电站、通信中心等，识别和追踪可疑人员，提供及时报警信息，防止可能发生的攻击。

（6）智能家居

无线传感器网络可以为人们提供更加方便、舒适和具有人性化的智能家居环境。

智能家用电器。无线传感器可以嵌入到各种家电中，形成自治的家庭无线网络。例如，智能冰箱能根据存货清单准备一个菜单，并与智能电饭煲或者微波炉建立联系，发送烹饪指令，相关的设备将设置好相应的温度和时间为操作做好准备[16]。电视、VCD、DVD和CD也能被远程监控用于满足家庭成员不同的需要。

远程抄表。无线传感器能够读取家中水、电、燃气表的数据，并通过无线通信将所读取的数据传送给远程数据中心[17]。

除了上述应用外，无线传感器网络还能被应用到许多其他方面，比如灾难救援、交通控制、仓库管理和土木工程等。但是，在这些令人激动的应用实现前，还有大量的技术难题需要解决。

1.3　无线传感器网络设计目标

无线传感器网络与传统的无线网络有着不同的设计目标[18,19]，无线网络在移动的环境中通过优化路由和资源管理策略，以达到带宽利用率的最大化，同时为用户提供一定的服务质量保证。而在一般的无线传感器网络中，除了少数节点需要移动以外，大部分节点处于静止状态，而且不同应用的要求对传感器网络的设计目标（网络性能和网络容量）有着非常大的影响。因此，无线传感器网络有着与传统无线网络明显不同的技术要求。前者以数据为中心，后者以传输数据为目的。

无线传感器网络主要的设计对象包括以下几个部分。

节点体积。减小节点体积是无线传感器网络主要的设计目标之一，传感器节点通常需要被大量部署在恶劣或敌对环境中，减小节点体积有利于节点的部署，同时也有助于降低节点的成本和功耗。

节点成本。降低节点成本是无线传感器网络的另一个主要设计目标，由于传感器节点通常无法重复使用，因此，必须尽可能降低节点成本，以降低整个网络的开销。

节点功耗。降低节点功耗是无线传感器网络最重要的设计目标，由于传感器节点由电池供电，能量十分有限，一般很难，甚至不可能更换电池或对电池充电。因此，降低节点功耗对于延长传感器节点的寿命和整个网络的生存时间至关重要。

可自组性。在无线传感器网络中，传感器节点在特定区域的部署通常不是按预先设计、规划进行。一旦部署完毕，传感器节点必须能够自组成网，并在网络拓扑发生变化或节点出现故障时，能够重新组织节点连接。

可扩展性。不同传感器网络的应用，所需要的传感器节点数可以从几十、几百到几千、几万甚至更多，因此，传感器网络协议的设计应该具有良好的可扩展性。

自适应性。在无线传感器网络中，节点的加入、移动或故障等因素会造成节点密度和网络拓扑的变化。因此，传感器网络协议的设计应该能够适应这种密度和拓扑变化的要求。

可靠性。对于许多传感器网络的应用，要求数据能够可靠地传输，即使在噪声干扰大、误码率高、时变的信道情况下。为了保证可靠的数据传输，网络协议的设计必须提供差错控制和纠错机制。

容错能力。传感节点由于工作在恶劣的环境，处于无人值守的状态，非常容易失效。因此，无线传感器网络应该具有自行测试、自行恢复的能力。

安全性。在许多军事应用中，传感器节点被部署在敌对的环境中，容易受到敌人的破坏。在这种情况下，无线传感器网络必须引入有效的安全机制以防止网络被未授权的接入或恶意攻击而破坏。

信道利用率。无线传感器网络的带宽资源十分有限，因此，网络通信协议的设计必须尽可能高效地利用有限的带宽，以提高网络的带宽利用率。

服务质量。在无线传感器网络中，不同的应用在传输延迟和分组丢失率等服务质量方面有不同的要求。如火灾监测要求实时的数据传输，对传输延迟要求较高。科学探索中的数据采集能容忍传输延时，但不允许数据出错或丢失。因此，网络协议的设计必须考虑具体应用的服务质量要求。

大多数无线传感器网络都与应用相关，必须满足不同应用的要求。因此，在实际中没有必要，也不可能在一个网络中实现上述所有设计目标。在设计一个具体的无线传感器网络时，需考虑上述部分设计目标以满足网络应用的要求。

1.4 无线传感器网络设计挑战

无线传感器网络的特点给网络的设计提出了许多挑战，主要有以下几个方面。

有限的节点能量。传感器节点由电池供电，其能量十分有限，这种能量限制给传感器节点的软硬件开发以及网络协议的设计增加了难度。为了延长网络的生存时间，必须在传感器网络设计的各个方面充分考虑能量效率，即不仅在硬件和软件开发方面，而且在网络协议的设计方面也需要考虑。

有限的硬件资源。传感器节点只有有限的处理和存储能力，因此只能完成简单的计算功能。在这种限制条件下，无线传感器网络的软件开发和网络协议设计不仅要考虑传感器节点的能量限制，还要考虑它们的处理和存储能力，这给无线传感器网络的软件开发和网络协议设计提出了新的挑战。

大规模随机部署。无线传感器网络由大量的传感器节点组成，数量几百上千甚至更多。在大多数的应用中，传感器节点被随机地分布在特定的区域或散落在无法接近或敌对的区域，部署完成后，传感器节点必须在执行监测任务之前以自组织的方式构建通信网络。

动态的网络拓扑结构。主要由两方面引起，一方面，无线传感器网络的拓扑结构会因为节点失效、破坏、追加或者能量耗尽而发生变化；另一方面，传感器节点间通过无线介质通信，而无线信道容易出现错误、信号时变、信号的衰落或衰减等现象，造成网络频繁中断，引起拓扑结构的频繁变化。

多种应用需求。无线传感器网络有广泛的应用范围，能够提供各种不同的应用，不同应用对网络的要求有很大的差别。因此，一个传感器网络协议不可能满足所有应用的要求，必须针对不同应用的具体要求进行设计。

1.5　无线传感器网络的技术背景

早在 30 年前，无线传感器网络的基本概念就已经被提出[20]，受当时传感器、计算机和无线通信等技术的限制，这一概念只是一种想象，还无法成为能够广泛应用的一种网络技术，其应用主要局限于军事系统。近年来，随着微机电系统、无线通信技术和低成本制造技术的进步，开发与生产具有感知、处理和通信能力的低成本智能传感器成为可能，从而促进了无线传感器网络及其应用的迅速发展。

1.5.1　微机电系统技术

微机电系统技术是制造微型、低成本、低功耗传感器节点的关键技术。这种技术建立在微米级机械制造加工技术基础上，采用高度集成工序，制造各种机电部件和复杂的微机电系统。大部分微型机械加工技术都是在一个 10~100μm 厚，由硅、晶状半导体和石英晶体组成的基片上完成一系列加工步骤，如薄膜分解、照相平板印刷、表面蚀刻、氧化、电镀、晶片接合等，不同的加工工序有不同的加工步骤。通过将不同的部件集成到一个基片上，可以大大减小传感器节点的尺寸。采用微机电技术，可以将节点的许多部件微型化，如传感器、通信模块和供电单元等，通过批量生产还能降低节点的成本以及功率损耗。更多关于 MEMS 技术细节和相关技术可以参考文献[21,22]。

1.5.2　无线通信技术

无线通信技术是保证无线传感器网络正常运行的关键技术。在过去的数十年间，无线通信技术取得了重大的进展。在物理层，已经设计出各种不同的调制解调、同步和天线技术，并已应用于不同的网络环境以满足不同的应用要求。在链路层、网络层和更高层上，已开发出各种高效的通信协议，用以解决各种网络问题，如信道接入控制、路由、服务质量、网络安全等，这些成果为无线传感器网络中通信技术的需求打下了坚实的技术基础。

目前，由于射频通信技术没有视距要求，能提供全向连接，大多数传统的无线网络都使用射频进行通信，包括微波和毫米波。然而，射频通信也有一些局限性，如辐射大、传输效率低等[23]，因此，该技术不是适合微型、能量有限传感器节点通信的最佳传输媒体。光通信是另一种可能适合传感器网络通信的传输媒体，与射频通信相比，光通信有许多优点[24]：光发射器可以做得非常小；光信号能够获得很大的增益，从而提高传输效率；光通信具有很强的方向性，使其能够使用空分多址（SDMA）技术[25]，而且比射频通信中使用的多址方式（TDMA、FDMA、CDMA）有更高的能量效率。但是，光通信要求视距传输，这一点限制了其在许多传感器网络中的应用。

对于传统的无线通信网络（如蜂窝通信系统、无线局域网、移动自组网等），大部分通信协议的设计都未考虑无线传感器网络的特殊问题——能量约束问题，因此不能直接应用在无线传感器网络中，为了解决无线传感器网络中各种特有的网络问题，在设计新的网络通信协议时，必须充分考虑无线传感器网络的特征。

1.5.3　硬件和软件平台

无线传感器网络的发展很大程度上取决于能否研制和开发出适合传感器网络的低成本、低功耗的硬件和软件平台。采用微机电系统技术，可以很大程度减小节点的体积，降低节点的成本。为了降低节点功耗，在硬件设计中可以结合能量感知技术、能耗优化的低功率电路与系统设计技术[26,27]。同时，还可以采用动态功率管理技术（DPM）来高效地管理各种系统资源，进一步降低节点的功耗[28]，当节点负载很小或没有负载需要处理时，可以动态地关闭所有空闲部件或使它们进入低功耗休眠状态，从而降低节点的功耗。此外，采用动态电压定标技术（DVS），对处于工作状态的部件进行调整也能节省额外的能耗[29]，已有文献证明，采用DVS技术比采用关闭电源的能耗管理方式更高效[26]。

在系统软件设计时采用能量感知技术，也能够很大程度提高节点的能量效率。传感器节点的系统软件主要包括操作系统、网络协议和应用协议。操作系统的核心是任务调度，负责在一定的时间约束条件下调度系统的各项任务，如果在任务调度过程中采用能量感知技术，将能有效延长传感器节点的寿命[30]。

目前，许多低功率传感器硬件和软件平台的开发都采用了低功率电路与系统设计、功率管理技术，这些平台的出现和商用化进一步促进了无线传感器网络的应用和发展。

（1）硬件平台

无线传感器节点的硬件平台可以划分为 3 类[31]：增强型通用个人计算机（PC）、专用传感器节点和基于片上系统的传感器节点（SoC）。

增强型通用个人计算机。这类平台包括各种低功耗嵌入式个人计算机（如PC104）和个人数字助理（PDA），它们通常运行市场上已有的操作系统如 Win CE、Linux 或其他实时操作系统，使用标准的无线通信协议如 IEEE 802.11、蓝牙等。

与专用传感器节点相比，这些类似个人计算机的平台具有更强的计算能力，从而能够包含更丰富的网络协议、编程语言、中间件应用编程接口（API）和其他软件。但是，这类设备需要更多、更好的电源供应。

专用传感器节点。这类平台包括 Berkeley mote family[32]、The UCLA Medusa family[33]和 MITμAMP[34]等，它们通常使用商业化的芯片，具有体积小、计算和通信功耗低、传感器接口简单等特点。

基于片上系统的传感器节点。这类平台包括 Smart Dust[35]和 BWRC PicoNode[36]等，它们基于 CMOS、MEMS 和 RF 技术，目标是实现超低功耗和小型封装，并具有一定的感知、计算和通信能力。

（2）软件平台

软件平台可以是一个提供各种服务的操作系统，包括文件管理、内存分配、任务调度、外设驱动和联网，也可以是一个为程序员提供组件库的开发语言平台[31]。典型的传感器软件平台包括 TinyOS[30]、nesC[37]、TinyGALS[38]和 Moté[39]等。TinyOS 是在资源受限的硬件平台 Berkeley motes 上支持传感器网络应用的最早操作系统之一，这种操作系统由事件驱动，仅使用 178byte 的内存，但能够支持通信、多任务处理和代码模块化等功能，它没有文件系统，仅支持静态内存分配，能实现简单的任务调度。nesC 是 C 语言的扩展，可以用来支持 TinyOS 的设计，并提供了一组实现 TinyOS 组件和应用的语言构件和限制规定。TinyGALS 是一种专用于 TinyOS 的语言，它提供了一种事件驱动并发执行多个组件线程的方式，与 nesC 不同，TinyGALS 是在系统级而不是在组件级解决并发性问题。Moté 是一种用于 Berkeley motes 的虚拟机，它定义了一组虚拟机指令来抽象一些公共的操作，如传感器查询、访问内部状态等。因此，用 Moté 指令编写的软件不需要重新编写就可以用于新的硬件平台。

1.5.4　无线传感器网络标准

为了便于在全球推广和应用无线传感器网络，需要有一个低成本的传感器产品市场，为了使不同公司企业生产的传感器产品和系统能够相互兼容、互通、协同工作，规范无线传感器网络的技术标准越来越重要。在许多标准化组织的带领下，已经做了大量的工作：统一市场，避免增生不兼容网络协议的产品。在某种程度上，无线传感器网络能否广泛应用，很大程度上依赖于标准化组织努力的效果。

（1）IEEE 802.15.4 标准

IEEE 802.15.4[40]标准由 IEEE 802.15 任务 4 组设计，详细定义了无线个人局域网（WPAN）的物理层和 MAC 层，正如项目授权书的要求，任务 4 组的目标是提出一个极低复杂度、极低成本、极低功耗和低数据传输速率的无线连接标准，适用于廉价设备。IEEE 802.15.4 标准的第一个版本已于 2003 年发布，可以免费从网上下载[41]。该版本于 2006 年进行了修订，但新的版本还不能免费获得。IEEE 802.15.4 标准协议栈简单灵活，并且不需要任何基础设施，标准具有如下特点。

- 支持 20kbit/s、40kbit/s、250kbit/s 3 种不同的传输速率。
- 支持 16 位和 64 位 2 种 IEEE 地址格式。
- 支持操纵杆之类重要的潜在设备。
- 支持 CSMA/CA 协议。
- 支持在协调器的组织下自动建立网络。
- 支持握手通信协议，保证传输的可靠性。
- 支持功率管理协议。
- 在 2.4GHz ISM 频段定义了 16 个信道，915MHz 定义了 10 个信道，868MHz 定义了 1 个信道。

IEEE 802.15.4 标准的物理层定义和 IEEE 802.11（WLAN）、IEEE 802.15.1（蓝牙）等其他的 IEEE 无线网络标准相互兼容。当在物理层传输数据分组时，射频收发器都可处于激活和非激活状态，可工作在下述 3 种免许可证的频段。

- 868~868.6MHz （欧洲的 ISM 频段），数据传输速率为 20kbit/s。
- 902~928MHz （北美的 ISM 频段），数据传输速率为 40kbit/s。
- 2 400~2 483.5MHz （全球范围的 ISM 频段），数据传输速率为 250kbit/s。

MAC 层主要为上层提供了数据和管理 2 种服务。数据服务实现了数据分组的收发服务。管理服务包括同步、时隙管理、网络中设备的连接和拆除。而且，MAC 层使用了基本的安全机制。

（2）ZigBee 协议

ZigBee 协议[42]建立在 IEEE 802.15.4 标准基础之上，定义了网络层和应用层。网络层提供了不同网络拓扑结构下的功能，应用层提供了分布式应用产品和通信的结构。这 2 个协议栈组合在一起支持采用电池供电的无线设备进行短距离、低速率的无线通信。协议还潜在地支持包括传感器、交互式玩具、智能标签、远程控制和家居自动化在内的应用。

ZigBee 协议由 ZigBee 联盟于 2004 年底提出，联盟是一个商业性的协会组织，由许多业务上相关的公司联合组成。协议具有低成本、低功耗、低速率的特点，其各层的定义都基于全球开放的标准。2006 年，ZigBee 协议第一次修订，引入了扩展应用层标准，并在网络层和应用层做了一些小的修改。2 个协议的版本都能免费下载[43]。

（3）IEEE 1451 标准

智能传感器是一种带微处理机并具有检测、判断、信息处理、信息记忆、逻辑思维等功能的传感器，具有一种或多种感知功能[30]。由于智能传感器功能和优点众多，各大厂商纷纷推出自己的智能传感器产品，这需要一个标准来解决不同智能传感器接口兼容与网络互操作问题[44]。1993 年 9 月，国际电气电子工程师协会（IEEE）决定制定一种智能传感器通信接口标准。针对不同工业领域的需求，IEEE 建立多个工作组来开发不同的传感器接口标准，形成一套针对不同应用场合的 IEEE 1451 标准族（如图 1.2 所示）。

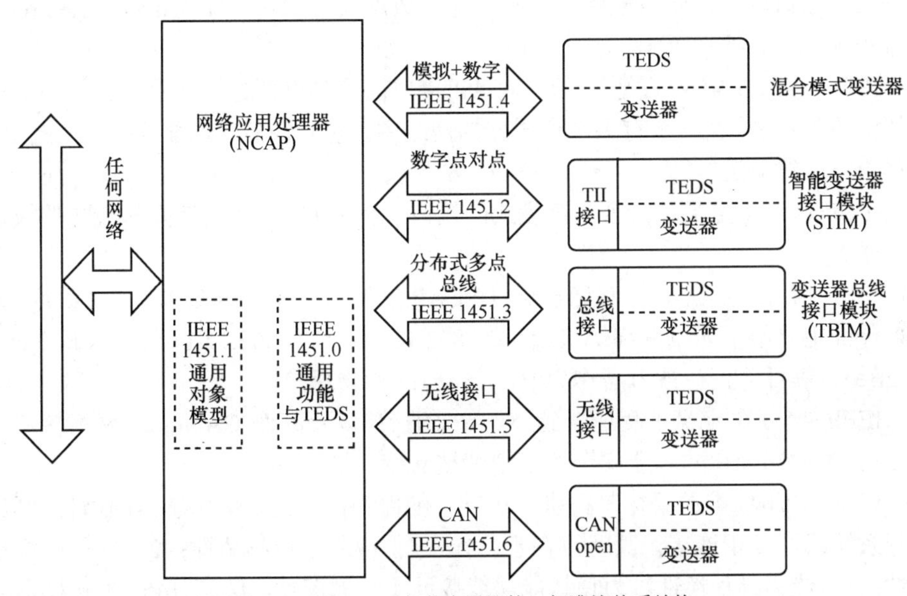

图 1.2　IEEE 1451 智能变送器接口标准族体系结构

迄今为止，IEEE 1451 系列标准已有 IEEE 1451.0 到 IEEE 1451.7 共 8 个子标准，分为软件接口、硬件接口 2 大类[45]。软件接口部分由 IEEE 1451.0、IEEE 1451.1 组成，定义了通用功能、通信协议及电子数据表格式，以加强 IEEE 1451 系列标准之间的互操作性；硬件接口部分由 IEEE 1451.x（x 代表 2~7）组成，针对具体应用对象和传感器接口，包括点对点接口（IEEE 1451.2，UART/RS232/RS422/RS485 协议）、多点分布式接口（IEEE 1451.3，HPNA 协议）、数模信号混合接口（IEEE 1451.4，1-wire 协议）、无线接口（IEEE 1451.5，蓝牙/802.11/ 802.15.4 协议），CAN 接口（IEEE 1451.6，CANopen 协议）、射频识别接口（IEEE 1451.7，RFID 协议）。

这些标准的主要特点是定义了变送器的电子数据表（TEDS），这是一个容量较小的存储器，依附于变送器，用于存储变送器的身份、校准、数据纠错、测量范围和相关工厂信息等。IEEE 1451 家族协议标准由 IEEE 仪器和测量协会传感技术委员会制定，其特点简洁描述如下[46]。

IEEE 1451.0 在 IEEE 1451 的智能变送器家族协议标准中定义了一组常用命

令，常用的操作和传感器电子数据表（TEDS）。通过此命令集，可以通过有线或无线网络访问任何 1451 协议中的传感器或执行器。

IEEE 1451.1 定义了一个描述通用智能变送器行为的模型，一个简化了测量过程的测量模型，一个包括主从、发布和署名的用于标准通信的模型。

IEEE 1451.2 定义了一个变送器到 NCAP（Network Capable Application Process）接口以及点到点配置的传感器电子数据表 TEDS（Transducer Electronic Data Sheet）。

IEEE 1451.3 定义了变送器到 NCAP 接口以及多点变送器使用一个分布式通信架构的 TEDS。在一个有多个变送器的网络中，它允许多变送器作为节点排列，共享一对有线信道。

IEEE 1451.4 定义了一个混合模式的接口，为带有模拟和数字操作模式的模拟变送器。

IEEE 1451.5 定义了一个变送器到 NCAP 的接口以及无线变送器的 TEDS。该接口标准主要用于无线网络协议，例如，802.11（Wi-Fi）、802.15.1（蓝牙）、802.15.4（ZigBee）等目前正在被考虑作为 IEEE 1451.5 的物理接口。

IEEE 1451.6 定义了变送器到 NCAP 的接口以及高速 CANopen 网络接口的 TEDS。本质安全和非本质安全的应用都被支持。

IEEE 1451 标准的目标是提供一种软、硬件连接方案，使传感器同微处理器、仪器系统或网络相连接，其特点在于：1）软件应用层可移植性；2）应用网络独立性；3）传感器互换性。为使智能功能接近实际测控点，IEEE 1451 把传感器设计与网络实现分开，将传感器分为网络适配处理器（NCAP, Network Capable Application Processor）、传感器接口模块（TIM, Transducer Interface Module）2 部分。通过特有的传感器电子数据表格（TEDS, Transducers Electronic Data Sheet）实现各个厂家产品的互换性与互操作性[47]。

1.6 本书特色

设计面向监测的无线传感器网络有许多因素需要考虑，首先是节点的物理层和 MAC 层设计，然后是网络化的设计，网络化包含了很多网络拓扑结构和协议设计的因素。因为传感网络的特点，常规网络协议不能未加修改就直接应用到传感网络。新的网络协议必须响应无线传感器网络的特点和约束，特别是能量约束。本书关注了面向监测应用的无线传感器网络设计的主要因素，包括物理层的调制方式、路由和数据传播、节点簇、节点定位、传输协议和网络安全等在监测应用中必须要解决的问题。本书系统地介绍了面向监测的无线传感器网络的基本概念、主要问题和特定应用的有效解决方案，为全面了解无线传感器网络提供了一个很好的平台。

1.7　本书的组织安排

本书分为 9 章，总结了面向监测的无线传感器网络在复杂环境中各协议层的相关设计问题，研究了射频设计、商业协议性能分析、监测系统的定位设计、安全实现方案、节点部署和拓扑控制方案、系统路由的设计，多方面展示了无线传感器网络在复杂环境下执行监测任务时所需要研究的内容，并可为类似的应用提供借鉴。

第 1 章概要描述了无线传感器网络的特点、典型的网络应用和技术背景，然后介绍了网络设计的主要问题和挑战。

第 2 章介绍了网络体系结构和无线传感器网络的协议栈，重点介绍了在面向监测的无线传感网络中对网络性能影响最大的 MAC 层协议，包括基本概念和传统无线网络的 MAC 层协议，讨论了传感网络在设计 MAC 层时面临的挑战以及 MAC 层协议的整体情况。

第 3 章关注了无线传感器网络的标准化问题和无线传感器网络的相关标准，重点关注了 IEEE 802.15.4 和 ZigBee 标准，为后续研究内容的实验验证打下基础。

第 4 章研究了物理层射频部分的设计，这是无线传感器网络的基础，根据监测的需要，设计了微功耗全数字调制解调方案，可应用于小区复杂环境下的无线抄表系统的射频通信。

第 5 章对监测系统中目前应用较多的 ZigBee 协议性能进行了分析，从抗干扰性、共存性、接入延迟等多方面讨论了协议应用的可能性，并提出了改进措施，使该协议能更好地为应用服务。

第 6 章研究了面向监测的应用中必须要解决的节点定位问题，设计了一种能在复杂环境中应用的基于 RSSI 测距的低成本、高精度的静态节点定位方法，对监测应用中的节点移动定位问题也进行了讨论，设计了一种低复杂度、高效的移动节点定位方法，并对上述研究算法的性能进行了实验验证。

第 7 章针对监测应用中的安全问题进行了讨论，研究了无线传感器网络可能受到的各种形式的攻击，并针对部分攻击设计了一种安全定位方案，可满足监测系统中的安全定位需要。

第 8 章针对复杂环境下监测应用中的节点部署和拓扑控制技术进行了讨论，设计了一种能在矿井巷道中应用的节点部署和动态拓扑控制方案，可合理地解决监测区域的覆盖问题。

第 9 章设计了适用于无线抄表系统的数据采集路由方案，结合了小区的复杂射频环境，可低成本、长时间地实现表计数据的采集。

参考文献

[1] 21 ideas for the 21st century[J]. Business Week, 1999,8: 78-167.

[2] CHONG C Y, KUMAR S P. Sensor networks: evolution, opportunities, and challenges[J]. Proceedings of the IEEE, 2003, 91(8):1247-1256.

[3] AKYILDIZ I F, SU W, SANKARA Y, *et al.* A survey on sensor networks[J]. IEEE Communications Magazine, 2002, 40(8):102-114.

[4] PETERS L, MOERMAN I, DHOEDT B, *et al.* Q-MEHROM: mobility support and resource reservations for mobile senders and receivers[J]. Computer Networks, 2006, 50(6):1158-1175.

[5] BONNET P, GEHRKE J, SESHADRI P. Querying the physical world [J]. IEEE Personal Communication, 2000, 7(5):10-15.

[6] CERPA A, ASCENT D E. Adaptive self-configuring sensor network to pologies[J]. ACM SIGCOMM Computer Communication Review, 2002, 32(l): 62-64.

[7] CHENG H, CAO J N, WANG X W. A fast and efficient multicast algorithm for QoS group communications in heterogeneous network[J]. Computer Communications, 2007, 30(10): 2225-2235.

[8] XUEL F, KUMAR P R. The number of neighbors needed for connectivity of wireless networks[J]. Wireless Networks, 2004, 10(2):169-181.

[9] NOURY N, HERVE T, RIALLE V, *et al.* Monitoring behavior in home using a smart fall sensor[A]. Proceedings of the IEEE-EMBS Special Topic Conference on Microtechnologies in Medicine and Biology Lyon:IEEE Computer Societ[C]. 2000.607-610.

[10] CHEN K S, YU C P, HUANG N F. Provisioning multicast QoS for WDM-based optical wireless networks[J]. Computer Communications, 2004, 27(10): 1025-1035.

[11] ESTRIN D, CULLER D, PISTER K, *et al.* Connecting the physical world withpervasive networks[A]. IEEE Pervasive Computing[C]. 2002.59-69.

[12] AKYILDIZ I F, SU W, SANKARASUBRAMANIAM Y, *et al.* Wireless sensor networks: a survey[J]. Computer Networks, 2002, 38(4):393-422.

[13] ZHAO F, GUIBAS L. Wireless sensor networks: an information processing approach[A]. Morgan Kaufmann Publishers[C]. San Francisco, CA, 2004.

[14] MAINWARING A, POLASTRE J, SZEWCZYK R, *et al.* Wireless sensor networks for habitat monitoring[A]. Proceedings of 1st ACM International Workshop on Wireless Sensor Networks

and Applications (WSNA'02)[C]. Atlanta, GA, 2002. 88-97.

[15] JAFARI R, ENCARNACAO A, ZAHOORY A, *et al.* Wireless sensor networks for health monitoring[A]. Proceedings of 2nd Annual International Conference on Mobile and Ubiquitous Systems: Networking and Services (MobiQuitous'05)[C]. 2005. 479-481.

[16] TROSSEN D, PAVEL D. Sensor networks, wearable computing, and health care applications[J]. IEEE Pervasive Computing, 2007, 6(2):58-61.

[17] HERRING C, KAPLAN S. Component-based software systems for smart environments[J]. IEEE Personal Communications, 2000, 7(5):60-61.

[18] GOLDSMITH A J, WICKER S B. Design challenges for energy-constrained ad hoc wireless networks[J]. IEEE Wireless Communications, 2002, 9(4):8-27.

[19] KOUSHANFAR F, POTKONJAK M, SANGIOVANNI A. Fault-tolerance techniques for ad hoc sensor networks[J]. Proceedings of IEEE Sensors, 2002, 2:1491-1496.

[20] PIERRET R F. Introduction to Microelectronic Fabrication[M]. Addison-Wesley, MenloPark, CA, 1990.

[21] SENTURIA S D. Microsystem Design[M]. Kluwer Academic Publishers, Norwell, MA, 2001.

[22] FRANKE A E, KING T J, HOWE R T. Integrated MEMS technologies[J]. MRSBull, 2001, 26(4):291-295.

[23] WARNEKE B. Miniaturizing sensor networks with MEMS[A]. SMART DUST: Sensor Network Applications, Architecture, and Design (Edited)[C]. CRC, Boca Raton, FL, 2006. 1-9.

[24] KAHN J M, YOU R, DJAHANI P, *et al.* Imaging diversity receivers for high-speed infrared wireless communication[J]. IEEE Communications Magazine, 1998, 16(12):88-94.

[25] RAGHUNATHAN V, SCHURGERS C, PARK S, *et al.* Energy-aware wireless micro-sensor networks[J]. IEEE Signal Processings Magazine, 2002, 19(12):40-50.

[26] CHANDRAKASAN A P, BRODERSON R W. Low Power CMOS Digital Design[M]. Kluwer Academic Publishers, Norwell, MA, 1996.

[27] BENINI L, DEMICHELI G. Dynamic Power Management: Design Techniques and CAD Tools[M]. Kluwer Academic Publishers, Norwell, MA, 1997.

[28] 林玉池，曾周末. 现代传感技术与系统[M]. 北京: 机械工业出版社, 2009.

[29] PERING T A, BURD T D, RODERSEN R W B. The simulation and evaluation of dynamic voltage scaling algorithms[A]. Proceedings of 1998 International Symposium on Low Power Electronics and Design (ISLPED'98)[C]. Monterey, CA, 1998. 76-81.

[30] HILL J, SZEWCYK R, WOO A, *et al.* System architecture directions for networked sensors[A]. Proceedings of 9th International Conference on Architectural Support for Programming Languages and Operating Systems (ASPLOSIX)[C]. Cambridge, MA, 2000. 93-104.

[31] SAVVIDES A, SRIVASTAVA M B. A distributed computation platform for wireless

embedded sensing[A]. Proceedings of International Conference on Computer Design (ICCD'02)[C]. Freiburg, Germany, 2002. 220-225.

[32] CHANDRAKASAN A, MIN R, BHARDWAJ M, *et al*. Power aware wireless micro-sensor systems[A]. Proceedings of 32nd European Solid-State Device Research Conference (ESSDERC'02)[C]. Florence, Italy, 2002. 47-54.

[33] KHAN J M, KATZ R H, PISTER K. Next century challenges: mobile networkingfor smart dust[A]. Proceedings of 5th International Conference on Mobile Computingand Networking (MobiCom'99)[C]. Seattle, WA, 1999. 271-278.

[34] RABAEY J, AMMER J, SILVA J, *et al*. Picoradio supportsad-hoc ultra-low power wireless networking[J]. IEEE Computer Magazine, 2002, 7:42-48.

[35] YAO F, DEMERS A, SHENKER S. A scheduling model for reduced CPU energy[A]. Proceedings of 36th Annual Symposium on Foundations of Computer Science(FOCS'95)[C]. 1995.374-382.

[36] GAY D, LEVIS P, BEHREN R, *et al*. The nesC language: a holistic approach to network embedded systems[A]. Proceedings of 2003 ACM SiGPLAN Conference on Programming Language Design and Implementation(PLDI'03)[C]. San Diego, CA, 2003.1-11.

[37] CHEONG E, LIEBMAN J, LIU J, *et al*. Tiny GALS: a programming model for event-driven embedded systems[A]. Proceedings of 18th Annual ACM Symposium on Applied Computing (SAC'03)[C]. Melbourne, FL, 2003. 698-704.

[38] LEVIS P, CULLER D. Moté: a tiny virtual machine for sensor networks[A]. Proceedings of 10th International Conference on Architectural Support for Programming Languages and Operating Systems (ASPLOS X)[C]. San José, CA, 2002. 85-95.

[39] Institute of Electrical and Electronics Engineers, Inc. IEEE Std. 802.15.4-2003:Wireless Medium Access Control (MAC)and Physical Layer (PHY)Specifications for Low Rate Wireless Personal Area Networks (LR-WPANs)[S]. New York, IEEE Press, 2003.

[40] http://www.IEEE 802.org/15/pub/TG4.html[EB/OL].

[41] LEE K. IEEE 1451: a standard in support of smart transducer networking[A]. 17th IEEE Instrumentation and Measurement Technology Conference[C]. 2000. 525-528.

[42] SONG E Y, LEE K. Understanding IEEE 1451-networked smart transducer interface standard-what is a smart transducer[J]. IEEE Instrumentation and Measurement, 2008, 11(2): 11-17.

[43] ZigBee Alliance. ZigBee Specifications[S]. 2006.

[44] VIEGAS V, DIAS P J, SILVA G P. A brief tutorial on the IEEE 1451.1 standard-part 13 in a series of tutorials in instrumentation and measurement[J]. IEEE Instrumentation and Measurement, 2008, 11(2):38-46.

[45] http://www.ZigBee.org/en/index.asp[EB/OL].

[46] BARONTI P, PILLAI P, CHOOK V, *et al*. Wireless sensor networks: a survey on the state of the art and the 802.15.4 and ZigBee standards[J]. Computer Communications, 2007, 30(7):1655-1695.

[47] http://ieee1451.nist.gov/[EB/OL].

第 2 章　无线传感器网络体系结构与协议栈

2.1　概　　述

网络体系结构与协议栈是无线传感器网络的重要组成部分[1]。由于传感器节点严格的能源限制，网络体系结构的设计受能耗和网络运行时间的制约。另外，无线传感器网络由密集部署在一个指定区域，并可协作完成传感任务的大量传感器节点组成，它需要一套网络协议来实现各种网络控制和管理功能，如同步、自我配置、媒体访问控制、路由、数据聚合、节点定位和网络安全等。然而，传统无线网络的网络协议，如蜂窝系统和移动自组网络（MANET），没有考虑能量、计算和存储限制对传感器节点的影响，所以不能直接用于无线传感器网络。

本章介绍了无线传感器网络的基本概念、体系结构和网络协议栈。首先，2.2 节介绍了传感节点的构造和典型的无线传感器网络架构；然后，2.3 节讨论了传感器网络的分类；2.4 节描述了无线传感器网络协议栈；2.5 节讨论了协议栈中最重要的 MAC 层协议，这是所有应用研究的基础；2.6 节讨论了典型的 MAC 层协议；2.7 节将各类 MAC 协议进行了比较；2.8 节对本章进行了总结。

2.2　无线传感器网络的体系结构

无线传感器网络由节点和网络 2 部分构成[2]，其网络组成如图 2.1 所示，左边为传感器节点的构造，右边为典型无线传感器网络的体系结构。

2.2.1　传感节点结构

传感器节点一般由 4 个基本部分组成：传感单元、处理单元、通信单元和能量单元，其结构如图 2.2 所示。传感单元通常由一个或多个传感器以及模/数转换器（ADC）组成，它将观察到的特定物理现象经 ADC 转换送到处理单元。处理单元由微处理器（如英特尔 StrongARM 系列微处理器和 Atmel 的 AVR 微处理器）和数据存储 2 部分组成，微处理器为传感器节点提供智能控制。通信单元由短程射频无线电装置构成，通过射频信道，执行数据传输和接收。能量单元由电池构成，提供动力、驱动系统中所有其他组件。传感器节点还需根据特定的应用配备一些附件，如在某些应用中，需了解节点的位置信息，这时节点就可能需要配置全球定位系统（GPS），在某些任务中需要配备马达来移动传感器节点。采用电池供电的传感器节点能量有限，因此对能耗敏感，这是无线传感器网络设计中必须考虑的核心问题。

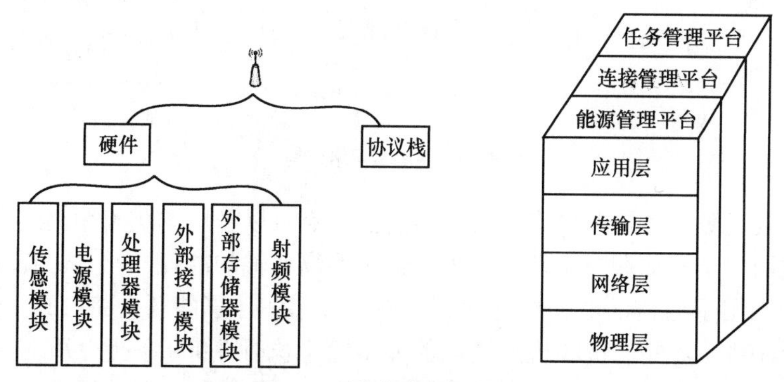

图 2.1 无线传感器网络组成

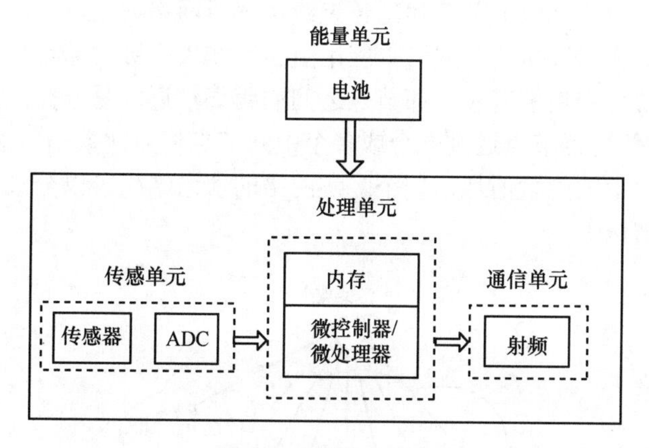

图 2.2 传感节点结构

2.2.2 网络结构

无线传感器网络系统构成如图 2.3 所示，系统由传感器节点、汇聚节点、现存通信网络、管理中心及用户等组成。大量同构或者异构的传感器节点部署在特定区域内，通过自组织的方式组成网络，将监测到的数据逐跳发送至汇聚节点（Sink）,汇聚节点也称基站节点（BS, Base Station），可以作为一个通向外部网络（如互联网）的网关,负责查询、收集传感器网络所监测到的数据并直接或通过现有的网络通信手段发送给管理中心，管理中心将相应的信息提供给用户使用。

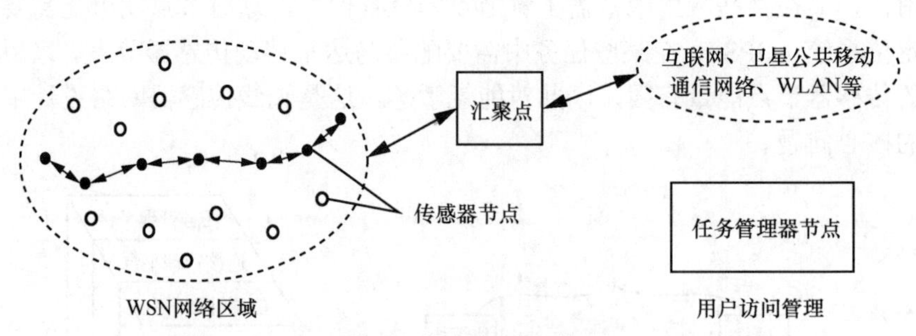

图 2.3　传感器网络结构

为了发送数据到汇聚节点，每个传感器节点可以使用单跳长距离传输通信方式，单跳网络结构如图 2.4 所示。但是，长距离传输的能耗非常大。在无线传感器网络中，用于通信的能耗要远远高于用于传感和计算能耗，将 1bit 的信息传送到一个 100m 之外的接收机所消耗的能量等于执行 3 000 条指令所需要消耗的能量[3]，而且所需的传送功率随传输距离的增大呈指数型增长，因此，减少信息的传送量和传送距离是保证节能和延长无线传感器网络使用寿命的需要。所以，多跳短距离通信在无线传感器网络中应用更多。在大多数的无线传感器网络中，传感器节点通常被密集部署，相邻节点之间的距离较近，易于短距离通信。在多跳通信中，一个传感器节点通过一个或多个中间节点将监测数据传送给汇聚节点，这样可减少通信中的能量消耗，一个多跳网络的体系结构可以分成 2 种类型：平面结构和分层结构[4]。

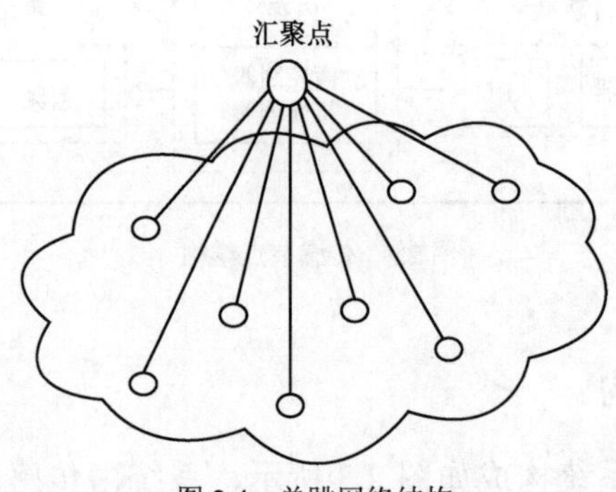

图 2.4　单跳网络结构

（1）平面结构

在平面结构网络中，节点之间是相互对等的，不需要对节点做特别的维护，节点根据协议自组织形成网络。网络不存在单点故障和瓶颈问题，健壮性较好。

其缺陷是网络可扩展性较差。对于中小型网络，平面式结构易于管理和维护，比较容易实现。但是，随着网络规模的扩大，特别是在移动情况下，就会出现处理能力弱、控制开销大、路由经常中断等问题。一个典型的平面网络结构如图 2.5 所示。

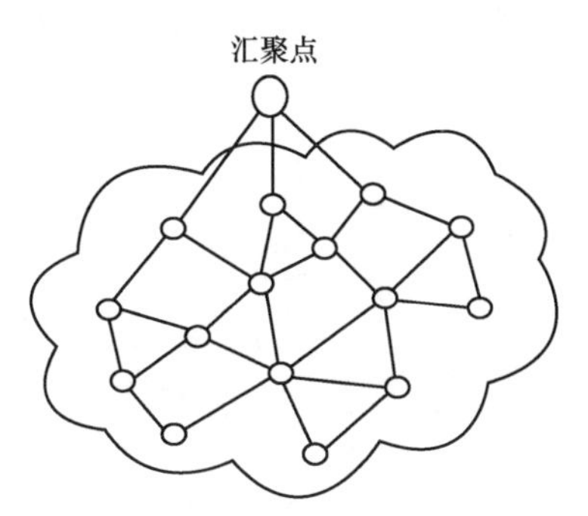

图 2.5　平面网络结构

（2）分层结构

在分层结构中，节点依据相应算法，形成簇结构，根据应用需要，簇可能是多层的，其结构如图 2.6 所示。每个簇由一个簇首和多个簇成员组成，由簇首节点负责簇间业务的转发。基站将任务通过广播发送给每个簇首，簇首在簇内广播任务。簇成员节点将检测到的数据发送给簇首，簇首再将检测数据传送给基站节点。簇成员的功能比较简单，不需要维护复杂的路由信息，可减少网络中控制信息的数量。簇的数量不受限制，因此网络具有很好的扩展性。另外，簇中的簇首可以随时通过选举产生，这种结构也具有很强的抗毁性。采用分层结构可便于在簇头进行数据融合，减少向汇聚节点传送的数据量，从而提高网络的能量效率[5]。但是，分簇式结构也存在一些缺点：需要专门的簇首选择算法和簇维护机制；簇首节点的任务相对比较重，可能会成为网络的瓶颈；在簇间不一定能使用最佳路由。

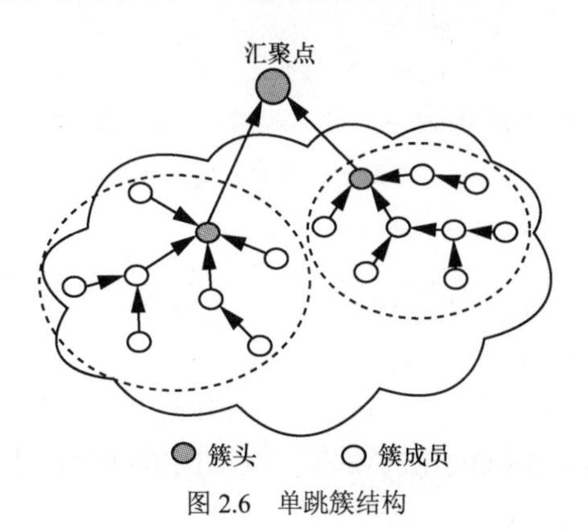

图 2.6　单跳簇结构

分簇面对的主要问题是簇头的选择和簇的组织[6]，可以通过选择不同的分簇策略来解决。根据簇头与簇成员之间的距离，可以把传感器网络组织成单跳分簇结构和多跳分簇结构，其结构如图 2.6 和图 2.7 所示[7]。根据分簇结构中的层数，也可以把传感器网络组织成单层分簇结构和多层分簇结构，图 2.8 给出了一个多层分簇结构的案例[8]。为了解决分簇问题，许多文献提出了各种不同的分簇算法[6~12]。

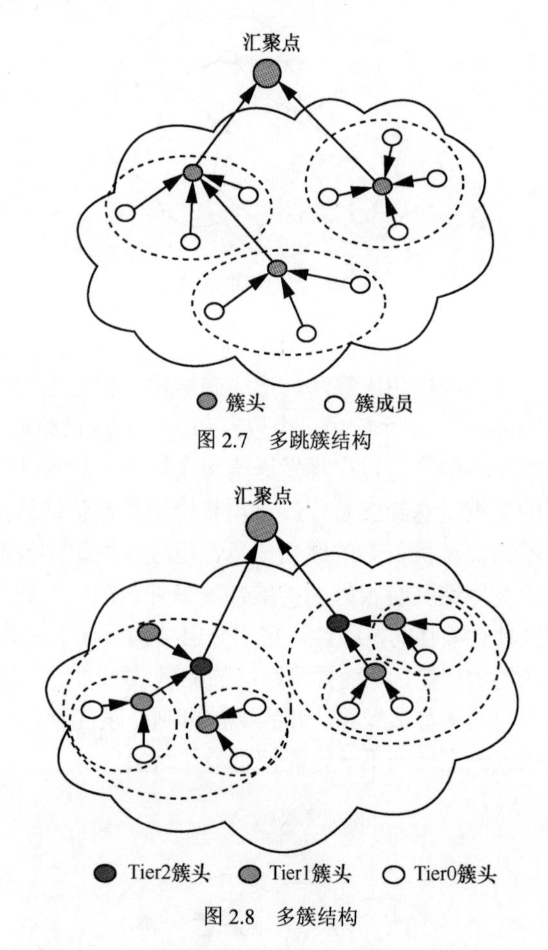

图 2.7　多跳簇结构

图 2.8　多簇结构

2.3　无线传感器网络的分类

无线传感器网络与应用密切相关，每个传感器网络都针对某个具体应用进行了部署，因此必须满足不同应用的要求。按不同的标准，无线传感器网络可以划分为不同的类型。

2.3.1 静止和移动网络

根据传感器节点的移动特性，无线传感器网络可以分为静止无线传感器网络和移动无线传感器网络。在静止无线传感器网络中，所有传感器节点都处于静止状态，大部分无线传感器网络情况都是如此。但在某些无线传感器网络应用中，需要移动节点来帮助完成监测任务，如监测动物习性的无线传感器网络就是一个典型的移动无线传感器网络[13]。与便于控制、易于实现的静止无线传感器网络相比，移动无线传感器网络的设计必须考虑节点的移动性，但这将会极大地增加实现的复杂性。

2.3.2 确定性网络和非确定性网络

根据传感器节点部署的情况，无线传感器网络可以分为确定性传感器网络和非确定性传感器网络。在确定性传感器网络中，传感器节点的位置可预先设定，这种网络只限于一些可以预先规划和部署的情形。而对需在恶劣自然条件或敌对环境下的应用场景来说，预先规划和部署传感器网络非常困难，只能采取随机部署的方式。显然，非确定性传感器网络更加灵活也具有更大的扩展性，但要求更高的控制复杂度。

2.3.3 静止汇聚节点网络和移动汇聚节点网络

根据汇聚节点是否移动，可以将无线传感器网络分为静止汇聚节点网络和移动汇聚节点网络。在静止汇聚节点网络中，汇聚节点的位置静止并固定在监测区域附近或内部，所有传感器节点将它们的监测数据发送给汇聚节点。显然，静止的汇聚节点使网络的控制更加简单，但会产生热点效应(Hot-spot Effcet)[4]，距离汇聚节点越近的节点所需要转发的数据量越大，这将使它们因能量消耗过快而停止工作，从而导致网络分割(Partition)，甚至中断整个网络的工作。在移动汇聚节点网络中，汇聚节点在监测区域内移动并收集节点的监测数据，可平衡各传感器节点的业务负载，缓解网络的热点效应。

2.3.4 单汇聚节点网络和多汇聚节点网络

根据汇聚节点的数量，无线传感器网络可以分为单汇聚节点网络和多汇聚节点网络。在单汇聚节点网络中，只有一个汇聚节点位于监测区域的附近或内部，所有传感器节点都将所监测到的数据发送到这一汇聚节点。在多汇聚节点网络中，有多个汇聚节点位于监测区域的附近或内部的不同位置，各传感器节点可以将其监测的数据发送给离自己最近的汇聚节点，这样也可以有效地平衡各传感器节点的业务负载，降低网络的热点效应。

2.3.5 单跳网络和多跳网络

根据传感器节点与数据汇聚节点之间传送数据所需的路径跳数，传感器网络可以分为单跳网络和多跳网络。在单跳网络中，所有传感器节点向汇聚节点直接发送数据，网络控制实现较为简单。但是，它要求长距离无线通信，在能耗与硬件实现方面成本昂贵，因此，那些离汇聚节点最远的传感器节点比离汇聚节点较近的传感器节点更易因能量耗尽而快速死亡，而且，网络中的总业务负载会随着网络的扩大迅速增加，这将使多个节点在向同一汇聚节点发送数据时引起更多的冲突，从而增加节点的能耗和传输延迟。在多跳网络中，传感器节点使用短距离无线通信，通过一个或多个中间节点将监测数据传送给汇聚节点，因此，每个中间节点需要进行路由选择并沿多跳路径转发数据，但在中间节点可以进行数据融合以降低数据冗余，减少网络数据传输中的业务量，提高网络的能量效率。通常，单跳网络的结构较为简单、易于控制，适合在一些较小的区域或只需部署少量传感器节点的应用场合；而多跳网络应用范围较为广泛，但其运行的复杂性和成本也较高。

2.3.6 自配置网络和非自配置网络

根据传感器节点的配置情况，可以将传感器网络分为自组织网络和非自组织网络。在非自组织网络中，传感器节点不具有自我配置形成网络的能力，必须依赖中心控制器来控制每一个传感器节点，完成信息收集任务，因此，这种传感器网络只适用于较小规模的网络。在大多数传感器网络中，传感器节点能够自动组织并依靠自身的能力保持相互间的连通以共同完成监测任务，这种自组织网络可以用来完成较复杂的监测任务。

2.3.7 同构网络和异构网络

根据传感器节点具有的能力是否相同，无线传感器网络可以分为同构传感器网络和异构传感器网络[14]。在同构传感器网络中，所有传感器节点具有相同的能量、相同的处理、通信和存储能力。相比而言，异构传感器网络具有一些复杂的传感器节点，即除了一般的正常传感器节点外，还配有处理、通信和存储能力更强的传感器节点，网络可以分配更多处理和通信的任务给这些复杂的传感器节点，以提高网络的能量效率，延长网络的使用寿命。

2.4 无线传感器网络协议栈

由于无线传感器网络研究发展的历史并不长，所以迄今为止，关于其协议栈的结构在国际上尚未制订统一的标准。目前，比较流行的传统协议栈如图 2.9 所示。其对应的层次结构从底层到高层分别是：物理层、数据链路层、网络层、传输层以及应用层，对应开放系统互连参考模型（OSFRM）的 5 个同名层次。同时，定义了一些跨越整个协议栈的管理平台[15]如下。

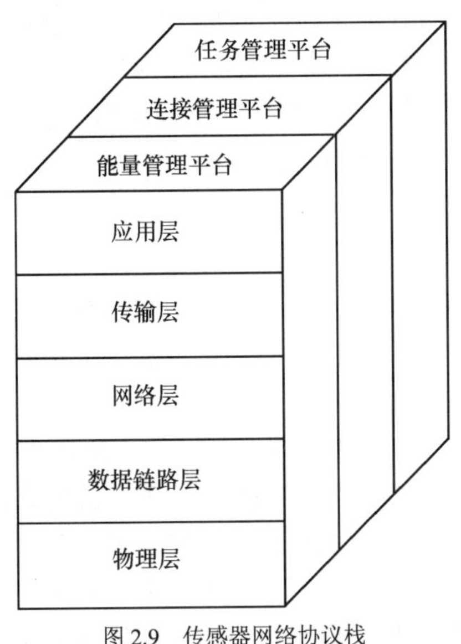

图 2.9　传感器网络协议栈

（1）能量管理平台。负责管理传感器节点在监测、处理、发送和接收等各个功能的能量分配，如在数据链路层，当没有数据发送或接收时，节点能够关闭其收发器来节省能量。在网络层，传感器节点能够选择剩余能量高的相邻节点作为向汇聚节点发送数据的下一跳节点，以此尽可能平衡各相邻节点的能量消耗。

（2）连接管理平台。负责传感器节点组织与重组，建立节点间的连接关系，并在网络拓扑发生变化时维护节点间的连接。任务管理组负责监测区域内各传感器节点间的任务分配，以提高传感器节点的任务执行能力，并兼顾节点的能量效率、延长网络的使用寿命。

（3）任务管理平台。由于传感器节点通常被密集地部署在某一特定的区域，且在执行监测任务时有冗余，并非区域内所有节点都需要同时执行同一个任务，因此需要使用一个灵活的任务管理机制在多个节点间进行任务分配，管理资源共享，支持多任务调度。

2.4.1　应用层

应用层由各种传感器应用层协议构成，查询、发送、节点定位、时间同步和网络安全等应用都属应用层管理的范畴，该层提供了无线传感器网络的一系列应用功能，目前，已经实现了组网、监测环境参数等任务。传感器管理协议(SMP, Sensor Management Protocol)[1]是一种应用层协议，能够提供软件操作以执行各种不同的任务，如位置信息交换、节点同步、节点移动、节点调度、节点状态查询等。传感器查询与数据发送协议(SQDDP, Sensor Query and Data Dissemination Protocol)[1]是一种能够提供查询发送、查询响应、响应接收、数据分发等通用接口的应用协议。传感器查询和任务分配语言(SQTL, Sensor Query and Tasking Language)提供了一种实现传感器网络中间件的编程语言[16]。无线传感器网络应用前景广阔，涉及领域众多，还需进行大量应用层协议的研发。

2.4.2 传输层

传输层主要负责传感器节点与汇聚节点之间端对端的可靠数据传输。由于传感器节点在能量、计算、存储等方面的不足，加上带宽等的限制，其传输数据量较低，命令帧及数据帧都较小，因此，该层功能相对简化。传统的传输协议不能直接应用于无线传感器网络。如在传输控制协议（TCP, Transport Control Protocol）中所采用的基于重传的端到端差错控制和基于窗口的拥塞控制机制，由于其资源利用效率较低，不能直接用于无线传感器网络。另一方面，传感器网络通常针对某些具体应用而部署，不同的应用有不同的可靠性要求，这些要求对传输层协议的设计会产生较大的影响。传感器网络中的数据传输主要出现在 2 个方向：上行方向和下行方向。在上行方向，传感器节点将所监测到的数据发送给汇聚节点；而下行方向，则是汇聚节点的数据，如查询、指令等，发送到传感器节点，2 个不同方向上的数据流对可靠性有不同的要求，上行方向的数据流能够容忍一定的数据丢失，原因是所传送的监测数据通常具有一定的相关性或冗余；而下行方向，数据流包含的是发送给传感器节点的查询、指令等数据，这些数据通常要求 100%的可靠传输，因此，传感器网络的特征以及各种不同的应用需求对传感器网络传输层协议的设计提出了许多新的挑战。

2.4.3 网络层

网络层主要负责为节点向汇聚节点传输数据提供路由，从而确保每个节点发送的数据分组能准确地找到其目标节点。在无线传感器网络中，传感器节点被密集部署在指定的区域内执行特定的观察和监测任务，并将所观察或监测到的数据发送到汇聚节点。由于多跳短距离通信比单跳长距离通信更适合无线传感器网络，在这种情况下，为了将监测数据传送给汇聚节点，源节点必须使用路由协议，选择从本节点到汇聚节点的高效多跳路径。然而，传统网络中的路由协议没有考虑能量效率这一传感器网络最主要的问题，因而不适合在无线传感器网络中直接使用。另一方面，从监测区域发送给汇聚节点的数据具有独特的多对一（Many-to-One）业务模式[4]的特点，当数据逐渐接近汇聚节点时，这种多对一的多跳通信会大大增加通过某些中间节点的业务量强度（Traffic Intensity），从而增加分组的阻塞、碰撞、丢失、延迟以及节点的能量损耗。距离汇聚节点更近的传感器节点会比距离较近的节点丢失更多的数据分组、消耗更多的能量，从而大大缩短整个网络的寿命。因此，在网络层路由协议的设计中，考虑传感器节点的能量限制条件和传感器网络独有的业务模式（Traffic Pattern）是非常重要的。

2.4.4　数据链路层

数据链路层主要负责将底层传输来的数据填充成帧，并对该帧进行检测，同时进行介质的访问控制和数据的差错校验，以提供可靠的点对点和点对多点传输。数据链路层最重要的功能之一就是媒体访问控制（MAC, Medium Access Control）。媒体访问控制的主要目标就是在多个传感器节点之间公平、合理、高效地共享通信和媒体资源，以获得满足设计要求的网络性能，包括能量消耗、网络吞吐量和传输延迟等。然而，传统无线网络中的 MAC 协议没有考虑无线传感器网络的特征，特别是能量的限制，因此无法直接应用于无线传感器网络。例如，蜂窝系统的主要目标是满足用户的服务质量要求，而能量效率的考虑是次要的，这是因为基站没有功率的限制，且移动用户可以更换手机的电池或对电池充电；在无线自组网（MANET）中，移动用户配备了便携式电池供电设备，其电池也可更换。相比而言，无线传感器网络的主要问题是如何节省能量以延长网络的使用寿命，这使传统的 MAC 协议不适用于无线传感器网络。

数据链路层的另一个重要功能是数据传输中的差错控制。在许多应用中，无线传感器网络通常被部署在恶劣的环境中，通信质量不好并且可靠性较差。在这种情况下，差错控制对于获得可靠的数据传输变得必不可少甚至至关重要。在数据链路层，通常可以采用 2 种主要的差错控制机制：前向纠错（FEC, Forward Error Correction）和自动重传请求（ARQ, Automatic Repeat Request）。自动重传请求机制通过重传丢失的数据分组或数据帧，获得可靠的数据传输，显然，这种机制将产生相当大的重传成本并增加节点的能量消耗，因此不适于无线传感器网络。前向纠错机制通过在数据传输中使用差错控制码（Error Control Code）获得链路的可靠性，但这种机制将引起额外的编解码复杂度，要求传感器节点具有更高的处理能力。对于给定的发送功率，前向纠错机制可以大大地减少信道的误码率，尽管传感器节点的能力受到限制，前向纠错机制仍然是传感器网络差错控制最有效的解决方案。在前向纠错机制的设计中，差错控制码的选择十分重要，一个经过仔细选择的差错控制码能够获得较大的编码增益，并且能降低几个数量级的误码率。与此同时，处理编解码所消耗的附加能量也需要考虑，为设计出一个高效、低复杂度的前向纠错机制，必须在编码增益与处理编解码所附加的能量消耗之间进行优化和折中。

2.4.5 物理层

物理层主要负责处理原始的数据比特流，进行信号检测与调制、频率选择与生成、数据加密、无线收发等，也需要将数据链路层形成的数据流转换成适合在通信媒体上传送的信号,并进行发送与接收。为此，物理层必须考虑各种有关的问题，包括传输介质和频率的选择、载波频率的产生、信号的调制与解调、检测和数据加密等，此外，还必须考虑硬件以及各种电气与机械接口的设计问题。

介质与频率选择是传感器节点间通信的一个重要问题。一种选择是使用无须授权的工业、科学和医疗（ISM, Industrial, Scientific and Medical）用频段。用 ISM 频段的主要优点是使用自由、频谱宽且全球有效[17]。但是，ISM 频段已被用于许多其他的通信系统，如无绳电话系统和无线局域网（WLAN, Wireless Local Area Network），而无线传感器网络要求使用低成本、超低功率的微型收发器，因此，在该频段会存在一定的干扰。已有许多无线传感器网络系统使用了该频段，如 μAMPS 系统[18]，传感器节点使用了 2.4GHz 的收发器。除了射频以外，光或红外介质也是无线传感网可能的选择,如 Smart Dust 项目就使用了光作为传输媒体[19]。然而,这 2 种传输介质都要求发送者和接收者均在可视范围内才能进行相互通信,这在一定程度上限制了它的应用[20]。

2.5 媒体访问控制协议

媒体访问控制（MAC, Media Access Control）是无线传感器网络设计中的关键技术之一[21]，属于 OSI（Open System Interconnection）模型中的数据链路层部分。MAC 协议统筹一跳范围内的所有节点共用无线信道，控制节点接入和使用无线信道的方式，避免来自不同节点的数据冲突，使多个传感器节点能够公平有效地使用频带资源。MAC 协议对网络整体性能的影响很大，从该层起，可根据应用情况对协议进行调整，以满足应用需求，该层已经成为当前无线传感器网络领域的一个重要研究方向。

传统无线网络通信协议虽然已经趋于成熟，并被广泛应用，时分多址（TDMA）、频分多址（FDMA）、码分多址（CDMA）、载波侦听多路访问（CSMA），这些都是在传统无线网络中广泛使用的典型 MAC 层协议。然而，这些协议并没有考虑传感网络的特性，如节点的部署密度、严格的功率要求、计算和存储能力的限制等，因此，传统的 MAC 协议在没有经过修正的情况下不能直接应用于传感网络。为了设计一个高效的传感网络 MAC 协议，必须考虑传感网络的特性，特别需考虑能量效率和网络的可扩展性。

2.5.1　MAC 层协议的特征

无线蜂窝系统、移动自组织网（MANET）和无线局域网与无线传感器网络在很多地方有相近之处。但鉴于无线传感器网络的特点，在 MAC 协议的设计目标和限制上，无线传感器网络与传统无线网络之间有很大的区别。

无线蜂窝系统由固定节点和移动节点组成，固定节点（基站）通过有线相互连接，成为一个固定的基础设施，移动节点的数量远远超过基站。在一个区域中每一个基站覆盖很大的一块区域，彼此之间很少重叠，每个基站服务该区域内成千上万个移动节点，移动节点与离它最近的基站单跳通信。无线蜂窝系统的主要目标是提供高质量的服务并提高频带利用率。基站有足够的能源供应，移动用户也可以方便地更换手持移动终端的电池。

移动自组织网是点对点的通信网络，通常包含成百上千个移动节点，覆盖数百米的范围，所有节点均是移动节点，没有固定的基础设施。移动自组织网需要在节点移动的情况下，组织节点形成通信网络，并执行路由使其有效通信，还需在移动情况下维护好该结构和路由。移动自组织网的主要目标是在节点移动频繁的情况下提供高质量的通信服务。虽然节点都是由电池供电的便携式设备，但电池可以更换。

蓝牙（Bluetooth）是一种用于短距离通信的无线局域网技术，它采用射频来代替消费电子设备之间的有线连接。蓝牙网络是一个星型网络，其主节点最多可带 7 个从节点，形成一个皮可网，使用时分多址和跳频技术，所有从节点与主节点同步。不同的皮可网可以相互连接形成一个多跳网络。其典型的发射功率是 1mW，发射距离是 10m。蓝牙的主要目标也是为用户提供高质量的通信服务。

与这些无线网络相比，无线传感器网络有以下特点。

无线传感器网络通常由密集部署在一个地理区域的大量传感器节点组成，其传感器节点的数量比其他传统无线网络的节点数量大几个数量级。

传感器节点通常由电池供电，其能量有限，且一般情况下为传感器节点更换电池很困难或根本无法更换，传感网络的寿命很大程度上取决于传感器节点的使用寿命。

传感器节点通常无法进行有计划的部署，它们必须能自发地形成通信网络。

由于传感器节点会失效或移动，无线传感器网络的拓扑结构经常发生变化。大部分传感器节点在部署后不会移动，但在某些应用中，一些传感器节点会具有移动性。

传感器节点的计算能力和存储能力有限。

无线传感器网络独一无二的特点，特别是能量的有限性，使传统的 MAC 协议在没有修正的前提下不适合在无线传感器网络中应用。

CSMA 协议[22]是最简单的无线网络 MAC 层协议，很多传统的 MAC 协议都使用了载波侦听机制。当某个节点有数据需要发送时，节点先侦听无线信道，如果发现此时信道空闲，则立即开始发送数据分组，如果发现信道繁忙，则退后一段时间后再次侦听信道。网络节点的无线收发机除了收发数据之外的全部时间都处于空闲侦听状态，这种情况对于传感器网络则是一种严重的能量浪费。无线传感器网络只在收发数据时打开无线收发机，其他时间节点需要处于休眠状态来减少能量消耗。

传统的无线网络 MAC 协议不适用于无线传感器网络的主要原因除了传感器节点能量资源有限和多跳自组织原因之外，传感器网络不同的应用需求也是重要的因素之一。例如在环境监测和目标跟踪两种典型无线传感器网络应用中，对 MAC 协议的要求不一样，环境监测在大多数时间的网络能量消耗很小，但一旦检测到事件将瞬间导致网络负载增多，能量消耗增大，目标跟踪则需要长时间不间断地传输数据，但这些信息的内容往往不多，这意味着数据头的开销相对过大，所以在设计 MAC 协议时需要有针对性地对待。

2.5.2 MAC 层协议设计的限制

传感器节点结构和功能上的限制决定了无线传感器网络和其他无线网络通信协议之间的差异。无线传感器网络 MAC 层协议设计时需要考虑的限制因素主要有节点无线收发机的能量消耗、装置的特性和功能、通信距离、计算能力和存储能力等几个方面。

典型的传感器节点主要包含无线收发机、处理器和传感器 3 个硬件。2002 年 Mobicom 会议上 Deborah Estrin 教授总结传感器节点的绝大部分能量消耗在无线通信模块上，传感器节点休眠时的能耗可以忽略不计[23]，所以目前无线传感器网络 MAC 层协议的研究重点在于如何降低节点无线收发的能耗。在无线网络运行过程中，节点无线收发的能量主要消耗在以下几个方面。

（1）分组碰撞（Packet Collision）

无线传感器网络中节点分布密度大，多个邻近节点同时发送数据分组时，在无线信道中将互相干扰发生分组碰撞，目的节点将不会接收到任何数据。分组碰撞使目的节点的数据接收和信源节点的数据发送变得无效，造成网络性能降低和能量浪费。虽然无线传感器网络适合较低数据速率和较高时延的应用，但是数据分组的频繁碰撞带来的能量消耗将严重降低传感器节点寿命。数据分组重传需要节点收发装置处于最高功率工作状态，与传输数据分组的最小能量消耗相比，将消耗几倍的能量。

（2）分组串音（Packet Overhearing）

传感器节点在运行过程中可能会接收到相同的数据分组，或者多次分组的重传，但是这些数据分组传输的目的节点并不是自己。这将在接收端的处理过程中带来额外的能量浪费，特别在高密度分布区域的节点，分组侦听情况十分严重。MAC 协议需要限制节点串音的情况，但同时 MAC 协议也需要利用串音来判断无线信道当前的状态，有效地降低能量损失。一旦发现信道中的数据分组不是传递给自己时，需要立刻关闭收发机进入休眠状态以减少能量消耗。例如，将分组的目的地址写在消息格式的前端，非目的节点接收到数据分组并进行处理后将立刻结束数据分组的接收。

（3）空闲侦听（Idle Listening）

无线网络中经常有这样的情况发生，节点没有数据需要发送，但是它的邻近节点却打开收发机侦听信道准备随时接收数据。此时接收节点处于空闲侦听状态，无线收发机在这段时间内将消耗大量能量。文献[24]提出空闲侦听在节点无线收发机能量消耗中占主要部分。典型解决空闲侦听的方法是对无线收发机使用一个定时器，当传感器节点发现信道中没有任何通信时立刻结束接收状态。节点的空闲侦听不包含载波侦听过程。载波侦听是 MAC 协议需要的有益的运行过程，是协议必需的一种能量开销，而不是无意义的能量浪费。

（4）控制开销（Control Overhead）

无线传感器网络中典型的控制开销包括网络同步信息和一些控制分组。这些开销都实现了无线传感器网络的一些功能，例如 MAC 协议使用同步信息来组织网络节点，或者基于接收信号的功率来估算节点间距离等。最常见的网络开销是 MAC 协议中使用控制分组 RTS/CTS（Request to Send / Clear to Send）握手机制来解决网络的隐终端问题，并保持网络的稳定性。但是，这些控制分组对于有效的数据传输是一种能量上的消耗。无线传感器网络中数据分组长度很短，致使控制分组在传输过程中占有很大比重。

（5）状态转换（State Switching）

MAC 协议需要考虑节点无线收发机状态转换的开销。为控制传感器网络的能量消耗，经常需要传感器节点周期性地进入侦听和休眠状态。这就使节点的无线收发机在发送、接收、侦听和休眠 4 种状态间频繁转换。这些状态的转换需要消耗一定的时间和能量。传感器网络通常为了控制成本，在节点上使用低精度的振荡器。节点从休眠状态醒来进入工作状态，需要锁相环、压控振荡器等设备进行工作，由于状态转换时间过长会错过数据分组的接收，造成分组丢失，MAC 协议需要合理地控制节点收发机的工作状态，达到节约能量的目的。

导致 WSN 的 MAC 协议能量浪费的原因主要有以上 5 点。针对以上分析的影响能量消耗的主要因素，并考虑到应用需求以及 MAC 协议的特点，减少能量浪费的主要思路如下[25]：1）利用控制手段让空闲节点进入某种更加节能的状态；2）改进退避算法以便减少冲突发生的次数；3）合理降低发送功率；4）改进握手机制，降低控制开销。

2.5.3 协议设计需考虑因素

WSN 的 MAC 协议把节省能量放在优先的位置，WSN 所采用的 MAC 协议直接决定了包括能量消耗、吞吐量、端到端延迟在内的很多 WSN 性能，与无线自组织网络的 MAC 协议相比较，WSN 的 MAC 协议主要考虑以下几个方面。

（1）节点自身的约束。一方面节点数量较多或无人职守，另一方面由于一般由电池提供能量，因而每个 WSN 节点的能量是有限的。因此，在设计 WSN 的 MAC 协议时，把能量损耗的多少放在优先考虑的位置，要在完全满足应用性能要求的前提下尽量延长网络寿命。同时，在设计 MAC 协议的时候应该最大程度地简化协议的运行机制，并减少运算和存储量，这是因为在体积、成本等因素的影响下，传感器节点的存储和处理能力有限。

（2）网络吞吐量、延时、信道带宽。WSN 的主要目的是得到信息，应用层的业务类型可以主要分为以下 3 个方面：1）传感器节点之间的合作处理监测数据的业务；2）控制节点分配任务给传感器节点，并查询数据；3）传感器节点向控制节点发送监测的结果。第一种业务无明显的方向性，后两种业务的方向性比较很强[26]。

（3）适应性。一般来说，大部分传感器节点是静止状态的，但有时候拓扑结构发生变化，如因为能量耗尽造成节点失效或者加入了新节点，在设计 MAC 层协议的时候，也需要考虑到局部拓扑可能发生的变化，增强协议的适应性。

在设计 MAC 协议的时候，要综合多方面因素来合理分配信道资源，简化 MAC 协议运行机制，提高信道利用效率并减少能量消耗。传感节点电池容量的限制制约着对能量利用效率的改进，在设计 MAC 协议的时候，也应该主动考虑延长网络生命周期和提高能量效率。

2.5.4 MAC 层的设计目标

MAC 协议的主要功能是仲裁共用信道的访问，从而避免不同节点数据的冲突问题。除了这个基本的功能外，MAC 协议还必须考虑其他的因素，以提高网络的性能，对不同的应用提供更好的网络服务。在无线传感器网络中，这些因素主要包括能量效率（节能）、可扩展性、自适应性、信道利用率、时延、吞吐量及公平性[27]。

能量效率。能量效率没有明确的概念，不同的应用需求会产生不同的理解。例如，移动体跟踪的应用中，能量效率可以认为是网络报告一次移动体位置所需的能量。环境监测时，认为控制端接收一次数据信息所需的能量是能量效率。实时监测下，能量与时延的关系成为关注的焦点。多跳拓扑结构中，节点能量的最先耗尽与网络的中断也可作为衡量能量效率的标准。所以能量效率可以理解为网络能量消耗对网络某个性能参数改变的影响程度。

可扩展性。可扩展性指协议需应对网络容量变化的适应性。在无线传感器网络中，节点的数量可能是数十个、数百个，也可能上千，MAC 协议要求能适应网络容量的变化。

自适应性。自适应性指网络适应节点密度变化和拓扑结构变化的能力。无线传感器网络的节点密度高，节点的失效、移动或新节点的加入，都将引起整个网络节点密度和拓扑结构的变化，好的 MAC 协议必须能有效地应对这些变化。

信道利用率。信道利用率是指有效通信的带宽利用率。带宽是有限的，MAC 协议必须尽可能地提高信道利用率。

时延。时延是指发送节点发送数据到接收节点接收到数据所用的时间。对于不同的应用，无线传感器网络有不同的时延要求。对于某些应用（如科学探索中的数据收集），时延并不是关键的因素，但许多应用对时延有严格的要求，如森林火灾管理等。

吞吐量。吞吐量指一定时间内成功传送数据的总量，通常以每秒传送的比特或字节来衡量。吞吐量受许多因素的影响，如冲突避免的有效性、控制带来的开销、信道利用率和时延。和时延一样，不同的应用对吞吐量的要求也不同。

公平性。公平性指不同节点平等使用信道的权力。在一些传统网络中，提高服务质量必须保证每个用户能平等地使用信道，在无线传感器网络中，所有的节点一起合作，共同完成一个任务，保证每个节点的公平并不是最重要的，重要的是保证整个任务的服务质量。

上面各种因素，对于无线传感器网络的 MAC 设计，能量效率、可扩展性和自适应性是最重要的。能效对每个节点以及整个网络寿命的影响最大，无线传感器网络的整体性能在很大程度上取决于能量效率，所以节能是无线传感器网络中最重要的，有时甚至需牺牲性能以达到节能的目的。

2.6　无线传感器网络的典型 MAC 层协议

一般按照硬件特点、部署方式、信道访问策略、性能分析、数据通信类型等特点对 MAC 层协议进行分类[28]。硬件特点主要有功率控制 MAC 协议、功率固定 MAC 协议，功率控制可根据距离长度来调节发射功率大小，节省能量，缺点是容易形成非对称链路，硬件成本高；部署方式有集中式 MAC 协议和分布式

MAC 协议，前者的优点是效率高，但各个节点需要高精度的时钟同步，容错性低，分布式协议无中心节点，容错性、顽健性好，不怕单一节点的失效，但开销大、效率低；信道访问策略有基于竞争的 MAC 协议、基于分配的 MAC 协议以及混合 MAC 协议[29]，竞争型 MAC 协议的优点是可扩展、实现方便、不用全局网络信息，缺点在于功耗太大，基于调度的协议优点是不会发生冲突从而功耗较小，缺点是扩展不易、网络拓扑结构复杂、时钟同步要求严格和时隙分配困难，混合协议结合了前两种协议的优势，但协议的复杂度大，实现困难；根据数据通信类型可将协议分为基于单播和基于多播的 MAC 协议，基于单播的协议需要指定好路径，优点是便于网络优化，缺点是信道利用率不高、不易扩展，基于多播/聚播的协议优点是数据整合容易，缺点是时钟同步要求精度高和数据量冗余度高。除上述列出的几点外，还可以按照网络 QoS 和性能等要求，再划分出不同种类的协议。

2.6.1 基于竞争的协议

（1）S-MAC

由 Ye 等提出的 Sensor-MAC（S-MAC）是专为传感网络节省能量的需求而设计的能量高效的 MAC 协议[29,30]。在传感网络的应用要求中，存在很长的空闲时期，允许发送消息时存在一定的时延，S-MAC 设计时应用这一特点，在保证网络可扩展性和避免冲突的同时，降低能量的损耗。S-MAC 为减少能量消耗付出的代价是降低了网络在时延和每跳公平性方面的性能。

S-MAC 协议引入了周期性侦听/睡眠机制（Periodic Listen and Sleep Mechanism），使节点周期性地处于休眠状态以降低侦听时间，节点休眠一段时间，然后被唤醒并侦听是否需要与其他节点通信。在休眠期间，节点关闭无线电，并通过设置定时器，在一定时间后唤醒自己。侦听和休眠的一个完整周期被称为一帧。如图 2.10 所示，每帧以侦听周期开始，在此期间，节点可以通信，然后是休眠周期，在休眠周期，节点若没有数据发送，节点将休眠，若有数据发送，将保持唤醒状态，占空比是指侦听间隔与整个帧长度之比。侦听周期又可细分为 SYNC、RTS 和 CTS 3 部分。侦听间隔通常是固定的，由物理层和 MAC 层的参数来决定，如无线带宽和竞争窗口大小。休眠间隔可以根据不同的应用需求改变，实际上通过改变占空比实现。

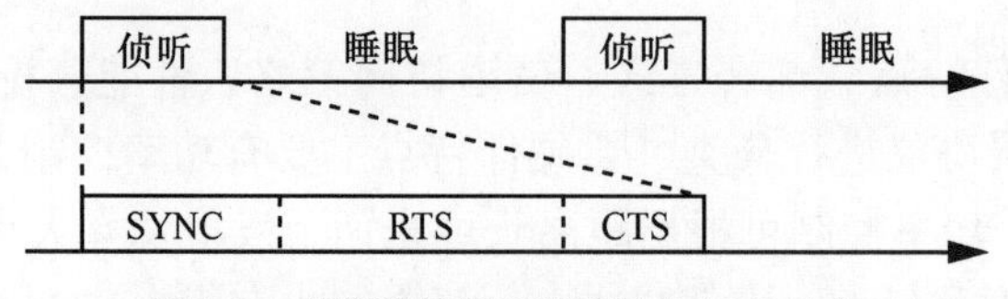

图 2.10 周期性的侦听和睡眠在 S-MAC 中

在 S-MAC 中，每个节点都保存有它邻居节点的侦听/休眠时间表，节点可以自由选择它们各自的侦听/休眠时间表（Listen and Sleep Schedule）。为了能接收 SYNC 分组和数据分组，节点侦听周期分为 2 部分，第一部分用于接收 SYNC 分组，第二部分用于接收 RTS 分组。每一部分又被分为更多更小的时隙，用于完成载波侦听。

S-MAC 采用的冲突避免机制与 IEEE 802.11 DCF[31]中的类似，包括虚拟载波侦听和物理载波侦听，并采用握手（RTS/CTS）机制解决隐藏终端问题。在虚拟载波侦听中，每个传输分组中都有一个持续时间域（Duration Field）来标识该传输分组需要传输的时间，节点以变量形式记录该值，该值被称为网络分配矢量 NAV(Network Allocation Vector)[31]。NAV 为一个计时器，计时器每超时一次，节点便递减它的 NAV，直到减少到 0。在发送之前，节点先检查它的 NAV，如果 NAV 不为 0，节点就认为信道忙。物理载波侦听在物理层执行，侦听过程与发送 SYNC 分组类似，如果一个节点没有获得信道，它将进入休眠，直到接收端空闲时被唤醒，然后再一次进行侦听。

为了避免串音，在 S-MAC 中，节点在收到 RTS 或 CTS 后，将进入休眠状态。通常情况下，数据分组比控制分组要长很多，这样可以避免邻居节点串音听到该节点的数据分组和后续的 ACK 分组。

S-MAC 比 802.11 更加节能，但是，由于它采用固定的占空比，所以部分带宽无法使用，且时延很大；它解决了单播的串音问题，但没有解决广播和载波侦听的串音。S-MAC 通过牺牲时延来换节能，所以其最大的问题是时延。

（2）DS-MAC

DS-MAC 是拥有动态占空比的 S-MAC，由 Lin 等提出[32]，其目标是在不增加开销的情况下取得能量消耗与时延之间的平衡。在 DS-MAC 中，假定传感器节点有 S-MAC 中的所有功能，接收节点监测自身的能量消耗等级和平均时延，根据节点目前的能量消耗等级和经验的平均时延，节点通过动态改变占空比以达到折中的目的。平均时延可以作为当前通信负载的近似估计，也可作为接收模式的评估参数。

实现 DS-MAC，需要一些额外的控制参数，包括 SYNC 分组中的“占空比”标识和“时延”标识。与 S-MAC 相比，在 DS-MAC 中，传感节点保持平均时延和能量消耗等级需要额外的存储开销和处理开销。

（3）MS-MAC

MS-MAC[33]针对节点的移动性问题，由 Pham 和 Jha 提出了自适应的移动感知 MAC 协议。对于固定的节点，MS-MAC 采用与 S-MAC 相同的方式，以达到节能的目的，对于具有移动性的网络，采用与 IEEE 802.11 相似的方法，MS-MAC 协议根据接收的 SYNC 分组信号强度的变化来表示节点的移动等级，若移动等级达到一定强度，触发移动处理机制。由于有了对移动等级的评估和相应的处理机制，MS-MAC 对于固定节点网络有很高的节能效率，对于有移动节点的传感网络，也能保持较高的网络性能。

（4）D-MAC

D-MAC 是无线传感器网络中节能高效、低时延的 MAC 协议，主要在数据汇聚时应用，由 Lu 等提出[34]。该协议解决了数据在多跳传输中转发数据可能中断的问题，达到了节能、低时延的目标。大部分 MAC 协议都是通过多跳来发送数据，而多跳路径上的某些节点可能感知不到正在进行的数据发送，将导致数据在转发时中断。

为了解决上述问题，D-MAC 采用交错唤醒时间表来保证多跳转发的连续性。在无线传感网络中，数据主要是传感节点向汇聚节点的传送，这些数据传递路径形成了一个采集树[35]，在采集树中，数据流是单向的，除了汇聚节点，所有的节点都将收到数据分组转发到下一跳节点，如图 2.11 所示。在时间表中，一个间隔被分割成 3 个周期（状态）：接收周期、发送周期、休眠周期。在接收周期，节点可以接收数据分组并向发送端发送 ACK 分组；在发送周期，节点试图向下一跳发送数据分组并接收 ACK 分组；在休眠周期，节点关闭无线电节能。接收周期和发送周期的时间相同，这个时间保证足够发送或接收一个数据分组。根据采集树的高度，节点可由汇聚节点的时间表来设置各自的唤醒时间表。

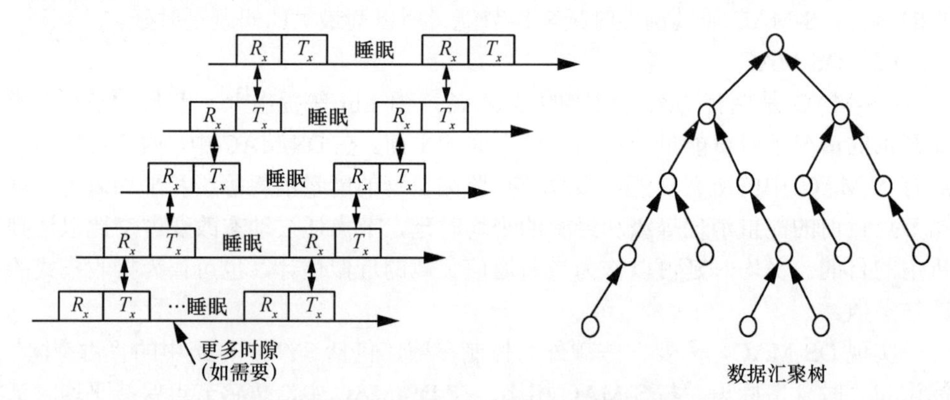

图 2.11　D-MAC 的一个链树及其执行情况

同时，D-MAC 针对数据量的动态变化，在 MAC 帧头中加入“还有数据”的标识位，可根据通信负载量动态调整占空比。还提出了数据预测机制，如果同一个父节点下的多个子节点在同一个发送时隙内都有数据要向父节点发送，数据预测机制将要求更多的活动发送时隙，但是，若数据采集树中处在同级的属于不同父节点的子节点竞争信道，将会发生冲突，这也是该协议的弊端。

（5）Sift 协议

在传感网络，大量节点分布在某个区域并共享同一无线信道。在某一个地点发生事件后，邻近的多个节点会同时监测到该事件，多个节点将同时发送消息，会造成无线信道的竞争，这称为空间相关竞争。针对该问题，Jamieson 等提出了基于 CSMA 的 Sift 协议[36]。协议针对这种情况提出一种接入与节点数量相关的退避机制，即节点在竞争窗口内的每个时隙通过非均匀概率分布来确定是否发送数据，以此减少同一时刻竞争信道的节点数量，保证共享信道的 N 个节点在同一时刻探测到同一事件后，可以在短时间内有 R 个（$R<N$）节点无冲突地发送事件相关信息。

Sift 协议没有采用时变的竞争窗口，而是长度固定，为 32 个时隙，每个时隙的长度为几十 ms，采用了几何增加的非均匀概率选择竞争窗口中的时隙。Sift 协议与传统 MAC 协议的主要不同在于，节点选择时隙的概率不同，其核心部分是确定节点在每一个时隙的发送概率。假设节点在时隙选择发送数据的概率为，则根据协议所提出的几何增长概率分布，其概率分布如式（2.1）所示。

$$P_r = \frac{(1-\alpha)\alpha^{CW}}{1-\alpha^{CW}}\alpha^{-r}, \quad (r=1,2,\cdots,CW) \tag{2.1}$$

其中，α 为分布参数（$0<\alpha<1$），随着呈指数性增长，所以节点在窗口中靠后的时隙发送概率更大。同时，协议中有一个参数组 $N_{[r]}=\{N_1,N_2,\cdots,N_r\}$，其元素的值对应该时隙参与竞争的节点数，且 N_1 与实际参与竞争的节点数 N 相关，$N_i(1<i<r)$ 的取值依次减小，以增加节点的发送概率。参考文献[37]证明，若分布参数满足条件

$$\alpha = N_1^{\frac{1}{CW-1}} \tag{2.2}$$

则可以保证在每个时隙都有节点竞争信道且每个时隙的发送概率基本一致。

（6）T-MAC

T-MAC 由是 Dam 和 Langendoen 提出的自适应节能无线传感器网络 MAC 协议[38]。其基本思路是通过动态调整占空比以减少空闲侦听时间，在活跃期用可变大小簇发送消息，在活跃期之间休眠。

如图 2.12 所示，节点周期性地被唤醒，与邻居节点通信后，进入休眠状态，直到下一帧。节点之间的通信遵循 RTS-CTS-Data-ACK 顺序，避免了数据冲突，也保证了可靠传输。节点在活动期内持续侦听，并尽可能的传输数据。如果在时间门限 T_h 内没有激活事件发生，在活跃期结束后，节点进入休眠。T-MAC 定义了 5 个激活事件：1）周期帧定时器打开；2）射频端接收到了数据分组；3）感知到了射频通信；4）传送数据结束，等待对方发送确认信息；5）邻居节点数据分组发送结束。T_h 决定了每帧最小空闲侦听时间，由于活跃期之间的数据分组需要缓存，缓存大小将决定最长的帧时间。

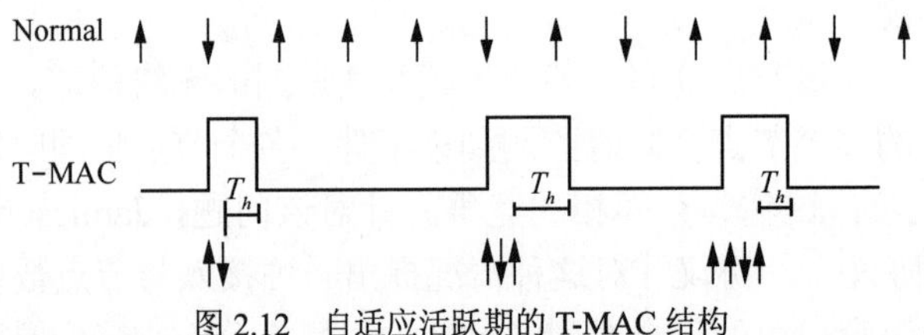

图 2.12 自适应活跃期的 T-MAC 结构

（7）Wise MAC

Wise MAC 是由 Hoiydi 等提出的节能 MAC 协议[38]，它融合了同步前导码采样技术和 CSMA 中的 *n*-持续机制，以减少空闲侦听。为了解决固定长度前导码带来的高能耗问题，Wise MAC 采用了一个方案动态的调整唤醒前导码的长度。该方案如下：在每次数据通信中，在 ACK 分组中携带固定采样时间的剩余时间，节点即可获得或更新邻居节点的采样计划表，利用这些计划表调整唤醒前导码的长度，节点可实时更新邻居节点采样时间偏移常数表。Wise MAC 最小化前导码如图 2.13 所示，利用最新的采样时间偏移常数表，Wise MAC 可以保证采样时间刚好落在唤醒前导码上，从而按计划完成数据传输。

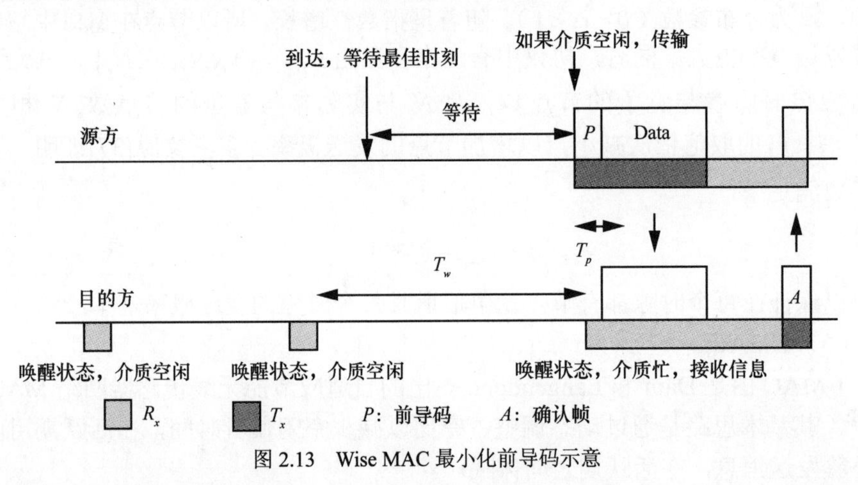

图 2.13 Wise MAC 最小化前导码示意

Wise MAC 不需要设置单个信令或全网范围的时间同步，唤醒前导码的最小化和前导码采样的融合可以为低负载通信网络提供超低的能量消耗，为高负载通信网络提高能量使用效率。虽然 Wise MAC 针对多跳网络设计，但也适合于有基础设施网络的下行链路[39]。在低通信负载条件下，Wise MAC 比 IEEE 802.11[40]和 IEEE 802.15.4[41]的节能效率更高。

2.6.2 无需竞争协议

无需竞争协议主要应用 TDMA 技术，有时也会选取 FDMA 或 CDMA 技术。

TDMA 成本比较低，计算的过程相对简便，所以在 WSN 中主要采用 TDMA 方式的 MAC 协议。

（1）TRAMA（Traffic-Adaptive Medium Access）

流量自适应介质访问协议由 Rajendran 等提出[42]，采用了 TDMA 的技术，设计目标是在保证无线传感网络高吞吐量、可接受时延、公平性的同时，提供节能高效的无冲突信道访问机制。TRAMA 协议使用 2 种技术来节能，一是允许节点在没有发送或接收数据时，进入低功耗的空闲状态；二是保证数据无冲突的发送。TRAMA 使用带有公平属性的发送端选举算法以提高信道的利用率。

TRAMA 协议将传输信道分成一个个时间片，用于数据和控制信号的传输，其时隙结构如图 2.14 所示。在 TRAMA 协议中，以随机访问周期开始，节点随机的选择时隙发送，节点只能在随机访问周期中加入网络，随机访问周期与预约访问周期的占空比取决于网络的类型。在动态应用场景中，需要更多的随机访问周期，在静态应用的场景中，随机访问周期相对较少。

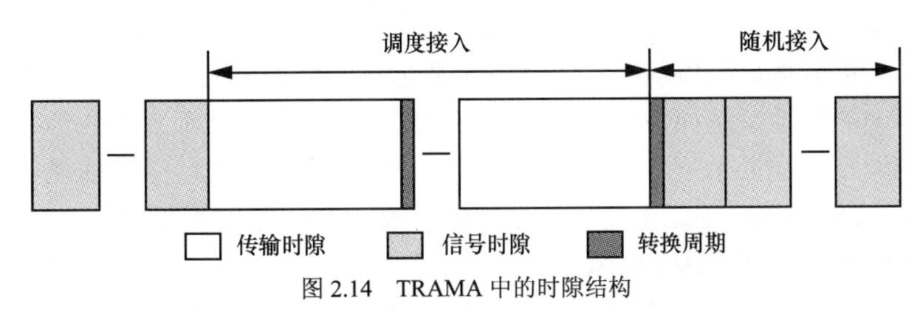

图 2.14 TRAMA 中的时隙结构

TRAMA 协议包含 3 个主要部分：邻居协议 NP（Neighbor Protocol）、调度交换协议 SEP（Schedule Exchange Protocol）和自适应选举协议 AEA（Adaptive Election Algorithm）。节点通过 NP 协议和 SEP 获得一致的两跳内邻域信息和调度信息，AEA 利用拓扑信息和调度信息，选择当前时间片的发送节点和接收节点，同时，准许其他节点进入低功率模式。

TRAMA 协议可使节点大部分时间处于休眠状态，达到节能的目的，由于减少了数据冲突的概率，与竞争 MAC 协议相比，TRAMA 协议能实现更大的吞吐量。但 TRAMA 协议的时延比竞争 MAC 协议的时延大。所以，TRAMA 协议可用于对时延要求不高，但要求有大的吞吐量和高能量效率的应用。

（2）TDMA-W

TDMA-W 针对 TRAMA 协议进行了改进，使用固定时槽收发数据。在分配时隙的初始时刻，先根据特定的分布式算法为所有节点划分时槽，分配 2 个时槽给每一个节点：唤醒槽（可以共用）用来唤醒睡眠状态的节点，发送槽用来发送数据。当使用信道时，节点为自己的邻居分别存储对应于输入和输出链路的计数器，数据每成功传输一次，则接收方和发送方的计数器值相应增 1，在没有通信活动的情况下，计数器递减。计数器的值用于确认节点是否应该发出唤醒信号，为 0 则发出。此算法能够保证在流量较小的情况下，节点有充分的睡眠时间，同时能够减少唤醒信号的发送。TDMA-W 协议适用于事件数据量不大的网络应用。它的主要缺点是：1）存储开销比较大，这是因为它需要保存所有两跳内邻居的调度信息；2）延时大；3）发生冲突碰撞的概率会增加，不适合在网络拓扑复杂的时候使用。

（3）Distributed Energy-Aware MAC（DE-MAC）

为解决无线传感网络中的能源管理问题，Kalidindi 等[43]提出了基于时分多址的 MAC 协议 DE-MAC。时分多址可以避免由数据冲突和控制开销带来的能量浪费，采用的周期侦听/睡眠机制可以避免空闲侦听和串音。在节能方面，与其他 MAC 协议平等对待每个节点不同，DE–MAC 较少使用那些危险的节点（如低能量节点），以达到所有节点的负载平衡。由局部的状态信息（如邻域内节点的能量等级）得到关键性的传感节点,为了找到危险节点，一群邻居节点在能量等级的基础上，定期的执行局部选举算法选择能量状态最差的节点，并使该节点比邻居节点更多的进入休眠状态。选举算法结束后，最低能量等级的节点被选出，被选出的可能是一个节点，也可能是多个节点，被选择的节点可减少一个常数因子（如减少一半）的时隙，这样，未被选择节点的时隙数目是其他节点的两倍，通过以上的时隙调整，降低了危险节点的空闲侦听时间，提高了危险节点的能量效率。仿真显示，DE–MAC 相比于简单的 TDMA，有更好的能量效率[44]。

（4）Implicit Prioritized MAC

隐式优先访问控制是基于最早时限优先 EDF（Earliest Deadline First）的 MAC 协议，由 Caccamo 等提出[45]，主要为了解决蜂窝结构网络的 MAC 问题。它考虑传感网络负载的周期性特点，并保证了网络延迟的上限。该协议使用确定性调度算法和本地载波侦听机制，节点复制 EDF 计划表来完成数据传输，所有节点的 EDF 计划表一致，节点知道哪些节点有消息需要发送，知道哪个节点可以发送消息。若节点没有侦听信道，则假设以前发送的数据使用了它们的计划帧，通过计算帧数，节点可选择正确的帧发送数据。否则，若节点通过侦听信道，发现以前发送的数据存在冲突，则使用帧共享机制（Frame Sharing）利用未被使用的帧，提高网络利用率。

（5）Cluster-based MAC

很多基于 TDMA 技术的协议将分配任务和时槽计算交由簇头节点承担，这是因为分簇网络对系统变化的反应非常灵敏并且便于管理维护，这样既减少了计算的复杂程度，又能够重用信道。BMA 协议和 Energy-Aware TDMA-based MAC 协议就具备这些特点。

BMA 协议中，节点按照剩余能量选择簇头。簇头产生后将自己的信息发布到其余节点，剩余的节点依据收到的信号强度大小来选择划分到哪个组。节点在竞争时槽时获得数据传输时槽，且在数据传输时槽向簇头发送自己目前的情况。簇头得到所有成员的状况消息并进行部署，只要有数据需要发送的节点都能得到一个确定的发送时槽[46]，并且只在发送时槽内向簇头发送数据信息，剩余时间休眠。

Energy-Aware TDMA-based MAC 协议有如下几个阶段：数据发送阶段、更新阶段、基于更新的重路由阶段、事件触发重路由阶段。在数据发送阶段，活跃的节点在相应的时槽按照转发表的信息发送数据给 Sink 节点，非活跃节点除了侦听路由广播或者向簇头汇报自身状态之外持续处于休眠的状态；更新阶段，节点在分配的时槽向簇头汇报自身的状态信息；在基于更新的重路由阶段，簇头依据收到的信息再次分配时槽并更新转发表；在事件触发重路由阶段，当某节点能量不超过阀值或者拓扑变更时，簇头向组内成员发布新的调度命令。协议共有 2 类时槽分配算法：深度时槽分配和宽度时槽分配。深度分配法能够减少报文丢失概率并促进数据及时上传；宽度分配法可为簇内节点提供连续时槽，有效减少硬件切换次数。

上面的 2 个协议因为各个阶段时间长度不可改变，所以不能高效地使用信道：集中式时槽分配要求簇头必须拥有很强的计算和通信能力，因此能量消耗较多，并对时钟同步依赖很高。

（6）CDMA Sensor MAC

直接序列码分多址（DS-CDMA，Direct-Sequence Code Division Multiple Access）是由 Liu 等提出的针对传感网络位置感知的自组织 MAC 协议[47]，适合于通信负载大、时延要求严格的应用，如战场监测系统。CS–MAC 协议的设计目标包括节能、低时延、高容错率、可扩展性。该协议基于以下几点假设：1）节点几乎在同一时间同时启动；2）通过 GPS 或其他技术，节点能估计自己的位置；3）在网络生存期间，节点静止不动，即节点只需要定位一次。

CS-MAC 协议如图 2.15 所示，网络的形成由以下几个不同的阶段组成。在位置广播阶段，节点通过射频向邻居节点广播位置信息，为了确保每个节点都能传输成功，该协议使用了较大的竞争窗口，允许节点多次广播。完成位置广播阶段后，节点在其通信范围内有了一个冗余邻居表 RNL，表中有邻居节点的位置信息。

图 2.15　网络信息部分

在关闭冗余节点阶段 TORN（Turning Off Redundant Node），关闭冗余节点，从而节省能量并减少网络干扰。首先，根据冗余邻居表中的节点到该节点的距离，对冗余邻居节点排序。若传感节点高密度分布，在传感分辨率 SR（Sensing Resolution）半径范围内就可能存在冗余节点，SR 是应用场景要求的传感精度，SR 是一个应用标准，与传感半径不同。

每个节点通过竞争协议协商得到保持活跃的节点，利用一个随机的定时器避免冲突。先获得信道发送数据的节点通过在请求中加入冗余节点的ID，通知冗余节点关闭，若节点收到了邻居节点要求关闭的请求，则关闭，一段时间后，该节点唤醒并检查活跃节点的能量等级，以决定是否接管通信，以提供高的容错率。显然，在TORN阶段，有大量冗余邻居节点的节点能够成为活跃节点的概率很低，TORN阶段结束后，网络中只剩下活跃节点，节点这时存有活跃邻居节点表NNL（Non-Redundant Neighbor List），将在SMN阶段中使用。

在选择最小邻居阶段（SMN, Select Minimum Neighbor），节点已经存有活跃邻居节点的位置信息，该信息由射频强度表示。节点并不选择所有的活跃邻居节点作为邻居节点，只选择其中一部分作为邻居节点，选择依据是，被选择的节点没有与其他的邻居节点形成多跳路径。为了完成从活跃邻居节点中选出邻居节点的任务，设计了一个算法。在SMN阶段结束后，节点存有最少邻居节点表MNL（Minimum Neighbor List）。在接下来的信道设置阶段（Channel Setup Phase），将利用最少邻居节点表，设置这些节点和种子节点（Seed Node）的点对点通信信道。

在信道设置阶段，节点建立与MNL中节点的连接。其过程是，节点首先估计到最远节点需要的发射功率，然后利用该发射功率进行判定，这样做的好处是，距离该节点很远的节点可以同时设置它的通信链路。节点之间利用CSMA/CA建立连接。节点一旦占有信道，它将一直占据信道直到它与所有的MNL中的节点完成通信链接。

CS-MAC利用DS-CDMA与频分复用的结合来分配信道，减少了网络中信道干扰和数据分组的时延。仿真结果表明[48]，与传统用于传感网络的MAC协议相比，CS-MAC显著的减少了每个数据分组的平均时延和能量损耗。

2.6.3 混合协议

混合协议，即融合了竞争协议和调度协议的特点，在全局网络的优化中更占优势的协议。

（1）空间TDMA和前导码采样CSMA

空间TDMA和前导码采样CSMA协议是由El–Hoiydi提出的混合MAC协议[49]，主要用于低功率的传感网络，该协议假设网络中数据通信是周期性的，且数据时有时无。节点有2个通信信道：数据信道和控制信道。在数据信道，利用TDMA协议传输频繁的周期数据，在控制信道，利用低功率的CSMA协议传输控制的信号。协议通过加入传呼系统(Paging System)[50]中使用的前导码采样技术而引入了一个低功耗的CSMA协议。在发送消息前，加入长度为T_p的前导码，每过时间T_p，节点由休眠进入唤醒状态，检查信道是否繁忙，若监测到前导码，接收节点将持续侦听，直到找到数据分组并接收完毕，若信道上没有数据，节点大部分时间便处于休眠状态，以达到节能的目的，并延长网络寿命。

（2）Z-MAC

Z-MAC 协议是混合协议，由 Rhee 等提出[51]，它保留了 TDMA 和 CSMA 的优点，避免了两者的缺点。Z-MAC 协议的主要特征是对动态的竞争有良好的自适应性，在低竞争等级情况下，它与 CSMA 的工作机制类似，可以实现较高的信道利用率和较低的时延，在高竞争等级的情况下，它又与 TDMA 的工作机制类似，可以实现高的信道利用率。该协议对于时钟同步错误，时隙分配失败，时变信道，拓扑动态变化都有很好的顽健性。

由于结合了 CSMA 和 TDMA 的优点，Z-MAC 相比于单独的 TDMA，在时钟同步错误，时隙分配失败，时变信道和动态拓扑方面有更好的顽健性，Z-MAC 只要求两跳邻域内的时钟同步，简单的时钟同步机制就可实现，该机制中，节点根据数据率和原始预算，调整它的同步频率。仿真结果显示，在高竞争环境的网络中，Z-MAC 比 B-MAC[52]有更好的性能，尤其是在节能方面，但在低竞争环境的网络中，不如 B-MAC。

（3）漏斗型 MAC（Funneling-MAC）

漏斗型 MAC 协议混合了 TDMA 和 CSMA/CA 技术，由 Ahn 等提出[53]，主要为解决漏斗效应[54]。如图 2.16 所示，某个传感区域产生的事件数据以多到一的通信模式，多跳到一个或多个汇聚节点。漏斗效应使通信负载增加很快，随着数据分组的汇聚，数据分组的堵塞、冲突、丢失、延迟和能量的损耗都将增加。靠近汇聚节点的节点或漏斗区域的节点比远离汇聚节点的节点可能丢失更多的数据分组从而浪费更多的能量，导致整个网络寿命变短。为了延长网络的寿命，需要减少漏斗区域的通信负载，即减少漏斗效应的影响。

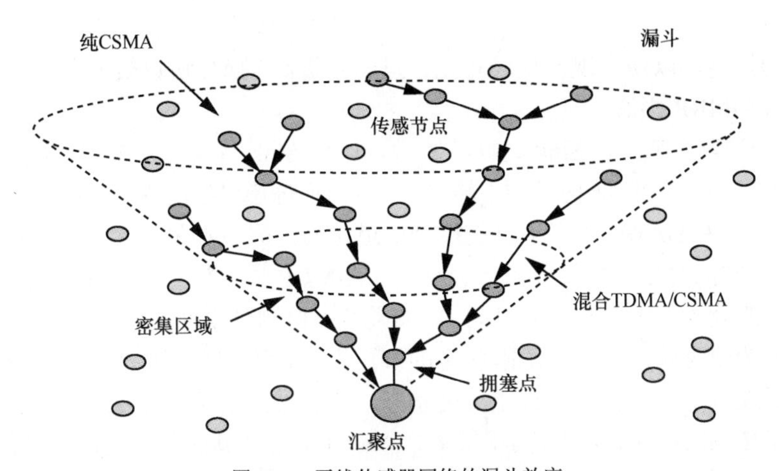

图 2.16　无线传感器网络的漏斗效应

漏斗型 MAC 基于纯 CSMA/CA 机制，同时，还使用了局部时分复用技术，TDMA 帧用于漏斗区域,节点根据调度信息转发相关数据，它拥有多个时槽，一个 CSMA 帧和 TDMA 帧合成为一个超帧，如图 2.17 所示，为靠近汇聚节点的节点提供更多的数据传输机会。漏斗区域的深度由汇聚节点计算并维护，在局部使用 TDMA 和更多的管理汇聚节点，解决传感网络时分复用部署的可扩展性问题。实验证明，漏斗型 MAC 很好地减轻了漏斗效应，提高了吞吐量和能量效率，与其他协议相比，如 B-MAC 协议[55]、TinyOS[56]等默认协议，以及混合 Z-MAC 协议，有更好的性能。

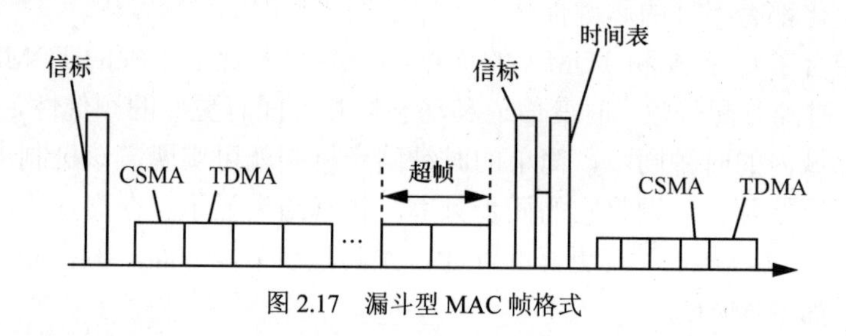

图 2.17　漏斗型 MAC 帧格式

2.6.4　跨层 MAC 协议

传统的分层设计思想给网络协议的设计带来了一些不足，各自追求性能指标的最大化，缺乏对网络协议的整体性能规划，不能带来网络整体性能的改善，甚至有可能造成网络性能的急剧恶化，例如，在无线传感器网络中，监测到某节点物理层的链路质量非常好，对网络来说，利用该节点的物理链路性能最优，但其剩余能量较小，若待发送数据分组较长，可能会导致该节点过早死亡，所以从网络整体看，MAC 协议不应该选择该节点担当数据分组的下一跳转发节点。跨层设计已被研究人员放到一个非常重要的地位，研究如何优化 MAC 层与网络协议栈其他层的性能，以便实现协议轻量化，进一步提高 MAC 协议效率。

（1）AIMRP 协议

该协议通过节点与 Sink 之间的跳数，围绕 Sink 形成一个多层环形结构，数据分组信息由外向内逐层转发，从而替代路由机制；节点采用 CTR/RTR/ACK/DATA 四握手机制控制信道访问，只有在最近上层环中的节点发出 RTR 请求的时候，转发节点才会响应。AIMRP 协议进行节点休眠调度，节点用参数 σ 的分布来确定睡眠的时间 T_σ，如果节点检测到事件发生时处于睡眠状态，则立刻变为侦听状态，如果睡眠状态的节点没有检测到有事件发生，那么睡眠状态结束后在 T_{on} 时间内持续处于等待状态，以转发上层端点传送来的数据信息，相比分组传输时间 T_{data}，T_{on} 要小很多，以确保节点在睡眠状态的时间充足。

AIMRP 的能量效率比 S-MAC 高，但是也有一些值得注意的缺点：1）路由机制没有考虑对能量的优化，与 DSR 等路由协议相似；2）采用了集中式算法，虚拟拓扑的动态适应性相对较差；3）对于同步的精度要求较高。因此，AIMRP 协议一般针对典型聚播流量，比较适用于事件检测等应用。

（2）R-MAC 协议

基于占空比的竞争协议在网络负载变大时，将加重信道竞争的程度，导致严重的延时。为了改进这一缺陷，Yaru De 等学者提出了一种跨层 MAC 协议 R-MAC。R-MAC 协议规定帧在一个周期内可以多跳转发[57]。

R-MAC 协议的优势在于能随时适应流量的变化，在不消耗过多能量的前提下，可以明显降低一般协议运行中的延时。不过缺点依然存在，因为该协议需要网络层中路由协议的配合，一旦路由协议不可靠即可能导致工作的不当，使得 R-MAC 协议的性能波动很大。网络流量激增时，尤其在基站周围的节点需在很长的时间内工作在活跃状态，网络的能量消耗较大。所以，R-MAC 协议应用在事件监测和流量较小的周期数据采集等领域较为合适。

2.7　无线传感器网络各类 MAC 协议比较

WSN 应用范围很广，应用在不同环境下的 WSN 的 MAC 协议，侧重点各不相同，各自拥有不同的优势。采用表格的方式，对常见的 MAC 协议展开分析比较。

表 2.1 列出的协议，主要从它们的种类、工作机制、最佳的业务承载类型以及现阶段还主要存在的问题等方面展开对比分析；与此对应，表 2.2 主要从这些协议的网络分组延时、协议的扩展性、同步要求以及协议对传感器节点的要求等方面展开对协议的对比分析；在表 2.3 中，主要分析比较协议应用受限性的要求。在实际的应用过程中，应该主要统筹考虑各方面因素，依据 WSN 的应用特点选择合适的 MAC 协议。

表 2.1　MAC 协议的特点比较

协议	类型	主要能耗点	主题方案	缺点
S-MAC	CSMA	空闲侦听	虚拟簇、自适应侦听	睡眠延迟
T-MAC	CSMA	空闲侦听	自适应侦听	提前睡眠
B-MAC	Slotted Aloha	空闲侦听、过度监听	低功耗侦听、CCA	同步码冲突
WiseMAC	Np-CSMA	空闲侦听、过度监听	低功耗侦听、CCA	隐式终端
X-MAC	CSMA	空闲侦听、过度监听	低功耗侦听、CCA、选通同步码	时钟漂移
E-CSMAC	CSMA/CA	空闲侦听、过度监听	信道状态管理	控制开销

续表

协议	类型	主要能耗点	主题方案	缺点
Cluster-based	TDMA	空闲侦听、过度监听、冲突	簇式网络、时隙分配	信道利用率低
TRAMA	CSMA/TDMA	空闲侦听、过度监听、冲突	预分配时隙、保留域、夹带	时钟漂移
TRAMA-W	TDMA	空闲侦听、过度监听	着色理论、唤醒机制	单跳延时
Z-MAC	CSMA/TDMA	空闲侦听、过度监听、冲突	低功耗监听、CCA、杠杆自适应理论	集中式算法
Funneling-MAC	CSMA/TDMA	空闲侦听、过度监听、冲突	动态时隙分配	隐式终端、冲突无规律
AIMRP	CSMA	空闲侦听、过度监听、冲突	异步与随即占空比	虚拟拓扑的自适应性弱
SARA-M	CSMA	空闲侦听	基于跳数的路由策略	计算效率低
R-MAC	CSMA	空闲侦听、冲突	先驱帧	路由协议的依赖关系

表 2.2　　MAC 协议的性能比较

协议	计算开销	控制开销	存储开销	自适应性	延迟	时间同步精度
S-MAC	无需要	比较高	调度表	好	比较高	低
T-MAC	无需要	比较高	无需要	比较好	高	低
B-MAC	无需要	高	无需要	好	中等	中等
WiseMAC	采样调度	高	无需要	好	中等	中等
X-MAC	预估负载量	低	无需要	好	低	高
E-CSMA	RSSI	中等	信道状态	好	中等	高
Cluster-based	时隙分配	高	转发表	中等	高	高
TRAMA	传输优先级	高	2 个邻居节点	中等	高	高
TDMA-W	时隙分配	高	2 个邻居节点	中等	高	高
Z-MAC	时隙分配	低	调度表	差	中等	中等
Funneling-MAC	时隙分配	中等	调度表	中等	中等	低
AIMRP	参数	高	无需要	差	中等	中等
SARA-M	虚拟拓扑	高	虚拟拓扑	差	中等	低
R-MAC	无需要	中等	路由表	中等	低	高

表 2.3　　MAC 协议的应用范围比较

协议	应用范围
S-MAC	周期数据融合；对延迟不敏感；分组丢失率要求不高；低扩展性
T-MAC	周期数据融合；事件驱动型；对延迟不敏感；分组丢失率要求不高；节点偶尔移动；大规模

续表

协议	应用范围
B-MAC	比特流广播；节点移动；大规模无线传感器网络
WiseMAC	结构型网络的 MAC 层下行；问询机制；大规模无线传感器网络
X-MAC	紧急情况汇报；数据融合；实时性；中型规模无线传感器网络
E-CSMA	周期数据融合；事件驱动型；对延迟不敏感；分组丢失率要求不高；节点偶尔移动；大规模
Cluster-based	簇状网；头节点有较强的计算和传输能力
TRAMA	周期数据融合；实时性要求不高；分组丢失率要求不高；位置固定；低扩展性
TDMA-W	事件驱动型；轻度负载；实时性要求不高；相对稳定的拓扑；小规模无线传感器网络
Z-MAC	周期数据融合；低误分组率；重度负载；密集型网络；相对稳定的拓扑；小规模
Funneling-MAC	紧急情况汇报；数据融合；重度负载；密集型网络；相对稳定的拓扑；大规模无线传感器网络
AIMRP	事件汇报；无全局地址；面向 sink 节点的；对个 sink 节点；对延迟不敏感；相对稳定的拓扑；小规模
SARA-M	周期数据融合；网络生命力强；对延迟不敏感；位置固定；低扩展性；小规模无线传感器网络
R-MAC	周期数据融合；事件驱动型；对延迟敏感；分组丢失率要求不高；节点偶尔移动；大规模

2.8　本章小结

网络体系结构设计对于无线传感器网络的能耗以及网络的使用寿命有很大的影响。由于传感器节点的能量限制以及特有的多对一业务模式，多跳短距离通信更适合无线传感器网络。在多跳网络中，基于分簇的分层网络结构不仅能够降低通信所需的能量消耗，而且能够平衡各节点间的业务负载，提高网络的可扩展性。无线传感器网络需要设计一组新的网络协议来完成各种网络控制与管理功能，这些网络协议不仅需要考虑传感器网络的各种资源限制，而且需要考虑传感器网络应用的相关特征。

对于无线传感网络，媒体访问控制在节能及网络性能方面有重要的作用，本章介绍了网络体系结构中最重要的 MAC 层基本概念，讨论了 MAC 层设计面临的主要难题，介绍了一些经典的用于无线传感网络的 MAC 协议，并对常用的协议从多个方面进行了比较。在传感网络中，主要应用 TDMA 和 CSMA 技术，TDMA 的优点在于没有数据冲突，在高通信负载下有高的能量效率，但是，在低通信负载下，时延大、吞吐量不高，而且 TDMA 要求严格的时钟同步，对网络拓扑变化的适应性不强。与 TDMA 相比，CSMA 存在竞争，在高通信负载下，能量效率低，时延大，但在低通信负载下能改善时延且有较高的吞吐量。对于不同的应用，可以融合 TDMA、CSMA 或其他机制，以达到不同的性能要求。需要了解更多其他的 MAC 协议，可以参阅参考文献[58~68]来做进一步了解。为了提高网络的性能，在设计 MAC 层协议时，需将其他层的特点也考虑进来，这将是未来 MAC 层发展的一个方向。

参考文献

[1] IAN F AKYILDIZ, *et al.* A survey on sensor networks[J]. IEEE Communications Magazine, 2002,40(8):102-114.

[2] ROCHA V, GONCALVES G. Sensing the world: challenges on WSN[A]. 2008 IEEE InternationalConference on Automation, Quality and Testing, Robotics[C]. CIuj-Napoca, Romania, 2008.54-59.

[3] POTTIE G, KAISER W. Wireless integrated sensor networks (WINS)[J]. Communications of the ACM, 2000, 43(5):51-58.

[4] KARAKI J N, KAMAL A E. Routing techniques in wireless sensor networks: a survey[J]. IEEE Wireless Communications, 2004,11(6):6-28.

[5] RAJAGOPALAN R, VARSHNEY P. Data-aggregation techniques in sensor networks: a survey[J]. IEEE Communications and Surveys and Tutorials, 2006,8(4):48-63.

[6] ABBASI A A, YOUNIS M. A survey on clustering algorithms for wireless sensor networks[J]. Computer Communications, 2007, 30(14-15):2826-2841.

[7] GUPTA G, YOUNIS M. Load-balanced clustering of wireless sensor networks[A]. Proceedings of 2003 IEEE International Conference on Communications (ICC'03)[C]. Anchorage, AK, 2003. 1848-1852.

[8] BANDYOPADHYAY S, COYLE E J. An energy efficient hierarchical clustering algorithm for wireless sensor networks[A]. Proceedings of IEEE INFOCOM'03[C]. San Francisco, 2003.1713-1723 .

[9] HEINZELMAN W, CHANDRAKASAN A, BALAKRISHNAN H. An application-specific protocol architecture for wireless microsensor networks[J]. IEEE Transactions on Wireless Communications, 2002, 1(4):660-70.

[10] YOUNIS O, FAHMY S. Heed: a hybrid, energy-efficient, distributed clustering approach for ad-hoc sensor networks[J]. IEEE Transactions on Mobile Computing, 2004, 3(4):366-379.

[11] WANG P, LI C, ZHENG J. Distributed minimum-cost clustering protocol for underwater sensor

networks (UWSN)[A]. Proceedings of 2007 IEEE International Conference on Communications (ICC'07)[C]. Glasgow, UK, 2007.3510-3515.

[12] BANERJEE S, KHULLER S. A clustering scheme for hierarchical control in multi-hop wireless networks[A]. Proceedings of IEEE INFOCOM'01[C]. Anchorage, AK, 2001. 1028-1037.

[13] LI Y, PANWAR S S, MAO S. A wireless biosensor network using autonomously controlled animals[J]. IEEE Network, 2006, 20(3):6-11.

[14] NAKAYAMA H, ANSARI N, JAMALIPOUR A, *et al.* Fault-resilient sensing in wireless sensor networks[J]. Computer Communications, 2007, 30(11):2375-2384.

[15] RUIZ L B, NOGUEIRA J M, LOUREIRA A A F. Sensor network management[A]. SMART DUST: Sensor Network Applications, Architecture, and Design (Edited)[C]. Boca Raton, FL, 2006 .

[16] SHEN C, SRISATHAPORNPHAT C, JAIKAEO C. Sensor information networking architecture and applications[J]. IEEE Personal Communications, 2001, 8(4):52-59.

[17] SU W, AKAN B, CAYIRCI E. Communication Protocols for Sensor Networks[M]. Kluwer Academic Publishers, Norwell, MA,2004.

[18] SHIH E, CHO S, ICKES N, *et al.* Physical layer driven protocol and algorithm design for energy-efficient wireless sensor networks[A]. Proceedings of ACM Mobicom'01[C]. Rome, Italy, 2001.272-286.

[19] KAHN J M, KATZ R H, PISTER K S J. Next century challenges: mobile networking for smart dust[A]. Proceedings of ACM Mobicom'99[C]. Washington DC, 1999. 271-278.

[20] ZHAO F, GUIBAS L. Wireless Sensor Networks: an Information Processing Approach[M]. Morgan Kaufmann Publishers, San Francisco, CA, 2004.

[21] DEMIRKOL I, ERSOY C, ALAGOZ F. MAC protocols for wireless sensor networks: a survey[J]. IEEE Communications Magazine, 2006,4:115-121.

[22] KLEINROCK L, TOBAGI F A. Packet switching in radio channels: part I—carrier sense multiple-access modes and their throughput-delay characteristics[J]. IEEE Transactions on Communications, 1975, 23(12): 400-1416.

[23] ESTRIN D, SAYEED A, SRIVASTAVA M. Wireless Sensor Networks[EB/OL]. http://nesl.ee.ucla.edu/tutorials/mobicom02/.

[24] WOO A, CULLER D. A transmission control scheme for media access in sensor networks[A]. Proc of ACM/IEEE Int Conf Mobile Computing and Networking[C]. Rome, Italy, 2001. 221-235.

[25] MOHAMMAD I, IMAD M. Handbook of Sensor Networks: Compact Wireless and Wired Sensing Systems[M]. Boca Raton,Florida,USA:CRC Press LLC, 2005.

[26] 闻英友，姜月秋，赵林．传感器网络中基于树的感知器分布优化[J].通信学报，2005，26(3): 1-5.

[27] WOO A, CULLER D. A transmission control scheme for media access in sensor networks[A]. Proc of the ACM MobiCom'01[C]. Rome, Italy, 2001.221-235.

[28] TILAK S, ABU-GHAZALEH N B, HEINZELMAN W. A taxonomy of wireless micro-sensor network models[J]. ACM Mobile Computing and Communication Review, 2009,1(2):1-8.

[29] YE W, HEIDEMANN J, ESTRIN D. An energy efficient MAC protocol for wireless sensor networks[A]. Proceedings of IEEE INFOCOM'02[C]. New York, USA, 2002.1567-1576.

[30] YE W, HEIDEMANN J, ESTRIN D. Medium access control with coordinated adaptive sleeping for wireless sensor networks[J]. IEEE/ACM Transactions on Networking, 2004,12(3): 493-506.

[31] Wireless LAN Medium Access Control (MAC) and Physical Layer (LHY) Specification[S]. IEEE Std 802.11 IEEE-1999 Edition.

[32] LIN P, QIAO C, WANG X. Medium access control with a dynamic duty cycle for sensor networks[A]. Proceedings of 2004 IEEE Wireless Communications and Networking Conference (WCNC'04)[C]. Atlanta, GA, 2004.1534-1539.

[33] PHAM H, JHA S. An adaptive mobility-aware MAC protocol for sensor networks (MS-MAC)[A]. Proceedings of 2004 International Conference on Mobile Ad Hoc and Sensor Systems (MASS'04)[C]. Fort Lauderdale, FL, 2004.558-560.

[34] LU G, KRISHNAMACHARI B, RAGHAVENDRA C S. An adaptive energy-efficient and low-latency MAC for data gathering in wireless sensor networks[A]. Proceedings of 18th International Parallel and Distributed Processing Symposium (IPDPS'04)[C]. Santa Fe, NM, 2004.224-231.

[35] RAJAGOPALAN R, VARSHNEY P. Data-aggregation techniques in sensor networks: a survey[J]. IEEE Communications and Surveys and Tutorials, 2006,8(4):48-63.

[36] JAMIESON K, BALAKRISHNAN H, TAY Y C. Sift: a MAC Protocol for Event-Driven Wireless Sensor Networks[M]. LCS Technical Reports, 2003.

[37] EL-HOIYDI A, *et al*. WiseMAC: an ultra low power MAC protocol for the WiseNET wireless sensor network[A]. Proceedings of 1st ACM Conference on Embedded Networked Sensor Systems (SenSys'03)[C]. Los Angeles, CA, 2003. 302-303.

[38] EL-HOIYDI A. Spatial TDMA and CSMA with preamble sampling for low power ad-hoc wireless sensor networks[A]. Proceedings of 2002 IEEE Symposium on Computers and Communications (ISCC'02)[C]. Taormina, Italy, 2002.685-692.

[39] EL-HOIYDI A, DECOTIGNIE J D. WiseMAC: an ultra low power MAC protocol for the downlink of infrastructure wireless sensor networks[A]. Proceedings of IEEE International

Symposium on Computers and Communications (ISCC'04)[C]. Alexandria,Egypt, 2004. 244-251.

[40] Wireless LAN Medium Access Control (MAC) and Physical Layer (LHY) Specification[S]. IEEE Std 802.11 IEEE-1999 edition.

[41] Institute of Electrical and Electronics Engineers, Inc, IEEE Std 802.15.4-2003:Wireless Medium Access Control (MAC) and Physical Layer (PHY) Specifications for Low Rate Wireless Personal Area Networks (LR-WPANs)[S]. New York, IEEE Press, 2003.

[42] RAJENDRAN V, OBRACZKA K, GARCIA J J. Energy-efficient, collision -free medium access control for wireless sensor networks[A]. Proceedings of 1st ACM Conference on Embedded Networked Sensor Systems (SenSys'03)[C]. Los Angeles, CA, 2003.181-192.

[43] KALIDINDI R, RAY L, KANNAN R, *et al.* Distributed energy aware MAC layer protocol for wireless sensor networks[A]. Proceedings of 2003 International Conference on Wireless Networks (ICWN'03)[C]. Las Vegas, Nevada, 2003.

[44] PARK S, SAVVIDES A, SRIVASTAVA M B. SensorSim: a simulation framework for sensor networks[A]. Proceedings of 5th International Workshop on Modeling Analysis and Simulation of Wireless and Mobile Systems (MSWiM' 02)[C]. Boston, MA, 2000.

[45] CACCAMO M, ZHANG L Y, SHA L, *et al.* An implicit prioritized access protocol for wireless sensor networks[A]. Proceedings of 23rd IEEE Real-Time Systems Symposium (RTSS'02)[C]. Austin, TX, 2002.39-48.

[46] 刘洪涛, 苗德行等. 嵌入式系统技术与设计[M]. 北京：人民邮电出版社, 2012.

[47] LIU B, BULUSU N, PHAM H, *et al.* CSMAC: A novel DS - CDMA based MAC protocol for wireless sensor networks[A]. Proceedings of IEEE Global Telecommunications Conference (Globecom'04) Workshops[C]. Dallas, TX, 2004.33-38.

[48] EL-HOIYDI A. Spatial TDMA and CSMA with preamble sampling for low power ad-hoc wireless sensor networks[A]. Proceedings of 2002 IEEE Symposium on Computers and Communications (ISCC'02)[C]. Taormina, Italy, 2002. 685-692.

[49] RHEE I, WARRIER A, AIA M, *et al.* Z-MAC: a hybrid MAC for wireless sensor networks[A]. Proceedings of 3rd ACM Conference on Embedded Networked Sensor Systems (SenSys'05)[C]. San Diego, CA, 2005.

[50] RHEE I, WARRIER A, XU L. Randomized Dining Philosophers to TDMA Scheduling in Wireless Sensor Networks[D]. Technical Report, Computer Science Department, North Carolina State University, Raleigh, NC, 2004.

[51] RAMANATHAN S. A unified framework and algorithms for (T/F/C) DMA channel assignment in wireless networks[A]. Proceedings of IEEE INFOCOM'07[C]. Anchorage, AK, 2007. 900-907.

[52] POLASTRE J, HILL J, CULLER D. Versatile low power media access for wireless sensor networks[A]. Proceedings of 2nd ACM Conference on Embedded Networked Sensor Systems (SenSys'04)[C]. Baltimore, MD, 2004.95-107.

[53] AHN G S, MILUZZO E, CAMPBELL A T, *et al*. Funneling-MAC: a localized, sink - oriented MAC for boosting fidelity in sensor networks[A]. Proceedings of ACM Conference on Embedded Networked Sensor Networks (SenSys'06)[C]. Boulder, Colorado, 2006.293-306.

[54] WAN C Y, EISENMAN S E, CAMPBELL A T, *et al*. Siphon: overload traffic management using multi-radio virtual sinks[A]. Proceedings of 3rd ACM Conference on Embedded Networked Sensor Systems (SenSys'05)[C]. Dan Diego, CA, 2005.116-129.

[55] ARM. ARM Architecture Reference Manual [EB/OL]. http://www.arm.com,2000.

[56] TOBAGI F, KLEINROCK L. Packet switching in radio channels: part II—the hidden terminal problem in carrier sense multiple access and the busy - tone solution[J]. IEEE Transactions on Communications, 1975, 23(12):1417-1433.

[57] BIANCHI G, TINNIRELLO I. Kalman Filter Estimation of the Number of Competing Terminals in an IEEE 802.11 Network[M].INFOCOM, 2005.

[58] GUO C, ZHONG L C, RABAEY J M. Low power distributed MAC for ad hoc sensor radio networks[A]. Proceedings of 2001 IEEE Global Telecommunications Conference (Globecom'01)[C]. San Antonio, TX, 2001. 2944-2948.

[59] RAY Y C, JAMIESON K, BALAKRISHNAN H. Collision-minimizing CSMA and its applications to wireless sensor networks[J]. IEEE Journal on Selected Areas in Communications, 2004, 22(6):1084-1057.

[60] CUIETAL S. Joint routing, MAC, and link layer optimization in sensor networks with energy constraints[A]. Proceedings of 2005 IEEE International Conference on Communications (ICC'05)[C]. Seoul, Korea, 2005.725-729.

[61] ZORZI M. A new contention-based MAC protocol for geographic forwarding in ad hoc and sensor networks[A]. Proceedings of 2004 IEEE International Conference on Communications (ICC'04)[C]. Paris, France, 2004. 3481-3485.

[62] RUGIN R, MAZZINI G. A simple and efficient MAC - routing integrated algorithm for sensor networks[A]. Proceedings of 2004 IEEE International Conference on Communications (ICC'04)[C]. Paris, France, 2004. 3499-3503.

[63] REN Q, LIANG Q. A contention-based energy-efficient MAC protocol for wireless sensor networks[A]. Proceedings of 2006 IEEE Wireless Communications and Networking Conference (WCNC '06)[C]. Las Vegas, NV, 2006.1154-1159.

[64] VURAN M C, AKYILDIZ I F. Spatial correlation - based collaborative medium access control in wireless sensor networks[J]. IEEE/ACM Transactions on Networking, 2006,14(2):316-329.

[65] CHOWDHURY K R, NANDIRAJU N, CAVALCANTI D, *et al*. CMAC-A multi- channel energy efficient MAC for wireless sensor networks[A]. Proceedings of 2006 IEEE Wireless Communications and Networking Conference (WCNC '06)[C]. Las Vegas,NV, 2006.1172-1177.

[66] TANG K W, KAMOUA R. Cayley pseudo-random (CPR) protocol: a novel MAC protocol for dense wireless sensor networks[A]. Proceedings of 2007 IEEE Wireless Communications and Networking Conference (WCNC'07)[C]. Hong Kong, China,2007.361-366.

[67] EISENMAN S B, CAMPBELL A T. E-CSMA: Supporting enhanced csma performance in experimental sensor networks using per-neighbor transmission probability thresholds[A]. Proceedings of IEEE INFOCOM'07[C]. Anchorage, AK, 2007. 1208-1216.

[68] SHI X, STROMBERG G. SyncWUF: an ultra low-power MAC protocol for wireless sensor networks[J]. IEEE Transactions on Mobile Computing, 2007,6(1):115-125.

第3章　无线传感器网络的标准化

3.1　概　　述

无线传感器网络作为一门面向应用的新兴技术，在近几年得到了飞速发展。在关键技术的研发方面，学术界从网络协议、数据融合、测试测量、操作系统、服务质量、节点定位、时间同步等方面开展了大量研究，取得丰硕的成果；工业界也在环境监测、军事目标跟踪、智能家居、自动抄表、灯光控制、建筑物健康监测、电力线监控等领域进行了应用探索。随着应用的推广，无线传感器网络技术开始暴露出越来越多的问题，不同厂商的设备需要实现互联互通，还要避免与现行系统的相互干扰，这些都要求不同的芯片厂商、方案提供商、产品提供商及关联设备提供商能达成一定的默契，齐心协力实现目标，这就是无线传感器网络标准化工作的背景。实际上，由于标准化工作关系到多方的经济利益甚至国家利益，因此受到相关行业的普遍重视，需要协调好各方利益，以达成共识。

到目前为止，无线传感器网络的标准化工作受到了许多国家及国际标准组织的普遍关注，已经完成了一系列草案甚至标准规范的制定。其中最出名的就是 IEEE 802.15.4[1]/ZigBee[2]规范，它甚至已经被一部分研究及产业界人士视为标准。IEEE 802.15.4 定义了短距离无线通信的物理层及链路层规范，ZigBee 则定义了网络互联、传输和应用规范，其对应的协议栈如图 3.1 所示。在采用电池供电的无线设备中，2 个协议栈可以结合起来支持低数据率和长期持久的应用。这些标准的应用领域有传感器、互动玩具、智能徽章、远程控制、家庭自动化等。

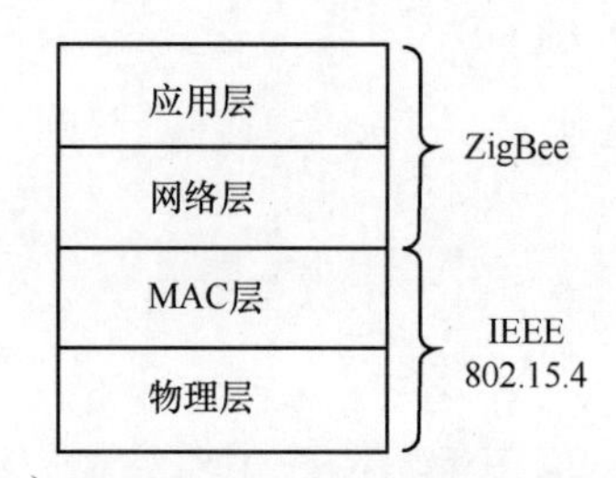

图 3.1　IEEE 802.15.4 和 ZigBee 中的协议堆栈

IEEE 802.15.4 标准的第一个版本于 2003 年交付，并免费发布[3]。该版本于 2006 年进行了修订，但新版本还没有免费发布。ZigBee 协议栈是由 ZigBee 联盟于 2004 年底提出的，联盟是一个致力于共同开发可靠、低成本、低功耗的无线网络产品和标准的企业协会。ZigBee 的第一版于 2006 年底进行修订（两者都可以免费下载[4]）。2006 年的版本扩展了应用程序配置文件的标准化，并对网络层和应用层做了一些小的改善。本章关注 2 个 ZigBee 版本共有的主要功能。IEEE 802.15.4 和 ZigBee 标准的研究现状可见参考文献[5]。

本章介绍了 2 种标准的主要特点，分成 2 个部分：第一部分，3.2 节介绍 802.15.4 的物理层和 MAC 层；第二部分，3.3 节介绍了 ZigBee 的网络层和应用层。

3.2　IEEE 802.15.4 标准

IEEE 802.15.4 标准[1]为低速的无线个人局域网（PAN）制定了物理层和 MAC 层。IEEE 802.15.4 标准协议栈简单灵活，并且无需任何基础设施，适合于短距离通信（一般在 100m 范围内），具有易于安装、低成本、低功耗等特点。

IEEE 802.15.4 的物理层可以与其他 IEEE 无线网络标准兼容，如 IEEE 802.11 和 IEEE 802.15.1（蓝牙）。它不仅具有在物理介质上传送数据分组的功能，还具有激活与释放无线收发器的功能，可以工作在以下 3 种免许可证的频段：

868~868.6MHz，数据传输速率为 20kbit/s，欧洲的 ISM 标准；

902~928MHz，数据传输速率为 40kbit/s，北美的 ISM 标准；

2 400~2 483.5MHz，数据传输速率为 250kbit/s，全球范围内的 ISM 标准。

MAC 层为上层提供数据服务和管理服务，数据服务能够实现 MAC 层数据分组在物理层上发送和接收。管理服务包括通信的同步、保证时隙的管理以及网络设备的连接与拆除等。此外，MAC 层还能够实现基本的安全机制。

3.2.1　MAC 层的概述

MAC 层定义了 2 种类型的节点：精简功能设备（RFD）和全功能设备（FFD）。RFD 是具有简单处理、存储和通信能力的终端设备，能够实现 MAC 层的部分功能。此外，RFD 只能与已存的网络相连接，并依赖于 FFD 进行通信。FFD 能实现所有 MAC 层功能，它既可以作为 PAN 协调器，也可以作一组 RFD 设备的通用协调器。PAN 协调器的功能是建立和管理网络，它选择 PAN 的标识符，并建立或拆除与其他设备的连接。在设备连接阶段，PAN 协调器给新设备分配一个 16 位的地址，该地址也可以与静态分配给每个设备的标准 IEEE 64 位扩展地址交替使用。

多个 FFD 可以协作完成网络拓扑的构建。实际运行中，网络拓扑的构建在网络层进行，但是 MAC 层可以为 2 种类型的网络拓扑提供支持：星型网络和对等网络。

在星型拓扑结构中，一个 FFD 作为 PAN 的协调器，位于网络的中心位置。所有其他的 RFD 和 FFD 设备均作为普通设备，且只能和协调器通信，协调器负责网络中所有通信的同步。同一个区域中的不同星型网络有不同的 PAN 标识符，并且彼此之间独立地运行。图 3.2(a)给出了一个星型拓扑结构的实例。

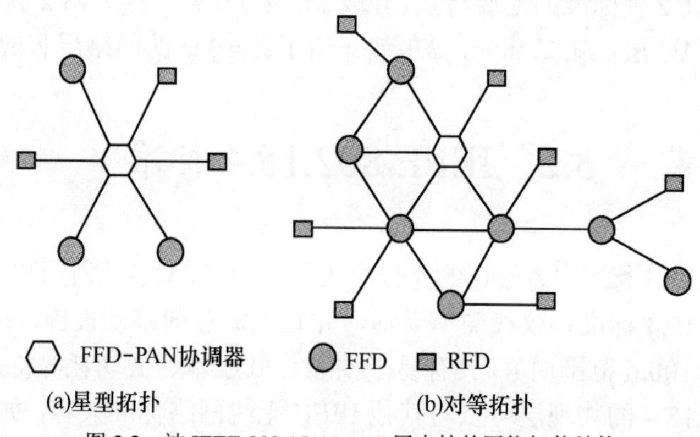

图 3.2　被 IEEE 802.15.4 MAC 层支持的网络拓扑结构

在对等拓扑结构中，每个 FFD 都能够和其通信范围内的任何设备进行通信。一个 FFD（一般是发起网络的 FFD）充当 PAN 的协调器。其他的 FFD 作为路由器或终端设备来形成一个多跳网络，如图 3.2(b)所示。RFD 只能作为终端设备使用，并且每个 RFD 只能和一个 FFD 相连。

3.2.2　信道接入

MAC 层协议定义了 2 种信道访问类型：超帧结构和无超帧结构。超帧结构主要用于星型拓扑结构的网络中（也可用于树型结构的对等拓扑结构中），它提供节点间的同步，以节约设备的能耗。无超帧结构的信道接入更为普遍，可支持任意对等拓扑结构中的通信。

（1）超帧结构的通信

超帧由“活动”阶段和“非活动”阶段 2 部分组成，所有的通信都发生在“活动”阶段。因此，PAN 协调器在“非活动”阶段可以进入低功耗（睡眠）模式。“活动”阶段由 16 个等长的时隙构成，第一个时隙是由 PAN 协调器发送的信标帧，表示超帧的开始。信标帧用于设备间的同步、PAN 网络的识别以及超帧结构的描述。终端设备和协调器的通信在后面的时隙内进行。“活动”阶段的时隙又可以分为竞争访问阶段（CAP）和非竞争阶段（CFP）（可选）。

在 CAP 阶段，各设备使用标准时隙的 CSMA-CA 协议（带冲突避免的载波侦听多路访问）竞争信道接入。CFP 阶段可选，主要用于低延迟应用或要求特定数据带宽的应用。为此，PAN 协调器可以将“活动”阶段的部分时隙（称为保证时隙 GTS）分配给具体的设备。GTS 时隙构成 CFP 阶段，它总是在超帧活动期的后面部分，紧跟在 CAP 时隙后的边界。每个 GTS 可以由多个时隙组成，并被分配给单个应用，使其能够无竞争地访问这些时隙。

在任何情况下，PAN 协调器总是会在 CAP 阶段为其他设备保留足够多的时隙，以及管理设备与协调器的连接与拆除。还需注意的是，所有基于竞争的传输都需在 CFP 阶段开始之前结束，每个在 GTS 内传送数据的设备都必须在 GTS 时间内完成它的数据传输。超帧结构如图 3.3 所示。

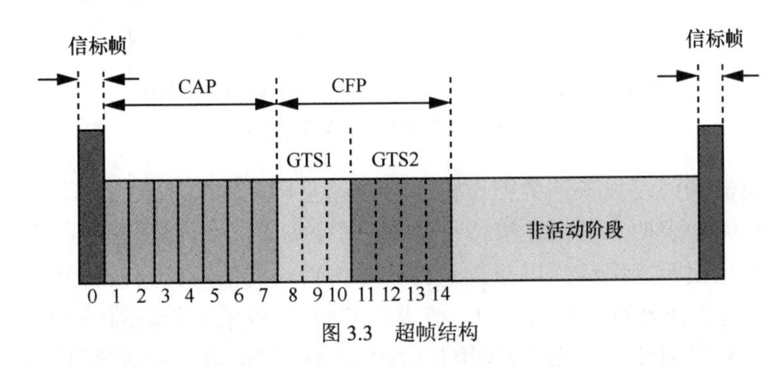

图 3.3　超帧结构

（2）无超帧结构的通信

PAN 协调器可以选择避免使用超帧结构（这时 PAN 被称为非信标使能网络）。在这种情况下，PAN 协调器不发送信标，所有的通信都基于无时隙的 CSMA-CA 协议。协调器必须始终保持开启状态，并且随时准备接收来自终端设备的上行数据。下行数据的传输则基于查询方式：终端设备会定期地唤醒，向协调器查询是否有待传数据的消息，如果有待传数据消息，协调器通过发送待传数据消息应答查询请求，否则发送无待传数据的控制消息。

3.2.3　数据传输模型

IEEE 802.15.4 标准支持 3 种数据传输模型：终端设备到协调器传输、协调器到终端设备传输以及点对点传输。星型拓扑结构中只用到前两种模型，在对等拓扑结构中，全部的 3 种模型都可以应用。3 种数据传输模型的实际应用情况取决于网络是否支持信标的传输。

（1）信标网络的数据传输

从终端设备到协调器的数据传输：终端设备首先等待一个网络信标帧并与超帧同步，当信标帧被接收后，如果信标帧带有 GTS，终端设备就会直接使用 GTS，否则，它将在 CAP 阶段使用带时隙的 CSMA-CA 协议传输数据帧给协调器。协调器可以在一个连续的时隙中传送一个确认帧选择性地确认数据的成功接收。协议如图 3.4(a)所示。

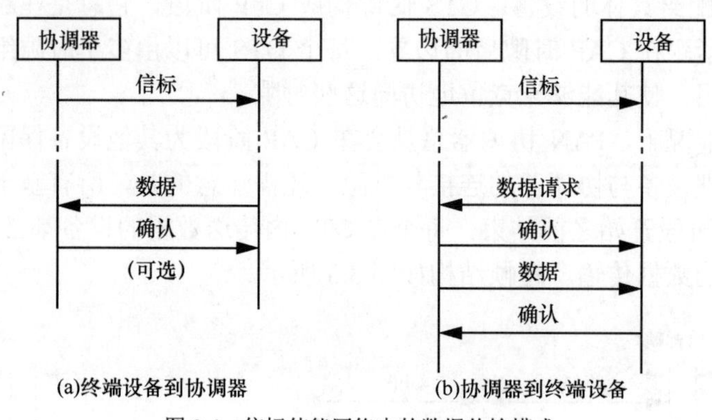

图 3.4　信标使能网络中的数据传输模式

从协调器到终端设备的数据传输：协调器存储采集的信息（一个数据帧）并在网络信标帧中表明有数据在等待传输。终端设备通常大部分时间处于睡眠状态，只是周期性地侦听网络信标以检查是否有等待传输的信息。当侦听到有信息在等待传输时，向协调器发送请求信息，请求在 CAP 阶段采用带时隙的 CSMA-CA 协议。相应地，协调器将在 CAP 阶段用带时隙 CSMA-CA 协议发送等待传输的信息。终端设备也将在一个连续的时隙中传输确认帧，确认数据的接收，协调器再从表中除去这个等待传输的信息。协议如图 3.4(b)所示。

对等数据传输：如果发送方或接收方为同一个终端设备，可以采用上述的数据传送模型。如果发送方和接收方都是协调器，并且它们都发送自己的信标。在这个情况下，发送方必须首先和接收方的信标同步，并将自己作为终端设备。同步协调器采用的方法由上层协议解决。

（2）非信标网络的数据传输

从终端设备到协调器的数据传输：终端设备采用非时隙 CSMA-CA 协议直接将数据帧传输给协调器。协调器通过传送一个可选择的确认帧来确认数据的成功接收，协议如图 3.5(a)所示。

从协调器到终端设备的数据传输：协调器存储信息（数据帧）并等待终端设备的请求，终端设备可以通过用非时隙的 CSMA-CA 协议传送请求以获取协调器的待传信息，协调器通过发送一个确认帧确认数据被成功接收。如果有待传信息，协调器用非时隙的 CSMA-CA 协议传送应答信息给终端设备。如果没有待传信息，协调器将传送一个有效负荷长度为零的消息（表明没有被等待传送的消息）。终端设备通过传送一个确认帧来确认数据帧的成功接收，流程如图 3.5(b)所示。

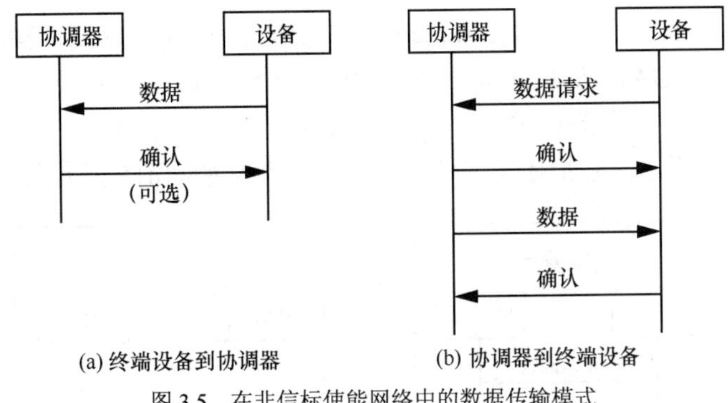

图 3.5　在非信标使能网络中的数据传输模式

点对点数据传输：在点对点个人无线局域网中，每一个终端设备都能与在自身无线电传输范围内的任何其他终端设备进行通信。为了有效地进行通信，需要通信的设备使接收机始终处于活跃状态，随时做好准备接收传来的信息，或者彼此同步。在前一种情况下，终端设备能够直接用非时隙的 CSMA-CA 传输数据，在第二种情况下，发送设备需要等到目标设备做好了接收数据的准备才能开始传输数据。然而，需要注意，如果终端设备同步超出了 IEEE 802.15.4 标准的范围，通信问题就需要留给高层去解决。

3.2.4　MAC 层服务

MAC 层给上层提供数据和管理的服务。每一项服务都用一组原语来描述，这些原语分为 4 种类型，其分类如图 3.6 所示，每种服务将根据需要使用全部或部分原语。

- 请求：由上层产生，用来向 MAC 层请求特定的服务。
- 指示：由 MAC 层产生，通知上层与特定服务相关的事件发生。
- 响应：由上层产生，用于通知 MAC 层结束先前请求的服务。
- 确认：由 MAC 层产生，向上层通告先前服务请求的结果。

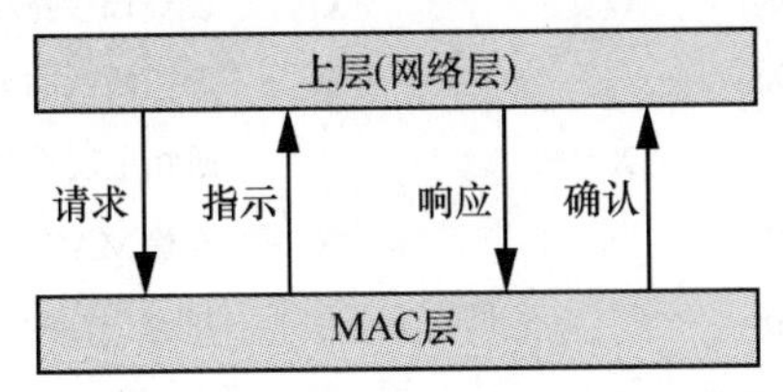

图 3.6　实现 MAC 层服务的 4 种原语类型

（1）数据服务

数据服务主要由一个只使用 request、confirm、indication 原语的服务组成。上层产生 DATA.request 原语向另一设备发送数据消息，MAC 层 DATA.confirm 原语向上层通告带有一个先前 DATA.request 原语的传输结果，返回传输的状态（成功或是错误代码）。DATA.indication 原语对应于一个“receive”原语，当 MAC 层从物理层接收到一个数据消息时产生，并由 MAC 层向上层传递。一个数据服务的实现过程如图 3.7 所示，它描述了在两节点间交换数据期间消息和原语的传送过程。

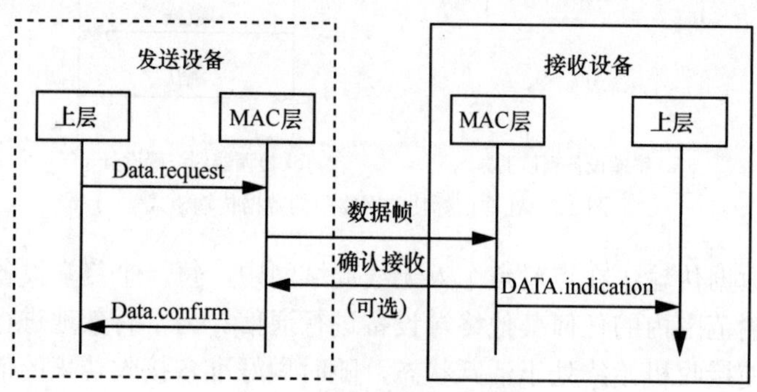

图 3.7　数据服务的实现过程

（2）管理服务

MAC 层的管理服务包括 PAN 的初始化、设备的连接与拆除、已存 PAN 的检测以及其他利用 MAC 层特征的功能。表 3.1 归纳了 MAC 层主要的管理服务。在该表中，表中的 X（对应于服务 *S* 和原语 *P* 的单元格）表示 *S* 使用原语 *P*，O 则表示原语 *P* 对于 RFD 来说是可选的。

表 3.1　MAC 层的主要管理服务

名称	请求	标示	响应	确认	功能
ASSOCIATE	X	O	O	X	请求关联一个新的设备到现存的 PAN
DISASSOCIATE	X	X		X	离开一个 PAN
BEACON-NOTIFY		X			提供上层已接收的信标
GET	X			X	读 MAC 层参数
GTS	O	O		O	读 GTS 到协调器
SCAN	X			X	查找活跃的 PAN
COMM-STAUS		X			通知上层从最初开始的有关交易状态
SET	X			X	设置 MAC 层参数
START	O			O	开始一个 PAN 和一个用于发现设备的信标
POLL	X			X	请求给协调器的未决信息

这里，举例描述 ASSOCIATE 服务的协议和功能。这项服务由希望加入一个通告预先调用 SCAN 服务识别的 PAN 设备调用。ASSOCIATE.request 原语将 PAN 标识符、协调器的地址、该设备的 64 位扩展地址作为参数，向指定协调器（PAN

协调器或者是一个路由器）发送一个连接请求（Association Request）消息。由于连接过程针对使用信标的网络，此连接请求消息使用带时隙的 CSMA-CA 协议在 CAP 阶段发送。

协调器立即确认关联消息的接收。然而，这个应答并不意味着请求已经被接受了。在协调器端，连接请求将被传递到协调器协议栈的上层（使用 ASSOCIATE.indication 原语），再由上层决定是否接受连接请求。如果连接请求被接受，协调器将为该设备分配一个 16 位的短地址，设备以后可用该地址替代自己的 64 位扩展地址。同时，协调器的上层将调用 MAC 层的 ASSOCIATE.response 原语。这个原语将设备的 64 位地址、新分配的 16 位短地址、连接请求的状态（成功或错误代码）作为参数，产生一个关联响应（Association Response）消息，并以间接发送的方式将其传送给请求关联的设备，也就是说，将关联响应消息添加到协调器待发送的消息列表中。请求关联设备的 MAC 层将在接收到协调器对连接请求的应答后，等待预先设定的一段时间，再自动地向协调器发送一个数据请求消息。注意设备向协调器请求一个待发送数据消息有 2 种方法：通过 POLL 服务或者在接收到协调器对关联请求的应答后，等待预先设定的一段时间，再向协调器发送一个数据请求消息（就像在 ASSOCIATION 服务中）。协调器随后向设备发送关联响应命令消息。

一旦接收到命令消息，设备的 MAC 层就发送一个 ASSOCIATE.confirm 原语，而协调器的 MAC 层产生一个 COMM-STATUS.Indication 原语来告知上层协议是否成功或者产生错误代码。连接协议如图 3.8 所示。

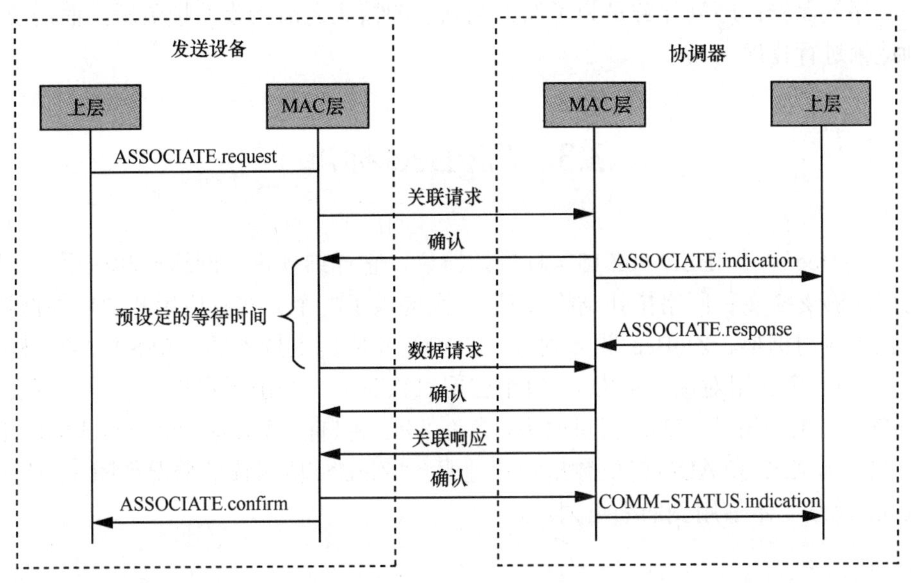

图 3.8　关联服务的实现

3.2.5 安全性

IEEE 802.15.4 的 MAC 层为安全性提供基本的支持，并为上层提供高安全性特征（比如密钥管理和设备认证）。所有安全服务都基于对称性密钥并使用由更高层提供的密钥。MAC 层安全服务假设密钥由上层用一种安全的方式产生、传输并存储。注意 MAC 层的安全特性是可选的，应用可以决定何时哪项功能能被使用。

MAC 层提供的安全服务包括访问控制、数据封装、帧整合和序列保鲜，描述如下。

访问控制：访问控制允许一个设备保持一份设备列表（叫做访问控制列表，或 ACL），并可以利用这份列表进行通信。如果这项服务被激活了，每个在 PAN 中的设备保留它自己的 ACL，并丢弃所有不包含在 ACL 中的设备发送的报文。

数据封装：数据封装采用对称加密算法来保护其数据不受到其他不知道密钥的第三方读取。密钥可以由一组设备共享（一般是作为默认的密钥来存储），或者被通信双方共享（一般是存储在单独的 ACL 入口里）。数据封装可能在数据、命令和信标下载等阶段提供。

帧整合：帧整合用整合代码来保护数据不被其他没有密钥的一方修改，并保证数据来自带有密钥的设备。正如在数据封装服务中一样，密钥可以被一组设备或一对通信设备共享。整合可以用在数据、信标和命令帧上。

序列保鲜：序列保鲜是为了保证刚到达的帧比之前接收的帧更新，而需要对到达帧进行排序。

3.3 ZigBee 标准

ZigBee 基于 IEEE 802.15.4 标准的协议，它详细规定了网络层和应用层。网络层能够支持多种网络拓扑结构，应用层则提供了一个分布式应用和通信的框架。其包含应用框架、ZigBee 设备对象（ZDO）和应用支持子层（APS）。应用框架包括 240 个应用对象（APO），每个应用对象对应一个由用户自定义的、可实现 ZigBee 应用的组件。ZDO 提供服务，允许 APO 将自己组织为一个分布式的应用，而 APS 为 APO 和 ADO 提供数据和管理服务。ZigBee 协议栈的概况如图 3.9 所示，表 3.2 总结了本节用到的缩略词。

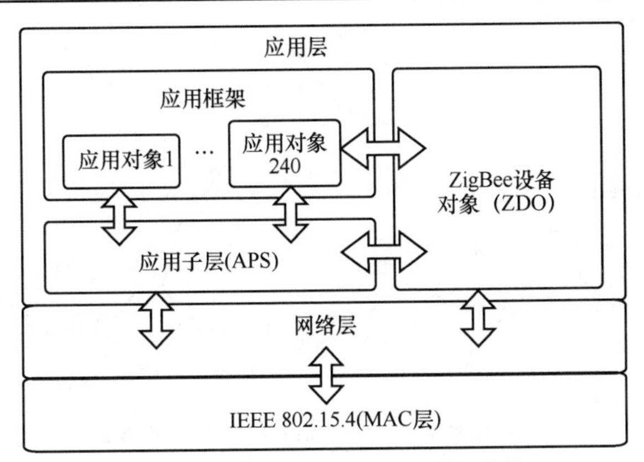

图 3.9　ZigBee 功能的层架构和协议堆栈

表 3.2　　**用在 ZigBee 网络和应用层中的缩略词**

缩写	定义
APO	应用对象
APS	应用子层
RDT	网络层路由发现表
RREQ	路由请求信息（网络层）
RREP	路由回复信息（网络层）
RT	网络层路由表
ADO	ZigBee 设备对象

3.3.1　网络层

网络层定义了 3 种类型的设备：终端设备，对应于简单的 RFD 或 FFD；路由器，带有路由功能的 FFD；网络协调器，管理整个网络的 FFD。网络层除了支持星型结构（自然映射为 IEEE 802.15.4 中的星型拓扑），还支持树型和网状拓扑（ZigBee 网络拓扑如图 3.10 所示）。网络层为网络的初始化、设备寻址、路由管理、路由、设备连接以及拆除管理提供服务。表 3.3 列出了网络层的一系列服务。与 IEEE 802.15.4MAC 层不同的是，网络层只定义了 request、indication 和 confirm 原语。下面描述几种主要的网络层服务：网络建立、加入网络、路由选择和路由发现。

（1）网络建立

新网络的建立过程由 NETWORK-FORMATION.request 原语开启。这个原语只能由作为协调器并且还没有加入其他网络的全功能设备调用。原语首先用到了 MAC 层服务来寻找一个与已存网络无冲突的信道。

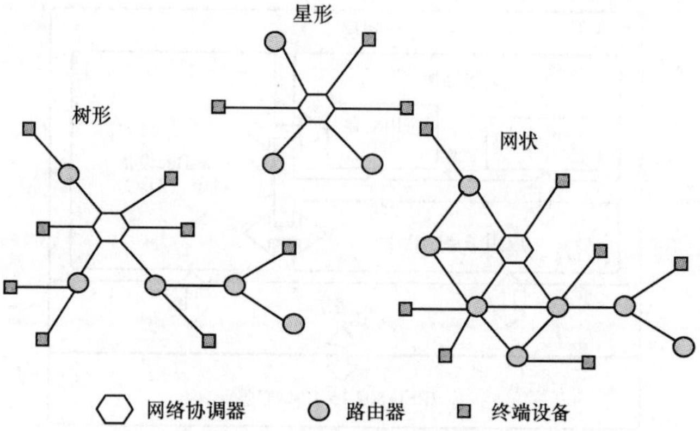

图 3.10　ZigBee 网络拓扑结构

表 3.3　网络层提供的服务

名称	请求	表明	确认	描述
DATA	X	X	X	数据传输服务
NETWORK DISCOVERY	X		X	寻找存在的 PAN
NETWORK FORMATION	X		X	生成一个新的网络（借助路由器或协调器）
PERMIT-JOINING	X		X	允许关联一个新的设备到一个 PAN（借助路由器或协调器）
START-ROUTER	X		X	初始化 PAN 协调器或路由器的超帧
JOIN	X	X	X	请求加入 PAN（借助任何设备）
DIRECT-JOIN	X		X	请求其他的设备加入一个 PAN（被一个路由器或协调器使用）
LEAVE	X	X	X	离开一个 PAN
RESET	X		X	复位网络层
SYNC	X	X	X	允许应用层同步协调器或路由器为了从应用层提取待发射数据
GET	X		X	从网络层读取参数
SET	X		X	设置网络层参数

如果找到了这样一个合适的信道，该原语选择一个还没有被其他 PAN 用到的 PAN 标识符，并为该设备（也是新 PAN 的协调器）分配一个 16 位的网络地址 0x0000。原语调用 MAC 层的 SET.request 原语来设置所选择的 PAN 标识符和所分配的设备地址，然后它调用 MAC 层的 START.request 原语来启动 PAN。MAC 层则开始产生信标，以响应这个原语。

（2）加入网络

加入过程可以由一个希望加入现存网络的设备发出请求（通过关联加入），通过路由器或者协调器强制设备加入它的 PAN（直接加入）。通过关联处理，加入的过程如下。

当设备 D 上的应用层希望加入一个现存的网络时，它首先调用 NETWORK-DISCOVERY 服务来寻找现存 PAN，这个程序需要用到 MAC 层的 SCAN 服务来查找通告已存网络的相邻路由器。当这个程序完成之后，应用层将收到关于已存网络的通知。然后，应用层选择一个网络（由于使用不同的信道，多个 ZigBee 网络可能在空间上重叠）并调用 JOIN.request 服务原语，其中包含 2 个参数：选定网络的 PAN 标识符和一个标示该设备是作为路由器还是终端加入的标志。

网络层中的 JOIN.request 原语从它的相邻节点中选择一个父节点 P（位于选定的网络中）。该父节点必须是允许设备加入 PAN 网络中的一个设备。比如说，在星型网络中，父节点是协调器，其他设备作为终端加入。然后，设备的网络层将执行与节点 P 的 MAC 层连接过程。一旦从 MAC 层收到连接请求的指示，节点 P 的网络层将会为设备 D 分配一个 16 位的短地址，并让其 MAC 层向设备 D 返回一个成功连接的确认消息。设备 D 将用所分配的短地址在网络中进行任何其他进一步的通信。设备端的加入流程如图 3.11 所示。

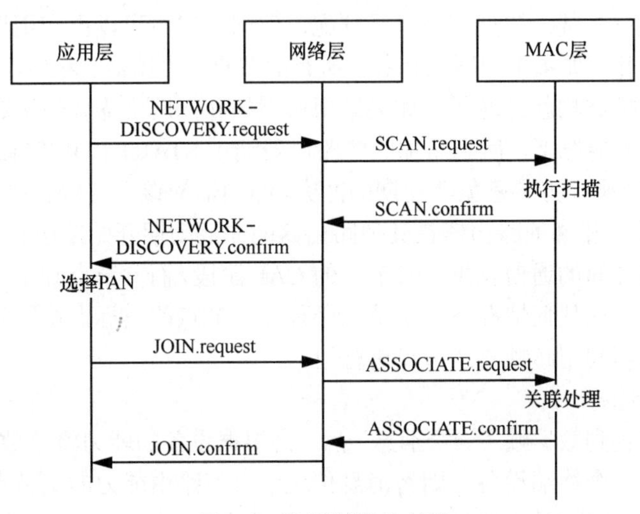

图 3.11　设备端的加入过程

设备加入后所建立的父子关系将整个网络构造成树型结构，其中将 ZigBee 协调器作为根，将 ZigBee 路由器作为中间节点，ZigBee 终端设备作为树叶。这种树型结构也是网络地址分配分布式算法的基础。ZigBee 协调器规定了路由器的最大数量（R_m），每个路由器可以拥有的作为子节点的终端设备（最大数目 D_m），同时还规定了树的最大深度（L_m）。根据树的深度，每个新加入的路由器可以分配到一个连续的地址范围（16 位整数），这个地址的范围应该能够满足其所有子节点和后代的地址分配，并可以根据 R_m 、D_m 和 L_m 运算获得。图 3.12 给出了一个 R_m=2，D_m=2 和 L_m=3 网络的地址分配案例，所有的地址都被分配给了路由器（白色节点）和终端设备（灰色节点）。节点的地址显示在代表节点的圆圈内，被分配给路由器的地址范围显示在每个路由器旁边的括号里。

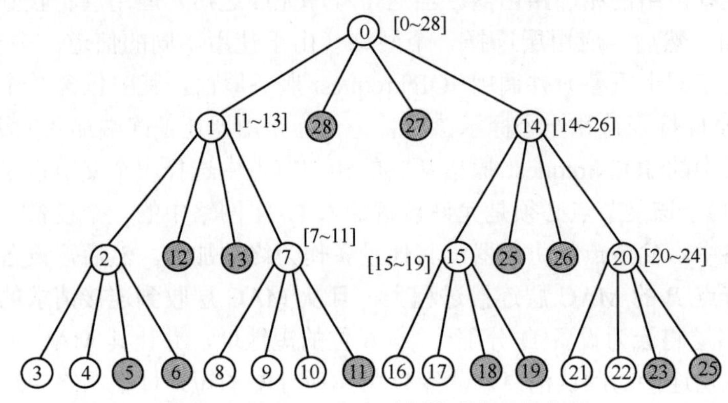

图 3.12 R_m=2,D_m=2,L_m=3 树型拓扑的地址分配

尽管地址总是基于树型拓扑进行分配，但网络层也可以由应用层构建来实现网状或树型拓扑。如果采用网状拓扑，所有的节点（协调器、路由器和终端设备）可以不使用超帧结构就能通信。如果采用树型拓扑，网络需要使用超帧结构进行通信。在后一种情况下，所有新加入的路由器调用 START-ROUTER.request 原语开始发送其信标帧。为了避免活动期的冲突，路由器应该保持较长的非活动期（相对来说），并让其相邻的路由器在其他路由器的非活动期开始发送它们的超帧。子节点与父节点之间的通信发生在父节点的 CAP 阶段，而父节点到子节点之间的通信则间接进行。在任何情况下，子节点必须和父节点的信标保持同步才能传输数据，而父节点则利用超帧与子节点进行通信。

（3）路由选择

当网络层收到数据帧（一个消息）后，会根据设备的能力将该数据消息路由。如果发送方是一个终端设备，则将消息传送给具有路由能力的父节点，如果发送方是一个路由器（或是协调器），则维持一个路由表 RT（RT 入口的内容如表 3.4 所示）并跟随进程路由消息。

表 3.4　　ZigBee 路由器的路由表（RT）各个域的定义

字段名	大小	描述
目的地址	16bit	目的地的网络地址
下一跳地址	16bit	朝向目的地的下一跳网络地址
状态记录	3bit	路由状态：活跃,发现进行中,发现失败,或不活跃

如果目的地址是子节点，网络层直接用 MAC 层的数据服务转发数据消息。否则，实际的路由协议取决于网络中采用的拓扑结构（树型或者网格型）。

如果拓扑结构是一个网状结构，网络层在 RT 表中寻找一个对应于目的节点的路由项。如果该路由项处于非活动状态或者不存在，那么网络层就会开启一个路由发现过程，并将数据消息缓存，直到路由发现过程完成。否则，如果该路由项处于活动状态，它包含了到达目的节点的下一跳地址，数据消息将会通过下一跳节点向目的节点转发。图 3.13 描述了网络中数据消息的路由过程。

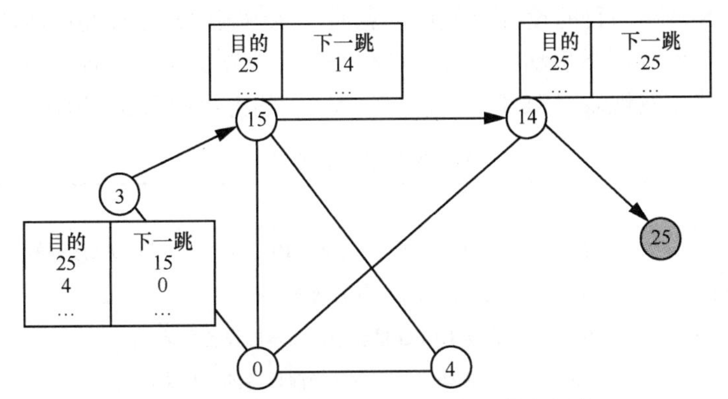

图 3.13　网格形网络中节点 3 到节点 25 的路由过程

如果拓扑结构是树型，网络将沿着树对数据进行路由。在树型拓扑结构中，每个路由器都保存了其子节点和父节点的地址。如果给定了地址分配的方式，需要转发数据消息的路由器可以很容易地确定目的节点是它的一个终端子节点，还是属于它的一个父节点作为根节点的子树。如果目的节点是一个终端子节点，路由器将把数据消息直接传送给相应的子节点；否则，路由器将把数据消息发送给它的父节点。图 3.14 描述了树型拓扑中的消息路由过程。

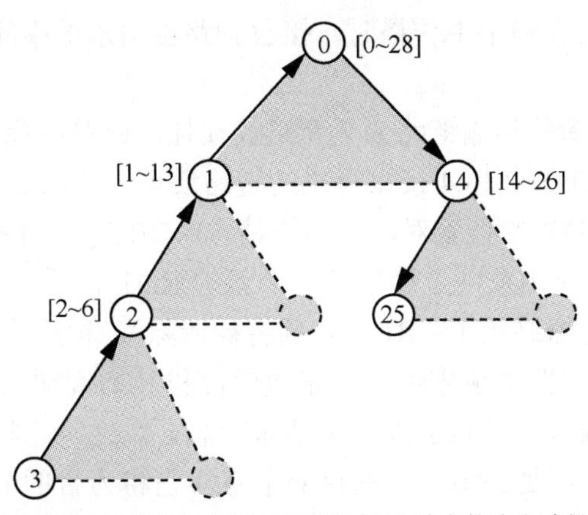

图 3.14　树型结构中节点 3 到节点 25 消息的路由过程

需要注意的是，树型拓扑和网状拓扑可以同时存在，也就是说，路由器可以同时保存网状路由和树型路由的信息。在这种情况下，传送消息的路由器可以从一种算法切换到另一种算法。例如，如果在网状路由中无法找到到达目的节点的路由，那么可以通过树型结构转发数据消息。

还有一点需要注意，网状路由操作起来更加复杂，并且不允许使用信标（它工作于不带超帧结构的网络），而树型路由允许路由器工作在使用信标的网络中。

（4）路由发现

源设备 S 需要向目的设备 D 发送消息而其路由表中却不存在相应的路由信息时，源设备 S 网络层将启动路由发现过程。为完成路由发现，各路由器和协调器需维护一个路由发现表（RDT）（RDT 各个字段的内容如表 3.5 所示）。

表 3.5　　路由发现表字段定义

字段名	大小	描述
RREQ ID	8bit	给每个正在被广播的 RREQ 信息唯一的 ID（序列号）
Source Address	16bit	路由请求发起者的网络地址
Sender Address	16bit	发送 RREQ 最新最低成本的设备地址
Forward Cost	8bit	从 RREQ 发起者到当前设备的累计路径成本
Residual Cost	8bit	从 RREQ 发起者到当前设备的累计路径成本
Expiration time	16bit	一个表示直到记录满的毫秒计数器的数值

为了启动路由发现，源设备 S 首先广播一个路由请求（RREQ）消息，该消息包含了路由请求（RREQ）ID、目的地址和初始值为 0 的路径开销。路由请求 ID 是一个整数，设备 S 每发送一个新的路径请求消息，它都会被加 1。因此路由请求 ID 和源设备 S 的地址可以一起作为路由发现过程的唯一参考（即区分路由发现过程）。

当路由请求消息在网络中传播时，接收到路由请求的中间设备 I 将执行以下操作。

1）通过加上最新的传输链路来更新路径损耗。链路的代价可以是一个常量，也可以是一个由 IEEE 802.15.4 接口提供的链路质量估计函数。

2）在自己的 RDT 中搜索对应于路由请求（RREQ）的表项。如果没有找到对应的表项，则为该路由发现过程创建一个新的 RDT 表项，并且启动一个路由请求计时器（一旦计时器终止了，RDT 表项将被清除）。相反地，如果在 RDT 中找到了对应的表项，则将路由请求消息的路由代价和 RDT 表项中对应的代价值进行比较。如果前者比较高，节点丢弃路由请求消息，反之，它将更新 RDT 表项。

3）如果设备 I 不是路由发现的目的节点，它将为目的节点分配一个状态为 DISCOVERY-UNDERWAY 的 RT 表项，并且在更新了它的路径代价域之后重新广播路由请求（RREQ）消息。

4）如果设备 I 是路由发现的目的节点，它将通过发送一个沿反向路径传输的路由应答（RREP）消息来应答启动路由发现过程的设备。

该路由应答消息（RREP）携带一个剩余路径代价域，每个节点在转发路由应答消息时，对该剩余路径代价域的值进行递增更新。

当接收到一个路由应答消息时，它将执行以下操作。

1）如果节点是 RREQ 的源节点，并且这是它接收到的第一个 RREP，则它会将对应的 RT 表项设置为 ACTIVE 状态，并在 RDT 表项中记录下剩余路径的代价和下一跳的地址。

2）否则（节点不是 RREQ 的源节点）：

（a）如果该 RREP 的剩余路径代价高于其对应 RDT 表项中的值，那么节点将丢弃 RREP 消息；

（b）否则，它将更新 RDT 表项（剩余路径代价）和 RT 表项（下一跳地址）；

（c）该节点发送 RREP 消息给 RREQ 源节点，注意，中间节点接收到 RREP 消息后不能将 RT 表项中的状态值改为 ACTIVE，它们只能在接收到发往目的节点的数据消息时才改变该表项的状态。

3.3.2　应用层

应用层定义了应用框架，在应用框架下，用户可以定义应用对象的应用。APO 可利用 ZDO 和 APS 提供的服务，包括数据服务、绑定服务以及发现服务。

（1）应用框架

应用框架可以包含多达 240 个应用对象，每个应用对象都可以将一个应用端口作为与外部的接口，这些端口的编号为 1~240，其中端点 0 保留给 ZDO。网络内每个应用对象都可以通过自己的端口地址以及其设备的网络地址被唯一的标识。应用对象规定了 ZigBee 应用的行为，可以有复杂多变的状态，并且可以利用应用支持子层（APS）提供的数据服务来进行通信。

一个简单的 ZigBee 应用实例如图 3.15 所示，设备 A 含有 2 个应用对象（分别对应于端口 10 和 25），每个应用对象都控制一个开关。设备 B 含有 3 个应用对象（分别对应于端口 5、6 和 8），每个应用对象分别控制一个灯。其中，开关（10A）控制着 2 个灯（5B 和 6B），而开关（25A）控制着灯（8B）。在这个简单的示例中，应用对象 5B、6B 和 8B 有一个表示灯（开/关）状态的单一属性，分别从应用对象 10A 和 25A 远程进行设置。

为了规范服务和应用，ZigBee 标准引入了“簇”和“约定”的概念。一个簇是对一个应用对象所管理信息的标准格式规范。在给定的应用约定内使用 8 位的标识符对簇进行编号。

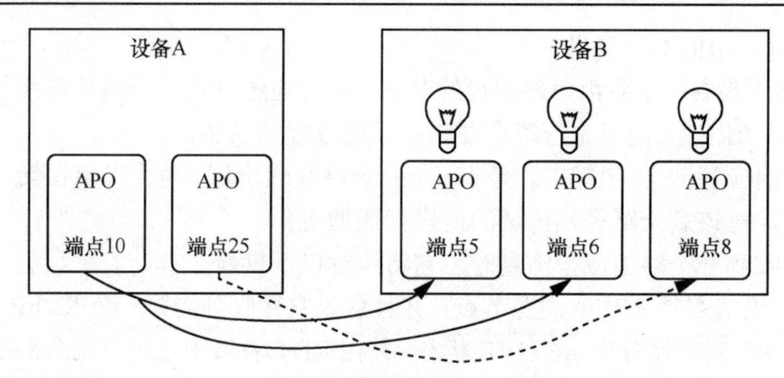

图 3.15　简单的 ZigBee 应用

一个应用约定是对一个可运行在多个 ZigBee 设备上的应用程序行为的标准格式规范，它可以描述一组设备和簇，并由 ZigBee 联盟分配唯一的标识符。

（2）绑定和发现服务

服务和设备的绑定和发现是提供给应用对象的主要服务，描述如下。

设备发现：设备发现允许设备获得网络中其他设备的（网络或 MAC）地址。路由器（或者协调器）通过返回它的地址以及所有与其连接的终端设备的地址来响应一个设备发现查询。

服务发现：服务发现利用簇的属性/描述符和簇标识符来发现给定应用对象提供的服务。服务发现可以通过向给定设备的所有端口发送服务查询来实现，也可以通过使用匹配服务功能来实现。在图 3.15 的例子中，设备 A 可以利用设备和服务发现获得设备 B 的地址以及它的应用对象提供的服务。只要设备 A 发现了设备 B 提供的地址和服务，它就可以根据应用对象的簇描述向设备 B 发送请求消息。

绑定：一个消息通常是根据目的地址对（目的端点和目的网络地址）由源设备传送到目的设备的应用对象。然而，对于一些非常简单的设备，它们可能没有存储目的设备地址信息，这种寻址（直接寻址）方式可能不适用于这种简单的设备。因此，ZigBee 同时也提供一种间接寻址方式，它利用绑定表将源地址（就网络和端点地址来说）和消息的簇标识符转换成地址对（目的端点和目的网络地址）。这个绑定表存储在 ZigBee 协调器或路由器里，并且当它收到路由器或协调器的 ZDO 明确请求时予以更新。表 3.6 给出了对应图 3.15 所举例子的一个绑定表。

表 3.6　　图 3.15 对应的 ZigBee 应用的绑定表

〈源地址，端点地址，簇号〉	〈目的地址，端点号〉
〈A，10，15〉	〈B，5〉，〈B，6〉
〈A，25，15〉	〈B，8〉

（3）应用支持子层

APS 为 ZDO 提供绑定服务，同时为 APO 和 ZDO 提供数据服务。

数据服务实现 2 个或多个网络设备之间的信息交换，既可以采取直接寻址，也可以采取间接寻址方式。数据服务根据 request、confirm、indication 原语来定义，其中，request 原语实现发送过程，indication 原语实现接收过程，而 confirm 原语向发送者返回传输状态（成功或错误代码）。绑定服务包括 BIND 和 UBIND 服务，两者都是根据 request 和 confirm 原语来定义的。这些服务仅仅能被协调器或路由器的 ZDO 来调用。BIND.request 原语将数组<源地址，源端口，簇标识符，目的地址，目的端口>作为输入参数，并在调用设备的绑定表中建立一个表项，对应该输入数组。UBIND.request 原语用于在绑定表中删除对应输入参数的表项。BIND.confirm 和 UBIND.confirm 原语返回对应 request 原语的结果（成功或错码）。

（4）ZigBee 设备对象

ZDO 是一种特殊应用的行为，它利用网络和 APS 原语实现 ZigBee 终端设备、ZigBee 路由器和 ZigBee 协调器。ZDO 通过端口 0 与 APS 连接，并通过 ZigBee 设备协定来规范。该协定描述了所有 ZigBee 设备必须支持的簇，并特别规定了 ZDO 实现发现和绑定服务的方式以及实现网络管理和安全管理的方式。

设备及服务发现。ZDO 通过主机设备的能力来实现这些服务。

- 终端设备和相应服务的发现由协调器的 ZDO 负责。这是因为端设备在大部分时间都处于睡眠状态，不能及时响应发现请求。然而，当终端设备处于活动状态时，其 ZDO 应该响应发现请求。
- 协调器和路由器中的 ZDO 应该能够代表与它们相连的处于睡眠状态的终端设备响应发现请求。
- 在所有情况下，所有设备的 ZDO 都应向本地的 APO 提供发现服务。

设备及服务发现可以根据不同的输入参数来进行。通常情况下，设备发现过程将设备的 64 位扩展地址作为输入，返回设备的网络地址或与其相连接设备的网络地址列表。服务发现过程比较复杂，它通常会把网络地址作为输入，其他可选项包括端口号、簇标识符、协定标识符或者是设备描述符。被查询的设备返回一组与查询匹配的端口（例如，实现给定簇的端口）。

绑定管理。ZDO 负责处理从本地或远程端口接收到的绑定请求，根据请求在 APS 绑定表中增加或删除相应的表项。协调器的 ZDO 支持使用按键或其他手动方式发送终端设备的绑定请求。

网络管理。根据在应用运行阶段或在安装阶段所建立的网络配置实行网络协调器、路由器或终端设备的功能。如果设备是路由器或是终端设备，ZDO 将负责选择一个已存在的 PAN 并加入。如果设备是协调器或是路由器，ZDO 将向其提供创建新的 PAN 的能力。然而，需要注意的是，如果首先被激活的 FFD 自动成为协调器，它仍然可以在不预先指定网络协调器的情况下建立一个网络。

节点管理。ZDO 负责为网络发现请求提供服务，检索设备的路由表和绑定设备表，并管理设备与网络的连接与拆除。

安全管理。ZDO 负责决定是否提供安全机制。如果提供安全机制，ZDO 负责管理用于消息加密的密钥。

3.3.3 ZigBee 的安全性

ZigBee 的安全模型可以确保个人设备，但不能保护在同一设备中的个人应用。允许在同一设备中不同层次间使用相同的密钥技术，以此减小存储成本。安全性要求的是消息完整、设备身份认证、消息加密和消息更新（避免消息重复）。身份认证和加密即可以在网络中实现，也可以在设备里实现。通过使用普通的网络密钥来实现网络身份认证和加密，可以避免外部攻击，与此同时会稍微增加存储成本。设备里的认证和加密通过使用一对设备间的特殊连接来实现。它可以避免内部和外部攻击，但是需要更多的存储成本。

ZigBee 结构包括网络层和应用层的安全机制。网络层负责保证发送帧和接受帧的安全传输。它使用应用层提供的密钥，对发送帧进行对称加密，并对接收帧进行解密，从而实现安全性。需要注意的是，安全性甚至会导致一些命令消息不能加密。例如，连接新设备到网络的消息。

应用层为安全策略和密钥管理提供服务。ZigBee 定义信任中心（假设在 ZigBee 协调器中）为网络中其他设备提供密钥。信任中心为网络和设备的认证及加密提供密钥，并且维护一个相关联设备及使用的密钥列表。网络中的设备可以利用主密钥与信任中心建立安全的通信链路。主密钥可以是预分配的，也可以通过特殊的进程提供给设备（它可以人工植入用户），并且使用安全链路向信任中心请求需要的密钥。

3.4 本章小结

本章叙述了无线传感器网络中最重要的标准问题，然而，无线传感器网络的标准化过程远远没有结束，本章介绍的 2 种协议标准将在未来得到不断改进与完善。期待这些标准在能源有效性策略方面有所改进，特别是关于网状网络和同步方面，以允许设备有更长的不活跃期。

参考文献

[1] Institute of Electrical and Electronics Engineers, Inc, IEEE Std 802.15.4-2003: Wireless

medium access control (MAC) and physical layer (PHY) specifications for low rate wireless personal area networks (LR-WPANs)[S]. New York, IEEE Press, 2003.

[2] ZigBee Alliance. ZigBee specifications[S]. 2006.

[3] http://www.IEEE 802.org/15/pub/TG4.html[EB/OL].

[4] http://www.ZigBee.org/en/index.asp[EB/OL].

[5] BARONTI P, PILLAI P, CHOOK V, *et al*. Wireless sensor networks: a survey on the state of the art and the 802.15.4 and ZigBee standards[J]. Computer Communications, 2007, 30(7):1655-1695.

第4章　微功耗射频调制解调方法设计

4.1　微功耗射频物理层设计

随着无线通信、自组织网络和低功耗嵌入式技术的飞速发展，无线传感器网络开始得到了越来越多的应用，已经应用到了智能计量仪表（水表、电表、气表、热表）中，通常也将称其称为微功耗无线技术。微功耗无线技术是指使用433MHz/470MHz/780MHz/2.4GHz频率、发射功率小于或等于50mW的无线射频自组网通信技术。在我国，微功耗无线组网技术和无线传感器网络（WSN, Wireless Sensor Network）技术所包含的基本内涵一致，其特点是微功耗、低成本、自组网、双向实时通信、适合嵌入式安装，可方便地嵌入到抄表设备中。

将WSN应用于智能抄表系统，可使整个数据传输过程具有无线化、低功耗、智能化、施工方便等优点。基于ZigBee/802.15.4标准的微功耗抄表技术在国内成为了研究热点，如中科院、清华大学、浙江大学、湖南大学、重庆大学等科研院所早几年就开展了基于ZigBee无线抄表技术的研究。尽管国内不少研究人员和单位已经开始关注ZigBee技术，然而，就目前的情况而言，国内市场还没有出现真正的能完全满足ZigBee/802.15.4协议的抄表系统，这是因为标准的ZigBee/802.15.4解决方案常被业内诟病为成本高、通信穿透力差、协议复杂等。另外，ZigBee是一种新的系统集成技术，应用软件的开发必须同网络传输、射频技术和底层软硬件控制技术结合在一起，其应用开发不是一件容易的事情。还有更重要的一点就是目前这些芯片技术都掌握在国外企业手中，一旦大规模的应用，将有很多方面会受制于人，要掌握核心技术，需要从物理层的技术研发来保证我国WSN的应用。

无线传感器网络低成本、低功耗、微型化的应用需求给物理层的设计带来巨大挑战，特别是长期应用所带来的功耗问题，是无线传感器网络各个协议层都需要研究的问题。无线通信中的功耗是网络中能耗最大的部分，与物理层的调制解调方式息息相关，同时物理层还要解决抗干扰、纠错等多种问题，该层的主要研究内容有如下几点。

（1）频段选择。无线传感器网络一般选择自由的ISM频段，由于该频段没有特定标准且在全球范围内可通用，可为无线传感器网络的节能策略带来更多的灵活性和设计空间，但由于功率限制以及与现有无线电应用之间的干扰，在该点的研究主要集中在节点的天线效率和功率效率之间的权衡。

（2）调制解调机制。低成本、低功耗的特点要求调制解调机制设计尽量简单，能量消耗尽可能低。此外，无线通信本身的不可靠以及与其他无线设备之间的信道干扰，使调制解调机制必须具有较强的抗干扰能力。

（3）与上层协议结合的跨层优化设计。物理层位于整个网络系统的底层，它对其他各层的跨层优化设计具有重要的影响，而跨层设计是无线传感器网络节能设计研究的主要内容。

（4）硬件设计。在整个无线传感器网络中，物理层与硬件关联最为密切，微型、低成本、低功耗的处理和通信设计方法十分必要。

微功耗的物理层设计已经受到相关研究者的高度重视，尽管已经取得了一定的研究成果[1~3]，出现了 IEEE 802.15.4 等一些微功耗物理层商业化的协议，但该类协议往往是一种普遍应用的协议，由于无线传感器网络的应用相关性，在许多应用中不会用到这些复杂的商业化协议，对于一些特定的应用，这些商业化的物理层定义会带来过高的功率成本。本章就微功耗无线节点物理层数字化调制解调的信号处理方法进行研究，主要目的是设计简单、易实现的调制解调算法为通信提供足够稳健的性能，满足近距离无线通信的需要，这也是低功耗芯片设计的基础。IEEE 802.15.4 物理层[3]包含半工通信方式、增高余弦波成型的 BPSK 或正弦波成型的 OQPSK 调制技术、直接序列扩频（DSSS）技术以及低传输功率和高接收敏感度等特色，这些特色可提高信号品质，降低信道滤波器的需求，有较小的功率损耗及功率放大，使低功耗低成本的无线通信能够实现。因此参照 IEEE 802.15.4 标准的物理层协议，以降低节点信号处理算法的复杂度为重点，对基带调制解调 2 条支路中的通信信号处理技术进行研究，使其能适用于低功耗、低成本、微型化特点的无线传感器网络应用需求。

4.2　全数字调制方法设计

无线通信得到了越来越广泛的应用，但无线信道是一个频带信道，基带信号无法在上面传输，为了使基带信号能够通过无线介质进行传输，也为了使多路信号能够在同一信道上传输，提高信道利用率，就必须在信号发射前和接收后，采用相应的调制和解调技术。在通信系统的发送端，把基带信号的频谱搬移到指定信道通带内的过程称为调制，调制分为模拟调制和数字调制 2 种，一个通信系统的性能在很大程度上由其所采用的调制方式决定。

数字调制技术即对离散变化的数字信号进行调制，基本的数字调制技术分为幅度键控（ASK）、频移键控（FSK）和相移键控（PSK）3 类，采用调制信号分别控制载波的幅度、频率或相位参数来即可完成调制过程。随着通信技术的迅速发展，这 3 类基本调制方式的通信速度已经不适应技术的需求，多进制数字调制应运而生，多进制数字调制指调制信号的不同状态数大于 2 的数字调制，当信道频带受限时可以采用该方法使信息传输率增加从而提高频带利用率。近年来，多进制数字调制技术得到了越来越广泛的应用，它也可以相应地分为多进制幅度键控、多进制频移键控和多进制相移键控。

4.2.1 数字调制的基本流程

IEEE 802.15.4 协议物理层中多进制数字调制方式是先将 4 位码元转换成 1 个符号（symbol），然后将每个 symbol 转换成 32 位的码片（chip）伪随机序列。在 symbol 转换成 chip 序列时，从 16 组准正交的 chip 中选择一组传输，这是一个直接序列扩频 DSSS 过程。扩频后，信号再作 OQPSK 调制，经半正弦波成型后发送到载波上。图 4.1 所示的整个调制过程包含以下 3 个主要步骤[4]。

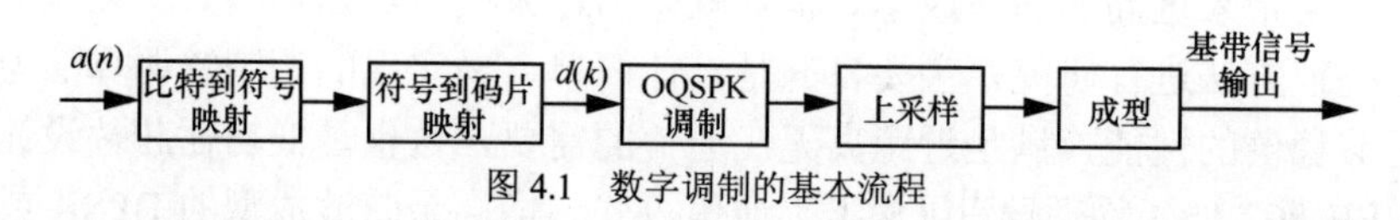

图 4.1　数字调制的基本流程

（1）比特到符号的映射：每个字节以 4bit 为单位进行分解，其划分方式为低四位（LSB: b_0, b_1, b_2, b_3）映射成一个 symbol。而高四位（MSB: b_4, b_5, b_6, b_7）则映射成另一个 symbol，依此类推，分成多个 symbol 顺序连接。

（2）符号到码片的映射：每一个 symbol 数据映射成一个 32 位的 chip，chip 间存在一定的关联，即前 8 组 chip 序列是由第一组序列以 4 位为单位，依序向右循环位移而得到，而末 8 组 chip 序列对第一组序列除循环位移以外还需将奇数位取反。

（3）OQPSK 调制与成型处理：将 chip 序列的偶数位和奇数位分别转换为调制信号的 I 相（复数信号的实部）与 Q 相（复数信号的虚部），再用半正弦函数对 I、Q 2 路信号进行成型，形成最终发送的基带信号。

由于 chip 的速率为 2Mchip/s，为避免180°的剧烈相位变化，Q 相信号必须比 I 相的信号延迟 T_c（T_c 表示 chip 速率的倒数），每一位 chip 的维持时间需延长为 2 倍，如图 4.2 所示。

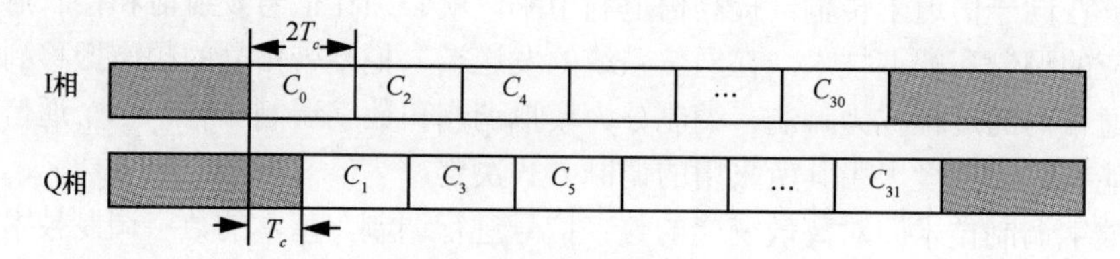

图 4.2　I 相与 Q 相信号关系

半正弦成型函数是将每位 chip 用式（4.1）表示。

$$p(t)=\begin{cases}\sin(\pi\dfrac{t}{2T_c}), & 0\leqslant t\leqslant 2T_c\\ 0, & 其他\end{cases} \tag{4.1}$$

对应的半正弦波成型后的波形如图 4.3 所示。

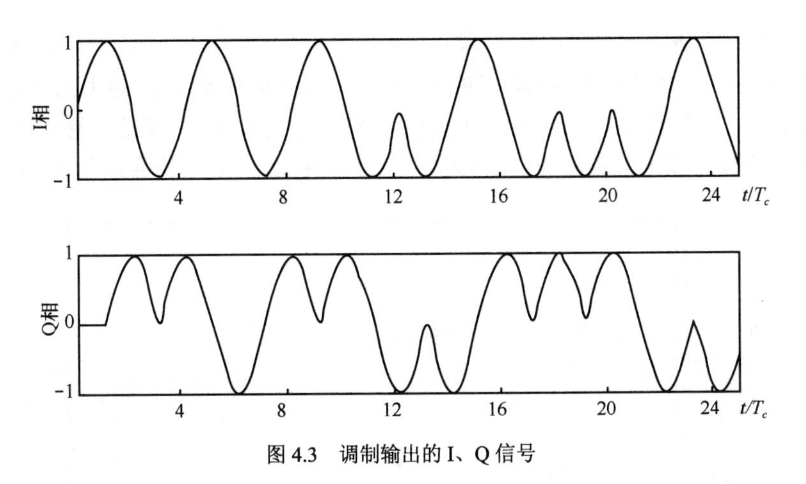

图 4.3　调制输出的 I、Q 信号

4.2.2　数字调制算法分析

与 QPSK[5~9]相比，OQPSK 的 I、Q 2 路数据流在时间上相互错开了一个码元间隔，这使 I、Q 2 路数据流中每次只有一路可能发生极性变换。因此，当一个新比特输入时，OQPSK 输出信号的相位跳变只有 0° 或 ±90° 3 种可能，有效避免了 180° 相移跳变的零包络现象，这有助于减小非线性失真带来的解调问题。OQPSK 的时域表达式为

$$S(t)=\sqrt{2E/T_c}\cos[2\pi f_c t+\phi(t,\overline{\alpha})+\phi_0] \tag{4.2}$$

其中，$\varphi(t,\overline{\alpha})=2\pi\lambda\int_{-\infty}^{t}\sum_{-\infty}^{+\infty}\alpha_i g(\tau-iT_c)\mathrm{d}\tau$，$-\infty<t<+\infty$；$f_c$ 是载波频率；φ_0 是初始相位；T_c 调制信号的周期；相位 $\varphi(t,\overline{\alpha})$ 是由三码元序列 $\alpha_i=-1,0,1$、频率脉冲 $g(t)$ 和调制指数 λ 共同决定。由式（4.2）可得 OQPSK 时域信号的复数等效形式为

$$s(t)=\frac{A}{\sqrt{2}}(\sum_{k=-\infty}^{\infty}m_{\mathrm{I}}(k)h(t-kT_c)+\mathrm{j}\sum_{k=-\infty}^{\infty}m_{\mathrm{Q}}(k)h(t-kT_c-\frac{T_c}{2})) \tag{4.3}$$

其中，A 为实数，表示调制信号的幅度修正因子；k 为信息序号；$h(t)$为成型滤波器的冲激响应，选择成型滤波器的标准是：成型滤波器应具有尽量好的带外抑制

能力和尽量小的时钟偏移敏感度。经式（4.1）成型后的调制信号为

$$\tilde{s}(t)=s(t)p(t-kT_c) \tag{4.4}$$

同时，依据文献[5,9]，MSK 调制的基带信号为

$$S_{\text{MSK}}(t)=m_{\text{I}}(t)\cos\frac{\pi t}{2T_c}+m_{\text{Q}}(t)\sin\frac{\pi t}{2T_c} \tag{4.5}$$

其中，同相分量$m_{\text{I}}(t)=\cos\phi_k$；正交分量$Q_k=-d_k\cos\phi_k$；$d_k=\pm1$。比较式（4.4）和式（4.5），半正弦波成型的 OQPSK 调制信号与 MSK 调制信号很相似，OQPSK 的 I、Q 2 路正交信号直接半正弦波相乘，而 MSK 信号的 I 路信号乘上正弦波 Q 路信号再乘上余弦波。经半正弦波成型的 OQPSK 与 OQPSK 的功率谱密度如图 4.4 所示。

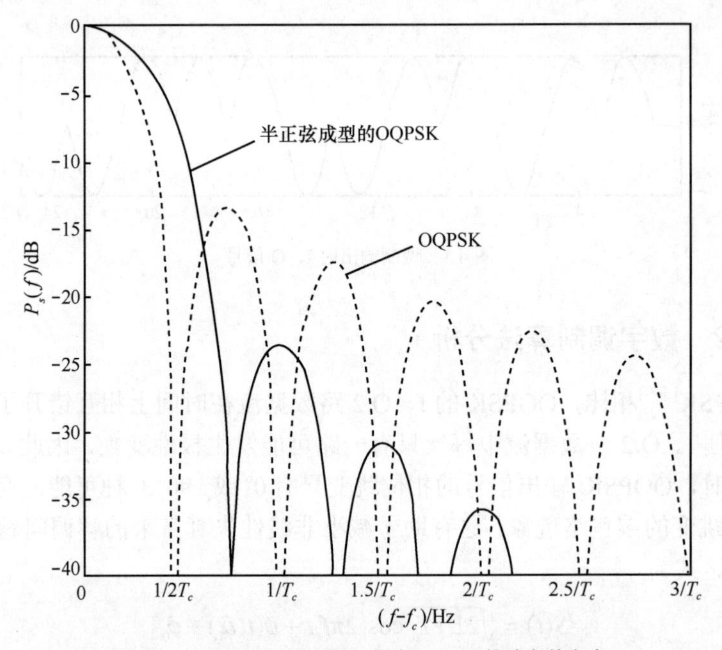

图 4.4　OQPSK 与半正弦波成型 OQPSK 的功率普密度

从图 4.4 可以看出，成型后，OQPSK 信号的能量集中在频率较高处，信号的功率谱密度更为集中，即其旁瓣下降得更快，因此它对于相邻频道的干扰较小。根据文献[5]中 MSK 基带信号的相位表示方法，半正弦成型后的 OQPSK 调制信号复数形式为

$$\begin{aligned}\tilde{s}(t)&=m_{\text{I}}(t)+\text{j}m_{\text{Q}}(t)=\text{e}^{\text{j}\varphi(t)}\\&=\cos\{\varphi(t)\}+\text{j}\sin\{\varphi(t)\}\end{aligned} \tag{4.6}$$

其中，$\varphi(t)$ 为 t 时刻接收信号的相位；$m_{\text{I}}(t)$ 和 $m_{\text{Q}}(t)$ 用卷积的方式表示为

$$m_{\mathrm{I}}(t)=p(t)*d_{\mathrm{I}}(t)=\sum_{n=\text{偶数}}d_{\mathrm{I}}[k]p(t-kT_c) \tag{4.7}$$

$$m_{\mathrm{Q}}(t)=p(t)*d_{\mathrm{Q}}(t)=\sum_{n=\text{奇数}}d_{\mathrm{Q}}[k]p(t-kT_c) \tag{4.8}$$

其中，“*”为卷积；$d_{\mathrm{I}}[t]$ 和 $d_{\mathrm{Q}}[t]$ 是冲激响应。它们的表达式如下

$$\begin{cases}d_{\mathrm{I}}(t)=\displaystyle\sum_{n=\text{偶数}}d_{\mathrm{I}}[k]\delta(t-kT_c)\\ d_{\mathrm{I}}[k]=\cos(\varphi[k])\end{cases} \tag{4.9}$$

$$\begin{cases}d_{\mathrm{Q}}(t)=\displaystyle\sum_{n=\text{奇数}}d_{\mathrm{Q}}[k]\delta(t-kT_c)\\ d_{\mathrm{Q}}[k]=\sin(\varphi[k])\end{cases} \tag{4.10}$$

其中，$\delta(t)$ 为单位冲激函数，$\varphi[k]\in\{-\frac{\pi}{2},0,\frac{\pi}{2}\}$。简化式（4.4）后，基带信号的复数序列为

$$\begin{aligned}I[k]&=\mathrm{e}^{\mathrm{j}\theta[k]}=\cos(\varphi[k])+\mathrm{j}\sin(\varphi[k])\\&=d_{\mathrm{I}}[k]+\mathrm{j}d_{\mathrm{Q}}[k]\end{aligned} \tag{4.11}$$

基于式（4.11），经过半正弦波成型后的 OQPSK 基带信号序列可以表示为

$$\tilde{s}(t,\bar{I})=p(t)*d(t)=\sum_{k}I[k]p(t-kT_c) \tag{4.12}$$

其中，$d(t)=\sum_{k}I[k]\delta(t-kT_c)$。根据 $\varphi[k]\in\{-\pi/2,0,\pi/2\}$ 的特征，输入信号的变化可引起 $I[k]$ 实部和虚部发生变换，其映射递归表达式为

$$I[k]=\mathrm{j}\left|I[k-1]\right|d[k] \tag{4.13}$$

其中，$I[k]\in\{1,-1,\mathrm{j},-\mathrm{j}\}$；$d[k]\in\{1,-1\}$。

需连续发送数据 d（k），则在调制前需经过 DSSS 扩频处理，由于信号输出前还必须经过 D/A 转换，所以还需对式（4.12）进行抽样处理，因此得出调制算法转换方法如图 4.5 所示。

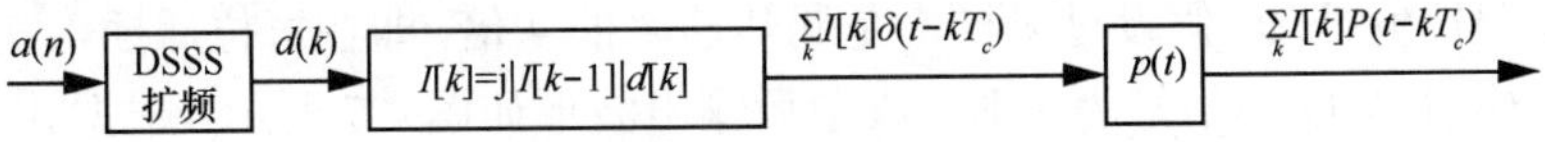

图 4.5　数字调制算法转换方法

4.2.3　数字调制方法的简化

经过上述完整的调制过程分析，参考 QPSK 调制的 FPGA 实现方法[8,10]，可将调制信号处理分成 chip 映射和 OQPSK 调制与脉冲成型 2 个部分，并对这 2 部

分的数字电路进行设计。

（1）chip 映射

因每 4 个连续的信息比特映射成一个符号，共有 16 个符号，而每个符号要映射成一个 32 位的 chip，如果用查表的方式来实现的话，共需要 ROM 存储器容量为16×32＝512 bit。由于 16 组 chip 序列之间存在循环移位或者相互结合（如奇数位取反）等相互关联的关系，因此实现时可以利用第一组码片作为原始序列，并采用循环移位方法得到其他 chip，其产生方法的步骤如下。

a）符号的 b_3 位决定奇数比特是否需要取反，当 b_3=1 时，chip 的奇数位都取反，否则，不需取反；

b）符号的 b_0、b_1、b_2 决定每个 chip 的起始位地址；

c）用一个 5 位宽度的计数器来计算当前输出比特的位置。

符合这种 chip 映射方法的电路架构如图 4.6 所示，该方法只需要 32bit 的单口 ROM，可很大程度减小 ROM 存储器数量，这样能有效节约电路面积，降低实现成本。

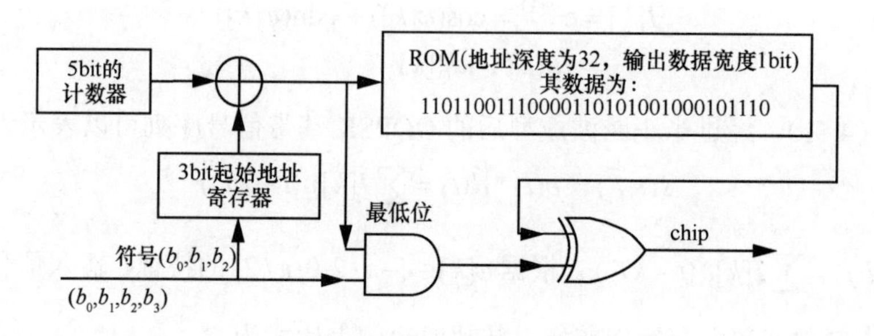

图 4.6 码元映射电路架构

（2）调制与脉冲成型

根据式（4.13）可知，输入 32 位的 chip 数据，将分别输出 16 位的 I、Q 信号，为了方便形成 I 相与 Q 相两者的相位偏移，可将 I、Q 信号按位交错的方式分别存入 2 个暂存器中，然后将每位数据维持的时间延长为原来的 2 倍，即可产生 Q 相信号必须比 I 相的信号延迟一位 chip 周期的波形。然后对暂存器的值进行过采样处理，即插值处理。假设过采样率是码片速率的 4 倍，即在每位后插入 7 个“0”。当送入一位 I 或 Q 路信号为 1 时，成型后输出波形如图 4.7 所示。根据式（4.12），调制信号经半正弦波成型，即为调制信号与成型函数的卷积，共需 8 次乘法和 8 次加法。乘加器的硬件实现比较占资源，而且会导致整个硬件速度显著下降。由于输入滤波器的数据只有 1 和−1，且成型函数的冲激响应为 8 个抽头（tap），因此可以采用查表的方法来实现，即把 tap 系数的量化值保存在 ROM 中。从图 4.7 可以看出，第 1 个 tap 与第 7 个 tap、第 2 个 tap 与第 6 个 tap、第 3 个 tap 与第 5

个 tap 分别相等。为了节约成本，可让 I、Q 共享查找表，利用双口 ROM 来实现，其大小为 5×8 = 40 bit。为了完成 Q 相信号比 I 相信号延迟一个码片的任务，将 Q 相信号经过 4 次过采样时间的延迟单元输出。由以上分析，OQPSK 调制与脉冲成型电路如图 4.8 所示，这种查找表方法可以去掉乘加器和多路选择器等逻辑单元，有效减小面积，节约硬件实现成本。

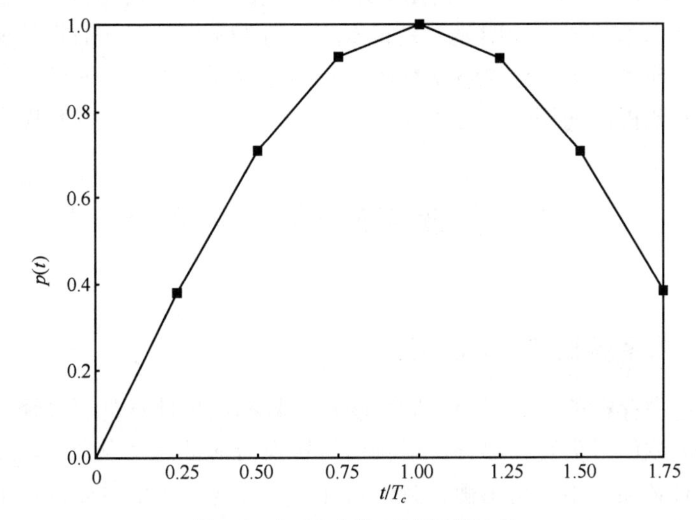

图 4.7　半正弦成型函数的冲激响应

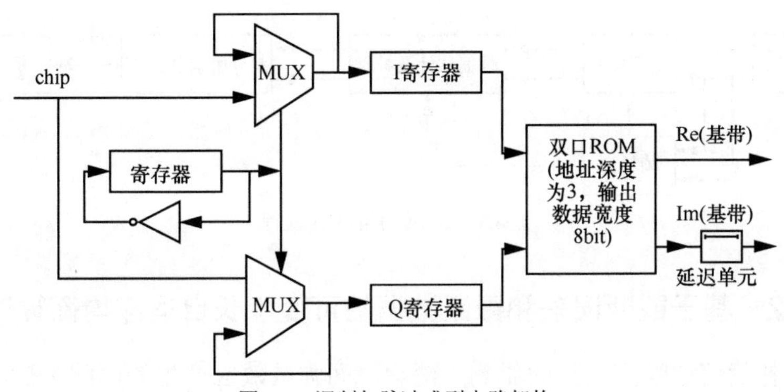

图 4.8　调制与脉冲成型电路架构

4.2.4　实现结果分析

分别采用本章的循环移位与查找表相结合的方法(称为方法 1)和查找表与 FIR 滤波器[11]相结合的方法（称为方法 2）对满足调制信号要求的电路进行实现，运用 Altera 公司的 QuartusⅡ进行综合，其中 FPGA 的型号为 cyclone 系列的 EP1C12F256C6，综合后的结果如表 4.1 所示。

表 4.1 调制电路综合结果比较

方法	逻辑单元数	存储器成本	最高时钟频率
方法 1	52	72	256.02MHz
方法 2	126	552	163.13MHz

表 4.1 的数据显示，方法 1 占用的逻辑单元数为 52，仅是方法 2 的 41.3%；特别是存储器成本节约更为明显，只有方法 2 的 13%；就工作时钟的速度来说，方法 1 的时钟频率最高可达 256.02MHz，比方法 2 提高将近 1.6 倍。从综合后的结果来看，本章提出的调制信号处理方法能有效节约面积，降低实现成本。

4.3 全数字解调方法设计

4.3.1 数字解调的基本流程

无线信道中存在的背景噪声、脉冲噪声、频率选择性衰落、多径干扰等，这些因素都会造成信号失真。另外，射频信号转换为基带信号也会引起信号误差，因此在解调时必须运用信道均衡、频偏估计、差分解调等信号处理技术来抑制信号中的不良影响。图 4.9 是基带接收端的基本流程。

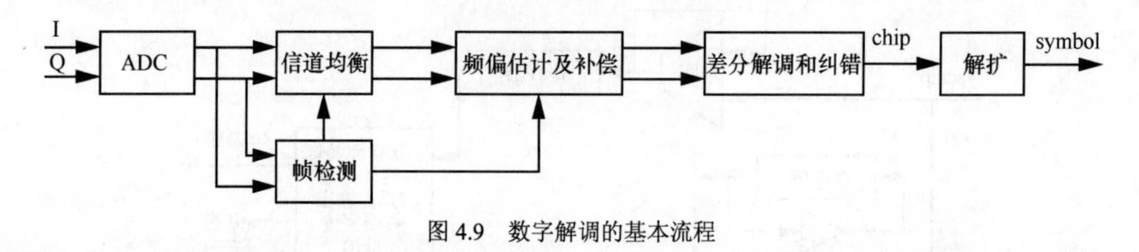

图 4.9 数字解调的基本流程

4.3.2 基于截断误差和截断数据的可变步长自适应均衡算法

为了补偿信道噪声干扰的影响，消除时间弥散效应产生的码间干扰，必须采用信道均衡技术来改善通信的品质。均衡算法是基带信号处理中计算较复杂的部分之一，因此本节关注研究一种易于实现的均衡算法。目前研究人员在均衡器算法方面做了大量的研究，文献[12]提出一种基于模糊逻辑算法的自适应均衡器，该算法通过自动调整隶属函数的参数并对 Kalman 滤波算法进行改进，其相对于最小均方误差（LMS, Least Mean Square）算法来说，稳态误差和收敛速度都有明显改善。文献[13]中的 E-DFE 算法能减小多接入干扰（MAI, Multiple Access Interference）从而使平均误码率降低。文献[14]中 WDFE 算法能减小误差传播的概率。上述均衡算法虽然比 LMS 算法或判决反馈均衡（DFE, Decision Feedback Equalization）算法的性能有一定的提高，但是这些算法复杂，计算量大，超大规模集成（VLSI, Very Large Scale Integration）设计很难满足微功耗节点的低功耗、低成本的要求。LMS 算法计算简单，但其步长固定，在时变系统中的跟踪速度与收敛精度方面的性能较差，为使 LMS 均衡算法实现更容易，文献[15]中提出了截断数据 LMS（Clipped-data LMS）算法和截断误差 LMS（Clipped-error LMS）算法。本节根据 LMS 算法和 CLMS 算法的理论，提出一种可变步长的 CCVSLMS（Clipped-error and Clipped-data Variable Step Size LMS）算法，该算法是基于符号变化快慢的可变步长自适应均衡算法，在权值更新时，建立步长因子与符号连续变化率的线性函数关系，该关系定义如下：当符号变化越快时，步长因子值随之减少，相反，当环境发生改变，则表明均衡器需要收敛到另一个最佳的值，此时权值更新的符号变化速度将减慢，步长因子将相应增加。

4.3.3　自适应均衡算法原理

LMS[15]算法由 Widrow 和 Hoff 于 1960 年提出，其基本原理基于最陡梯度下降法，即沿着权值梯度负方向搜索以达到权值的最优，实现均方误差最小意义下的自适应滤波。LMS 算法的迭代公式如下。

$$y(n)=\boldsymbol{X}^{\mathrm{T}}(n)\boldsymbol{W}(n) \tag{4.14}$$

$$e(n)=d(n)-y(n) \tag{4.15}$$

$$\boldsymbol{W}(n+1)=\boldsymbol{W}(n)+2\mu e(n)\boldsymbol{X}^{*}(n) \tag{4.16}$$

其中，$\boldsymbol{X}(n)=[x(n),x(n-1),x(n-2),\cdots,x(n-N+1)]^{\mathrm{T}}$，表示 n 时刻的输入信号矢量，这些输入信号矢量由最近 N 个信号采样数值构成；$\boldsymbol{W}(n)=[w_0(n),w_1(n),\cdots,w_{N-1}(n)]^{\mathrm{T}}$，表示时刻 n 权值系数矢量，N 是滤波器阶数；$d(n)$ 表示期望输出值；$e(n)$ 表示时刻 n 的输出误差；μ 是控制稳定性和收敛速度参量的步长因子。

LMS 算法收敛的条件为 $0<\mu<1/\lambda_{\max}$，$\lambda_{\max}$ 是输入信号自相关矩阵的最大特征值。图 4.10 为 LMS 算法的原理。

滤波器是均衡器的关键组成部分，它通过输入数据与滤波器系数作卷积运算，实现对输入数据的滤波，并随着滤波器系数的不断调整，最终完成对数据幅度的补偿，从而消除干扰。滤波器的系数会定时自动更新，这些更新的系数来自于权值更新算法。在图 4.9 所示的基带解调系统中，输入均衡器中的滤波器的数据是二维的 I、Q 复数信号。采用复数表达式来表示基带正交均衡器的数据和权值，则有

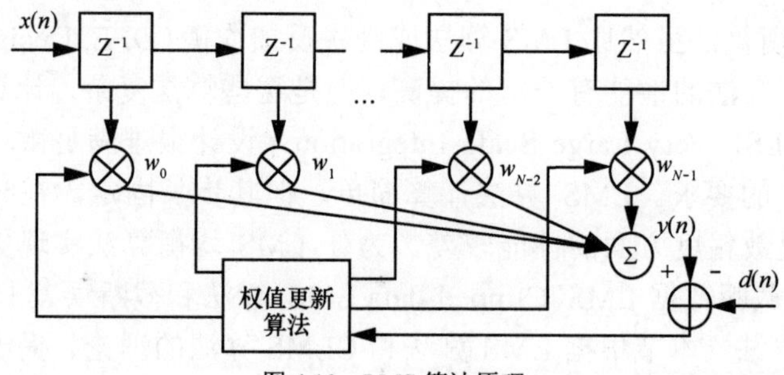

图 4.10　LMS 算法原理

滤波器的输入矢量

$$\boldsymbol{X}(n)=\boldsymbol{X}_{\mathrm{I}}(n)+\mathrm{j}\boldsymbol{X}_{\mathrm{Q}}(n) \tag{4.17}$$

滤波器的期望响应

$$d(n)=d_{\mathrm{I}}(n)+\mathrm{j}d_{\mathrm{Q}}(n) \tag{4.18}$$

滤波器的权值系数矢量为

$$\boldsymbol{W}(n)=\boldsymbol{W}_{\mathrm{I}}(n)+\mathrm{j}\boldsymbol{W}_{\mathrm{Q}}(n) \tag{4.19}$$

滤波器的输出为

$$\boldsymbol{Y}(n)=\boldsymbol{Y}_{\mathrm{I}}(n)+\mathrm{j}\boldsymbol{Y}_{\mathrm{Q}}(n)=\boldsymbol{W}^{\mathrm{T}}(n)\boldsymbol{X}(n) \tag{4.20}$$

估计误差为

$$e(n)=e_{\mathrm{I}}(n)+\mathrm{j}e_{\mathrm{Q}}(n) \tag{4.21}$$

因此，得

$$\begin{cases} e_{\mathrm{I}}(n)=y_{\mathrm{I}}(n)-\mathrm{j}x_{\mathrm{I}}(n) \\ e_{\mathrm{Q}}(n)=y_{\mathrm{Q}}(n)-\mathrm{j}x_{\mathrm{Q}}(n) \end{cases} \tag{4.22}$$

把式（4.17）、式（4.18）和式（4.19）代入式（4.20）可推导出

$$\begin{cases} y_{\mathrm{I}}(n)=\boldsymbol{W}_{\mathrm{I}}^{\mathrm{T}}(n)\boldsymbol{X}_{\mathrm{I}}(n)-\boldsymbol{W}_{\mathrm{Q}}^{\mathrm{T}}(n)\boldsymbol{X}_{\mathrm{Q}}(n) \\ y_{\mathrm{Q}}(n)=\boldsymbol{W}_{\mathrm{I}}^{\mathrm{T}}(n)\boldsymbol{X}_{\mathrm{Q}}(n)+\boldsymbol{W}_{\mathrm{Q}}^{\mathrm{T}}(n)\boldsymbol{X}_{\mathrm{I}}(n) \end{cases} \tag{4.23}$$

把式（4.17）、式（4.18）和式（4.19）代入滤波器的权值系数更新迭代公式（4.16），可得

$$\begin{aligned} \boldsymbol{W}(n+1)&=\boldsymbol{W}(n)+2\mu[e_{\mathrm{I}}(n)+\mathrm{j}e_{\mathrm{Q}}(n)][\boldsymbol{X}_{\mathrm{I}}(n)+\mathrm{j}\boldsymbol{X}_{\mathrm{Q}}(n)]^{*} \\ &=\boldsymbol{W}_{\mathrm{I}}(n)+\mathrm{j}\boldsymbol{W}_{\mathrm{Q}}(n)+2\mu[e_{\mathrm{I}}(n)+\mathrm{j}e_{\mathrm{Q}}(n)][\boldsymbol{X}_{\mathrm{I}}^{*}(n)+\mathrm{j}\boldsymbol{X}_{\mathrm{Q}}^{*}(n)] \\ &=\boldsymbol{W}_{\mathrm{I}}(n)+2\mu[e_{\mathrm{I}}(n)\boldsymbol{X}_{\mathrm{I}}^{*}(n)-e_{\mathrm{Q}}(n)\boldsymbol{X}_{\mathrm{Q}}^{*}(n)]+ \\ &\quad\ \mathrm{j}[\boldsymbol{W}_{\mathrm{Q}}(n)+2\mu[e_{\mathrm{I}}(n)\boldsymbol{X}_{\mathrm{Q}}^{*}(n)+e_{\mathrm{Q}}\boldsymbol{X}_{\mathrm{I}}^{*}(n)]] \end{aligned} \tag{4.24}$$

又因为 $\boldsymbol{X}_{\mathrm{I}}(n)$ 和 $\boldsymbol{X}_{\mathrm{Q}}(n)$ 都是实数，所以 $\boldsymbol{X}_{\mathrm{I}}(n)=\boldsymbol{X}_{\mathrm{I}}^{*}(n)$，$\boldsymbol{X}_{\mathrm{Q}}(n)=\boldsymbol{X}_{\mathrm{Q}}^{*}(n)$。最后得出 I 路和 Q 路滤波器的权值系数迭代公式为

$$\begin{cases}\boldsymbol{W}_{\mathrm{I}}(n+1)=\boldsymbol{W}_{\mathrm{I}}(n)+2\mu[e_{\mathrm{I}}(n)\boldsymbol{X}_{\mathrm{I}}(n)-e_{\mathrm{Q}}(n)\boldsymbol{X}_{\mathrm{Q}}(n)]\\ \boldsymbol{W}_{\mathrm{Q}}(n+1)=\boldsymbol{W}_{\mathrm{Q}}(n)+2\mu[e_{\mathrm{I}}(n)\boldsymbol{X}_{\mathrm{Q}}(n)+e_{\mathrm{Q}}(n)\boldsymbol{X}_{\mathrm{I}}(n)]\end{cases} \tag{4.25}$$

则滤波器的原理如图 4.11 所示。

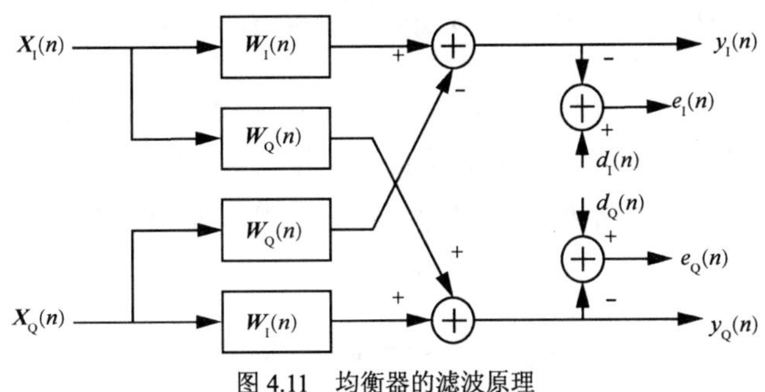

图 4.11　均衡器的滤波原理

从图 4.11 可知，如果 I/Q 2 路的基带信号同时送入均衡器，可以并行处理 2 路信号。

4.4　CCVSLMS 算法

在实际应用中，为使 LMS 算法易于数字化实现，就必须尽量减小其运算量，所以 Clipped-data LMS 算法和 Clipped-error LMS 算法分别对权值更新函数进行如式（4.26）、式（4.27）所示的改进。

$$\boldsymbol{W}(n+1)=\boldsymbol{W}(n)+2\mu e(n)\mathrm{sign}\left[\boldsymbol{X}(n)\right] \tag{4.26}$$

$$\boldsymbol{W}(n+1)=\boldsymbol{W}(n)+2\mu\,\mathrm{sign}\left[e(n)\right]\boldsymbol{X}(n) \tag{4.27}$$

其中，$\mathrm{sign}(\cdot)$ 为符号函数，表达式为

$$\mathrm{sign}(x)=\begin{cases}1, & x\geqslant 0\\ -1, & x<0\end{cases} \tag{4.28}$$

式（4.26）中的输入数据表达式 $x(n)$ 用 $\mathrm{sign}(\cdot)$ 代替，式（4.28）中的误差 $e(n)$ 用 $\mathrm{sign}(\cdot)$ 代替。CLMS 算法利用符号函数将输入数据或误差截断为 1 或−1，减掉了部分乘法，从而降低计算量。计算量由原来的 2*N* 个乘法器和 2*N* 个加法器转化为 *N* 个移位器和 2*N* 个加法器实现，算法的数字电路实现难度大为降低，但这种单纯的 $\mathrm{sign}(\cdot)$ 处理比较粗糙，以牺牲性能为代价。LMS 算法本质上是一种梯度近似算法，而用误差符号代替误差本身或用数据符号代替数据本身，会增大梯度的

估计误差。为了克服 LMS 和 CLMS 等算法存在的不足，研究人员提出了变步长的策略，步长μ的调整原则为：在初始收敛阶段或未知系统参数发生变化时，步长较大，而在算法收敛后则保持较小的步长以降低稳态失调噪声，在失调与收敛速度之间取得一个平衡。根据这一原则，在充分借鉴 LMS 和 CLMS 2 类算法优缺点的基础上，对 I/Q 分量中每路信号的步长因子按式（4.29）进行调整。

$$\mu_i(n+1)=\beta\left(1+\frac{1}{\kappa}\sum_{m=0}^{M}\text{sign}\left(z_i(n-m)z_i(n-m-1)\right)\right) \tag{4.29}$$

其中，$i=0,1,\cdots,N-1$；β与式（4.16）中μ相等；M表示连续符号的最大个数，$M=1,3,5,\cdots$，且$M\leqslant N$；κ是步长自适应变化率的控制常数且κ为大于 2 的偶数；当为 I 相时，$z_i(n)=e_{\text{I}}(n)x_{\text{I}}(n-i)$，为 Q 相时，$z_i(n)=e_{\text{Q}}(n)x_{\text{Q}}(n-i)$。因此式（4.29）用矩阵向量表示为

$$\boldsymbol{U}(n+1)=\beta\left(1+\frac{1}{\kappa}\sum_{m=0}^{M}\text{sign}\left(\boldsymbol{Z}(n-m)\boldsymbol{Z}(n-m-1)\right)\right) \tag{4.30}$$

把式（4.30）代入式（4.25）得权值更新方程为

$$\begin{cases}\boldsymbol{W}_{\text{I}}(n+1)=\boldsymbol{W}_{\text{I}}(n)+2\boldsymbol{U}_{\text{I}}(n)[e_{\text{I}}(n)\boldsymbol{X}_{\text{I}}(n)-e_{\text{Q}}(n)\boldsymbol{X}_{\text{Q}}(n)]\\ \boldsymbol{W}_{\text{Q}}(n+1)=\boldsymbol{W}_{\text{Q}}(n)+2\boldsymbol{U}_{\text{Q}}(n)[e_{\text{I}}(n)\boldsymbol{X}_{\text{Q}}(n)+e_{\text{Q}}(n)\boldsymbol{X}_{\text{I}}(n)]\end{cases} \tag{4.31}$$

根据式（4.29），可知每相中第i个权值的步长与m个连续的$\text{sign}(e(n)x_i(n))$符号变化率有关。初始收敛阶段或未知系统参数发生变化时，符号变化比较慢，此时均衡器的第i个步长就相应增大，权系数的修正量将增加，以便有较快的收敛速度和对时变系统的跟踪速度；而当符号在不断地变化时，表示滤波器已快收敛到期望值，第i个步长就相应变小，以达到较小的稳态失调噪声。同时，式（4.29）中的乘法运算经过符号函数的处理变为 1 或−1，因此只要通过简单的异或逻辑运算就可代替。由式（4.31）可知，自适应滤波器的每个权值系数都相互独立，且能自适应地调整。

4.4.1 CCVSLMS 算法性能分析

为检验 CCVSLMS 算法的收敛和跟踪速度以及稳态误差等性能，按照图 4.12 所示的结构进行仿真。仿真的条件为：

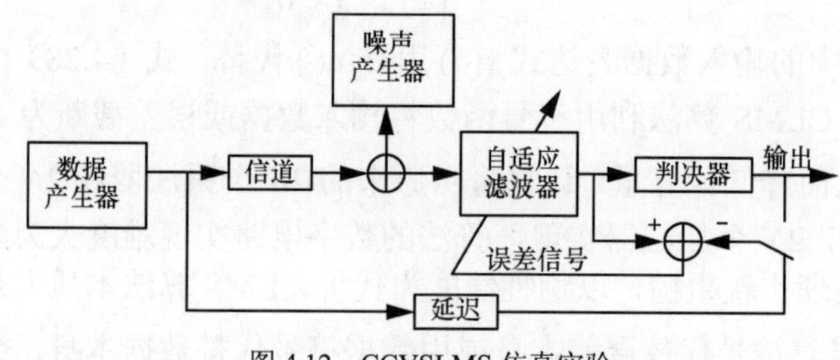

图 4.12 CCVSLMS 仿真实验

- 自适应横向滤波器阶数 N=3；
- 权值的初始值 $\boldsymbol{W}(0)=[0,0,0]^{\mathrm{T}}$；
- 数据产生器产生的是 OQPSK 基带信号且该信号满足 IEEE 802.15.4 协议；
- 噪声产生器产生的是均值为零的高斯分布白噪声且 SNR=10dB；
- 判决器采用的是软判决方式；
- 信道的冲激响应为 $[0.92,0.3,0.19]^{\mathrm{T}}$；
- μ=0.062 5，κ=8。

利用 MATLAB 仿真工具，通过 200 次独立仿真，经过统计得出 CLMS（Clipped-error LMS）算法、LMS 算法和 CCVSLMS 算法的均方误差学习曲线（如图 4.13 所示）。

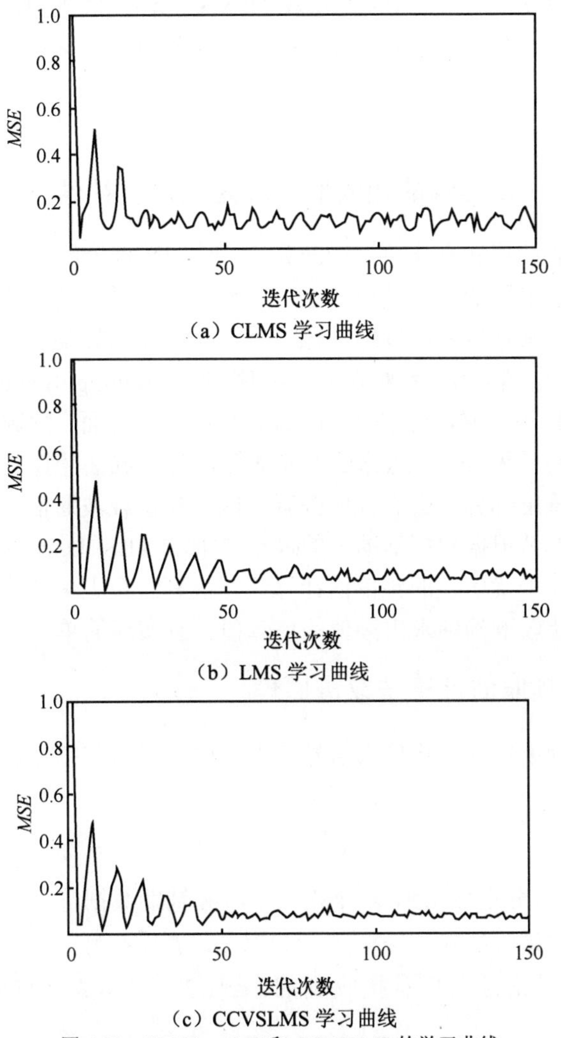

（a）CLMS 学习曲线

（b）LMS 学习曲线

（c）CCVSLMS 学习曲线

图 4.13　CLMS、LMS 和 CCVSLMS 的学习曲线

分析图 4.13 曲线可知，CLMS 算法的收敛速度比 LMS 算法及 CCVSLMS 算法快约 50%，但它的稳态误差大且失调噪声明显大于 LMS 算法和 CCVSLMS 算法。CCVSLMS 算法与 LMS 算法相比，收敛速度稍快且稳态误差和失调噪声略小，这是因为在自适应过程开始时，前者的步长因子比后者的步长因子增加了 $\frac{1}{\kappa}\sum_{m=0}^{M}\text{sign}\left(z_i(n-m)z_i(n-m-1)\right)$。达到稳态阶段后，CCVSLMS 动态调整步长因子，且步长因子逐渐减小，这样就能保证在收敛后得到较小的失调噪声。但是 CCVSLMS 计算量比 LMS 算法增加了累加和运算、符号运算和乘积运算，在实际硬件实现中，可对符号函数处理的 $\mu(n)$ 通过查表法来实现，该部分计算量基本可以忽略。

CCVSLMS 算法改善了 LMS 算法和 CLMS 算法的收敛速度和稳态误差的不足，理论分析表明步长因子 μ 根据符号变化的快慢进行自适应地调整，能最大限度地减小稳态误差，仿真结果证实了 CCVSLMS 算法具有较快的收敛速度和较小的稳态误差与失调噪声量。

4.4.2 基于 LS 准则的频偏估计算法改进及补偿方法

目前，频偏估计算法有非数据辅助算法[16,17]和数据辅助算法[18~24] 2 类。前者完全基于极大似然准则的频率估值算法，需要经过一系列的简化近似处理后才能得到频偏估算值，其计算复杂度通常比较大，实现成本较高，一般为极大似然意义下的准最佳估计器。后者则是对训练序列（Training Sequence）或前导符（Preamble）进行相关运算，通常分为时域和频域 2 个方面。频域估计算法[24]需将训练序列或前导符号做 FFT 运算后才能估算，与时域估计算法比较起来增加了 FFT 计算，但精确度却并不会有大的提升，因此在单载波通信系统中大多数采用时域估计算法。本节根据数据辅助式的最小二乘法（LS, Least Square）准则，推导出一种适合多径干扰信道的频偏估计算法。该算法在无信道信息的情况下，通过查表的方式就能较准确地求出频偏的估算值，且实现简单。

4.4.3 LS 频偏估计算法改进原理

数据辅助的频偏估计是将接收信号与训练序列或前导符号进行相关运算，计算表达式为

$$z_k = r(k)d(k) = \mathrm{e}^{\mathrm{j}(2\pi\Delta fkT+\theta)} \tag{4.32}$$

其中，$r(k)$ 和 $d(k)$ 分别表示第 k 个接收信号和辅助数据符号，$\Delta f = f_\mathrm{t} - f_\mathrm{r}$ 是发送端载波频率 f_t 与接收端载波频率 f_r 的频率差，T 为符号周期，θ 为初相。对长度为 N 的前导符号来说，任意接收到的 $n\in\{1,2,\cdots,N\}$ 数据与前导符号进行式（4.33）的相关运算。

$$z_k^{(n)} = z_k \mathrm{e}^{\mathrm{j}(2\pi\Delta f^{(n)}kT+\theta)} \tag{4.33}$$

以 LS 的平方和达到最小为准则，得频率估算量为

$$\Delta\hat{f}(n) = \Delta\hat{f}^{(0)} + \sum_{i}^{n-1}\varepsilon_{\Delta f}^{(i)} \quad ,n\in\{1,2,\cdots,N\} \tag{4.34}$$

其中，$\varepsilon_{\Delta f}^{(i)}T = \dfrac{3}{\pi(N-1)}\arg\left\{\left(\sum_{k=1}^{N}kz_k^{(n)}\right)\left(\sum_{k=1}^{N}z_k^{(n)}\right)^*\right\}$；$\Delta\hat{f}(n)$ 是频率差 $\Delta f(n)$ 的估算量；$\arg\{\cdot\}$ 表示幅角。

该算法的基本思想是根据与前导符号相关运算结果 z_k 及时调整 $\Delta\hat{f}$，使估算结果达到克拉美劳下界（CRLB）。但是，该基于 LS 的频偏估算方法在估算时忽略了信道多径干扰的影响，因此在多径干扰的信道中，估计的精度将大大降低。

数字通信系统由于信道的多径干扰，一般定义的信道模型如图 4.14 所示，接收信号[25]通常写成

$$r(k) = \mathrm{e}^{\mathrm{j}(2\pi\Delta fkT+\theta)}\sum_{l=0}^{L-1}d(k-l)h_k(l) + n(k) \tag{4.35}$$

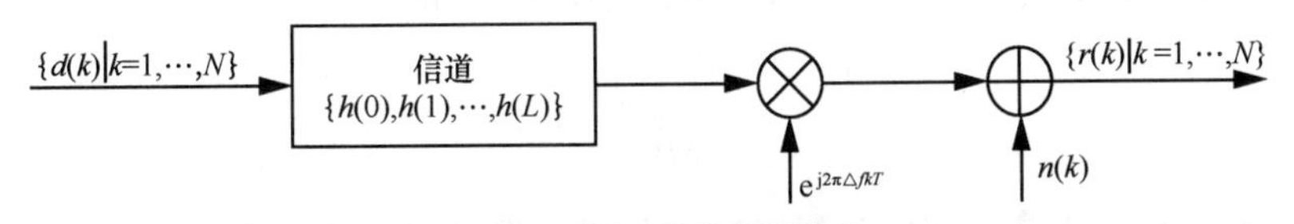

图 4.14 频偏估计的信道模型

其中，$h(l)$ 和 $n(k)$ 分别是信道冲激响应和加性高斯白噪声。在信道环境未知时，直接从接收的信号序列 $\{r(k)\}$ 中估算 Δf 比较困难。为了有效克服式（4.35）中信道参数的影响，假设 $2\pi\Delta fkT+\theta$ 是固定的相移，接收端从前导符号中取相邻 2 相同信号做相关运算，得

$$\begin{aligned} z_\tau(k) &= r(k)r^*(k-\tau) \\ &= \sum_{l=0}^{L}\sum_{i=0}^{L}d(k-l)d^*(k-\tau-i)h(l)h^*(i)\mathrm{e}^{\mathrm{j}2\pi\Delta f\tau T} + n_\tau(k) \end{aligned} \tag{4.36}$$

其中，τ 为 2 个重复符号取样之间的时延，式（4.36）与式（4.37）相比增加了 $h(l)$ 和 $n(k)$ 的影响，用矩阵表示为

$$z_\tau(k) = \boldsymbol{d}_\tau^{\mathrm{T}}(k)\boldsymbol{h}\mathrm{e}^{\mathrm{j}2\pi\Delta f\tau T} + n_\tau(k) \tag{4.37}$$

其中，$\boldsymbol{d}_\tau(k)$ 和 $\boldsymbol{h}$ 是 $(L+1)^2$ 维的矩阵向量且分别为

$$\begin{aligned} \boldsymbol{d}_\tau(k) = [\; & d(k)d^*(k-\tau),\cdots,d(k)d^*(k-\tau-L), \\ & d(k-1)d^*(k-\tau),\cdots,d(k-1)d^*(k-\tau-L),\cdots, \\ & d(k-L)d^*(k-\tau),\cdots,d(k-L)d^*(m-\tau-L)\;]^{\mathrm{T}} \end{aligned} \tag{4.38}$$

$$\boldsymbol{h}=\Big[\left|h(0)h^*(0)\right|,\left|h(0)h^*(1)\right|,\cdots,\left|h(0)h^*(L)\right|,\left|h(1)h^*(0)\right|,$$
$$\left|h(1)h^*(1)\right|,\cdots,\left|h(1)h^*(L)\right|,\cdots,\left|h(L)h^*(0)\right|,\left|h(L)h^*(1)\right|,\cdots,\left|h(L)h^*(L)\right|\Big]^{\mathrm{T}} \quad (4.39)$$

其中，$\{d(m)\}$ 表示在 $\boldsymbol{d}_k(m)$ 中出现的前导符号且 τ 的范围是 $\tau+L+1\leqslant k\leqslant N$。则 $\{z_\tau(\tau)\mid \tau+L+1\leqslant k\leqslant N\}$ 可用矩阵表示为

$$\boldsymbol{z}_\tau=\boldsymbol{D}_\tau\boldsymbol{h}\mathrm{e}^{\mathrm{j}2\pi\Delta f\tau T}+\boldsymbol{n}_\tau=\boldsymbol{D}_\tau\boldsymbol{P}_\tau+\boldsymbol{n}_\tau \quad (4.40)$$

其中，$\boldsymbol{z}_\tau=[z_\tau(\tau+L+1),z_\tau(\tau+L+2),\cdots,z_\tau(N)]^{\mathrm{T}}$；$\boldsymbol{D}_\tau=[\boldsymbol{d}_\tau(\tau+L+1),\boldsymbol{d}_\tau(\tau+L+2),\cdots,\boldsymbol{d}_\tau(N)]^{\mathrm{T}}$，是一个 $(N-k-L)\times(L+1)^2$ 的矩阵；$\boldsymbol{P}_\tau=\boldsymbol{h}\mathrm{e}^{\mathrm{j}2\pi\Delta f\tau T}$；$\boldsymbol{n}_k=[n_\tau(\tau+L+1),n_\tau(\tau+L+2),\cdots,n_\tau(N)]^{\mathrm{T}}$。

欲从式（4.40）获得频率偏移 Δf，根据线性最小平方误差估计量的构造规则，假设 $\hat{\boldsymbol{P}}_\tau$ 是 $\boldsymbol{P}_\tau$ 的估计量，即估计量 $\hat{\boldsymbol{P}}_\tau$ 使性能指标

$$J(\hat{\boldsymbol{P}}_\tau)\cong\sum_{k=\tau+L+1}^{N}\left|z_\tau(k)-\boldsymbol{d}_\tau^{\mathrm{T}}(k)\boldsymbol{P}_\tau\right|^2 \quad (4.41)$$

为最小平方估计误差，要求 $J(\hat{\boldsymbol{P}}_\tau)$ 达到最小，即求解

$$\frac{\partial J(\hat{\boldsymbol{P}}_\tau)}{\partial\hat{\boldsymbol{P}}_\tau}=0 \quad (4.42)$$

就是所要求的估计量，利用矢量函数对矢量变量求导法则，得到

$$\hat{\boldsymbol{P}}_\tau=(\boldsymbol{D}_\tau^{\mathrm{H}}\boldsymbol{D}_\tau)^{-1}\boldsymbol{D}_\tau^{\mathrm{H}}\boldsymbol{Z}_\tau \quad (4.43)$$

其中，$(\cdot)^{\mathrm{H}}$ 表示 Hermitian，为了满足 $\boldsymbol{D}_\tau$ 行数大于列数，τ 的范围为

$$1\leqslant\tau\leqslant N-L-(L+1)^2 \quad (4.44)$$

因 $\hat{\boldsymbol{P}}_\tau=[\hat{P}_\tau(1),\hat{P}_\tau(2),\cdots,\hat{P}_\tau(L+1)^2]^{\mathrm{T}}$，由式（4.40），可得

$$\hat{P}_\tau(1)=\left|g(0)\right|^2\mathrm{e}^{\mathrm{j}2\pi\Delta\hat{f}\tau T} \quad (4.45)$$

计算式（4.45）得 $\Delta\hat{f}=\dfrac{1}{2\pi\tau T}\arg\{\hat{\boldsymbol{P}}_\tau(1)\}$，同理可得

$$\hat{P}_\tau((L+2)i+1)=\left|g(i)\right|^2\mathrm{e}^{\mathrm{j}2\pi\Delta\hat{f}\tau T},\quad 0\leqslant i\leqslant L \quad (4.46)$$

又因 $\sum\limits_{i=0}^{L}\hat{P}_\tau((L+2)i+1)=(\sum\limits_{i=0}^{L}\left|g(i)\right|^2)\mathrm{e}^{\mathrm{j}2\pi\Delta\hat{f}\tau T}$，因此估算的频率偏移表示为

$$\Delta\hat{f}=\frac{1}{2\pi\tau T}\arg\left\{\sum_{i=0}^{L}\hat{\boldsymbol{P}}_\tau((L+2)i+1)\right\} \quad (4.47)$$

为了消除辐角中出现 2π 混叠现象，式（4.47）的最大估算相移范围必须满足

$\left|2\pi\Delta\hat{f}\tau T\right| \leqslant \pi$ 的限定，因此频偏估计的绝对值满足式（4.48）。

$$\left|\Delta\hat{f}T\right| \leqslant \frac{1}{2\tau} \tag{4.48}$$

频偏估计的平均值为

$$\Delta\hat{f} = \frac{1}{M}\sum_{\tau=1}^{M}\frac{1}{2\pi\tau T}\arg\left\{\sum_{i=0}^{L}\hat{P}_{\tau}((L+2)i+1)\right\} \tag{4.49}$$

其中，M 是 τ 同时满足式（4.44）和式（4.48）的最大值。很明显，在多径干扰或有固定 ISI 的信道环境中，根据式（4.40）计算出 $\hat{\boldsymbol{P}}_k$ 后，再由式（4.47）可得到频率差 Δf 。

在式（4.43）中，$(\boldsymbol{D}_{\tau}^{\mathrm{H}}\boldsymbol{D}_{\tau})^{-1}\boldsymbol{D}_{\tau}^{\mathrm{H}}$ 可以预先计算出来，然后采用“查表”实现。在 VLSI 设计时，用“查表”替代一系列的乘法和加法运算，能有效提高硬件实现的速率并降低实现难度。

4.4.4　改进频偏估计算法性能分析

IEEE 802.15.4 标准的物理层帧含有 4 个字节的前导符号，DSSS 扩频后可用于频偏估算的 chip 序列长度为 128bit，即 $N=128$ 。标准规定可以允许发送端与接收端的时钟频率偏移各高达 ±40 ppm，那么接收端必须具备估算最大频率偏移为 ±80 ppm 的能力。发射机的最高载波频率为 2.483 5GHz，即最大频率误差为

$$|\Delta f| = \left(2.483\,5\times \mathrm{e}^{9}\right)\left(80\times \mathrm{e}^{-6}\right) = 198.7\text{kHz} \tag{4.50}$$

从式（4.48）可知 $\tau \leqslant 5$，由于信号已经过信道均衡的补偿，在此仅采用两径衰落信道，即 $L=1$，多径衰落信道模型为

$$c(t) = \varepsilon_0(t)\delta(t) + \varepsilon_1(t)\delta(t-\varsigma) \tag{4.51}$$

其中，$\varepsilon_0(t)$ 和 $\varepsilon_1(t)$ 为零均值复高斯分布，ς 是两径之间的延迟。假设 $\varsigma = T/2$，$E[|\varepsilon_0(t)|^2] = E[|\varepsilon_1(t)|^2] = 0.5$ 。

对于数据辅助的频率估算方法来说，$\Delta\hat{f}$ 的估算值的 MSE 大于 CRLB[21]，CRLB 的表达式为

$$CRLB_{\Delta f} = \frac{3}{2\pi^2 T^2}\times\frac{1}{\rho N(N^2-1)} \tag{4.52}$$

其中，ρ 表示 *SNR* 且 $\rho = E_s/N_0$ ，图 4.15 表明在时延不同情况下 MSE 的对比。

图 4.15 显示出频率估算性能随着时延 τ 值的增加而得到改善。在 *SNR*>7dB 时，3 种不同时延情况的 MSE 性能相差不大，这是因为在 IEEE 802.15.4 中，前导符的长度 *N*=128，*N* 值已比较大，特别是在 $\tau=3$ 与 $\tau=1$ 时，性能几乎相同。当

$\tau=3$，此时由式（4.46）得

$$\begin{bmatrix} r(5)r^*(2) \\ r(6)r^*(3) \\ \vdots \\ r(128)r^*(125) \end{bmatrix} = \begin{bmatrix} r(5)r^*(2) & r(5)r^*(1) & r(4)r^*(2) & r(4)r^*(1) \\ r(6)r^*(3) & r(6)r^*(2) & r(5)r^*(3) & r(5)r^*(2) \\ \vdots & \vdots & \vdots & \vdots \\ r(128)r^*(125) & r(128)r^*(124) & r(127)r^*(125) & r(127)r^*(124) \end{bmatrix}.$$

$$\left[|g(0)|^2 \quad g(0)g^*(1) \quad g^*(0)g(1) \quad |g(1)|^2\right]\mathrm{e}^{\mathrm{j}2\pi\Delta f3T}+\boldsymbol{n}_3 \tag{4.53}$$

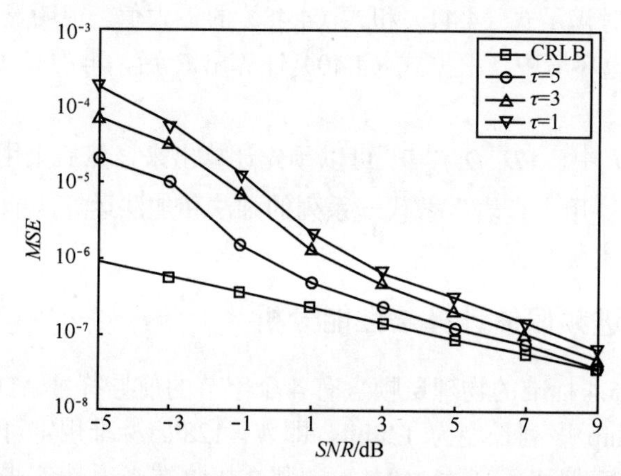

图 4.15　$|\Delta fT|=0.099\,4, N=128$ 时，在不同时延下 MSE 的对比

为了对该算法有直观的理解，将其与BAF算法[21]以及Comb算法进行了比较。BAF 算法在 AWGN 信道环境下性能比较好，MSE 几乎接近 CRLB，但其难以适用时变多径干扰的信道。文献[11]通过粗略频偏估计与精细频偏估计的联合频偏估算（简称为 Comb 算法）来提高频率估算性能，但其是运算量大。BAF 算法由相关函数可得出 $\Delta\hat{f}$ 的估算表达式

$$\Delta\hat{f}=\frac{1}{2\pi(N-1)}\sum_{k=0}^{N-2}\arg(r_{k+1}-r_k) \tag{4.54}$$

Comb 算法采用了经典的 Meyor 估计器和 Kay 估计器，可得出

$$\Delta\hat{f}=\frac{1}{2\pi}\sum_{n=1}^{N}\left(\sum_{i=0}^{s-2}\theta_i(n)-\hat{\theta}_i(n)\right) \tag{4.55}$$

其中，s 为每个码片采样的次数。

本节提出的频偏估计改进算法与BAF算法和Comb算法在性能上的区别如图 4.16 所示。

图 4.16 显示 BAF 算法的估算性能最差，表明该算法虽在无多径干扰时性能

较好，但当信道有多径干扰时，频率估算性能将大大降低，其在信噪比为 3dB 时，比 AWGN 环境下仿真的 MSE 差将近 10 倍。Comb 算法性能最好，在 *SNR*>9dB 时，与本节提出的 LS 改进估计算法的 MSE 性能相近。

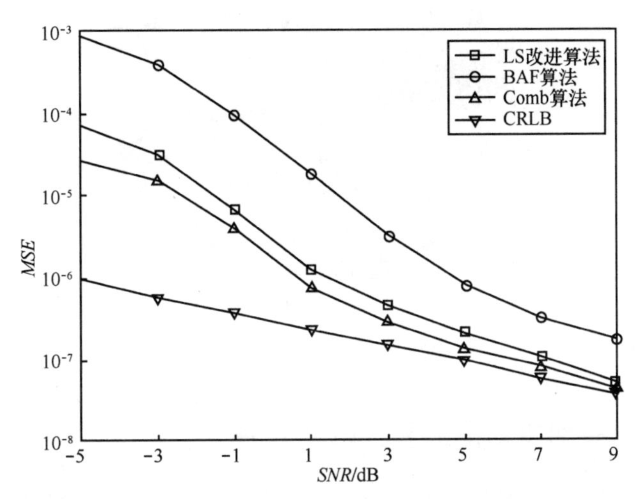

图 4.16　$|\Delta fT| = 0.099\,4, N = 128$ 情况下 MSE 的对比

4.4.5　频偏补偿方法

频偏会引起接收信号与实际信号的相位以角度ϕ递增，从而形成相位旋转现象。IEEE 802.15.4 标准的最大频偏可达 80ppm，即每隔T_c会有最大约 35.28°的相位旋转。为了在解调时不产生错误判断，就必须对频偏造成的影响进行补偿。在补偿时，反转的角度需要以角度ϕ递增，即在反转后，第一个采样点的信号乘上$(e^{j\phi})^*$，第二个采样点的信号乘上$(e^{j2\phi})^*$，同理，第 *n* 个采样点乘上$(e^{jn\phi})^*$。

理论上，相位在$e^{j\phi}$处被估算出来并对信号作了补偿后，接收信号将与实际发送信号的相位相同，即无相位位移。但实际上由于噪音、D/A 及 A/D 转换器精度等影响，$e^{j\phi}$的估算值与实际值之间会存在些许误差，依然会有些微的相位旋转现象。在如图 4.17 所示的 OQPSK 调制坐标中，由于微小的相位旋转，将造成对相同数据进行调制时，信号可能会跨越坐标轴而落在不同的象限。为了避免此类问题，把图 4.17 中的每个象限划分成 3 个区域，信号做载波频偏补偿后就开始检查信号的相位，当信号落在区域 1 或区域 2 时，信号就必须被正转或反转一个固定角度α，使其落在该象限的区域 0。因此经过相位微调后，由相同数据调制而成的信号将会被限制在相同的象限内，哪怕信号经微调后落在错误的象限，也可以利用后面的带有纠错功能的差分解调将其修正为正确的数据。

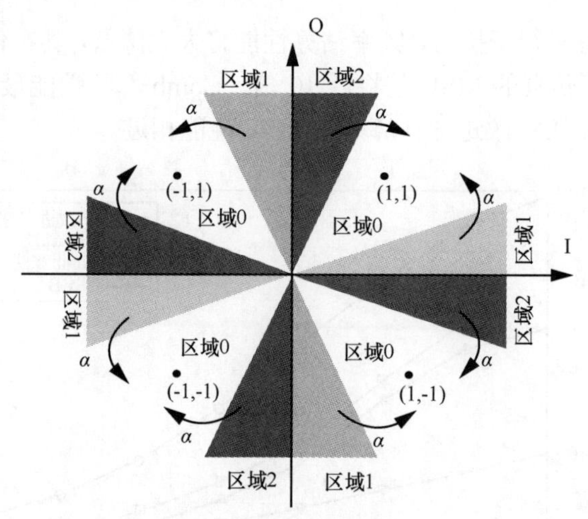

图 4.17　信号点的区域划分

4.4.6　具有纠错功能的差分解调方法

差分解调可以省去 NCO，也不需要进行载波恢复，虽然会牺牲一些性能，但它的结构比较简单，因此在突发式数字通信中采用差分解调具有很大的优势，在 TDMA 系统中，MSK、GMSK 等解调就采用差分方法[26,27]。由于使用半正弦波成型的 OQPSK 与 MSK 信号之间存在如式（4.56）特定的关系。

$$d_0, d_1, d_2, d_3 = d_{\mathrm{msk}0}, d_{\mathrm{msk}1}, d_{\mathrm{msk}2}, d_{\mathrm{msk}3} \tag{4.56}$$

因此，可以确定半正弦波成型的 OQPSK 信号的解调完全可采用差分解调方法。

（1）差分解调的原理

由文献[28~32]可以得知 MSK 的基带相位是一个斜率为 $d_k\pi/2T_c$ 的直线方程，其表达式为

$$\varphi_k(t) = \frac{\pi}{2}\sum_{n=0}^{k-1} d_n + \frac{d_k\pi}{2T_c}(t - kT_c), \qquad kT_c \leqslant t \leqslant (k+1)T_c \tag{4.57}$$

式（4.57）可以看出，基带相位是一个直线方程，在一个码元周期内，相位总是线性累加 $\pm\pi/2$。如果码元是“0”，则在该码元周期内，相位就均匀减小 $\pi/2$，即“0”码元末尾处相位总要比“0”码元开始处相位小 $\pi/2$；反之，如果码元是“1”，那么在该码元周期内相位就均匀增加 $\pi/2$，即在“1”码元末尾处基带相位比“1”码元开始处相位大 $\pi/2$，MSK 的这一特征是差分解调的重要依据。MSK 的 $\varphi_k(t)$ 变化曲线通常称为相位网格图，也可称为基带相位路径，如图 4.18 所示。假设输入的数据流 d_k 为{+1，+1，−1，−1，+1，+1，−1，…}，则得到图 4.19 所示特定数据序列基带相位路径。

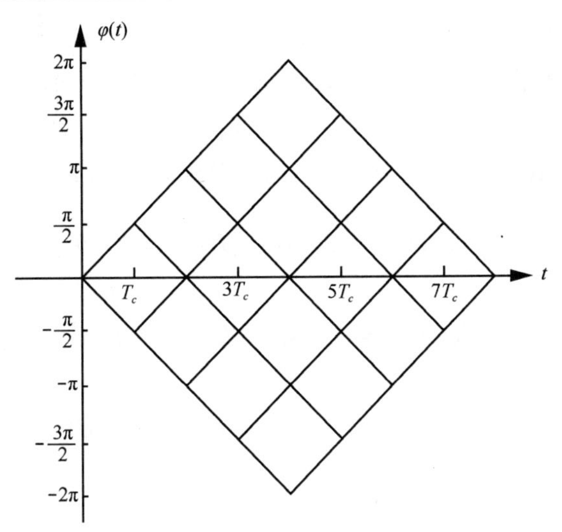

图 4.18　MSK 可能的基带相位路径

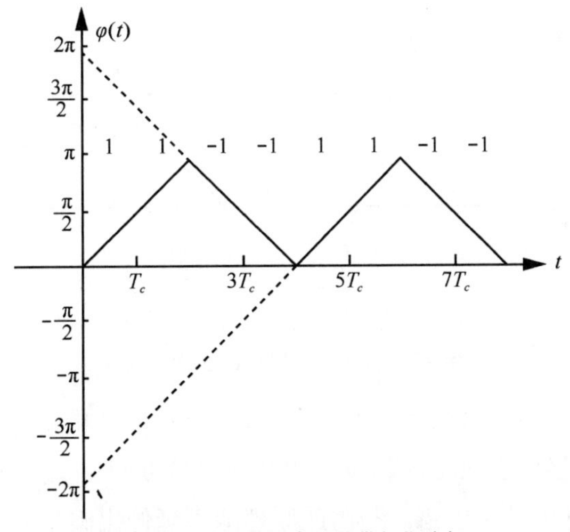

图 4.19　特定数据序列基带相位路径

图 4.18 反映了 MSK 信号前后码元区间的相位约束关系，这表明第 k 个码元的相位不仅与当前码元的值有关，而且还与前一码元的值及其相位值有关。因此在完成频偏补偿之后，对式（4.57）中的基带相位求差分可以得到

$$\Delta\varphi(k,\tau)=\varphi(k+1,0)-\varphi(k,0)=\frac{\pi}{2}d_k \tag{4.58}$$

式（4.58）意味着 $\tau=0$ 是最佳判决点，也就是说时钟同步后就能正确解调。式（4.59）、式（4.60）和式（4.61）是三角函数的积化和差公式，基带差分相位的取值范围是 $\Delta\varphi(k,\tau)\in[-\pi/2,\pi/2]$，可知 MSK 信号本身和相差 $\pi/2$ 延迟 T_c 时间

的 MSK 信号相乘再经过判决后便可以得到 d_k 信号，即基带的差分相位信号与原始数据有着直接的对应关系，即 $d_k = \pm 1$，所以通过判断差分基带相位的正负号便可以解调出原来数据。MSK 每隔 T_c 所走的相位如图 4.20 所示，只要知道前一个数据位，再对解出的相位做“或运算”即可得到原来的值。

$$\sin\alpha\sin\beta = \frac{1}{2}[\cos(\alpha-\beta)-\cos(\alpha+\beta)] \quad (4.59)$$

$$\cos\alpha\cos\beta = \frac{1}{2}[\cos(\alpha-\beta)+\cos(\alpha+\beta)] \quad (4.60)$$

$$\sin\alpha\cos\beta = \frac{1}{2}[\sin(\alpha-\beta)+\sin(\alpha+\beta)] \quad (4.61)$$

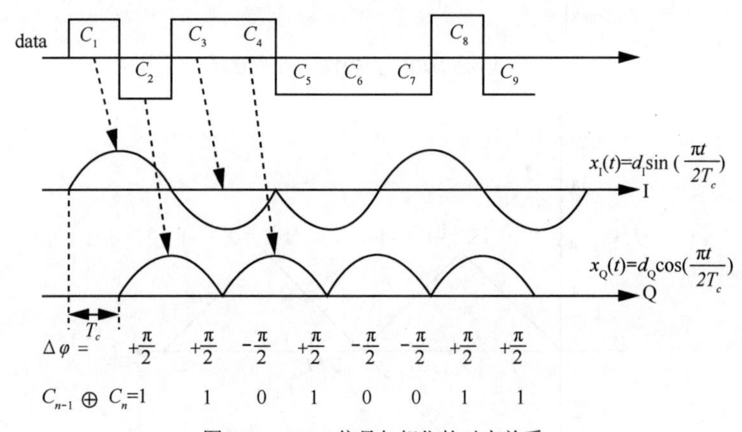

图 4.20　MSK 信号与相位的对应关系

同时，MSK 信号本身和延迟 $2T_c$ 时间的 MSK 信号相乘隐含纠错功能，即如果连续每隔 T_c 都是经过 ±π/2 的相位，那么通过判断每隔 $2T_c$ 是否走了 ±π 相位就可断定最近的信息位是否出错。利用此原理即可延伸出整个同步检测修正方法，差分解调的架构如图 4.21 所示。

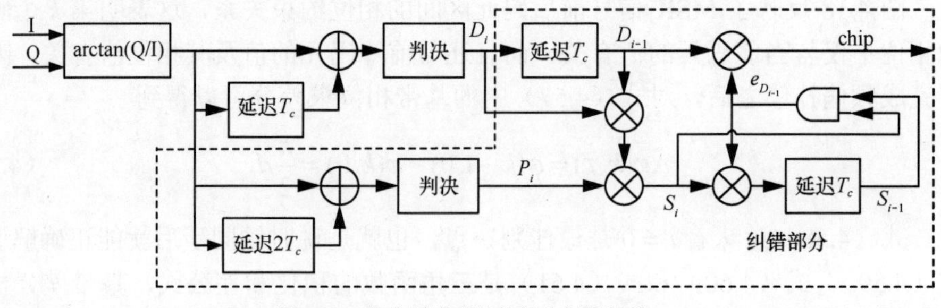

图 4.21　具有纠错功能的差分解调架构

图 4.21 中的 P_i 为同步检测码元，代表 $2T_c$ 的相位差是 $\pm\pi$ 或 0，当相隔 $2T_c$ 的相位差在 $\pi/2$ 与 $-\pi/2$ 之间时，认定其相位差为 0，也就是说间隔 T_c 的相位差走了一正一负，此时用 $P_i=1$ 表示 $D_i \otimes D_{i-1}$ 的值应该为 1；反之当间隔 T_c 的相位差连走 2 次 $\pi/2$ 或 $-\pi/2$，此时用 $P_i=0$ 代表 $D_i \otimes D_{i-1}$ 值应该为 0。用 S_i 表示 D_i、D_{i-1}、P_i 三者的“或运算”状态。在正常的状况下 $S_i=0$，但若其中任何一个值出错，则 $S_i=1$。接着以接收信号和同步检测码元都没有错误的情况进行分析，假设接收信号为 $D_i=1$ （用 D_i^1 表示），同步检测码元为 $P_i=0$ （用 P_i^0 表示），两者的关系为 $P_i^0=D_i^1 \oplus D_{i-1}^1$，接收信号和同步检测码元都可能会发生错误，此时可将接收信号表示为 $D_i=D_i^1 \otimes e_{D_i}$，同步检测码元表示为 $P_i=P_i^0 \otimes e_{P_i}$，$e_{D_i}$ 和 e_{P_i} 用来代表错误的可能性，1 代表有错误，反之，没有错误。状态 S_i 可用 2 个成功接收的信号减去同步检测码元来表示，其表达式为

$$\begin{aligned} S_i &= D_i \otimes D_{i-1} \otimes P_i \\ &= (D_i^1 \otimes e_{D_i}) \otimes (D_{i-1}^1 \otimes e_{D_{i-1}}) \otimes (D_i^1 \otimes D_{i-1}^1 \otimes e_{p_i}) \\ &= e_{D_i} \otimes e_{D_{i-1}} \otimes e_{P_i} \end{aligned} \tag{4.62}$$

而前一个时间的状态 S_{i-1} 可表示为

$$S_{i-1}=e_{D_{i-1}} \otimes e_{D_{i-2}} \otimes e_{P_{i-1}} = e_{D_{i-1}} \otimes e_{P_{i-1}} \tag{4.63}$$

因前一个码元时间接收信号是正确的，即 $e_{D_{i-2}}$ 为 0，故可以将 $e_{D_{i-2}}$ 项消去，假如在 e_{D_i}、$e_{D_{i-1}}$、e_{P_i} 和 $e_{P_{i-1}}$ 中只有一个发生错误，S_i、S_{i-1} 做“与运算”可得

$$e_{D_{i-1}} = S_i S_{i-1} = (e_{D_i} \otimes e_{D_{i-1}} \otimes e_{P_i})(e_{D_{i-1}} \otimes e_{P_{i-1}}) \tag{4.64}$$

即 $D_{i-1}=D_{i-1} \otimes e_{D_{i-1}}$ 能够从 2 个接收的状态中修正过来，依照此推导结果，得出增加一个同步检测码元就可让差分解调方法具有一位码元的纠错能力。

（2）差分解调的数字化设计方法

由具有纠错能力的差分解调原理可知，要进行有效的数据判决，必须先计算出接收信号的相位，在进行数字化设计时，为了减小计算量，可用查表的方式求出角度值。假设接收信号用 4bit 宽度量化，那么 I 相分量和 Q 相分量都有 16 种可能，因此共有 256 种可能的相位，可在一个二维坐标系中描述这些相位，如图 4.22 所示，每一个象限有 64 种可能的相位。为了降低存储空间的成本，只需建立一个象限的相位值对应表，而其他象限的相位值通过判断接收到的 I/Q 分量信号的正负符号来获得。

对于第一象限的相位对应表来说，用接收到的采样信号的绝对值来查表，假设此时查表得到相位值为 θ，接着判断接收的 I 相和 Q 相信号的正负符号来决定最终的实际相位值，如图 4.23（a）所示。如果 I 和 Q 的符号同时为正，则在第一

象限，实际相位等于θ；如果I的符号为负，而Q的符号为正，则在第二象限，实际相位等于$(\pi-\theta)$；如果I和Q的符号同时为负，则在第三象限，实际相位等于$(\pi+\theta)$；如果I的符号为正，而Q的符号为负，则在第四象限，实际相位等于$(2\pi-\theta)$。

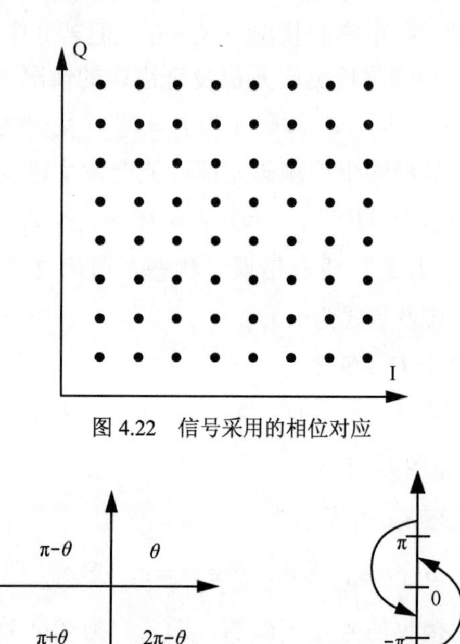

图 4.22　信号采用的相位对应

π-θ　θ
π+θ　2π-θ
π
0
-π

（a）相位查表转换　　（b）相位相等转换

图 4.23　相位转换关系

在计算差分检测和纠错的相位差值时，差值有可能超出$-\pi$到π的范围，所以当相位差值大于π时要减去2π；相位差值小于$-\pi$时，则要加上2π，如图 4.23（b）所示。在差分检测计算时，需要将经T_c延迟的相位差值取正弦值后再进行硬判决，如果相位差值在0到π之间就输出为$D_i=1$，当相位差值在0到$-\pi$之间则$D_i=0$。同理，在纠错部分计算时，需要将$2T_c$延迟的信号相位差值取余弦后再进行硬判决，如果相位差值在0到$\pi/2$或$-\pi/2$到0时，则输出的$P_i=1$，如果相位差值在$\pi/2$到π或$-\pi$到$-\pi/2$则输出$P_i=0$。

差分解调出来的是MSK信号，根据式（4.56）所表明的MSK信号和OQPSK信号间的关系，通过图4.24所示的映射方法把MSK信号转换成OQPSK信号，然后再进行解扩运算。

4.4.7　基于瞬时标定功率的自适应帧检测方法

帧检测的主要功能是检测是否有帧到达并进行系统位同步处理，若有帧到达则启动基带中其他部分功能块工作，否则，其他各功能都处于空闲或休眠状态，这样能有效达到节能的目的。然而，与其他无线通信系统一样，微功耗电路接收的信号和干扰功率电平都将随时间发生变化，因此帧检测也就成为微功耗通信系统中的关键技术点之一。通过对 PN 码的快速捕获来实现同步是扩频通信系统的基带信号处理的常用方法，关于 PN 码的同步捕获问题已有大量的研究文献[33~38]，例如，文献[35]提出了一种自适应串行搜索捕获方法，其检测的门限由瞬时接收功率来决定，以便能够适应快速变化的信道，瞬时功率已早于 PN 码相关运算并在每个相关运算间隔内进行估计，采用标定的固定参考检测门限。目前，在扩频码序列的同步捕获上，尚无明显特别新颖的技术，国内外也有不少的学者利用神经网络计算原理、小波变换[35]等技术期望实现扩频码的重大突破，但目前大都是停留在理论的初步探索阶段，离实际工程的实现尚有一定的差距。本节根据瞬时标定功率的自适应门限算法的原理，利用物理层帧结构中已知的 Preamble 符号来进行帧的检测。

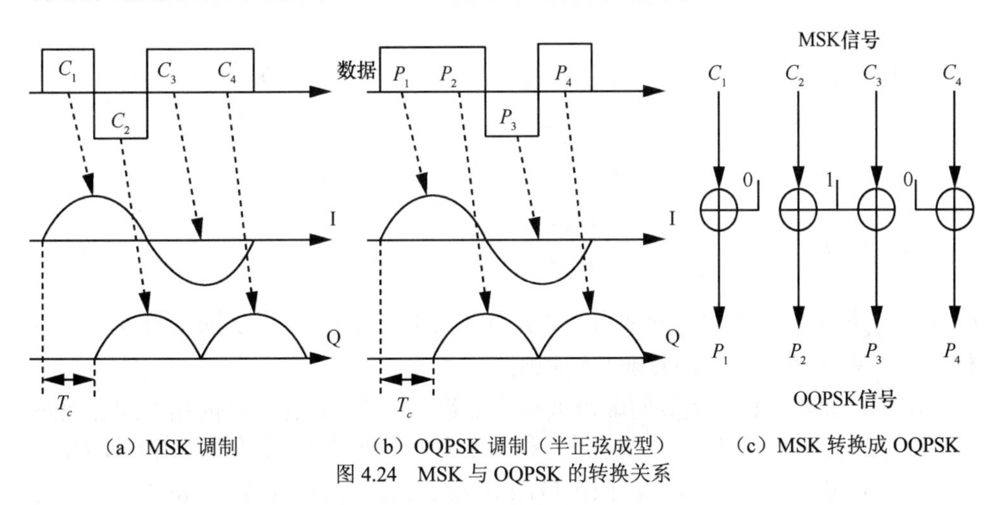

（a）MSK 调制　　（b）OQPSK 调制（半正弦成型）　　（c）MSK 转换成 OQPSK

图 4.24　MSK 与 OQPSK 的转换关系

4.4.8 瞬时标定功率的自适应门限原理

图 4.25 是一个瞬时标定功率自适应门限同步捕获架构图，包含了一个非相干的相关器和一个对接收功率进行估计的估计器，复数基带信号通过一个码片脉冲匹配滤波器来进行滤波，并按码片速率的 $1/T_c$ 进行采样，输入信号的采样样本为

$$r_i = \Gamma \mathrm{e}^{\mathrm{j}\theta} p_i + n_i \tag{4.65}$$

式（4.65）中，θ 是在区间 $(-\pi,\pi)$ 上的平均分布的随机变量，p_i 是复数 PN 码，并假定它的实部和虚部均为等概率取值 $1/\sqrt{2}$ 或 $-1/\sqrt{2}$ 的独立同分布的序列。n_i 为复数高斯随机变量，对 AWGN 信道而言，其均值为 0，方差为 N_0，Γ 是一个 Rayleigh 分布的随机变量，其概率密度函数为

$$p_{\Gamma}(x)=\frac{2x}{E_c}\mathrm{e}^{\frac{-x^2}{E_c}} \tag{4.66}$$

其中，E_c 是接收码片能量的平均值。

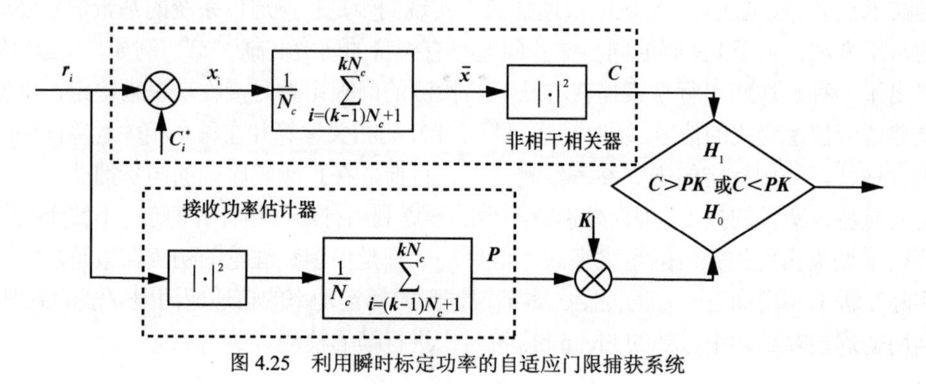

图 4.25 利用瞬时标定功率的自适应门限捕获系统

非相干相关器的输出 C 和接收功率估计器的输出 P，分别为

$$C=\left|\left(\frac{1}{N_c}\right)\sum_{i=1}^{N_c}x_i\right|^2 \tag{4.67}$$

$$P=\frac{1}{N_c}\sum_{i=1}^{N_c}|r_i|^2=\frac{1}{N_c}\sum_{i=1}^{N_c}|x_i|^2 \tag{4.68}$$

其中，N_c 是一个相关运算周期内的码片样本数目；$x_i=r_ic_i^*$ 表示输入码片样本与本地 PN 码（模值为 1）的复数共轭相乘。

假设 Γ 和 θ 在相关运算间隔内近似为常数，并且它们在不同的相关运算间隔之间近似相互独立。当接收 PN 码序列和本地 PN 序列完全同相位时，则假设 H_1 成立，而不同相位时，H_0 成立。假设检测值通过比较相关运算值 C 和功率刻度门限 PK 而得到，其中 PK 是一个固定的参考检测门限。当 C 远大于 PK 时，很显然，H_1 成立，反之亦然，C 远大于 PK 的概率由式（4.69）给出。

$$P_r\{C>PK\}=P_r\left\{\left|\left(\frac{1}{N_c}\right)\sum_{i=1}^{N_c}x_i\right|^2>\frac{K}{N_c}\sum_{i=1}^{N_c}|x_i|^2\right\} \tag{4.69}$$

4.4.9 低复杂度的帧检测方法设计

通过对瞬时标定功率算法的分析可知，完全可以利用收到的信号功率来决定接收端是否有帧到达，将图 4.25 转化成图 4.26 延迟相关器模型，利用此延迟相关器来实现帧检测功能，该相关器的好处为输出经过归一化处理的，这在设计判断位同步是相当重要的。如图 4.26 所示，输入的信号从帧等待状态至帧到达状态过程中，延迟相关器输出为 m_n。

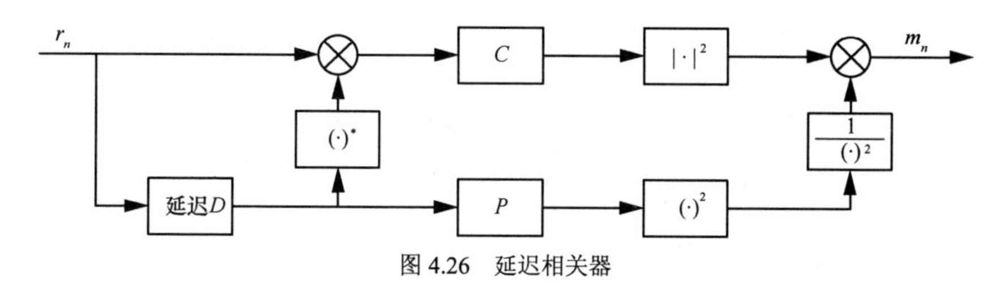

图 4.26　延迟相关器

整个延迟相关器就是利用已知的 Preamble 与输入信号作相关运算，相关运算方法为

$$C_n = \sum_{k=0}^{L-1} r_{n+k} r_{n+k+D}^* \tag{4.70}$$

$$P_n = \sum_{k=0}^{L-1} r_{n+k+D} r_{n+k+D}^* = \sum_{k=0}^{L-1} \left| r_{n+k+D} \right|^2 \tag{4.71}$$

$$m_n = \left| C_n \right|^2 / \left| P_n \right|^2 \tag{4.72}$$

通过相关运算结果来判断帧是否到达，当输出值 m_n 接近 1 时表明帧到达。帧尚未到达时，输入信号只有噪音，由于噪音彼此之间有较低的相关性，此时 m_n 的值接近 0。整个延迟相关器就是利用这个相关性输出的差异来判断帧是否已经到达。

对于延迟相关器而言，D 值和 L 值相当重要，较长的 L 值可以有较好的性能，但是会需要较多的计算时间，D 值的选择需要考虑 2 个因素，一要为循环信息的整数倍，二要对值的大小很敏感，D 值较大则噪音造成的相关性会比较小，需要保存的信息将变长。对于延迟相关器的输出值，也需要有正确的判断方式，设计一个临界值 TH，当 m_n 超过这个判断值 TH 表示帧已经到达，如果 TH 设定得较低，就可能造成较多的虚警，反之，如果 TH 设定得较高，就会有可能错过帧，产生漏警。因为在 MAC 层有检错的机制，所以在设计时应尽量保证不错过帧。另外，为了更好地检测帧到达的性能，可设计一个计数器 CV，当 m_n 超过 TH，CV 值会自动增加 1，若 m_n 低于 TH，CV 值则立即归 0，直到 CV 值累计至某个默认值时则表明帧已经检测到。

由于延迟相关器运算量大，需要较多的乘法和加法，为了进一步降低算法复杂度降低帧检测方法的数字化实现成本，可把图 4.26 模型简化为图 4.27 所示的帧检测架构，纯粹利用接收信号能量的大小来判断是否有帧到达。在实际情况中，噪声干扰总是存在的，噪声干扰可能使相关值超过门限而出现假锁，因此不能依据一次相关值就做出判断，而是将收到信号的平方值累加一定的窗长度，当值超过临界值一段时间则判定为帧已经到达，这样，就大大减小了一次相关的偶然性所造成的误判概率。

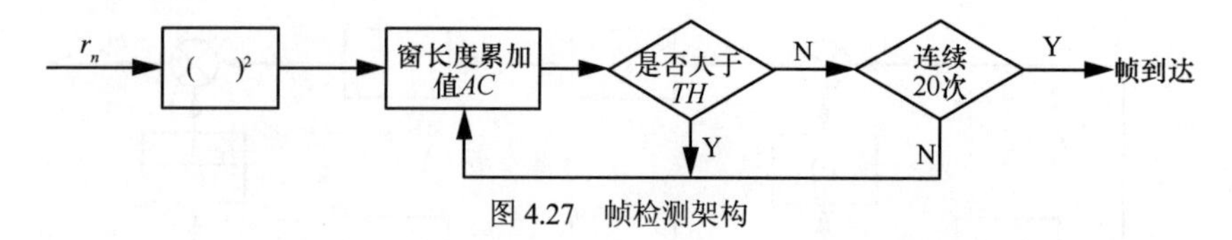

图 4.27 帧检测架构

图 4.27 中的 AC 定义为

$$AC = \sum_{k=0}^{L-1} \left(r_{n+k} \right)^2 \text{，} L \text{ 为窗长度} \tag{4.73}$$

实际上，误判不可能完全避免，任何策略都只能尽可能降低产生虚警的概率，模拟一段长度为 Preamble 大小的噪声环境，模拟次数为 10 000 次，假定输出值未连续超过临界值 20 次则被视为虚警，图 4.28 中显示了在临界值为 50、60、70 时的虚警概率。由图 4.28 中可以看出系统的临界值设置为 70 左右较合适。

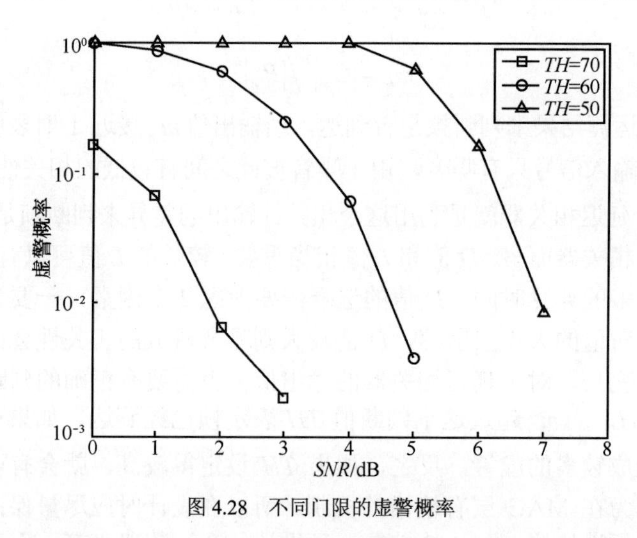

图 4.28 不同门限的虚警概率

4.5 全数字调制解调处理方法的性能仿真与分析

本系统以高斯白噪声加多径衰落信道模型为基础进行仿真，其中高斯白噪声是零均值的广义平稳随机过程，功率谱密度为 $S(\mathrm{j}w)=N_0/2$（N_0 为平均噪声功率）。考虑监测应用的环境多样，不一定规整，仿真采用的多径信道为室内通信系统中最常用的指数延时瑞利衰落模型[39]，该信道模型集中反映了现实环境中的一种特殊情况，即将反射体产生的多径长度依次递增。该模型多径延时分布如式（4.74）所示

$$P(\tau)=(1/\tau_d)\mathrm{e}^{\frac{-\tau}{\tau_d}} \tag{4.74}$$

式（4.74）中的 τ_d 完全表征该模型的多径延时分布，平均附加时延 $\bar{\tau}=\tau_d$，且延时扩展 $\sigma_\tau=\tau_d$。仿真时接收端的过采样因子为 4，而帧格式与 IEEE 802.15.4 标准相同，整个帧的长度为 20byte，仿真方法如图 4.29 所示。

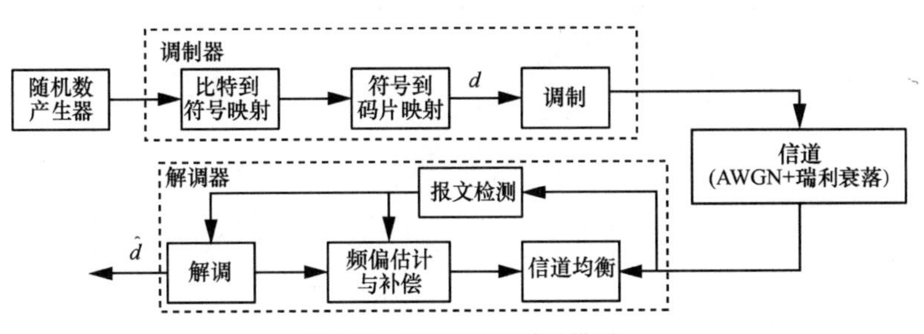

图 4.29　系统仿真的等效模型

图 4.30 是接收端解调器模拟出来的结果，纵轴表示数据分组错误率（PER），横轴表示信噪比（SNR）。此模拟结果忽略了 ADC 所带来的影响，图 4.30 中显示的是无频偏、频偏为 40ppm 以及在 40ppm 频偏时没使用频偏估计与补偿的 3 种情形下的 3 条曲线，IEEE 802.15.4 标准中规定的最低 *PER* 指标（*PER*≤1%）。很显然，当加上频偏估计时，比无频偏情况只差 1dB，而当 *SNR*≥9dB 时，*PER* 的值都小于 IEEE 802.15.4 规定，能有效满足标准通信要求。如果信号处理过程中没有本章的频偏估计与补偿方法，*SNR* 约需大于 16dB 才能达到 *PER* 指标要求。因此当满足 *PER* 要求时，却难以满足微功耗的要求，而本章所设计的频偏估计与补偿算法可以大大降低频率偏移带来的影响。

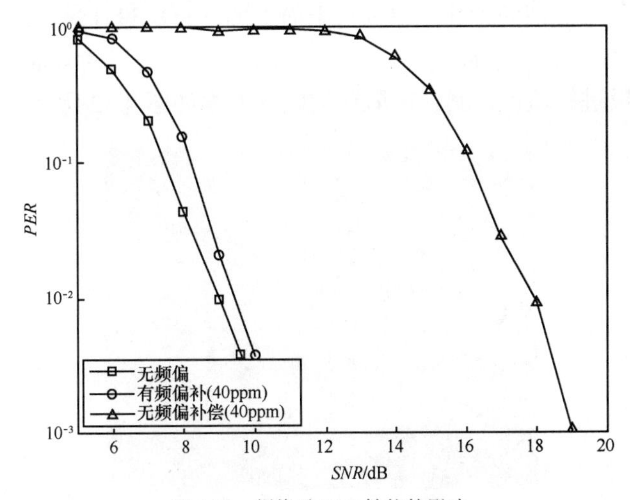

图 4.30　频偏对 *PER* 性能的影响

图 4.31 则考虑到了 ADC 的影响，接收端的采样率为 4 倍过采样，在仿真时模拟 4bitADC 与 8bitADC 对基带通信的性能。如图 4.31 所示，8bitADC 几乎没有任何影响，而 4bitADC 将会使整个系统降了约 1dB，为了满足基带通信性能，需选用 8bitADC 量化采样。

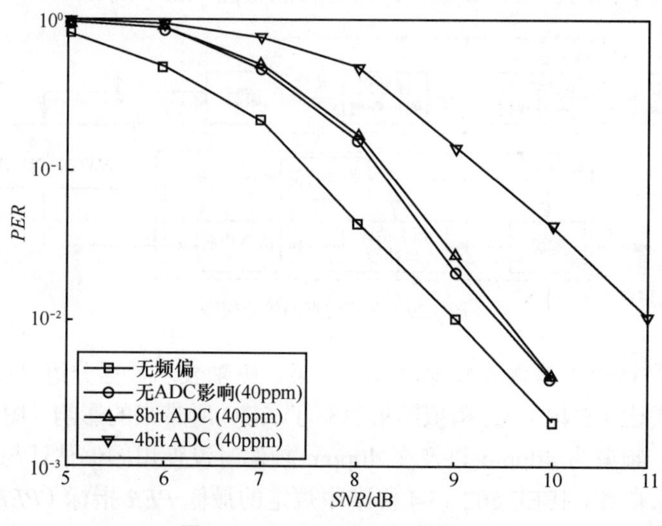

图 4.31　ADC 对 *PER* 性能的影响

4.6　全调制解调信号处理方法的 FPGA 验证

调制解调信号处理的设计是根据自上而下的 EDA 设计流程，采用硬件描述语言（Verilog）实现调制解调相关算法，并利用 Xilinx 公司的 spartan3 XtremeDSP 的 Demo 测试板进行验证，其功能验证的硬件方案如图 4.32 所示。

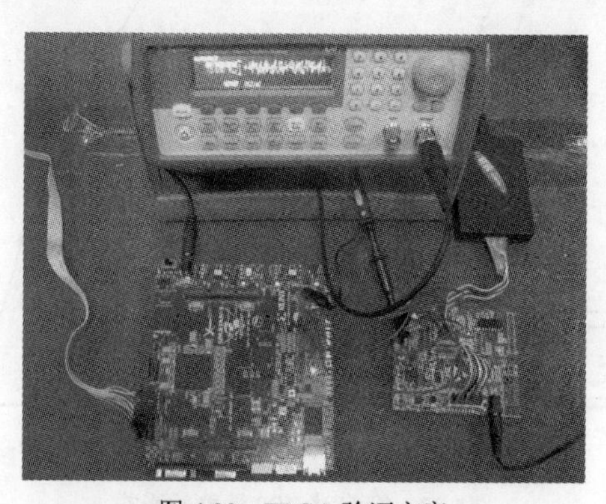

图 4.32　FPGA 验证方案

FPGA 验证方案包含调制解调信号处理算法的实现和基带算法验证 2 部分功能，其中算法验证采用闭环回路测试验证方法，即设备将发出的测试伪随机二进制序列（PRBS, Pseudo Random Binary Sequence）信号经过信道转回本地，设备将发送出的随机序列与接收到的序列逐位比较，如果两者不同，就认为出现一个错码，送到记录设备中记录[40]，然后通过误码率来判断基带算法的效果。为了能最大限度地使验证条件件符合实际运行环境，用任一波形信号发生器（Agilent 33220A）产生的 AWNG 信号来代替信道，并通过 A/D 转换处理后与调制的 I/Q 信号相加，这部分功能由 RENSAS R5F21 单片机完成。该环回测试方法简单易实现，验证原理如图 4.33 所示。

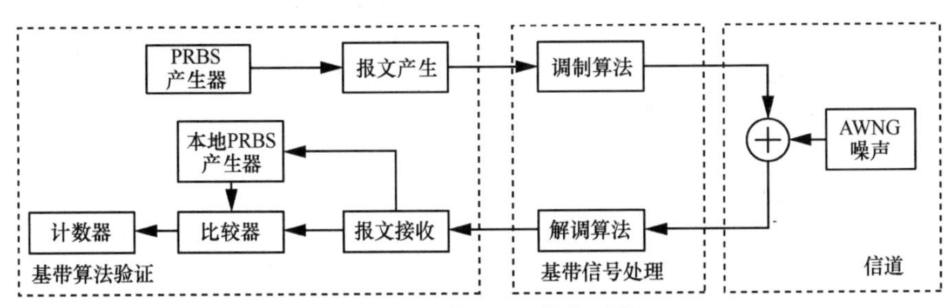

图 4.33　基带信号处理的验证原理

验证信源 PRBS 随机序列是采用 CCITT 推荐的 PRBS-15，其产生公式为 $x^{15}+x^{14}+1$，产生的电路原理如图 4.34 所示。而接收端的误码测试采用公式计算法，PRBS 公式误码测试电路原理如图 4.35 所示，接收端先透过检测到的预设值来启动本地 PRBS 产生器，接着 2 列数据经过一个简单异或门的比较器，当 2 序列数据相同时比较器输出为低电平，不同时则输出为高电平，计数器累加记录所得高电平的个数即为误码个数。

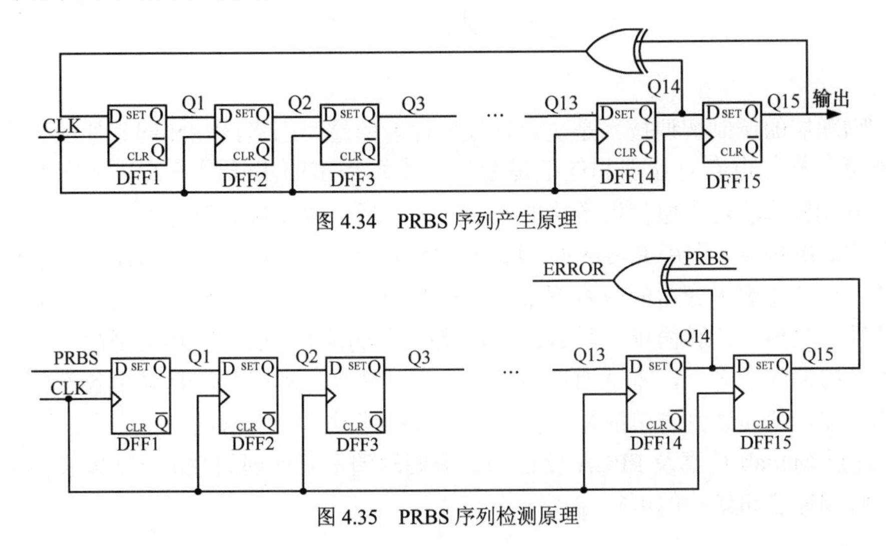

图 4.34　PRBS 序列产生原理

图 4.35　PRBS 序列检测原理

PRBS 按一定的公式生成，接收端只验证收到的数字序列是否能够满足公式来判断是否出现误码，其同步速度快而且实现也比较简单并节省资源，计算 ERROR 为高电平的个数即可得误比特数，但是如果序列中出现 1bit 的误码，它将会影响接下一比特的判断，即造成检测出的误码数偏高。验证时收发端使用同一个时钟，不存在频偏和补偿问题，不影响图 4.33 所示验证方法的性能。在不同的 AWNG 噪声值干扰下，测试的误码率如图 4.36 所示，*SNR* 大于 10dB 时，设计的调制解调信号处理算法能满足 IEEE 802.15.4 的要求。

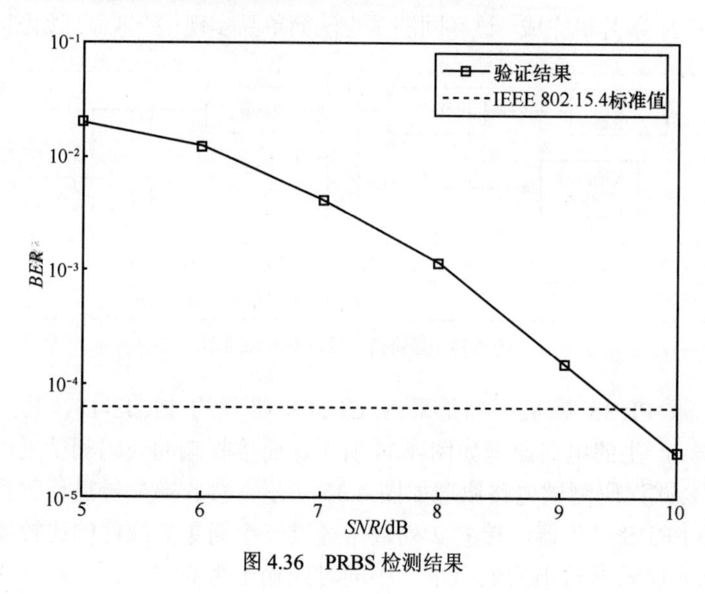

图 4.36　PRBS 检测结果

4.7　本章小结

物理层的调制解调技术是决定物理层性能的重要因素，WSN 同其他的无线传输系统一样，也会有非理想的信道效应。本章提出的步长因子 μ 自适应调整的 CCVSLMS 算法可克服信道干扰的影响，为了适应收发端必须容忍±40ppm 频率偏移的标准规定，利用 Preamble 设计频偏估计算法，用来补偿偏移而引起的相位旋转。设计考虑了应用的成本因素，采用非相干解调，充分利用调制信号前后相关特性，提出了一种简单且具有纠错功能的差分解调算法。低功耗是微功耗通信着重考虑的问题之一，本章通过检测帧是否到达来启动或关闭基带中各部分功能块的工作，从而达到省电的目的。最后通过构建发送端、信道、接收端的仿真平台，通过 Matlab 仿真及 FPGA 验证测试调制解调信号处理的性能，结果表明了该调制解调算法和架构的可行性。

参 考 文 献

[1] AKYIDIZ I F, SU W, SANKARASUBRAMANIAM Y, *et al.* A survey on sensor networks[J]. IEEE Communications Magazine, 2002, 40(8):102-114.

[2] HOWITT I, GUTIERREZ J A. IEEE 802.15.4 low rate-wireless personal area network coexistence issues[A]. IEEE Wireless Communications and Networking Conference (WCNC 2003)[C]. New Orleans, Lousiana, 2003, 1481-1486.

[3] IEEE 802 Working Group. Standard for Part 15.4: Wireless Medium Access Control (MAC) and Physical Layer (PHY) Specifications for Low Rate Wireless Personal Area Networks (LR-WPANs)[S]. ANSI/IEEE 802.15.4, 2003.

[4] 王殊, 阎毓杰, 胡富平等. 无线传感器网络的理论与应用[M]. 北京:北京航空航天大学出版社, 2007:19-35.

[5] 刘述钢, 刘宏立, 詹杰等. 基于 IEEE 802.15.4 的低复杂度 OQPSK 全数字调制方法[J].传感技术学报, 2010, 23(4):691-695.

[6] MIRBAGHERI A, PLATANIOTIS K N, PASUPTHY S. An enhanced widely linear CDMA receiver with OQPSK modulation[J]. IEEE Transactions on Communications, 2006, 54(2):261-272.

[7] PAOLO Z, EMANUELE S, STEFANIA P, *et al.* A programmable carrier phase independent symbol timing circuit for QPSK/OQPSK signals[J]. Micro- processors and Microsystems, 2008, 32(8):437-446.

[8] LIU S G, LIU H L. A linear approximation of GMSK modulation for GSM/EDGE mobile communication[A]. The 4th International Conference on Wireless Communications, Networking and Digital Signal Processing[C]. Dalian, China, 2008. 1-4.

[9] SPALVIERI A, MAGARINI M. Wiener's loop filter for PLL-based carrier recovery with OQPSK and MSK[A]. The 6th International Symposium on Communication Systems, Networks and Digital Signal Processing[C]. Milano, 2008. 525-529.

[10] LI F, KE X Z, LI Q. Design and Implement of OQPSK modulator based on FPGA[A]. The 32th IEEE International Conference on Acoustics, Speech and Signal Processing[C]. 2007. 861-864.

[11] ROGER M K. Evaluation of SDR-implementation of IEEE 802.15.4 Physical Layer: [dissertation][D]. Norwegian: Norwegian University of Science and Technology Department of Electronics and Telecommunications, 2006.

[12] WAI K W, HENG S. A robust and effective fuzzy adaptive equalizer for powerline communication channels[J]. Neurocomputing, 2007, 71(1-3):311-322.

[13] AMIT K K, DK M. Adaptive MMSE decision feedback equalizer for asynchronous CDMA

with erasure algorithm[J]. Digital Signal Processing, 2005, 15(6):621-630.

[14] JACQUES P, ALBAN G. Performance analysis of the weighted decision feedback equalizer [J]. Signal Processing, 2008, 88(2):284-295.

[15] 何振亚. 自适应信号处理[M]. 北京:科学出版社, 2002.

[16] THIAGARAJAN L B, ATTALLAH S, ABED M K. Non-data-aided joint carrier frequency offset and channel estimator for uplink MC-CDMA systems[J]. IEEE Transactions on Signal Processing, 2008, 56(9):4398-4408.

[17] CALVO P M, SEVILLANO J F, IRIZAR A. Enhanced implementation of blind carrier frequency estimator for QPSK satellite receivers at low SNR[J]. IEEE Transactions on Consumer Electronics, 2005, 51(2):442-448.

[18] KIM Y D, LIM J K, SUH C, *et al*. Designing training sequences for carrier frequency estimation in frequency-selective channels[J]. IEEE Transactions on Vehicle technology, 2006, 5(1):151-157.

[19] DAESILK P, CHESTER S P, KWYRO L. Simple design of detector in the presence of frequency offset for IEEE 802.15.4 LR-WPAN[J]. IEEE transactions on circuit and systems, 2009, 56(4):330-334.

[20] WOLFGANG S, LOTHAR F, SUSANNE G, *et al*. A least-squares based data-aided algorithm for carrier frequency estimation[EB/OL]. http://www.iss.rwth-aachen.de/4 publikationen /res_pdf /2006GodtmannIST2.pdf.

[21] OLIVIER J C. Frequency offset estimation for GSM and EDGE[J]. Digital Signal Processing, 2007, 17(1):311-318.

[22] GODTMANN S, HADASCHINK N, STEINERT W, *et al*. A concept for data-aided carrier frequency estimation at low signal-to-noise ratios[A]. IEEE International Conference on Communications (ICC'08)[C]. 2008.463-467.

[23] IVAN P, JURGEN L. Frequency offset estimation based on phase offset between sample correlations[EB/OL]. http://www.eurasip.org/Proceedings/Eusipco/Eusipco2005/defevent/papers/cr1165.pdf.

[24] PHILIPPE C, PASCAL B, MOUNIR G. Training sequence optimization for joint channel and frequency offset estimation[J]. IEEE Transacations signal processing, 2008, 56(8):3424-3436.

[25] 郭恩磊, 徐建政. 远程自动抄表中的现代通信技术[J]. 电力系统通信, 2007, 28(181):18-21.

[26] 陈旗, 杨允军, 宋士琼. GMSK 信号非相干解调技术研究[J]. 航天电子对抗, 2007, 23(1): 58-61.

[27] 曹志刚, 钱亚生. 现代通信原理[M]. 北京:清华大学出版社, 2004.

[28] WANG C, YIN Q, WANG W, *et al*. A simple energy efficient transceiver for IEEE 802.15.4[A]. Proceedings of 2010 IEEE International Symposium on Circuits and Systems[C]. Paris, France,

2010. 576-600.

[29] 吴玉成, 高珊, 侯剑辉. OQPSK 载波相位捕获算法的改进及数字化实现[J]. 电路与系统学报, 2005, 10(4):120-124.

[30] 刘炯, 涂锡斌, 胡均权. 软判决在OQPSK解调中实现对信号纠错的分析与应用[J]. 解放军理工大学学报(自然科学版), 2003, 4(4):36-39.

[31] WANG C C, SUNG G N, HUANG J M, *et al.* A low-power 2.45GHz WPAN modulator/demodulator[J]. Microelectronics Journal, 2010, 41(2):150-154.

[32] SIMON M K. On the bit-error probability of differentially encoded QPSK and Offset QPSK in the presence of carrier synchronization[J]. IEEE Transactions on Communications, 2006, 54(4):806-812.

[33] 高凯, 王世练, 张尔扬. 双门限自适应调整 PN 码捕获及其性能分析[J]. 通信学报, 2005, 26(2):56-59.

[34] GLISIC S G. Automatic decision threshold level control in DSSS systems[J].IEEE Transactions on Communications, 1991, 39(2):187-192.

[35] CHOI K, CHEUN K, JUNG T. Adaptive PN code acquisition using instantaneous power-scaled detection threshold under rayleigh fading and pulsed gaussian noise jamming[J]. IEEE Transactions on Communications, 2002, 50(8):1232-1235.

[36] CHANG J K, *et al.* Adaptive acquisition of PN sequences for DSSS communications[J]. IEEE Transactions on Communications, 1998, 46(8):994-996.

[37] 薛巍, 向敬成, 周治中. 一种 PN 码捕获的门限自适应估计方法[J]. 电子学报, 2003, 31(12):1870-1873.

[38] 王晓蕾, 王艳涛, 张洪. 全基于小波变换的扩频系统 PN 码捕获研究[J]. 通信技术, 2009, 42(3):73-75.

[39] JOHN G, PROAKIS. Digital Communication, Fourth Edition[M]. 北京:电子工业出版社, 2005.432-562.

[40] 刘述钢. 利用 FPGA 设计和实现点对点 EoS 的成帧[D]. 北京:北京工业大学, 2005.

第5章　ZigBee 协议性能分析

ZigBee 协议是 WSN 中目前应用较广的商业化协议，许多应用和实验平台都在该协议上搭建，但该协议能否在特定的应用环境中使用，还需要从抗干扰能力、网络性能等多个角度来讨论。

5.1　公用频段短距离无线通信技术比较

在 2.4GHz 频段工作的无线个人局域网 WPAN（Wireless Personal Area Network）有 ZigBee、蓝牙、Wi-Fi、WirelessUSB[1~3]等，如表 5.1 所示。从表中可以看出，协议都有各自的特点，适用于不同的应用范围，但在城市中，这些协议注定需要在同一个环境中使用，这种共用的场景对 ZigBee 协议提出了特定的要求，需要协议不仅能在有干扰的情况下能使用，而且还不能对其他现存的协议造成太大的影响。

表 5.1　　2.4GHz 频段主要协议的比较

技术标准	对应 IEEE 标准	传输速率	传输范围/m	扩频方式	功耗	适用领域
ZigBee	802.15.4	250kbit/s（2.4GHz 频段）	10~75	DSSS	很低	低数据速率静态网络，高密度节点，稀少的控制数据传输
Wi-Fi	802.11b	11Mbit/s	100	DSSS	高	数据传输
蓝牙（Bluetooth）	802.15.1	1~2Mbit/s	10	FHSS	低	动态互操作型网络，多路接入点，流媒（音频、语音）的频繁交换
Wireless USB		480Mbit/s（符合 USB2.0）	10	DSSS	很低	PC 外设，多点对一点，高速数据传输

5.1.1　ZigBee 的抗干扰特性分析

ZigBee 技术的抗干扰特性主要是指抗同频干扰，即来自共用相同频段的其他射频技术的干扰。对无线通信技术来说，抗同频干扰的能力极为重要，它直接影响到设备的性能。ZigBee 在 2.4GHz 频段内具备强抗干扰能力就意味着能够可靠地与 Wi-Fi、蓝牙、WirelessUSB 以及家用无绳电话共存。

由于 ZigBee 协议以 IEEE 802.15.4 为物理层和 MAC 层，所以其抗干扰能力主要体现为 IEEE 802.15.4 的抗干扰能力，IEEE 802.15.4 标准中提供了很多机制来保证 ZigBee 在 2.4GHz 频段与其他无线技术标准的共存能力如下。

（1）空闲信道评估（CCA, Clear Channel Assessment）。IEEE 802.15.4 物理层在碰撞避免机制（CSMA/CA）中提供 CCA 的能力，即如果信道被其他设备占用，允许传输退出而不必考虑采用的通信协议。

（2）动态信道选择。ZigBee 个人局域网（PAN）中的协调器首先要扫描所有的信道，然后再确认并加入一个合适的 PAN，而不是自己去创建一个新的 PAN，这样就减少了同频段 PAN 的数量，降低了潜在的干扰。如果干扰源出现在重叠的信道上，协调器上层的软件要应用信道选择算法选择一个新的信道。

（3）信道选择算法。如图 5.1 对比 IEEE 802.11b 和 IEEE 802.15.4 信道，有 4 个 IEEE 802.15.4 信道（n=15,16,21,22）落在 3 个 IEEE 802.11b 信道的频带间距上，这些间距上的能量不为零，但是会比信道内的能量低，将这些信道作为 IEEE 802.15.4 网络的工作信道可以将系统间干扰降至最小。

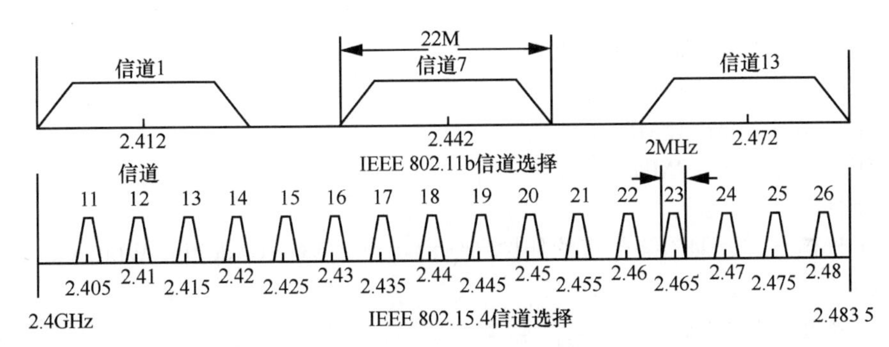

图 5.1　2 协议 2.4GHz 信道分布对比

在网络初始化或者响应中断时，ZigBee 设备都会先扫描一系列被列入信道列表参数中的信道，以便进行动态信道选择。在有 IEEE 802.11b 网络活跃工作的环境中建立一个 IEEE 802.15.4 网络，可以按照上述列出的空闲信道来设置信道表参数，以增强网络的抗干扰性能。

5.1.2　共存性分析

面向控制的 ZigBee 和无线局域网技术 Wi-Fi、蓝牙、WirelessUSB 将会在很多场合处于共存的状态，并且共存的时间很长，在这些场合能否共存使用，通过建立模型仿真 IEEE 802.15.4 和这些协议的共存性。

模型基于以下假设。

接收机接收到的干扰源功率 P_{I} 按式（5.1）计算。

$$P_{\mathrm{I}}=\begin{cases}10^{\frac{P_t-P_r-40.2}{20}}, d<8\mathrm{m}\\ 8\times 10^{\frac{P_t-P_r-58.5}{33}}, d\geqslant 8\mathrm{m}\end{cases} \tag{5.1}$$

其中，d 代表距干扰源的距离，P_t 代表发射机的发射功率，P_r 代表接收机接收功率。

接收机灵敏度：

IEEE 802.11b：11Mbit/s 传输速率 CCK 调制：76dBm；

IEEE 802.15.1：−70dBm；

IEEE 802.15.3：22Mbit/s 传输速率 SQPSK 调制：−75dBm；

IEEE 802.15.4：−85dBm

发射功率：

IEEE 802.11b：14dBm；

IEEE 802.15.1：0dBm；

IEEE 802.15.3：8dBm；

IEEE 802.15.4：0dBm

接收机带宽：

IEEE 802.11b：22MHz；

IEEE 802.15.1：1MHz；

IEEE 802.15.3：15MHz；

IEEE 802.15.4：2MHz

干扰特性：

干扰信号均近似为等带宽的加性高斯白噪声 AWGN（Additive White Gaussian Noise）。

PER（分组误码率）：

IEEE 802.11b、IEEE 802.15.1、IEEE 802.15.3、IEEE 802.15.4 的平均帧长分别为 1 024byte、1 024byte、1 024byte、22byte。

各协议在 11Mbit/s 时的 BER（Bit Error Rate）为

$$BER=\begin{cases}\dfrac{128}{255}\times\left[\begin{matrix}24\times Q(4\times SINR)^{\frac{1}{2}}+16\times Q(16\times SINR)^{\frac{1}{2}}+174\times Q(8\times SINR)^{\frac{1}{2}}\ldots\\ 16\times Q(10\times SINR)^{\frac{1}{2}}+24\times Q(12\times SINR)^{\frac{1}{2}}+Q(16\times SINR)^{\frac{1}{2}}\end{matrix}\right], \text{IEEE 802.11b}\\ \dfrac{8}{15}\times\dfrac{1}{16}\times\sum\limits_{K=2}^{16}-1^{K}\begin{pmatrix}16\\K\end{pmatrix}e^{\left[20\times SINR\times\left(\frac{1}{K}-1\right)\right]}, \text{IEEE 802.15.1}\\ 0.5\times e^{\frac{-SINR}{2}}, \text{IEEE 802.15.3}\\ Q\left(SINR^{\frac{1}{2}}\right), \text{IEEE 802.11.4}\end{cases} \tag{5.2}$$

仿真结果将反映 PER（分组差错率）、Separation（干扰源与接收机距离）、Foffset（频偏）三者之间的关系。

（1）IEEE 802.15.4 与 IEEE 802.11b 的共存关系

从图 5.2 中可以看出，频偏和距离是 2 个关键参数，对于非跳频系统，较大频偏（IEEE 802.11b 载波中心频率和 IEEE 802.15.4 载波中心频率的差值）可以容忍近距离（小于 2m）共存，然而在较小频偏或称作同频干扰情况下，可容忍距离为几十米以外；干扰源距离接收机越远，共存性能越好。可见，信道检测和动态信道选择对于保证共存性能是非常重要的。

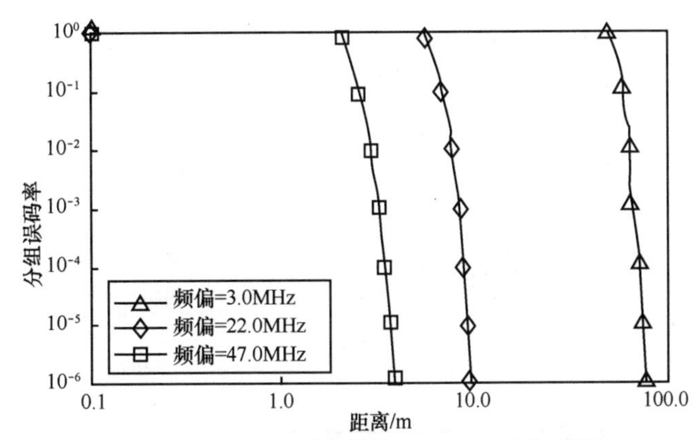

(a) IEEE 802.15.4为接收机，IEEE 802.11b为干扰源

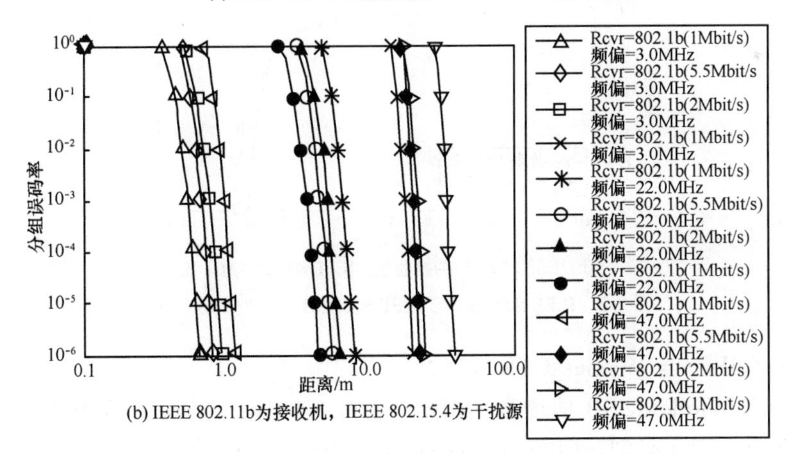

(b) IEEE 802.11b为接收机，IEEE 802.15.4为干扰源

图 5.2　IEEE 802.15.4 和 IEEE 802.11b 共存时误码率

ZigBee 对 Wi-Fi 的干扰相对来说要小很多，由于 ZigBee 信号带宽只有 3MHz，相对于 Wi-Fi 的 22MHz 带宽属于窄带干扰源，通过扩频技术 IEEE 802.11b 可以充分抑制干扰信号。还有，ZigBee 设备天线的输出功率被限制在 0dBm（1mW），相对于 IEEE 802.11b 的 20dBm（100mW）相差甚远，不足以构成干扰威胁。

（2）IEEE 802.15.4 与蓝牙共存

蓝牙采用 FHSS 并将 2.4GHz ISM 频段划分成 79 个 1MHz 的信道，蓝牙设备采用伪随机码控制方式在这 79 个信道间每秒跳频 1 600 次。跳频技术使多个组可同时在 2.4GHz 频段系统下使用，这些系统仅在部分时间才会发生使用频率冲突，其他时间则能在彼此相异无干扰的频道中运行。

ZigBee 系统是非跳频系统，所以蓝牙在数据传递中与 ZigBee 的通信频率产生重叠的机会不多，且还会迅速跳至另一个频率。在大多数情况下，蓝牙不会对 ZigBee 产生严重威胁，如图 5.3 所示，ZigBee 对蓝牙系统的影响可以忽略不计。

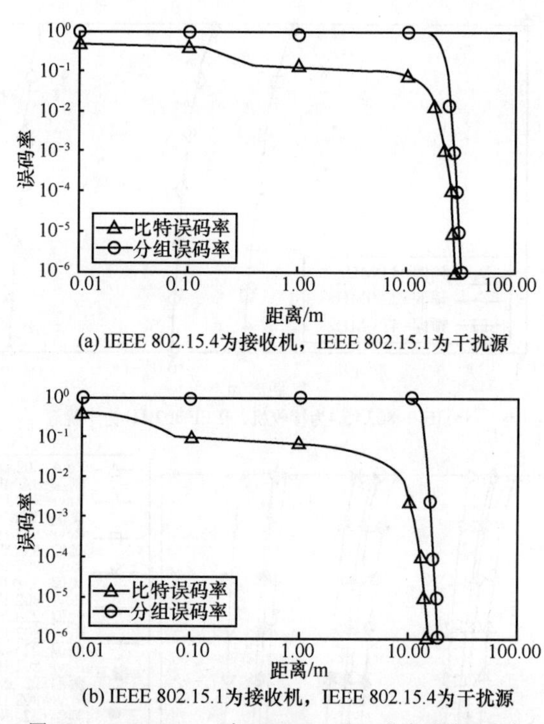

(a) IEEE 802.15.4为接收机，IEEE 802.15.1为干扰源

(b) IEEE 802.15.1为接收机，IEEE 802.15.4为干扰源

图 5.3　IEEE 802.15.4 与 IEEE 802.15.1 共存时的误码率

（3）ZigBee 与 WirelessUSB 共存

每一个 WirelessUSB 信道宽 1MHz，它将 2.4GHz 频段分割成为 79 个 1MHz 信道，这点与蓝牙类似，但是 WirelessUSB 采用了 DSSS 技术而不是 FHSS 技术。WirelessUSB 设备具有频率捷变特性，它们虽采用“固定”信道，但如果最初信道的链路质量变得不理想，则会动态地改变信道，而 ZigBee 在严重干扰期间，不改变信道，它依靠其低占空比及免冲突算法来减小由于传输冲突所造成的数据丢失。为减少干扰，WirelessUSB 至少每 50ms 检查一次信道的噪声水平，如果和 ZigBee 信道重叠，WirelessUSB 主设备将选择一个新信道，所以 WirelessUSB 完

全可以和 ZigBee 系统和平共处，如图 5.4 所示。

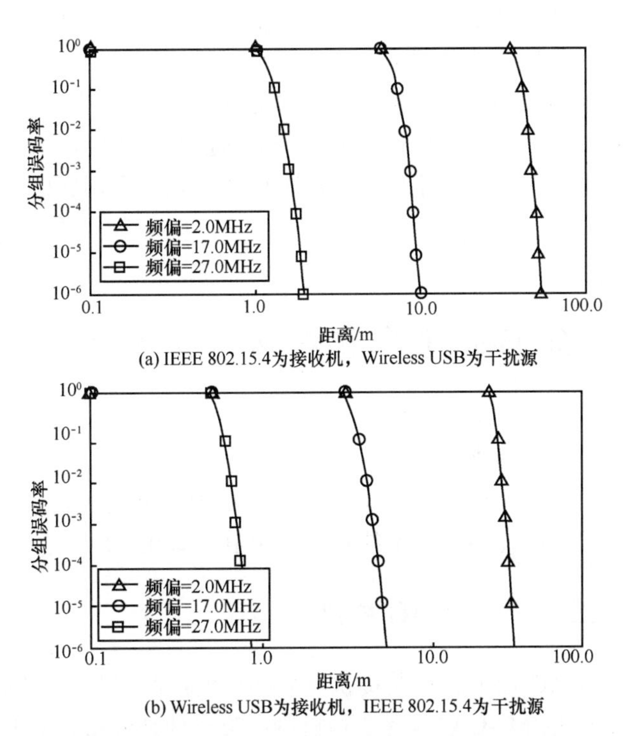

图 5.4　IEEE 802.15.4 与 Wireless USB 共存时的误码率

5.1.3　ZigBee 协议的安全性

在无线通信网络中，设备与设备之间的通信数据安全、保密性十分重要。ZigBee 技术在 MAC 层采用了一些重要的安全措施，以保证通信的安全性，通过这些安全措施，为所有设备之间的通信提供最基本的安全服务。

ZigBee 技术可根据实际情况，在 MAC 层为设备提供不同的安全服务[4,5]。

（1）ACL 模式

该模式是一种有限的安全服务。在这种情况下，通过 MAC 层判断接收到的帧是否来自于所指定的设备，如果不是来自所指定的设备，上层将拒绝接收到的帧。在这种模式下，MAC 层对数据信息不提供密码保护，需上层执行机构来确定发送设备的身份。在 ACL 模式中，所提供的安全服务即为接入服务。

（2）安全模式

协议可提供接入控制、数据加密、帧的完整性、有序刷新的综合安全服务。

数据加密在 ZigBee 技术中采用的是对称密钥的方式，以保护数据安全。可为一组设备或 2 个对等设备设置一个共用密钥。

帧的完整性采用一个信息完整代码（MIC）来保证，该代码用来保护数据不会被没有密钥的设备对其修改，从而进一步保证数据的安全性。帧的完整性由数据帧、信标帧和命令帧的信息组成。

有序刷新指采用一种规定的接收帧顺序对帧进行处理。当接收到一个帧信息，就将得到一个新的刷新值，将该值与前一个刷新值进行比较，如果新的刷新值被更新，则检验正确，并将前一个刷新值刷新成该值。如果刷新值比上一个刷新值旧，则检验失败。

5.2 ZigBee 星型拓扑网络接入概率分析

网络的接入概率是网络性能的一个重要指标。在无线网络中，接入算法决定了接入概率，从第 3 章的分析中可以看出，虽然 ZigBee 网络还是采用了 CSMA/CA 协议，但其对协议的改动很大，不能直接应用 IEEE 802.11b 的结论。

5.2.1 IEEE 802.11 MAC 协议

无线局域网 MAC 层的作用是提供有效的调度机制来共享无线信道下的有限资源。IEEE 802.11 的 MAC 层包含 2 种机制：第一种是分布式协调功能（DCF），类似于传统的分组网，支持异步数据传输等异步业务，所有要传输数据的用户均拥有平等接入网络的机会；第二种是点协调功能（PCF），基于由接入点（AP）控制的轮询方式，设计的目的是用于传输实时业务。PCF 是一种可选的工作方式，而 DCF 是 IEEE 802.11 MAC 协议的基本访问控制方式，它包含 CSMA/CA 和 RTS/CTS 2 种工作机制。

（1）CSMA/CA 机制

节点有数据要发送时，首先通过物理层的直接载波监听方式来检测信道，以检测到的信号强度大小是否超过一定门限值来判定是否有其他节点在信道上传输数据。当某一节点想发送它的第一个 MAC 帧时，执行信道检测，如果检测到信道空闲，则等待一段帧间间隔（DIFS）时间，如果信道仍为空闲，节点立即发送数据，如果信道忙，节点进入退避状态，并使用二进制退避算法（Binary Backoff Algorithm）持续侦听信道，直到信道空闲，以减少发生碰撞的概率。目的节点若正确接收到此帧，则在经过最短帧间隔（SIFS）时间后立即向源节点发送响应帧（ACK），若源节点在规定的时间内没收到响应帧，就必须重传该帧，直到收到响应帧或经过若干次的重传失败后则放弃发送该帧。图 5.5 是 IEEE 802.11 的 CSMA/CA 基本访问控制机制。

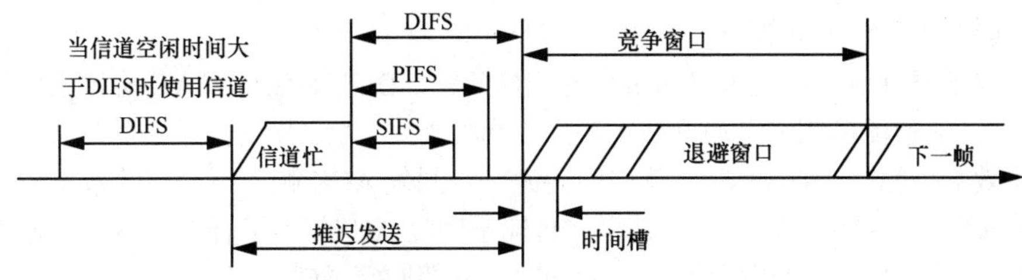

图 5.5　CSMA/CA 的基本访问机制

节点进入退避状态时，就会启动一个退避计时器（Backoff Timer），当计时达到退避时间后退避状态结束。在退避状态下，只有检测到信道空闲时退避计时器才计时，即 Timer 减 1。如果信道忙，退避计时器停止计时，即 Timer 保持不变，直到检测到信道空闲时间大于 DIFS 后才接着计时，即 Timer 把余下的记录值减 1。当有多个节点进入随机退避状态时，协议利用随机函数把信道使用权选分配给最小退避时间的节点，图 5.6 说明了 A、B、C、D、E 共 5 台主机的发送与退避的时序。

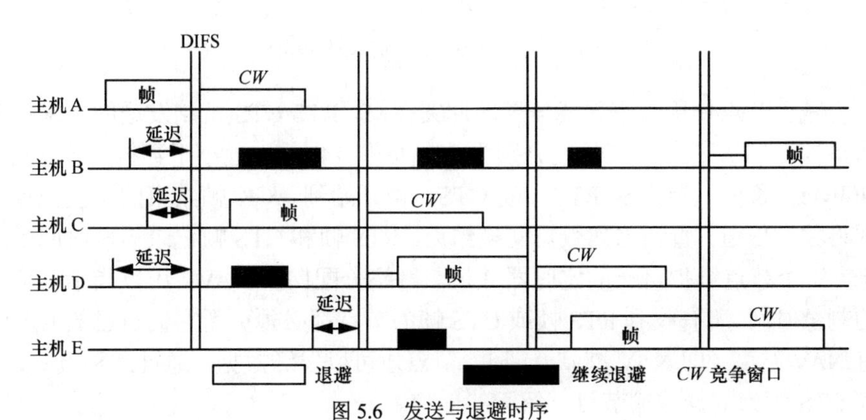

图 5.6　发送与退避时序

随机退避函数为

$$退避时间 = \mathrm{INT}\left(CW \times \mathrm{Random}() \times Slot\_time\right) \tag{5.3}$$

其中，INT 表示取整；*CW* 为竞争窗口，其值为标准规定的 $CW_{\min}$ 和 $CW_{\max}$ 之间的一个随机整数；Random（）是 0~1 之间的一个随机数；*Slot_time* 是时隙的时间值，包括检测信道的响应时间、发射启动时间和介质传播时延等。

IEEE 802.11 中二进制指数退避算法指第 i（$i \geqslant 1$）次退避就是在 $2^{(2+i)}$ 个时隙中随机的选择一个作为传输时隙，也就是说，第一次退避是在 8 个时隙中随机选择一个作为传输时隙，而第二次退避则是在 16 个时隙中随机选择一个作为传输时隙。该退避算法的好处主要表现在对信道的公平访问，让上次竞争不到信道的主机以增长的竞争时间进入下次竞争，避免了永远竞争不到信道的情况产生，对高负荷网络起到了稳定的作用。

（2）RTS/CTS 机制

为了更好地解决隐藏终端带来的碰撞问题，IEEE 802.11 MAC 协议采用如图 5.7 所示的预留机制和主动确认机制来提高性能。当目的节点收到一个发送给自己的有效数据帧（DATA）时，就立即向源节点回复 ACK 帧，用来应答数据帧已被正确接收，但对组播报文和广播报文传输不回复 ACK。为了有效避免与其他节点发生冲突，目标节点在延迟 SIFS 帧间隔后立即回复 ACK。

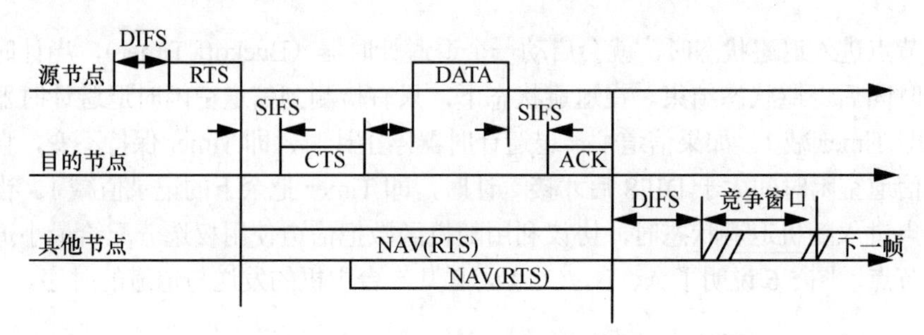

图 5.7　802.11 MAC 协议的应答与预留机制

为减少节点使用共享无线信道的冲突概率，RTS/CTS 机制发送的请求帧 RTS 和清除帧 CTS 都很短，其长度分别为 20byte 和 14byte，远小于数据帧（最长可达 2 346byte）长度。节点从 RTS（或 CTS）帧开始到 ACK 帧结束的这段数据交换过程将独占信道，直到这次数据交换结束。RTS 帧和 CTS 帧记录该段时间长度的信息，每个节点维护自己的定时器并记录网络分配向量 NAV，用以指示信道被占用的剩余时间。所有收到 RTS 帧或 CTS 帧的节点都必须更新它们自己的 NAV 值，只有 NAV 结束（即 NAV 减到 0）时，节点才可以发送数据。通过此种方式，RTS 帧和 CTS 帧为数据传输节点预留无线信道。

目前，IEEE 802.11 协议的 DCF 模式因过程简单且在很大程度上能够解决隐藏节点问题，已经在 Ad-Hoc 网络得以广泛应用。但在这种 MAC 协议中，收发节点一直处于侦听状态，并且节点处于空闲状态的能量消耗也很大，所以，该协议不适合无线传感器网络。

5.2.2　CSMA/CA 算法

在 IEEE 802.15.4 标准中，信标模式和无信标模式的 CSMA/CA 算法都基于二进制后退避让（BEB, Binary Exponential Backoff）机制。当有节点发生碰撞，便立刻把随机退避值的选择范围增加一倍，使得下次随机碰撞的机率减半，其中退避时间长度为 20symbol，symbol 是 MAC 协议的基本时间单元，并且接入信道的行为只能在退避时间内发生。在信标模式的 CSMA/CA 算法中，退避边界点必须与超帧的时隙边界一致，而在非信标的 CSMA/CA 算法中，节点的退避时间与其在同一个网络中的其他节点退避时间相互完全独立。

图 5.8 所示为 IEEE 802.15.4 标准规定的 2 种模式下 CSMA/CA 算法流程，如果是信标网络，则节点在介质接入时执行左半部分的流程，否则，就执行右半部分的流程，它们的区别在于前者应具备同步特性，每次执行随机退避时必须先将节点与信标倒退周期的边界对齐，然后才能进行信道状态的判断。从图 5.8 中还可以得出，每个节点在介质接入时，必须要维护 3 个参数[15]：退避次数 *NB*、竞争窗口的长度 *CW* 和后退指数 *BE*。

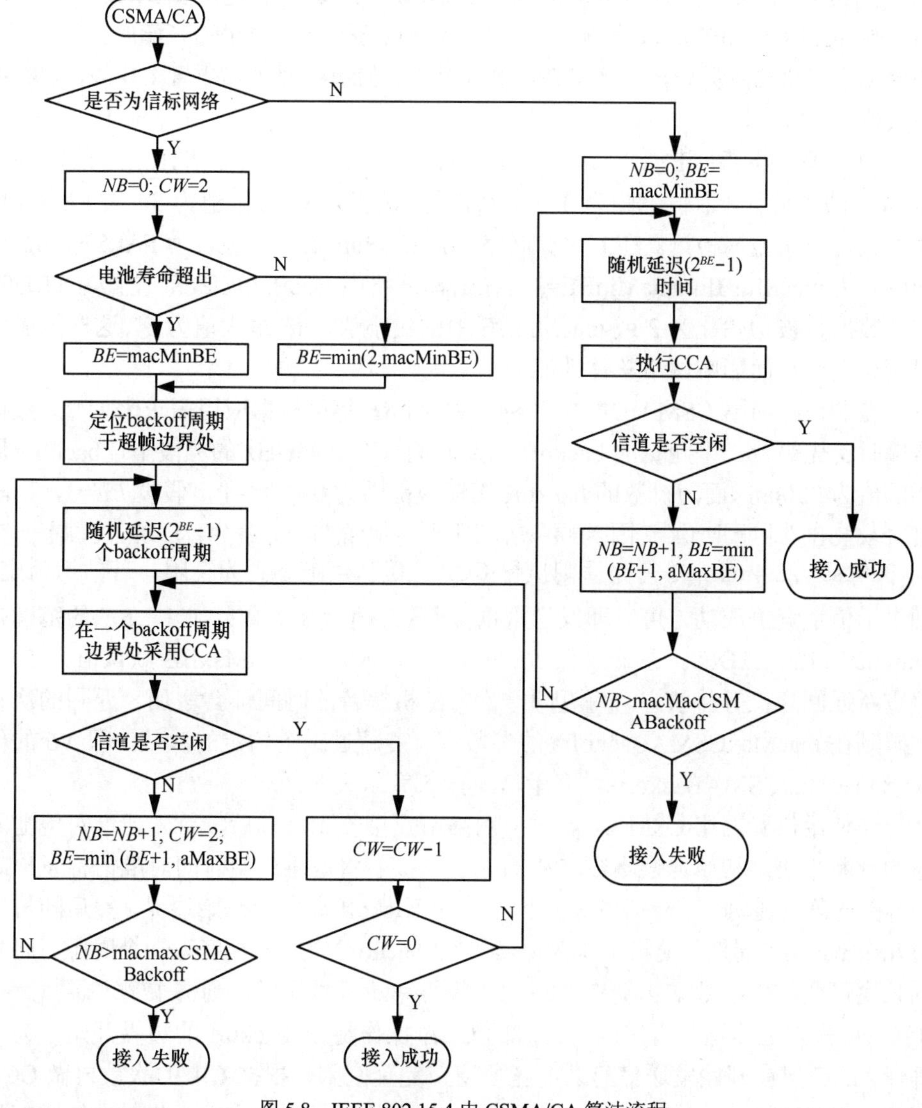

图 5.8　IEEE 802.15.4 中 CSMA/CA 算法流程

（1）退避次数（NB, Number of Backoff）。*NB* 表示当前发送需要尝试 backoff 周期的次数。每尝试一次新的传输，*NB* 值都被初始化为 0，当节点有数据要传送时，经过一个随机的延迟时间后，就进行 CCA 评估，若当前信道忙碌，则会重新产生一次退避时间，此时 *NB*=*NB*+1，表示第一次信道接入失败，如果节点经过 4 次退避延迟后信道仍然为忙（IEEE 802.15.4 标准中，*NB* 最大值定义为 4），则放弃此次数据传送，并向上层报告，以避免过多的开销。

（2）竞争窗口长度（CW, Content Window Length）。是退避延迟时间（Backoff Delay Time）长度，单位是退避周期（Backoff Period），它定义在 MAC PIB 中，由参数 aUnitBackoffPeriod 给出，其时间为 20symbol，每次传输开始时，*CW* 都被初始化且 *CW*=2，另外，每次 CCA 评估后定义信道忙时也需重置 *CW*=2，*CW* 的最大值为 31。

（3）退避指数（BE, Backoff Exponent）。表示节点在信道评估之前需等待 backoff 的周期数，取值范围为 0～5，*BE* 的默认值为 3，最大值为 5。当 *BE*=0 时，则只进行一次碰撞检测。在非信标网络中，macBattLifeExt 被设为 FALSE，*BE* 被初始化为 macMinBE(macMinBE=3)。在信标网络中 macBattLifeExt 设置为 TRUE，这个数值将被初始化为 2 或 macMinBE 中的较小值，*BE* 最大值为 5，这样能避免退避时间过长而影响网络整体性能。

在非信标网络 CSMA/CA 中，参数 *NB* 和 *BE* 都可根据应用需求来调整，数据传输时首先等待一个随机的 backoff 周期时间，在 2.45GHz 的频段下，backoff 周期的值为 320μs，而随机数的 backoff 周期数范围为 $0\sim 2^{BE}-1$，假设 *BE*=3，则随机 backoff 周期取值范围为 0~7，因此等待的时间最短为 0ms，最长为 $7\times 320\mu s=2.24ms$。等待完后则执行 CCA，确认信道是否为空闲，若信道为空，则表示信道竞争成功，可立即发送数据；若信道忙，*NB* 会自加 1，*BE* 的范围是 min（*BE*+1,aMaxBE），从而确保 *BE* 不会大于 aMaxBE（aMaxBE 默认值为 5），并重新返回随机等待状态，每返回一次，随机等待的时间都会增加，返回的次数被限制在 macMaxCSMABackoffs 的参数中，若超过这个约定的次数，即 *NB* 的值大于 macMaxCSMABackoffs，表示信道接入竞争失败。

当使用信标网络 CSMA/CA 时，网络节点接收到信标后，首先通过对电池寿命的判断来决定初始退避指数 *BE* 的大小，接着将退避开始时间对准信标发出时间，在竞争信道时，节点必须先找出下一个 backoff 周期的开始边界，然后随机等待几个 backoff 周期，随机范围为 $0\sim 2^{BE-1}$。backoff 周期的长度为一个时隙，时隙的长度可变，由参数 *SO* 动态决定。在等待完随机时间后，则请求物理层执行一个 CCA 去判定信道是否空闲，此时的 CCA 操作将在 backoff 的边界开始。为了确保 MAC 层在开始发送信息之前竞争窗口完全空闲，根据 *CW* 的次数再做 CCA 评估，假如 *CW*=2，会重复做 2 次 CCA 以判定信道是否为空闲，若 2 次信道都为空，表示信道竞争成功，则 MAC 层将在下一个 backoff 周期的开始处进行帧传送；若 CSMA/CA 执行某一次 CCA 评估为信道不空闲，就得重新返回到随机延时 2^{BE-1} 个 backoff 周期处；若信道忙，*NB* 自加 1，*BE* 范围是 min(*BE*+1,aMaxBE)，这样能确保 *BE* 不会大于 aMaxBE（aMaxBE 默认值为 5），若 *NB* 的值小于或等于 macMaxCSMABackoffs 将重新回到随机等待的地方，每返回一次，随机等待的范围将增加，*CW* 返回原来的设置，即被重置为 2，若信道忙的次数大于 macMaxCSMABackoffs 时，就表示信道竞争失败。

如果将电池寿命延长子字段（subfield）设为 0，MAC 层将确保经过一个随机 backoff 之后，剩余的 CSMA/CA 操作能被执行，且发送能在 CAP 结束前完成。如果 CAP 中剩余 backoff 周期数小于 backoff 周期数，backoff 的倒计时就在 CAP 结束时停止，并且在下一个超帧的 CAP 开始时重新开始计时；如果 CAP 中剩余的 backoff 周期数大于或等于 backoff 周期数，backoff 延迟就会被采用，并且评估是否可以继续下去。如果 CSMA/CA 算法继续执行，必须保证在 CAP 结束前能完成帧和其他确认信息的传输，则 MAC 子层将继续下去，要求 PHY 层在当前超帧执行 CCA 评估。如果 MAC 子层不能继续执行下去，开始并重新进行评估，直到等到下个超帧的 CAP。

如果将电池生命延长子字段设为 1，MAC 层将确保随机 backoff 之后，剩余的 CSMA/CA 操作能在 CAP 结束前将所有的传输完成，则只需在信标的 IFS 周期后开始的 6 个完整 backoff 周期进行 backoff 倒计时。如果剩余的 CSMA/CA 操作继续，且在 CAP 结束前可以完成帧传送和其他的 ACK 确认信息，将在信标的帧间隙（IFS）周期后开始的 6 个完整 backoff 周期中的某一个周期开始进行帧传送，此时 MAC 子层将继续执行，它将请求 PHY 层执行当前超帧的 CCA。如果 MAC 子层不能继续执行，开始并重新评估，直到下一个超帧的 CAP。

5.2.3　马尔可夫链模型

马尔可夫过程[6~8]是指系统由一种状态转移至另一种状态的过程，该过程有 2 个重要特性：无后效性和稳定性。无后效性是指在事件的发展过程中，系统的第 *n* 次结果状态只与第 *n*−1 次有关，与以前所处的状态无关；稳定性是指在较长时间后，马尔可夫过程逐渐趋于稳定状态，而与初始状态无关。

在事件的发展过程中，从某一种状态出发，下一时刻转移到其他状态的可能性，称为状态转移概率。根据条件概率的定义，由状态 E_i 转变为状态 E_j 的状态转移概率 $P(E_i \to E_j)$就是条件概率 $P(E_i/E_j)$，即

$$P(E_i \to E_j)=P(E_i/E_j)=P_{ij} \tag{5.4}$$

若某一事件在目前处于状态 E_i，则在下一时刻它有可能由此状态转变为 E_1, E_2, …, E_n 状态中任何一个，因此，转移概率具有以下 2 个特性。

$$0 \leqslant P_{ij} \leqslant 1 (i, j=1,2,\cdots,n) \tag{5.5}$$

$$\sum_{j=1}^{n} P_{ij} = 1 \ (i=1,2,\cdots,n) \tag{5.6}$$

在 IEEE 802.15.4 退避过程中，设 $b(t)$是某节点退避时隙值的随机过程，t 和 $t+1$ 代表 2 个连续时隙的起始时刻，退避时隙计数器在每个时隙的起始时刻递减。从退避过程来看，退避时隙值依赖于节点竞争窗口的大小，而竞争窗口的大小是由节点过去的传输情况以及发生冲突的次数即退避次数所决定的，因此随机过程 $b(t)$并不是马尔可夫过程。由于退避时隙值的非马尔可夫性主要源于退避次数的非马尔可夫性，如果可以解决退避次数的非马尔可夫性，就可以建立 $b(t)$的马尔可夫过程。

定义随机过程 $s(t)$为某节点在 t 时刻退避次数（$0, 1,\cdots, m$）的随机过程，其中 m 为最大退避次数，当给定节点在时刻 t 的退避次数时，$b(t)$取值就仅和上一个时隙 $b(t-1)$的取值相关，因而由退避次数和退避时隙共同组成的二维随机过程 $\{s(t),b(t)\}$就具有了马尔可夫性[9,10]。

通过上述分析，由$\{s(t), b(t)\}$构成的二维随机过程可以构成一个离散二维马尔科夫链。其二维马尔科夫链模型的单步转移概率如式（5.7）所定义。

$$\begin{cases} P\{i,k \mid i,k+1\} = 1 & k \in [0, W_i - 1] \quad i \in [0,m] \\ P\{i,k \mid i,0\} = {(1-p)}/{W_0} & k \in [0, W_0 - 1] \quad i \in [0,m] \\ P\{i,k \mid i-1,0\} = {p}/{W_i} & k \in [0, W_i - 1] \quad i \in [1,m) \\ P\{0,k \mid m,0\} = {1}/{W_0} & k \in [0, W_0 - 1] \end{cases} \tag{5.7}$$

其中，第一个等式表示退避时隙计数器在退避过程中每个时隙的开始时刻减 1；第二个等式表示在分组传输成功后，节点将重置竞争窗口，退避时隙值将在[0, W_0-1]范围内按均匀分布随机选择；第三个等式对应退避次数小于最大重传次数时，节点在发送分组失败后竞争窗口大小和退避时隙值的变化情况，如果退避次数小于最大退避次数，竞争窗口大小将以二进制指数递增，如果退避次数超过最大退避次数，竞争窗口将保持 $CW_{\max}$ 大小不变；退避时隙值将在[0, W_i-1]内按均匀分布随机选择，之后节点进入新的退避过程；第四个等式是指退避次数达到最大重传次数后，无论分组是否发送成功，竞争窗口都将重置为初始窗口大小。

由马尔可夫链的各态遍历性可知，$\{s(t),b(t)\}$的平稳分布等同于极限分布，极限分布定义为

$$b_{i,k} = \lim_{t \to \infty} P\{s(t) = i, b(t) = k\}, \quad i \in (0,m), k \in (0, w_i - 1) \tag{5.8}$$

其中，$b_{i-1,0}P = b_{i,0}, 0 < i < m$　　（5.9）

从而可以推出

$$b_{i,0} = p^i b_{0,0}, 0 \leqslant i \leqslant m \tag{5.10}$$

根据马尔可夫链的正则性，可以得到 $b_{i,k}$ 的表达式。

$$b_{i,k} = \frac{W_i - k}{W_i} b_{i,0}, 0 \leqslant i \leqslant m, 0 \leqslant k \leqslant W_i - 1 \tag{5.11}$$

由归一性 $\sum_{i=0}^{m}\sum_{k=0}^{W_i-1} b_{i,k} = 1$，将式（5.11）代入可得 $b_{0,0}$

$$b_{0,0} = \frac{2(1-2p)/\left(1-(2p)^{m'+1}\right)}{W + \dfrac{(1-2p)\left(1-p^{m+1}\right) + pW(1-2p)\left((2p)^{m'} - 2^{m'}p^m\right)}{(1-p)\left(1-(2p)^{m'+1}\right)}} \tag{5.12}$$

5.2.4　ZigBee 星型网络的 MAC 层接入模型

在一个 ZigBee 星型网络中有 n 个设备，每个设备都有数据要传送，都工作在信标使能状态下。为了描述方便，先定义 CSMA/CA 协议中的定义的几个随机变量。

$b(t)$：代表退避时间计数器在 t 时刻的值，范围从 0 到 $2^{BE}-1$。$b(t)$的值在 CAP 时间的退避时间边界变化，在别的时段不变化，直到下一个超帧。

$n(t)$：代表 NB 在 t 时刻的值，范围从 0 到 macMaxCSMABackoff−1。

$c(t)$：代表 CW 在 t 时刻的值，只能是 0，1，2。

结合 CSMA/CA 协议和 IEEE 802.15.4 协议对网络接入的定义，离散马尔可夫链如图 5.9 所示[11,12]。

从对 CSMA/CA 分析过程来看，设备共有 5 种状况：处于退避计数模式；处于竞争模式，信道空闲，但是 $CW>0$，不能接入信道；处于竞争模式，信道忙，但执行退避等待，此时 $NB \leqslant$ macMaxCSMABackoff−1；处于准备传输模式，此时信道空闲，接入信道，$CW=0$；处于失败模式，这时信道忙，但 $NB>$ macMaxCSMABackoff−1。

令 m=macMAXCSMABackoff，$W_0=W_{\min}=2^{\text{macMinBE}}$，$i$=当前 NB 的值，$W_i=2^i W_0$。

应用马尔可夫链的模型的分析可得出如下等式

$$P\{0,2,k|i,0,0\} = \frac{1}{W_0}, i = 0,\cdots,m, k = 0,1,\cdots,2^{BE}-1 \tag{5.13}$$

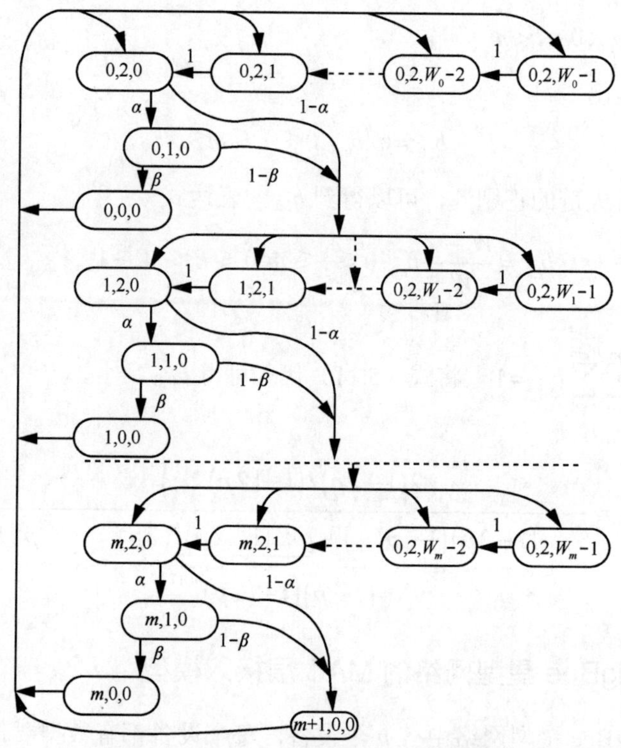

图 5.9　饱和状态下带时隙的马尔可夫链模型

$$P\{0,2,k|m+1,0,0\}=\frac{1}{W_0},k=0,1,\cdots,2^{BE}-1 \tag{5.14}$$

$$P\{i,2,k-1|i,2,k\}=1,i=0,1,\cdots,m;k=1,2,\cdots,2^{BE}-1 \tag{5.15}$$

$$P\{i,1,0|i,2,0\}=\alpha,i=0,1,\cdots,m \tag{5.16}$$

$$P\{i,0,0|i,1,0\}=\beta,i=0,1,\cdots,m \tag{5.17}$$

$$P\{i+1,2,k|i,2,0\}=\frac{1-\alpha}{W_{i+1}},i=0,1,\cdots,m;k=0,1,\cdots 2^{BE}-1 \tag{5.18}$$

$$P\{i+1,2,k|i,1,0\}=\frac{1-\beta}{W_{i+1}},i=0,1,\cdots,m;k=0,1,\cdots,2^{BE}-1 \tag{5.19}$$

式（5.13）说明成功地接入信道以后，选择一个随机的退避时间的概率。在这个时间范围内，别的设备是不能接入信道的，这时可以用来传输数据分组，不管这个数据分组是第一次传送还是几次传送不成功。

式（5.14）说明经过 m 次重传不成功，重新执行协议的概率。

式（5.15）说明随机退避时间减少的概率。

式（5.16）说明当退避时间到了以后检测到信道空闲的概率。

式（5.17）说明退避时间到了以后检测到信道空闲，又经过一个退避时间再次检测到信道空闲的概率。

式（5.18）说明退避时间到了以后检测到信道忙，再一次执行 CSMA/CA 的概率。

式（5.19）说明退避时间到了以后第一次检测空闲，第二次检测忙从而再一次执行 CSMA/CA 的概率。

令 $x_{i,j,k} = \lim_{t\to\infty} p\{n(t)=i,c(t)=j,b(t)=k\}$，$i = 0,1,2,\cdots,m$；$j=0,1,2$；$k=0\cdots,2^{BE}-1$

（5.20）

$x_{i,j,k}$ 将是一个静态分布，因为分布的规律性，可以得出如下公式。

$$x_{i,0,0} = x_{0,0,0}(1-\alpha\beta)^i, i=0,1,\cdots,m \tag{5.21}$$

$$x_{i,2,k} = x_{0,0,0}\frac{W_i-k}{W}\frac{(1-\alpha\beta)^i}{\alpha\beta}, i=0,1,\cdots,m; k=0,1,\cdots,W_i-1 \tag{5.22}$$

$$x_{i,1,0} = x_{0,0,0}\frac{(1-\alpha\beta)^i}{\beta}, i=0,1,\cdots,m \tag{5.23}$$

$$x_{m+1,0,0} = x_{0,0,0}\frac{(1-\alpha\beta)^{m+1}}{\alpha\beta} \tag{5.24}$$

由归一化条件可得

$$\sum_{i=0}^{m}\sum_{k=0}^{W_{i-1}}\frac{W_i-k}{w_i}\frac{(1-\alpha\beta)^i}{\alpha\beta}+\sum_{i=0}^{m}x_{i,0,0}+\sum_{i=0}^{m}x_{i,1,0}+x_{m+1,0,0}=1 \tag{5.25}$$

代入式（5.21）~式（5.24）得

$$x_{0,0,0}\sum_{i=0}^{m}\sum_{k=0}^{W_{i-1}}\frac{W_i-k}{W_i}\frac{(1-\alpha\beta)^i}{\alpha\beta}+x_{0,0,0}\sum_{i=0}^{m}x_{i,0,0}+x_{0,0,0}\sum_{i=0}^{m}\frac{(1-\alpha\beta)^i}{\beta}+x_{0,0,0}\frac{(1-\alpha\beta)^{m+1}}{\alpha\beta}=1 \tag{5.26}$$

$$x_{0,0,0} = \frac{2\alpha\beta}{\sum_{i=0}^{m}(1-\alpha\beta)^i(W_0 2^{\min(i,5-BE_{\min})}+1)+\frac{2(1-(1-\alpha\beta)^{m+1})}{\beta}+2} \tag{5.27}$$

设节点访问信道的概率为 τ，它发生在每一次退避时间结束的边界，此时变量 CW 的值也减少为 0，能够得出此时的值为

$$\tau=\sum_{i=0}^{m}x_{i,0,0}=\sum_{i=0}^{m}x_{0,0,0}\left(1-\alpha\beta\right)^{i}$$
$$=\frac{2\left(1-\left(1-\alpha\beta\right)^{m+1}\right)}{\sum_{i=0}^{m}\left(1-\alpha\beta\right)^{i}\left(W_{0}2^{\min\left(i,5-BE_{\min}\right)}+1\right)+\frac{2\left(1-\left(1-\alpha\beta\right)^{m+1}\right)}{\beta}+2} \tag{5.28}$$

在退避时间到时，信道空闲的概率是其他 n−1 个设备在退避时间到时没有数据分组正在传送。现在假定平均分组的长度为 G 个退避时间（包括 MAC 和物理层的帧头），收到确认帧所需的时间为 t_{ACK} 个退避时间，确认帧的长度为 G_q 个退避时间，定义α为第一次退避结束时信道空闲的概率，所以

$$\alpha=1-\left(1-\left(1-\tau\right)^{n-1}\right)\left(G+t_{\mathrm{ACK}}+G_{q}\right) \tag{5.29}$$

第二次执行 CCA 时，信道空闲要求其余 n−1 个设备还没有开始它们和数据传输，定义β为第二次退避结束时信道空闲的概率，所以

$$\beta=\left(1-\tau\right)^{n-1} \tag{5.30}$$

对超帧进行设置，给定 m=4，$BE_{\min}$=macMinBE=3。

式（5.28）~式（5.30）构成三元非线性方程组，这里利用 Matlab 的 fslove 函数，代入 n,q 的值来求解 P，α，β。仿真结果如图 5.10 所示。

从图 5.10 中可以看出，ZigBee 协议具有无线信道接入的通病，随着节点数的增多和数据分组长的变大，接入概率随之减少，但 ZigBee 协议表现出来了一些特别的性质，接入概率特别低，这主要是由于 2 次 CCA 操作都需要满足条件造成，第一次 CCA 操作属于竞争无线信道的正常概率，第二次随着分组长的增加，接入概率急剧减小，从而引起了整个概率变小，低复杂性的和低功耗的协议必然会带来这样的结果。

5.3 ZigBee 星型拓扑网络延时性分析

延时是影响网络性能的一个重要因素，对于无线信道而言，链路不稳定，传输速度低，处于同一通信范围内的节点都要共享信道资源，因此发生冲突的概率比较大，在竞争信道的过程中会有很大的延时。在 ZigBee 协议中，其 MAC 层的延时主要在 2 个方面：一是介质访问延时，指发送数据帧时间，从开始竞争信道，到把这个数据帧完整的发送出去所用时间；二是 MAC 层的队列延时，指数据分组到达数据链路层后，进入 FIFO 队列到出队列准备发送之前的等待时间。

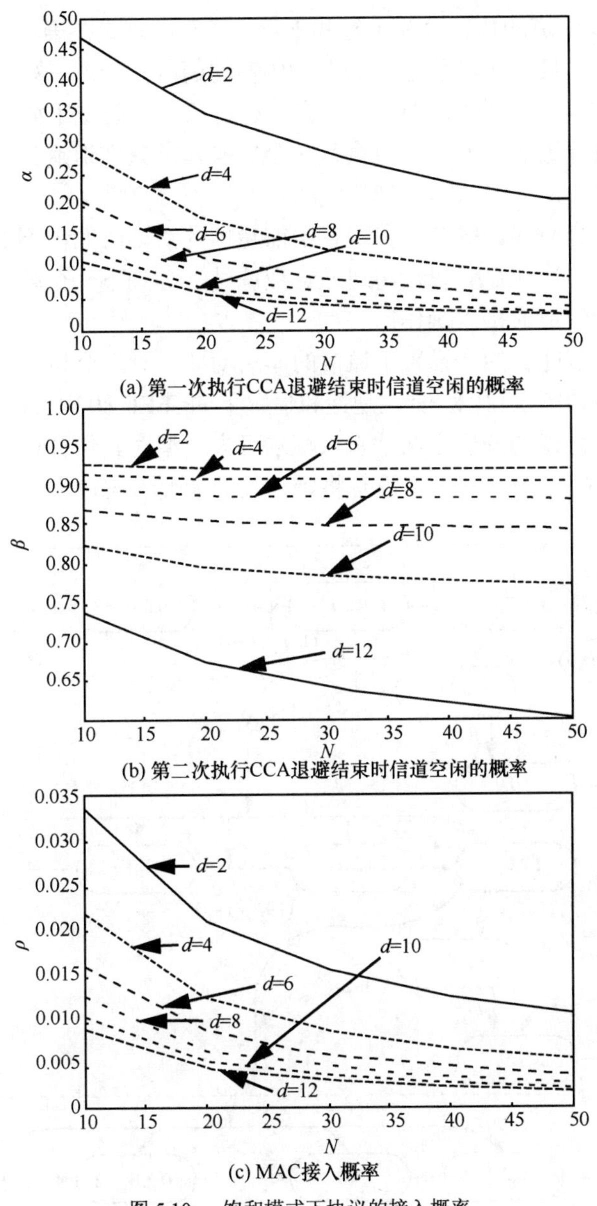

(a) 第一次执行CCA退避结束时信道空闲的概率

(b) 第二次执行CCA退避结束时信道空闲的概率

(c) MAC接入概率

图 5.10　饱和模式下协议的接入概率

ZigBee 最初定位于无线传感器网络，为了节能，通信分为活动期和休眠期，在此期间，传感节点没有停止，继续数据采集，所以队列延时主导了 MAC 层的延时，也决定了 ZigBee 协议的延时性能，但该延时主要受到使用目的的限制，可人为控制，在各类应用中，大多数基站的休眠期很短，所以这里主要讨论访问延时。

ZigBee 无线信道的传输分为上行和下行，其工作方式在第 3 章已经做了详细的介绍，在下面主要讨论应用最多的上行传输的延时性能。

IEEE 802.15.4 定义的 CSMA/CA，在退避协议上主要做了如下改进：

（1）在退避计数时，不对信道执行 CCA 操作，只在退避计数结束和退避窗口检测时执行 CCA；

（2）设置了延时线，既节点发现在当前超帧的活动时间内不能完成一次数据的传输，就在第一次 CCA 以后将退避计数冻结，等到下一个超帧的信标帧结束的 2 个时隙开始信道的接入操作；

（3）为达到节能目的，设置了通信的非活动期，对退避指数也做了规定。

其系统模型如图 5.11[13,14]，这是饱和情况下的 IEEE 802.15.4 协议的模型，借鉴 IEEE 802.11 协议的分析方法，引入马尔可夫模型对其做分析，已有很多研究成果，得出了一些结论，但大多没有将延时线的情况考虑进去。

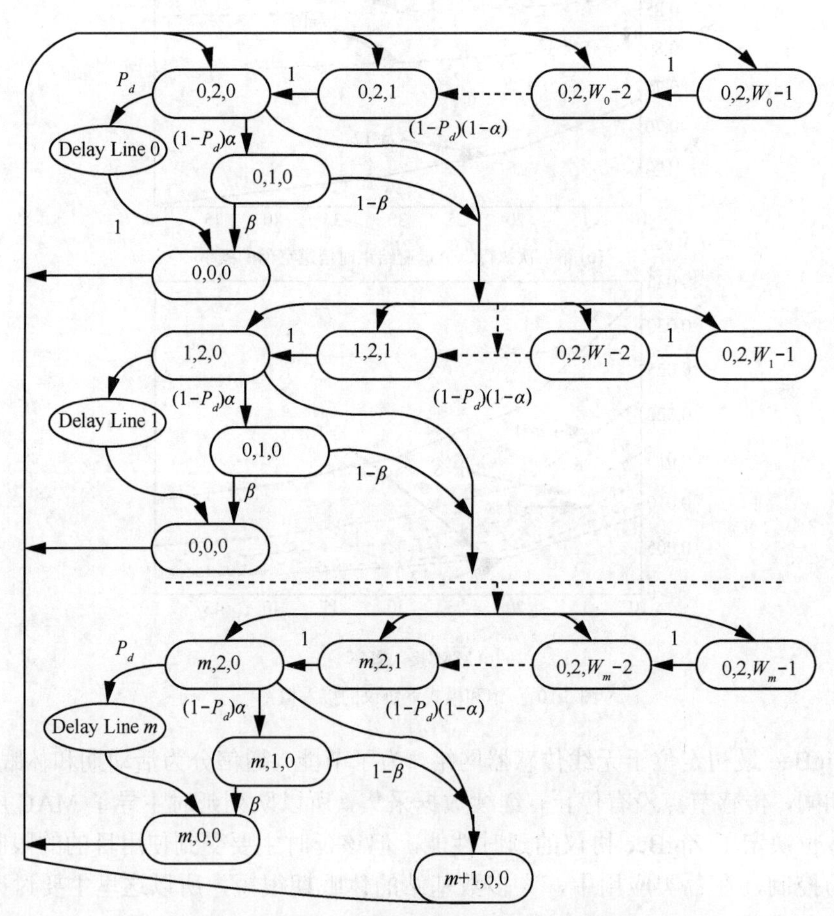

图 5.11 带延长线的饱和状态下马尔可夫链模型

延时线是在 CAP（竞争接入信道）期间，当退避计数过程结束时，节点发现在 CAP 期间不能完成数据分组的传输，MAC 层将停止工作直到下一个超帧。为了便于分析，将其称为延时线，长度为 D_l，D_l 是一个变量，对每个节点而言，是否进入延时线，延时线的长度是多少，都是由自己的状态来决定。如果假定数据分组的长度都为 G_p，则延时线的长度为

$$D_l = 2 + G_p + t_{\text{ACK}} + G_{\text{ACK}} \tag{5.31}$$

其中，2 表示在信标帧以后的 2 个时隙开始，t_{ACK} 表示从数据分组发送完到确认帧回来所用的退避时隙，G_{ACK} 表示确认帧的时间。这里忽略了信标帧的长度和非活动期的长度，因为它们和应用的要求相关，不便作讨论，并且对所有的节点该延时一样，只要加上去就可以。

那么节点进入延时线的概率为

$$P_d = \frac{D_l}{SD} \tag{5.32}$$

其中，SD 表示超帧活动期的长度。

为了便于分析，首先来定义一些变量：设 D 为介质访问延时；T_s 为节点竞争到信道后，成功发送数据所用的时间；D_s 为节点竞争信道的过程中由于其他节点成功发送数据而使信道处于忙状态的平均时间；D_c 为由于冲突而使信道处于忙状态的平均时间；T_{slot} 表示节点竞争信道的过程中，总的退避时间；D_l 表示由于超帧的长度不够，而使退避过程冻结进入下一个超帧的时间。这样可以得到公式

$$D=T_s+D_s+D_c+T_{\text{slot}}+D_l \tag{5.33}$$

令 $H=PHY_{\text{hdr}}+MAC_{\text{hdr}}$，表示一个数据分组在 MAC 层和物理层所加分组头的长度，&表示数据传播延迟，T_c 表示由于冲突而使信道处于忙状态的平均时间，在基本访问方法的情况下有

$$T_s=DIFS+H+E[p]+\&+SIFS+ACK+\& \tag{5.34}$$

$$T_c=DIFS+H+E[p^*]+\&+SIFS+ACK \tag{5.35}$$

$E[p]$是数据分组的平均长度，$E[p^*]$是每次冲突中负载分组的平均长度。为了便于讨论，令 $E[p]=E[p^*]$。

假设所有节点都处于同一通信范围以内，即任意 2 个节点之间都能互相进行侦听，这样每一个节点都以公平的概率占用信道。从长时间来看，每个节点成功发送一个数据帧的概率是相同的。因此在一个节点两次连续成功发送的间隔期间，每一个其他的节点也必定有一次成功的发送，用 N_s 表示此期间其他节点的成功发送次数，则有 $N_s=n-1$，其中，n 表示节点数。从而在一个节点竞争信道的过程中，由于其他节点成功发送数据而使信道处于忙状态的平均时间为

$$D_s=T_sN_s=T_s(n-1) \tag{5.36}$$

设 P_{tr} 表示任一选定时隙中至少有一次发送的概率，如果有 n 个节点在竞争信道，每个节点发送概率是 τ，于是有

$$P_{tr}=1-(1-\tau)^n \tag{5.37}$$

设 P_s 表示一次发送成功的概率，即恰好信道上只有一个节点进行发送的概率。则 P_s 可表示为

$$P_s=\frac{n\tau(1-\tau)^{n-1}}{P_{tr}}=\frac{n\tau(1-\tau)^{n-1}}{1-(1-\tau)^n} \tag{5.38}$$

设 P_c 是信道发生冲突的概率，那么

$$P_c=1-P_s \tag{5.39}$$

用 N_c 表示连续发生冲突的次数，则有

$$P\{N_c=i\}=P_c^iP_s=(1-P_s)^iP_s,\quad i=0,1,2,3,\cdots \tag{5.40}$$

N_c 的均值为

$$E[N_c]=\sum_i iP\{N_c=i\}=\frac{1-P_s}{P_s}=\frac{1-(1-\tau)^n-n\tau(1-\tau)^{n-1}}{n\tau(1-\tau)^{n-1}} \tag{5.41}$$

对于整个网络而言，在任意2次连续成功的发送间隔内将有 $E[N_c]$ 次连续的冲突。通过以上分析，可得出在介质访问延时 D 期间有 n 次成功的发送，因此有

$$D_c=nE[N_c]T_c=\frac{1-(1-\tau)^n-n\tau(1-\tau)^{n-1}}{\tau(1-\tau)^{n-1}} \tag{5.42}$$

设 N_{slot} 是一次退避过程中的连续空闲时间数，N_{slot} 是一个随机整数的概率是

$$P\{N_{\text{slot}}=i\}=(1-P_{tr})^iP_{tr} \tag{5.43}$$

N_{slot} 的均值为

$$E[N_{\text{slot}}]=\frac{1-P_{tr}}{P_{tr}}=\frac{(1-\tau)^n}{1-(1-\tau)^n} \tag{5.44}$$

长时间来看，在每一次成功发送或冲突之前都有一个退避过程，从以上的分析可知，在介质访问延迟期间有 n 次成功的发送和 N_c 次冲突，所以总的退避时间为

$$T_{\text{slot}}=(E[N_c]+n)E[N_{\text{slot}}]\sigma=\frac{1-\tau}{\tau}\sigma \tag{5.45}$$

其中，σ 是一个时隙的持续时间，是一个和物理层相关的常量。

冻结时间的计算如下。

进入延时线有 2 种情况，一是退避过程未结束进入，在延时线期间，退避过程结束，在延时线的一段时隙内冻结；另一种情况是退避过程刚结束，完整的消耗整个延时线。

$E[P]$为数据分组的平均长度（包括了 MAC 层和物理层的分组头），发送信息出去到等待确认帧回来的时间是 t_{ACK} 个退避间隔，确认帧的时间间隔是 G_{ACK} 个退避时间。由于在下一个信标帧开始后的 2 个退避时间内开始接入，T_l代表信标帧的时间，由式（5.31）可得

$$D_l = 2 + E[P] + t_{\mathrm{ACK}} + G_{\mathrm{ACK}} + T_l \tag{5.46}$$

θ_1 表示在当前超帧不能完成接入节点数据的传递进入延时线的概率，由式（5.32）可得

$$\theta_1 = \frac{P_d}{(1-P_d)\alpha\beta + P_d}\tau = \frac{\tau}{1+\left(\dfrac{SD}{D_d}-1\right)\alpha\beta} \tag{5.47}$$

在延时线期间，对某一节点而言，可以在 D_l个时隙内随机的接入，在其中任一时隙的概率是 $1/D_l$，假设在第 i 个时隙接入，那么在延时线期间的冻结时间为 D_l-i 个退避时间，那么节点在延时线内所耗的平均时间的均值为

$$\sum_{i=0}^{D_l} i\times\frac{1}{D_l}\times(D_l-i)\times\tau_1 = \frac{D_l^2-1}{D_l}\frac{\tau_1}{6} = \frac{D_l^2-1}{D_l-2}\frac{\tau_1}{6} = \frac{D_l^2-1}{6(D_l-2)}\frac{\tau}{1+\left(\dfrac{SD}{D_l}-1\right)\alpha\beta} \tag{5.48}$$

由此，代入式（5.33）可以得出整个延时时间为

$$D = nT_s + \frac{1-(1-\tau)^n - n\tau(1-\tau)^{n-1}}{\tau(1-\tau)^{n-1}}T_c + \frac{1-\tau}{\tau}\sigma + \frac{D_d^2-1}{D_d-2}\frac{\tau}{1+\left(\dfrac{SD}{D_d}-1\right)\alpha\beta} \tag{5.49}$$

将 $\alpha = 1-\left(1-(1-\tau)^{n-1}\right)\left(E[p]+t_{\mathrm{ACK}}+E[pack]\right), \beta=(1-\tau)^{n-1}$，代入可得

$$D = nT_s + \frac{1-(1-\tau)^n - n\tau(1-\tau)^{n-1}}{\tau(1-\tau)^{n-1}}T_c + \frac{1-\tau}{\tau}\sigma + \frac{(D_d-2)^2-1}{D_d-2}\frac{\sigma}{6}\cdot$$

$$\frac{\tau}{1+\left(\dfrac{SD}{D_d}-1\right)\left\{1-\left[1-(1-\tau)^{n-1}\right]\left(E[p]+t_{\mathrm{ACK}}+E[P_{\mathrm{ACK}}]\right)\right\}(1-\tau)^{n-1}} \tag{5.50}$$

其中，一旦物理层确定，数据分组设为定长以后，T_s（成功发送数据所用时间，

和数据分组长度有关），T_c（发生一次冲突所有时间），σ（基本时隙时间），D_l（延时线长度）都是常量，从式中可以看出，节点数对时延的影响最大。

从图 5.12 中可以看出，随着节点数的增多，接入延时显著增大。随着数据分组的增长，延时也显著增大，当节点 n=50，数据分组长度为 12 个退避时隙时，延时为 1 734.4 个时隙（555ms）。在实际的应用中，还要加上非活动期的延时和 GTS 时段的延时，可见 ZigBee 的延时值不是很小，不适合传送对实时性要求很高的数据。

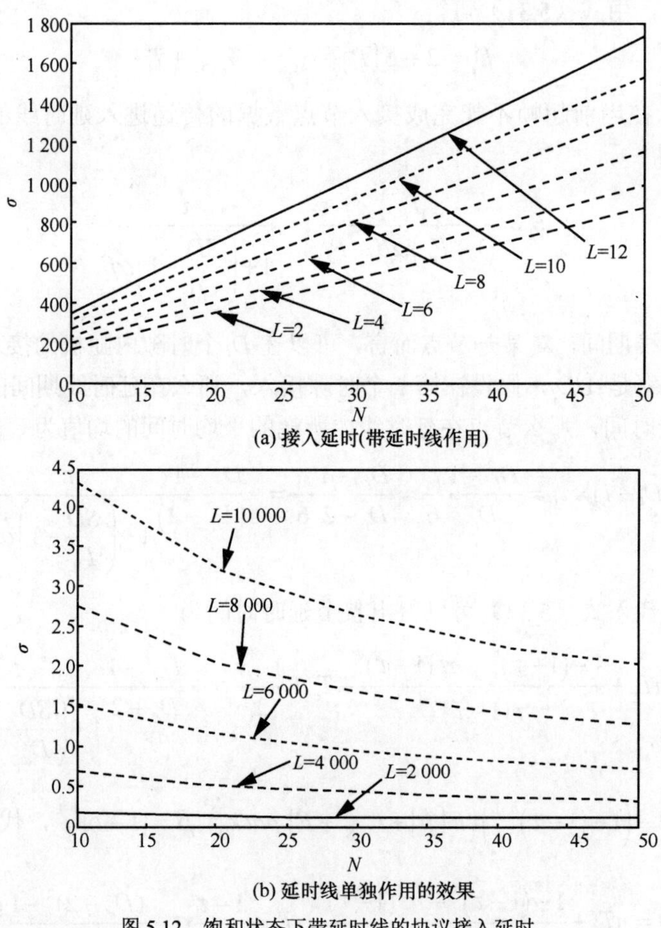

图 5.12　饱和状态下带延时线的协议接入延时

5.4　基于信道空闲评估的 CSMA/CA 算法改进

为了充分挖掘 IEEE 802.15.4 中的低功耗特性，国内外许多研究人员采用不同的方法对 MAC 层的 CSMA/CA 算法[15~17]进行分析，文献[18]通过动态调整退避机制，协调器记录最近发生碰撞时的退避指数来预测下一个超帧的退避指数的初始值；文献[19]动态调整活动周期与非活动周期的比例来提高吞吐量和节约能耗，同时提出了许多关于 CSMA/CA 机制的数学模型，然而，真正针对 IEEE 802.15.4 标准中 CSMA/CA 算法本身的改进的策略其实并不多。在无线传感器网络的某些应用中，主要工作是将分散在各个节点的数据以固定周期收集过来，数据量不大，并不需要很高的带宽，只需节点采集的数据在每个周期都能有效传输，如电力用户用电信息采集信息要求每 15min 就要对电表节点进行一次数据采集。针对低速率和低能耗无线传感器网络应用的特点，本节提出一种基于信标 CSMA/CA 算法的改进策略，该策略仅需简单修改图 5.8 所示的 CSMA/CA 算法流程图，不需要增加特定的信标帧负荷与开销，也不需要修改任何信息帧的定义，就能达到提升系统的整体性能的效果。

5.4.1　改进算法

图 5.8 的 IEEE 802.15.4 标准的 CSMA/CA 算法显示，其中任意一次评估失败便立即执行随机退避机制，却没有充分利用 CCA2 评估失败后所隐含的信息进行随机退避处理，这使 CCA 检测的能量相当于浪费，因此有必要最大程度地利用 CCA2 失败的隐含信息，对 IEEE 802 标准中的 CSMA/CA 加以改进，最大限度地节约能量消耗并提高系统的吞吐量。在 ACK 应答的可靠传输中，CCA2 发生失败的情况总结如下：

（1）执行第一次 CCA（简称 CCA1）的时间为数据帧传输的前一个时隙，而后执行 CCA2，如图 5.13 所示的 *a* 点时隙处；

（2）执行 CCA1 的时间发生在数据帧和响应帧之间的时隙，而后执行 CCA2，如图 5.13 所示的 *b* 点时隙处。

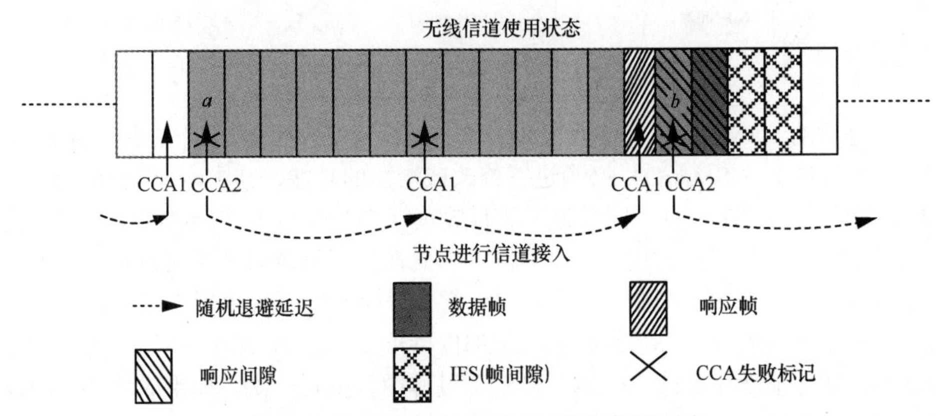

图 5.13　IEEE 802.15.4 CSMA/CA 的信道竞争时序

观察图 5.13，可利用 CCA2 隐藏的二选一信息来进行信道接入控制，在 CCA2 发生后再增加一个退避机制，即紧接 CCA2 后再执行一次 CCA 评估（简称 CCA3），从而可降低信道接入的碰撞概率，节省能量消耗。为了确保退避时间越过 ACK 帧，退避时间的大小应等于 ACK 帧的物理层协议单元（PPDU）域所占有的时隙值减去 1。接着根据 CCA3 的成功与否来执行以下操作：

（1）若 CCA3 成功，表示 CCA1 位于数据帧和响应帧之间，则立即发送数据；

（2）若 CCA3 失败，表示 CCA1 位于数据帧前，则返回，并继续执行 IEEE 802.15.4 标准退避机制。

图 5.14 中的时隙 *c* 和时隙 *d* 分别表示执行 CCA3 时隙，如果在时隙 *a* 执行 CCA2 后紧接着在时隙 *c* 执行 CCA3，此时的 CCA3 失败（*NB* 和 *BE* 参数值与 CCA2 保持一致，直到 CCA3 执行完毕）；如果在时隙 *b* 执行 CCA2 后紧接着在时隙 *d* 执行 CCA3，此时的 CCA3 成功则竞争节点获得信道的使用权，于时隙 *e* 开始发送数据帧。在时隙 *e* 发送数据帧的最大优点是：由于先前拥有信道使用权的节点要间隔 IFS 后才能再次竞争信道，这样就能有效避免与其他竞争节点数据帧重叠概率的上升。

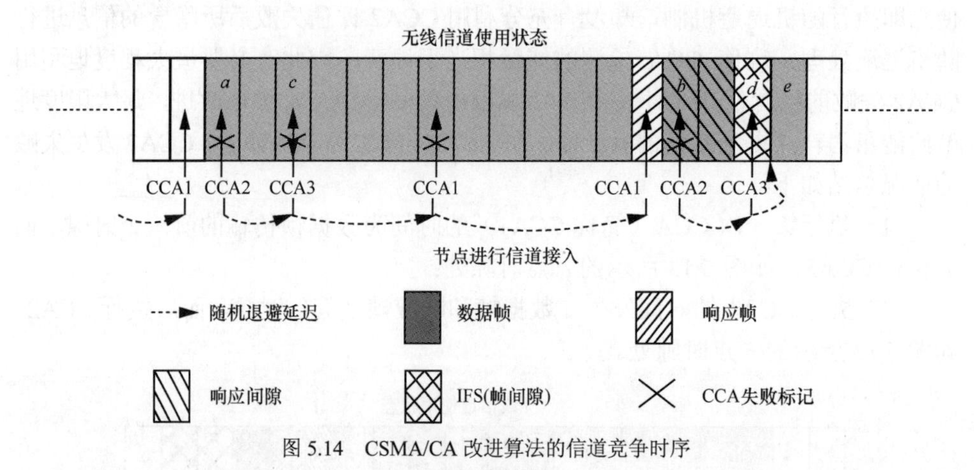

图 5.14　CSMA/CA 改进算法的信道竞争时序

改进后的 CSMA/CA 算法流程如图 5.15 所示，灰色框的部分是表示对 IEEE 802.15.4 标准的 CSMA/CA 必须进行修改或增加的功能，其中，*AS* 表示响应帧 PPDU 所占用的时隙数目，同时为了能有效执行 CCA3，*CW* 初始值更改为 3，因在执行 CCA2 失败时已占用了一个时隙，因此在执行退避的时间应为 PPDU 所占用的时隙值减 1。同时从图 5.15 中也可以得知，在 CCA2 失败后立即执行 CSMA 算法，其中的 *NB*、*BE* 等系统状态参数都保持不变，直到 CCA3 执行完毕这些系统状态参数才能发生更改。CCA3 在整个过程中只执行一次，如果成功就立即发送数据帧，否则，返回到原系统状态并继续执行退避机制。

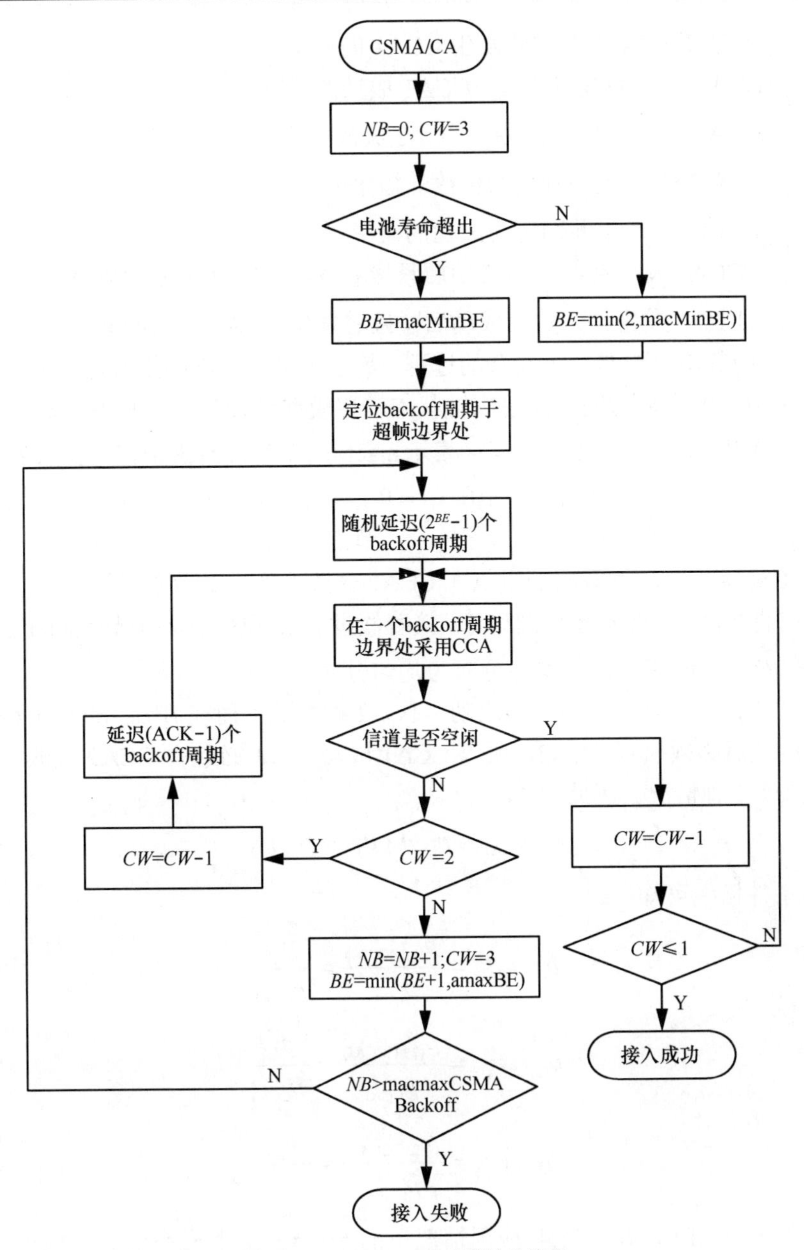

图 5.15　CSMA/CA 改进算法的流程

5.4.2　改进的数学模型

讨论 CCA2 失败概率与 CCA3 成功概率需建立相应的数学模型，这也是分析 CSMA/CA 改进策略性能提高的相关依据。首先对以下参数进行定义。

p_{CCA1} :CSMA/CA 中有时隙发生 CCA1 的概率；

p_{1f} :CCA1 失败的概率； p_{1s} :CCA1 成功的概率；

p_{2f} :CCA2 成功的概率； p_{2s} :CCA2 失败的概率；

$p_{1f/\text{CCA1}}$:CCA1 发生并判定为失败的概率；

$p_{1s/\text{CCA1}}$:CCA1 发生并判定为成功的概率；

$p_{2f/2s}$:CCA1 发生并判定为成功后紧接着发生 CCA2 失败的概率；

$p_{2s/2s}$:CCA1 发生并判定为成功后紧接着发生 CCA2 成功的概率；

p_{CCA1} 的数学分析是一个复杂的过程，其一般采用二进制指数退避算法，通过如图 5.9 所示的离散时间马尔可夫链状态转移模型进行分析，其中，α 和 β 分别表示CCA1和CCA2为忙的概率，m 表示 macMaxCSMABackoff，W_0 表示 2^{maxMinBE}，i 表示在算法执行期间 NB 的当前值（$i = 0,1,\cdots,m$），响应 i 的任意事件最大值为 $W_i = W_0 \times 2^{(i,5-\text{macMinBE})}$。得出 p_{CCA1} 与帧长、节点数量成正比，并与 BE 序列有关。

因 CSMA/CA 改进策略的重点在 CCA2 失败概率后的改善机制，p_{CCA1} 仅参考文献[20]的结论，在此不作详细讨论。接着假设 p_{CCA1} 已知且各个节点间相互独立，不考虑 BE 序列的影响，其概率分布为均匀分布。

因 CCA1 含有失败（$1f$）和成功（$1s$）2 种情况，而在 IEEE 802.15.4 标准中 CCA1 成功后必须执行 CCA2，所以 CCA1 成功（$1s$）必包含 CCA2 失败（$2f$）和成功（$2s$）2 种情况。因此

$$p_{\text{CCA1}} = p_{1f} + (p_{2f} + p_{2s}) \tag{5.51}$$

由条件概率可知

$$p_{(1f|\text{CCA1})} = \frac{p_{(1f\cap\text{CCA1})}}{p_{\text{CCA1}}} = \frac{p_{1f}}{p_{\text{CCA1}}} \tag{5.52}$$

$$p_{(2f|\text{CCA1})} = \frac{p_{(2f\cap\text{CCA1})}}{p_{\text{CCA1}}} = \frac{p_{2f}}{p_{\text{CCA1}}} \tag{5.53}$$

$$p_{(2s|\text{CCA1})} = \frac{p_{(2s\cap\text{CCA1})}}{p_{\text{CCA1}}} = \frac{p_{2s}}{p_{\text{CCA1}}} \tag{5.54}$$

接着分析 IEEE 802.15.4 应用情况下的 CCA2 失败概率的数学模型，归纳 CCA1 发生后的条件概率，将式（5.51）两边都除以 p_{CCA1}，并结合式（5.52）、式（5.53）和式（5.54）可得

$$\begin{aligned} 1 &= \frac{p_{1f} + (p_{2f} + p_{2s})}{p_{\text{CCA1}}} = p_{(1f|\text{CCA1})} + p_{(2f|\text{CCA1})} + p_{(2s|\text{CCA1})} \\ &\Rightarrow p_{(1f|\text{CCA1})} + p_{(2f|\text{CCA1})} = 1 - p_{(2s|\text{CCA1})} \end{aligned} \tag{5.55}$$

根据 IEEE 802.15.4 标准的 CSMA/CA 算法，CCA1 失败就立即执行退避机制，反之，就继续执行 CCA2。然而执行 CCA2 的结果也包括成功和失败 2 种情况，由式（5.55）可知 CCA1 后的条件概率之和等于 1，因此可知总的信道空闲评估结果失败的概率为 $1-\rho_{(2s|\text{CCA1})}$，其中，$\rho_{(2s|\text{CCA1})}$ 仍然为一个复杂的概率参数，为了便于分析，假设信道占有率为 λ（设定占有信道后的每次数据帧的传输都是成功的）。信道占有率为信道在一段观察时间内的使用率，可以简化为单位时间内有一对信息帧传输（指数据帧和确认帧）所占时间的比例，其实际意义如图 5.16 所示。

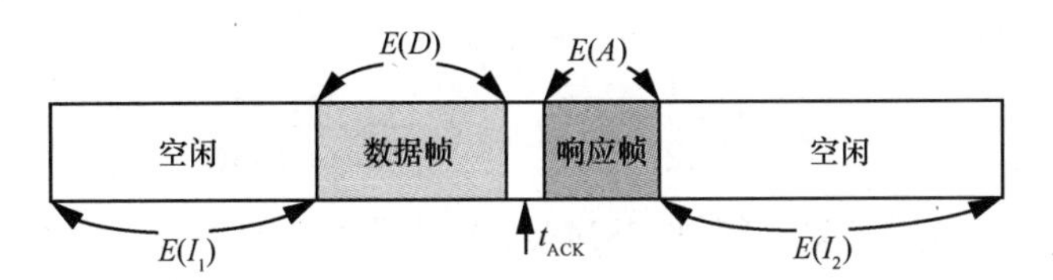

图 5.16　信道占用率示意

其中，$E(D)$表示数据帧报文的长度期望值；$E(A)$表示确认帧报文的长度期望值；$E(I)$表示在一个观测时间内所有空闲时间的期望值，则

$$E(I)=\sum_i E(I_i)\text{，}\forall\text{第}i\text{个空闲段} \tag{5.56}$$

由图 5.16 可知

$$\lambda=\frac{E(D)+E(A)}{E(D)+E(A)+t_{\text{ACK}}+E(I)} \tag{5.57}$$

即信道占有率正比于网络中负载流量，且等于 CCA1 失败的条件概率 $p_{(1s|\text{CCA1})}$，即

$$p_{(1s|\text{CCA1})}=\lambda=\frac{E(D)+E(A)}{E(D)+E(A)+t_{\text{ACK}}+E(I)} \tag{5.58}$$

且 CCA2 失败的条件概率 $p_{(2s|\text{CCA1})}$ 也可以表示如下

$$p_{(2s|\text{CCA1})}=\frac{2}{E(D)+E(A)+t_{\text{ACK}}+E(I)} \tag{5.59}$$

比较式（5.58）和式（5.59），可得 CCA2 失败的条件概率 $p_{(2s|\text{CCA1})}$ 为

$$p_{(2s|\text{CCA1})}=\lambda\times\frac{2}{E(D)+E(A)} \tag{5.60}$$

由式（5.60）可知，CCA2 失败的条件概率 $p_{(2s|\text{CCA1})}$ 正比于信道占有率 λ 且反比于数据帧报文长度期望值 $E(D)$ 和确认帧报文长度期望值 $E(A)$ 之和，而信道占有率与网络负载流量成正比，例如，对于一个采用定长报文长度的网络，即 $E(D)$

和$E(A)$固定，负载流量越大那么单位时间内的$E(I)$越小，会导致测试时间内CCA2失败的次数增多，即CCA2失败的概率变大。如果当负载流量达到饱和时，信道完全被占有，$E(I)$值变得极小，CCA1的失败率将大大提高，这反而使CCA2失败的概率下降，此时CSMA/CA改进机制将进入稳定状态。

CSMA/CA改进策略的性能改善主要来自于图5.10中时隙b，这可降低延迟、节约能耗和提高系统吞吐量，而在时隙a为浪费能量。在均匀分布的情况下，时隙a和时隙b发生CCA2的概率各占一半。因此，CSMA/CA改进算法的改善条件概率p_{M-std}为

$$p_{(M-std)} = \frac{1}{2} \times p_{(2f|\text{CCA1})} = \frac{\lambda}{E(D)+E(A)} \tag{5.61}$$

接着将p_{CCA1}考虑进来，得到CSMA/CA改进算法的改善点概率

$$p_{(total-M-std)} = \frac{1}{2} \times p_{M-std} = p_{\text{CCA1}} \times \frac{\lambda}{E(\text{D})+E(\text{A})} \tag{5.62}$$

从式（5.62）可知，$p_{(total-M-std)}$正比于网络的负载流量，由于p_{CCA1}和信道占有率λ都有可能达到饱和，而在IEEE 802.15.4标准中没有RTS/CTS机制，不可避免地存在多个节点同时执行CCA检测成功后并同时传输数据帧的情况，这样必然会造成数据重叠，导致数据报文重新进入CSMA/CA竞争并将数据报文压入节点堆栈的尾部（最大重传次数由macMaxFrameRetries参数决定），这会产生额外的能量消耗和时间延迟，使系统吞吐量等网络性能下降，甚至会使网络性能严重恶化。这里只考虑了信道占有后只存在成功传输，并没有考虑数据重叠而引起的数据传输失败的情况，因此，当网络负载流量趋于极度饱和时，如果继续引进CSMA/CA算法，虽然系统吞吐量和能量消耗的效果得到最佳化，但是可能会产生较大的网络延迟。所以，极度饱和的网络使用该CSMA/CA改进策略并不大合适，但CSMA/CA算法改进策略完全能适合数据量并不大的通信系统。

CSMA/CA算法改进策略能充分利用CCA2检测已消耗的能量，通过数学模型分析可知其具备贪婪算法的特性，能最大可能地节约能耗和降低随机退避引起的延迟，并尽可能地提高系统吞吐量，相对于IEEE 802.15.4中的CSMA/CA算法，信道资源的合理使用有一定程度的提高。

5.4.3 改进算法仿真结果与性能分析

本小节分别从节点平均丢帧率、节点的平均吞吐量、节点平均时延、节点平均能量效率等方面，对IEEE 802.15.4标准中CSMA/CA算法（用STD表示）与CSMA/CA改进策略（用M-STD表示）的性能进行仿真对比，仿真所用的模拟环境、可变参数和常数参数的设置分别如下。

（1）模拟环境

- RF 的频段为 2.4GHz，数据率为 250kbit/s；
- 网络拓扑为单一星型拓扑结构，而所有节点的位置都是固定，并使集中器位于逻辑中心点和地理中心点的位置；
- 网络中只存在单一的上行传输行为，且未使用 CFP 配置；
- 每个节点的通信范围足够大，无隐藏节点问题；
- 无线信道无干扰，即忽略误比特率（即 *BER*=0），无线网络传播延迟为 0。

（2）可变参数

- 数据帧 *MPDU* 分别为定长 80 和 120octet；
- 节点数 *N* 分别为 10 和 50；
- 总模拟时间 ΔT =10 000s。

（3）常数参数

表 5.2 常数参数中退避指数的设置范围是[macMinBE,macMaxBE]，最大退避次数（macMaxCSMABackoffs）采用 IEEE 802.15.4 标准的默认值。BO 和 SO 均设置为最大值 14，设置 BO 为最大值的主要目的是为了节约帧的开销，同时显示 CSMA/CA 改进策略在最大信标周期情况的使用效果。假设信息帧的产生服从泊松分布，网络的负载流量与单个节点的帧平均产生率的关系定义为

$$\lambda_l = \frac{BW \times 负载 / 3\,125}{N \times L} \text{packet} / \text{UBP} \tag{5.63}$$

其中，*L* 为数据帧长度的期望值和响应帧长度的期望值之和；*N* 为网络节点总数；*BW* 表示为信道带宽。若网路中 *N* 个节点生成信息量的总和（即包含所有数据帧和响应帧）等于最大带宽，则称该网络的负载流量为 1；数据 3 125 表示 1s 含有 3 125 个后退周期（UBP），UBP 为生成帧的最小单元，并将单位时间由秒调整为 UBP 单位。

表 5.2　　　　　　　　　　仿真的常数参数

常数名称	值	常数名称	值
BO	14	aBaseSuperframeDuration	960symbol
SO	14	PPDU 开销	6octet
macMinBE	3	MPDU 开销	9octet
macMaxBE	5	Beacon PPDU	17octet
macMaxCSMABackoffs	4	ACK PPDU	11octet

图 5.17（a）和图 5.17（b）分别显示 *N*=10 和 *N*=50 的条件下所造成的平均丢帧（分组）率 τ_d。分析丢帧率的目的是为了检验退避次数超过 macCSMABackoff 和数据重叠等传输失败与节点数据队列溢出所引起的平均帧（分组）丢失的比例，定义如式（5.64）所示。

$$\tau_d = \frac{N_g - N_s}{N_g} \tag{5.64}$$

其中，N_g 表示网络中产生的信息帧的总数；N_s 表示网络中成功传输的信息帧总数。从图中可以看出丢帧（分组）率与网络的负载流量成正比，而与数据帧的长度成反比。然而，由于节点数减少，数据重叠的机率将会降低，因此在负载流量相同时，图 5.17（a）的丢帧（分组）率比图 5.17（b）的丢帧（分组）率低。平均丢帧（分组）率也表明了数学分析推导的 M-STD 改进的丢帧率性能有一定的降低，例如在负载流量为 1 时，丢帧（分组）率降低了 5%以上。

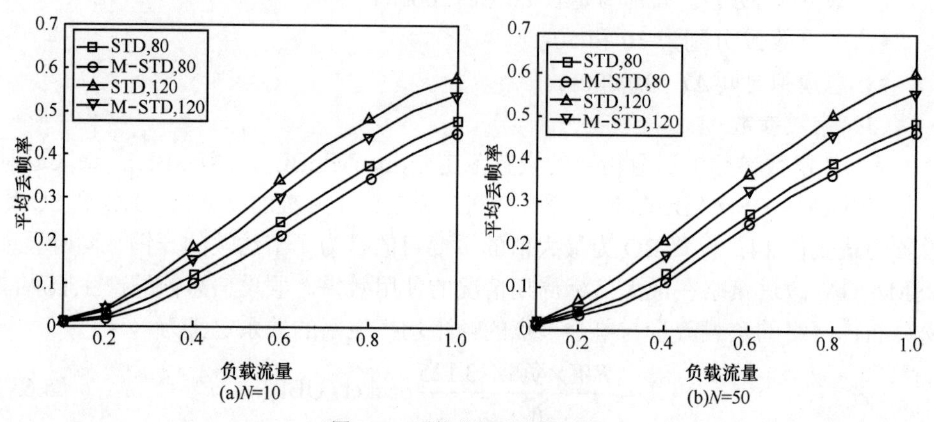

图 5.17　平均分组丢失率对比

图 5.18（a）和图 5.18（b）分别显示 N=10 和 N=50 条件下单个节点平均吞吐量 tp，tp 定义如下

$$tp = \frac{Payload - Overhead}{N \times \Delta T} \tag{5.65}$$

其中，*Payload* 表示为 MAC 协议帧结构的有效负荷，其等于网络中成功传输数据帧的 *MSDU*，单位为 kbit；*Overhead* 表示为 MAC 协议帧结构的开销，其等于网络中成功传输数据帧的开销，即数据帧和响应帧的 *PPDU* 之后减去 *MSDU*。从图 5.18 可以看出，在 IEEE 802.15.4 中节点的平均吞吐量与负载流量和数据帧的长度成正比。这是因为在相同的网络负载流量下，若数据帧的长度越长，则节点产生的帧数将会变得越小，节点堆栈中的帧累积程度会变轻，同时进行竞争的节点相对减少，所以成功传输比例将会上升。同样，CSMA/CA 算法改进后的吞吐量的提高也正比于网络负载流量，然而与单个节点性能相异的是吞吐量的提高率与数据帧长度成反比，在图 5.18 中，在数据帧长度较短的情况下，提高的速率明显变大，当帧逐渐变长时，曲线的斜率逐渐变小，即提高率逐渐变小。因此，M-STD 对单个节点的吞吐量有一定提高，证实了数学分析结论与模拟结果相一致。

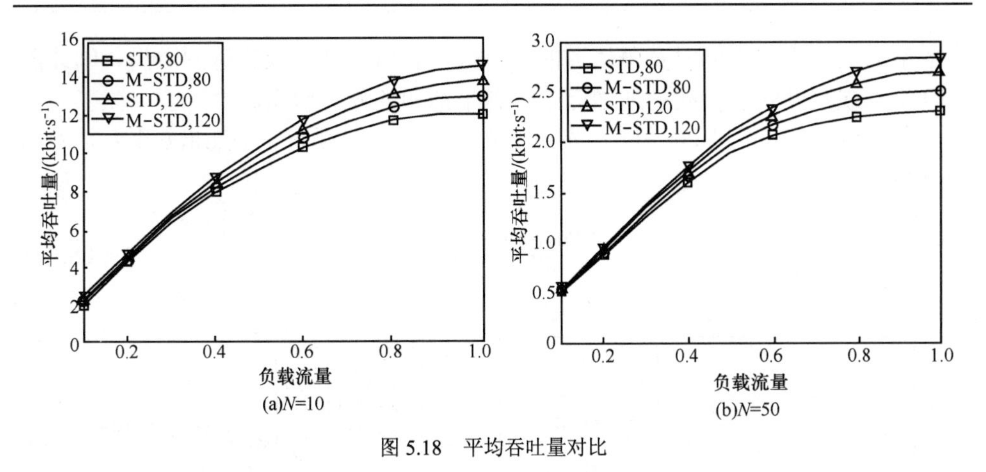

图 5.18　平均吞吐量对比

图 5.19（a）和图 5.19（b）分别显示 N=10 和 N=50 条件下单个节点的平均传输延迟 t_d，t_d 定义如下。

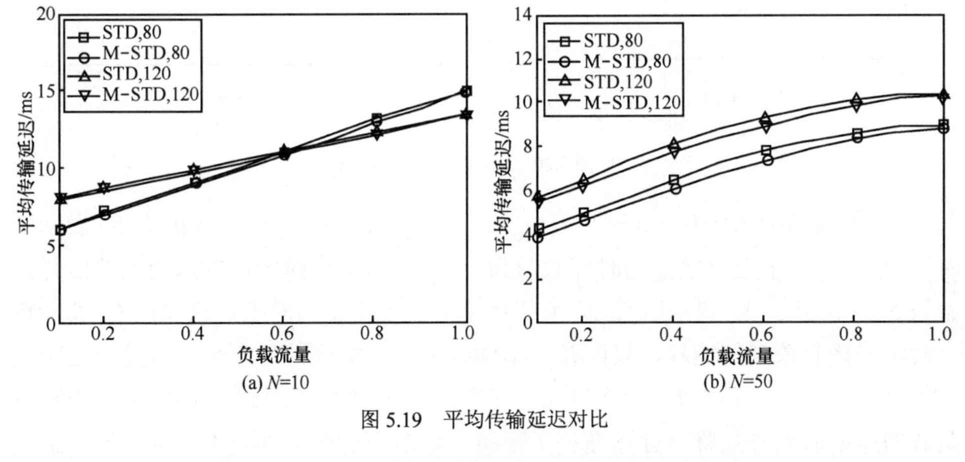

图 5.19　平均传输延迟对比

$$t_d = \frac{\sum_{i=1}^{N} (d_{\text{total}})_i}{N_s} \tag{5.66}$$

其中，d_{total} 表示为单个节点成功传输数据帧总传输延迟（从帧产生并压入队列，直到成功传输的延迟时间）的和。图 5.19 显示 M-STD 节点平均时延略有改善。同时两图相似之处在于 MAC 层传输延迟正比于网络负载流量（随着的负载流量的上升），而反比于数据帧的长度，这种现象的原因是 MAC 层传输延迟主要由数据框长度引起的传输时间以及平均退避延迟时间共同造成的，其中平均退避时间正比于同时竞争的节点数，当同时竞争节点数变多时，会造成退避机率升高，致使尝试退避的平均次数将上升，其引起的平均退避延迟也必将上升。但网络中存在的节点数并不等于同时竞争信道的节点数，且节点队列很难达到溢出。因此图5.19难以观察到随着负载的递增而延迟处于饱和的稳态状态。

图5.20（a）和图5.20（b）分别显示N=10和N=50条件下的能量效率τ_e，τ_e的定义为

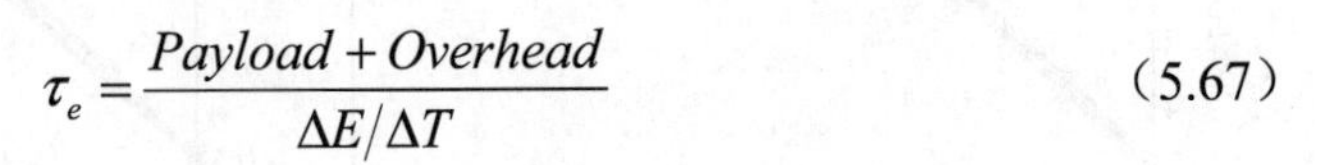

$$\tau_e = \frac{Payload + Overhead}{\Delta E / \Delta T} \qquad (5.67)$$

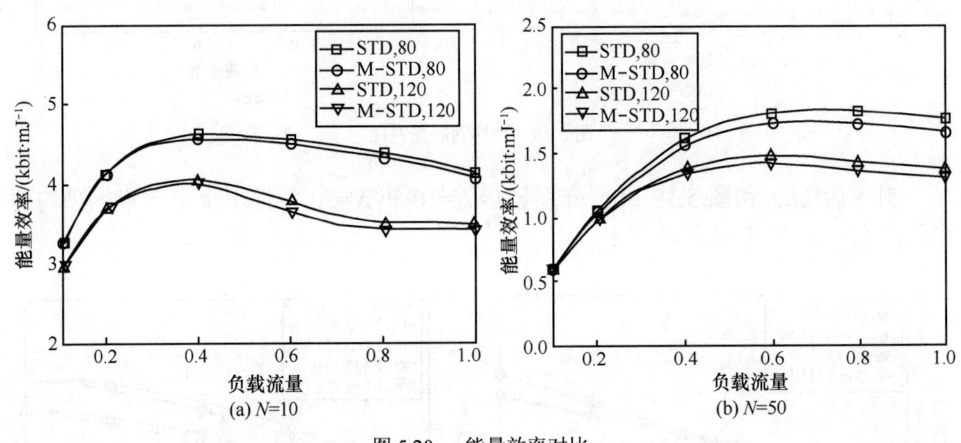

图5.20　能量效率对比

其中，ΔE为总能量消耗，即$\Delta E = \left(S_{\mathrm{tx}} \times E_{\mathrm{tx}} + S_{\mathrm{rx}} \times E_{\mathrm{rx}} + S_{\mathrm{idle}} \times E_{\mathrm{idle}}\right) \mu\mathrm{J}$，$S_{\mathrm{tx}}$表示所有$N$个节点处于发送状态的时隙数总和；$E_{\mathrm{tx}}$表示单个时隙内发送数据的能耗，假设$E_{\mathrm{tx}} = 10\mu\mathrm{J}$；$S_{\mathrm{rx}}$表示所有$N$个节点处于接收状态的时隙数总和；$E_{\mathrm{rx}}$表示单个时隙内接收数据的能耗，假设$E_{\mathrm{rx}} = 10.8\mu\mathrm{J}$；$S_{\mathrm{idle}}$表示所有$N$个节点处于空闲状态的时隙数总和，假设$E_{\mathrm{idle}} = 0.245\mu\mathrm{J}$。CSMA/CA算法改进前后的能量效率随着负载的递增而先升后降，并逐渐处于稳态，最后两者的能耗效率基本一致。造成这种现象的原因是能量效率与吞吐量成正比而与能耗成反比。图5.20显示，网络总吞吐量随负载上升趋于稳态，即成功传输的数据量将趋于稳态。然而，随着网络负载的上升，其产生帧的数量也将随之上升，因此CCA评估的执行频率将更为频繁，导致成功传输平均能耗将随负载上升，因此能量效率先升后降的状况。

5.5　本章小结

无线传感器网络的应用首先需要了解所应用协议的性能，这样才能与应用相关，本章首先对协议的抗干扰性能和ISM频段和其他3种协议的共存性进行了分

析，从仿真图可以看出，ZigBee 协议完全能在城市中使用。然后引入马尔可夫链模型对协议的接入概率和延时性能进行了分析，进行了仿真，得出了特定条件下的网络性能。结合第 2、3 章的内容，可以总结出应用 ZigBee 协议具有以下特点[21]。

（1）安全性高。ZigBee 提供了数据完整性检查和鉴权功能，加密算法采用 AES-128，同时各个应用可以灵活确定其安全属性。

（2）可靠性高。采用了碰撞避免机制，同时为需要固定带宽的通信业务预留了专用时隙，避免了发送数据时的竞争和冲突。MAC 层采用了完全确认的数据传输机制，每个发送的数据分组都必须等待接收方的确认信息。

（3）成本低。简单的协议和小的存储空间大大降低了 ZigBee 的成本，模块的初始成本估计在 6 美元左右，很快就将降到 1.5 美元到 2.5 美元之间，且 ZigBee 协议免专利费。

（4）功耗低。ZigBee 设备只有激活和睡眠 2 种状态，电池设备也可以进入睡眠状态几分钟甚至几小时，再加入 ZigBee 网络，工作周期很短。因此，ZigBee 技术的功耗很低，可以确保 2 节五号电池支持长达 6 个月到 2 年左右的使用时间，当然不同的应用功耗是不同的。

（5）网络容量大。一个 ZigBee 网络可以容纳最多 254 个从设备和一个主设备，一个区域内可以同时存在最多 100 个 ZigBee 网络。

（6）时延可控。针对时延敏感的应用作了优化（采用 GTS 时隙），通信时延和从休眠状态激活的时延都不大。设备搜索时延典型值为 30ms，休眠激活时延典型值是 15ms，活动设备信道接入时延为 15ms。

（7）工作频段灵活。使用的频段分别为 2.4GHz（全球），868MHz（欧洲）以及 915MHz（美国），均为免执照频段。

（8）兼容性好。与现有的控制网络标准无缝集成。通过网络协调器自动建立网络，采用 CSMA/CA 方式进行信道存取。

通常符合以下条件之一的应用，就可以考虑采用以下 ZigBee 技术。

（1）设备成本很低，传输的数据量很小。

（2）设备体积很小，不便放置较大的充电电池或者电源模块。

（3）没有充足的电力支持，只能使用一次性电池。

（4）频繁地更换电池或者反复地充电无法做到或者很困难。

（5）需要较大范围的通信覆盖，网络中的设备非常多，但仅仅用于监测或控制。

对无线传感器网络低功耗的追求一直是研究的重点，本章通过仔细分析低功耗 IEEE 802.15.4 标准 MAC 层竞争信道使用权的 CSMA/CA 算法基本原理，挖掘 CCA 评估失败后所隐含的信息并加以充分利用，提出了一种能有效避免碰撞发生或降低碰撞发生概率的 CSMA/CA 改进机制。经建立数学模型和进行仿真对比，分析表明，CSMA/CA 算法改进策略的能效提升与信道占有率成正比，而与数据帧长度成反比，其满载时的性能平均提升率约 5%~10%。这说明在特定的应用系统中，可对 CSMA/CA 算法进行改进使其符合应用要求。

参考文献

[1] IEEE Std.802.15.1, IEEE Standard for Wireless Medium Access Control (MAC) and Physical Layer (PHY) Specifications for Wireless Personal Area Networks (WPAN)[S]. 2002.

[2] LAN MAN Standards Committee1ANSI/ IEEE Std 802. 11, 1999 E2dition (R2003). Information technology Telecommunications and information exchange between systems Local and Metropolitan Area Networks Specific Requirements Part 1 1:Wireless LAN Medium Access Control (MAC) and Physical Layer (PHY) Specifications[S]. 2003.

[3] 周游, 方滨, 王普. 基于 WirelessUSBLS 技术的低成本无线人机接口设备设计及应用[J]. 世界电子元器件, 2004, 4.

[4] Wireless Medium Access Control and Physical Layer Special Cautions for Low-Rate Wireless Personal Area networks[S]. IEEE Standard,802.15.4-2003, 2003. ISBN 0-7381-3677-5.

[5] NAVEEN S, DAVID W. Security considerations for IEEE 802.15.4 networks[A]. WiSe'04[C]. Philadelphia, Pennsylvania, USA,2004.

[6] BIANCHI G. IEEE 802.11 saturation throughput analysis[J]. IEEE Communications Leters, 1998, 2(12):318-320.

[7] BIANCHI G. Performance analysis of the IEEE 802.11 distributed coordination function[J]. IEEE Journal on Selected Areas in Communications, 2000, 18(3):535-547.

[8] WU H T, PENG Y, LONG K P, *et al*. Performance of reliable transport protocol over IEEE 802.11 wireless LAN:analysis and enhancement[A]. Proceedings of IEEE InfoCom02[C]. New York,NY USA, 2002.599-607.

[9] 陈羽中. 802.11 无线网络性能与公平性问题的研究[D]. 安徽:中国科学技术大学电子工程与信息科学系, 2005.

[10] 汪广洪. IEEE 802.11 无线局域网 MAC 层性能及服务质量研究[D]. 天津:天津大学计算机学院. 2004.

[11] 詹杰, 刘宏立. 基于 ZigBee 协议的 WAPN 性能分析[J]. 微计算机信息, 2008, 4.

[12] MIS J, SHAFI S, MIS V B. Performance of 802.15.4 beacon enabled PAN with uplink transmissions in non-saturation mode-access delay for finite buffers[A]. Proc Broad Nets 2004[C]. San Jose, CA, 2004.416-425.

[13] ZHAN J, LIU H L. Access delay analysis of ZigBee protocol with delay line[A]. The 3rd IEEE International Conference on Wireless Communications, Networking and Mobile Computing

(WiCOM2007)[C]. Shanghai, China.

[14] MIS J, SHAFI S, MIS V B. Analysis of 802.15.4 beacon enabled PAN in saturation mode[A]. Proc Symp Performance Evaluation of Computer and Telecomm Syst SPECTS'05 (CD-ROM)[C]. San Jose, CA, 2004.

[15] 郑朝霞. 无线传感器网络节点芯片关键技术的研究与实现[D]. 武汉:华中科技大学, 2008.

[16] KO J G, CHO Y H, KIM H. Performance evaluation of IEEE 802.15.4 MAC with different backoff range in wireless sensor networks[A]. The 10th IEEE Sigapore International on Communication systems (ICCS2006)[C]. Singapore, 2006. 1-5.

[17] PARK T R, KIM T H, CHOI J Y, *et al.* Throughput and energy consumption analysis of IEEE 802.15.4 slotted CSMA/CA[J]. Electronics Letters, 2005,41(18): 1017-1019.

[18] PANG A C, TSENG H W. Dynamic backoff for wireless personal networks[A]. IEEE Global Telecommunication conference (GLOBECOM'04)[C]. Dallas, Texas, 2004, 1580-1584.

[19] LEE J, HA J Y, JEON J, *et al.* ECAP:a bursty traffic adaptation algorithm for IEEE 802.15.4 beacon-enable networks[A]. IEEE 65th Vechcular Technology Conference (VTC2007)[C]. Dubin, Ireland, 2007. 203-207.

[20] 周明伟, 樊晓平, 刘少强. 基于优先级的 IEEE 802.15.4 CSMA/CA 建模与分析[J]. 传感技术学报, 2009, 22(3):422-426.

[21] 詹杰. ZigBee 技术及在智能公交通信系统中的应用研究[D]. 湖南:湖南大学电气与信息工程学院, 2008.

第 6 章　无线传感器网络定位追踪研究

无线传感器网络中的定位有 2 部分内容：节点自身定位和对外部目标定位。自身定位是指未知位置节点在锚节点的辅助下确定自己的位置，外部目标定位是指许多节点协作完成对非节点目标的定位，前者是后者的基础。

6.1　节点定位的必要性

无线传感器网络的许多应用项目中，传感节点需发回各种物理量数据，如震动、温度、风速等，这些数据必须有对应的位置信息才有意义[1]，因此，从应用的角度，定位技术是传感网络中最为重要和传统的问题。其次，无线传感器网络往往和现实的物理世界联系在一起，如对外部目标的定位和追踪[2]，嵌入式系统中的传感器节点对系统进行监视或控制等，通常需要根据物理位置来选择相应的行为，发出不同的指令，系统的协调控制也离不开节点的位置信息[3]。最后，节点位置信息还可以为网络自身的多个协议层提供支持[4]，在应用层，可以向网络提供命名空间[5~7]，向网络部署者报告网络的覆盖质量[8,9]。在网络层，可在位置信息基础上设计基于地理位置的路由算法，提高路由效率[10,11]，基于节点位置信息的路由策略能够更高效地通过多跳方式传播信息，典型协议如 TBF[12]、SPEED[13]、LAR 可扩展路由协议[14]等。位置信息还可实现网络的负载均衡[15,16]以及网络拓扑的自配置[17]。

GPS 是目前使用最广泛的定位系统，通过精确的同步卫星时钟提供授时服务，用户根据卫星的位置和授时进行定位，但是无线传感器网络应用 GPS 会受到诸多限制，在室内、水下等环境中会由于接收不到卫星信号而无法定位。在军事应用中，采用 GPS 卫星定位系统很可能由于美国军方的干扰使其定位精度严重降低，无法用于军事行动。

机器人节点的移动和自组织等特性与无线传感器网络有些相似，但机器人定位算法并不适用于传感器网络，因为机器人节点通常有充足的能量供应而且有较强的处理能力，能携带较精确的测距设备。无线传感器网络节点的微型化和有限的处理能力使其在节点硬件选型和定位算法的选择上受到很大限制。因而，必须针对无线传感器网络特点设计专门的定位算法。

已有许多系统和算法解决了无线传感器网络自身的定位问题。但是，由于无线传感网络的应用相关性，每种系统和算法都被用来解决不同的具体问题或支持不同的应用，而且，用于定位的物理现象、网络组成、能量需求、基础设施等许多方面都有所不同，相关技术还很不成熟，需进一步的研究和探索。

6.2　定位算法分类

作为无线传感器网络研究中的热点问题，研究人员提出了许多不同的定位技术，分别属于不同的门类，目前，对此没有统一的分类标准，一般认可如下几种分类方法。

6.2.1　测距和非测距定位算法

根据定位过程中是否需对节点间的距离作测量，可将定位算法分为：基于测距（Range-Based）的定位算法和无需测距（Range-Free）的定位算法。基于测距的定位算法通过各种手段来获取节点之间的距离或角度信息来计算未知节点的位置。无需测距的定位算法则通过节点之间的连通性或多跳路由信息来估计节点间的距离或角度信息，然后利用距离或角度信息来计算未知节点的位置。

基于测距的定位算法可通过多次测量、循环定位求精等方法来减小测距误差对定位的影响，提高定位精度，但不可避免地将产生大量计算和通信开销，因此，对硬件成本和功耗要求较高。常用的测距技术有 RSSI[18]、TOA[19]、TDOA[20]和 AOA[21]。主要的算法有室内定位系统 Cricket[22]、AHLos[23]、APS[21]、LCB[24]和 DPE[25]等。

由于对功耗和成本因素敏感，还有易受环境因素对测量的影响，测距定位算法在实际应用中没有太大优势。为此，研究人员提出了一些非测距的定位算法，如质心[26]、Dv-Hop[27]、Amorphous[28]、APIT[29]、凸规划[30]及 MDS-MAP[31]等。由于非测距算法无需测距硬件，可以降低成本，因此获得了广泛的应用，但该算法存在定位精度不高和通信开销过大等缺点。几种典型的算法对比如表 6.1 所示，从表中可以看出，每一种算法都受制于多种性能参数的制约，没有一种算法最优。锚节点密度大，使用邻近关系的算法精度较高，通信和计算成本较低，但是网络成本高；锚节点密度适中，则采用跳计数的算法精度较好，网络成本相对也较低，但是通信和计算开销增大，对该类算法的选择还与锚节点稀疏分布相关。

6.2.2　静止和移动节点定位算法

根据节点是否移动可分为静止节点定位算法和移动节点定位算法。多数定位算法属静止节点定位算法，即网络中所有节点都处于静止状态，通过节点相互之间的通信，获取节点间对应的跳数或近似距离，采用集中式或分布式的计算方法，获取节点的位置（绝对坐标或相对坐标）。

移动节点定位算法一般分为 2 个阶段：一是位置预测，信标节点与未知节点进行通信，通过信息的交换来初步预测未知节点的位置；二是位置修正，信标节点通过更新位置信息，对先前预测的位置进行修正。典型的移动节点定位算法有 MCL 算法[32]、DLS 算法[33]、DRL 算法[34]。

表 6.1　　非测距定位算法比较

性能指标	质心法	APIT	Bounding Box	Dv-Hop	Amorphous	Euclidean	Robust Position
精确度	与锚节点密度相关	与锚节点密度相关	与锚节点密度相关	低	中	低	较高
节点密度	无	无	无	较大	较大	中	较大
锚节点密度	大	大	大	中	中	较大	中
信道模型影响	较小	较小	较小	较小	中	中	中
通信开销	小	中	中	大	较大	中	较大
计算开销	小	小	小	中	中	中	大
网络成本	高	高	高	中	中	较高	中

6.2.3　绝对和相对定位算法

绝对定位也称为物理定位，一般需要锚节点作参考，引入一个外部的坐标系，得到的定位结果是一个标准的坐标值。相对定位中节点以自身或者某些特定节点为参考点，建立相对坐标系。在当前针对定位的研究中，大多数算法讨论的都是绝对定位，如质心[26]、Dv-Hop[27]、Amorphous[28]、APIT[29]、LCB[24]等。绝对定位算法中节点位置唯一，应用较为广泛。但绝对定位算法过分依赖信标节点坐标，若信标节点坐标测量不准确，或被攻击，则对后续定位的影响很大。

相对定位无需信标节点，对锚节点硬件要求较低，可以节约成本，定位算法只关心节点间的相对位置，未知节点定位后得到的是相对坐标。如果要和某个全局坐标系保持一致，则需引入几个信标节点进行坐标变换。相对定位可以满足某些应用的需求，如基于节点相对位置的路由协议等。此外，相对坐标和绝对坐标之间可以转换。一些较典型的相对定位算法有 SPA[35]、AFL[36]、ABC[37]、KPS[38]、LPS[39]、SpotON[40]。其中，MDS-MAP[31]算法既可实现绝对定位又能够根据网络配置提供相对定位。

6.2.4　紧密耦合和松散耦合定位算法

紧密耦合定位系统是指信标节点的部署经过预先设计，并且通过有线介质连接到中心控制器；而松散型定位系统中网络无需中心控制器的连接，以 Ad Hoc 方式部署，采用分布式的自组织方式连接。

紧密耦合定位系统中，由于有控制中心，节点间的时间同步和协调容易做到，系统的实时性强、定位精度较高。紧密耦合定位系统有 AT&T 的 Active Bat 系统[41]、Active Badge[42,43]、HiBall Tracker[44]等。但这种部署策略对系统有较高要求，限制了可扩展性，代价较大，不适合布线不方便的室外环境。

目前，大多数定位系统和算法都属于松散型，如 APS[21]、APIT[29]、MDS-MAP[31]算法和 Cricket[45]、AHLos[46]系统等。它们以牺牲紧密耦合系统的精确性为代价获得部署的灵活性，但由于松散型缺乏中心节点的协调控制，节点之间会因信道竞争而产生较大的通信延迟和干扰，造成通信过程的不稳定性，需研究更好的通信技术来解决多路竞争访问和带内噪声干扰问题。

6.3　定位算法与追踪技术的研究现状

自 1992 年 AT&T Laboratories Cambridge 开发出室内定位系统 Active Badge[42,43]以来，针对定位系统和定位算法的研究经历了 2 个阶段。第一阶段主要研究紧密耦合型[47]和基于基础设施的定位系统，第二阶段主要对松散耦合型和无需基础设施的定位技术进行研究，这也是目前无线传感器网络定位系统研究的热点。

6.3.1　静止节点定位系统现状

目前，对于静止节点的定位研究已经比较成熟，有了一些可应用的无线传感器网络定位系统[48~50]，如微软 RADAR、Active Badge、SpotON、Calamari、AHLos、Cricket 等[51~53]。

（1）RADAR 系统

RADAR 系统[54]基于 IEEE 802.11 无线局域网，由微软研究小组研发。RADAR 系统是一种基于 RSSI 的室内定位系统。利用“指纹识别”技术进行定位，所谓“指纹识别”是指预先收集区域中的相关特征数据，并建立数据库，然后将待定位置处收集的数据与数据库中的信息匹配，从相似度最高的数据中得到位置信息，从而实现定位。如果采用基于 RSS 的位置指纹，将有 2 个阶段：离线采集阶段和在线定位阶段[55]，离线采集是指纹采集、保存，数据库将位置坐标与 RSS 数据建立映射关系，映射可以表示为(x,y,z,ss_i)，(x,y,z)表示坐标，ss_i表示第 i 个接入点处的 RSS 值[56]；在线定位则是系统将接收到的 RSS 与数据库中的 Radio Map 匹配，从而完成定位。在实际应用中，由于受墙壁阻挡、多径效应等影响，RSS

信息的采集有很大的偏差，RADAR 系统中实现精确定位比较困难。

（2）SpotON 定位系统

SpotON 定位系统[57]由华盛顿大学计算机科学与工程系的 Jeffrey Hightower，Gaetano Borriello 和 Roy Want 等设计完成。它使用硬件标签（Hardware Tag）利用 RSSI 信息来估计实际距离，参考标签分别放置在预定义的位置，读卡器会读取目标标签的 RSSI 信息，与多个参考标签的值进行比较，选取与目标标签最近的参考标签并赋予该标签一个较高的权值，采用权重定位算法来确定目标标签的位置。该系统是高成本、高适应性的集中式定位系统，可支持相对和绝对两种定位模式，支持中心化基础设施和应用模块。系统易于实现，但定位精度完全受制于读卡器的密度分布和参考标签的数量。

（3）Calamari 定位系统

Calamari 定位系统[58]由加利福尼亚大学伯克利分校电子工程与计算科学学院的 Cameron Dean Whitehouse、David Culler 等设计完成的定位系统。综合了 RSS 和 TOA （声音传播时间技术）的 2 种技术。Calamari 定位系统不需要基础设施支持，由于节点使用相同的设备和算法，为降低了复杂性，不是对每个节点独立地进行校正，而是使用参数估计方法一次性的对整个网络进行校正。该系统可以将定位误差从 30%减少到大约 10%，但 Calamari 定位系统对环境依赖较大。

Calamari 定位系统充分利用了无线传感器网络的固有属性—节点大部分固定不动，节点数量多，以及节点之间相距较近可形成一个对等网络的特性。

（4）AHLos 定位系统

AHLos 定位系统[59]由加州大学洛杉矶分校的 Andreas Savvides 在 2001 年提出。算法先是对满足条件的节点使用原子式和协作式最大似然估计（Atom and Collaborative Multi-Lateration）方法进行定位，然后将已定位的未知节点升级为锚节点，经过多次循环迭代直至整个网络节点都完成定位。具体过程为：节点通过 TDOA 得到与周围节点的距离，当该节点能感知的锚节点的数量超过 3 个时，运用似然估计方法计算自己的位置，然后将已定位节点变为新的锚节点，并将自身的位置广播出去。随着进程的深入，原来不能定位的节点也逐渐拥有 3 个以上的邻居锚节点，也能够计算出自身位置。该系统的最大贡献就是降低了网络对锚节点密度的要求。

（5）Cricket 定位系统

Cricket 系统[60]研究移动或者静止目标在大楼内的具体位置。系统中锚节点周期性地广播包含该锚节点位置信息的数据分组和超声信号。目标节点收到广播信号时，打开超声接收机，根据接收到超声信号的时间，计算出与锚节点之间的距离，确定自己的位置。Cricket 系统的锚节点在大楼内不同的房间布置，所以定位相对误差可以降低到 10%以下，但系统受超声波传播的距离和方向性限制，不能对所有节点的进行测距和定位。

除了上述的定位系统外，还有多种经典成熟定位算法。美国 Rutgers 大学的 Dragos Niculescu 采用距离矢量路由和 GPS 思想提出 APS[61~63]算法，算法包含 6 种不同的定位过程：Dv-Hop、Dv-Radial、Dv-Distance、Dv-Bearing、Euclidean 和 Dv-Coordinate。Dv-Hop 利用距离矢量路由统计计算网络的平均每跳距离，然后将跳数与跳距相乘获得与锚节点的距离，最后使用三边测量法确定自己的位置，该算法适用于节点分布密集的网络。Euclidean 给出了与锚节点相隔两跳的未知节点位置计算方法。Dv-Distance 算法累积计算未知节点与锚节点的距离，通过距离矢量路由来实现定位。Dv-Coordinate 算法在 Euclidean 算法的基础上，给每个节点建立局部坐标系统，通过相邻节点交换信息，得到锚节点的位置，从而实现定位。网络是否各向异性对 Euclidean 和 Dv-Coordinate 定位算法没有影响，但算法受节点密度、测距精度、锚节点密度的影响。Dv-Bearing 和 Dv-Radial 定位算法采用 AOA 技术确定节点间相对角度，以逐跳方式计算与锚节点的相对角度进行定位。

6.3.2　移动节点定位系统现状

无线传感器网络中移动节点定位技术主要分为 2 类，一类为移动锚节点对未知节点定位，一类为静止锚节点对移动节点定位。

（1）锚节点移动定位算法

锚节点移动定位是指通过锚节点在某一特定的网络区域内沿着设定好的某种路径移动，间隔一定时间或者距离实时广播报告当前的位置信息，未知位置节点接收到的 3 个以上的位置信息后，就可以通过每一次的距离信息和位置信息计算出自己的坐标。这种方法可减少锚节点部署的数量和降低硬件成本，但也有其缺点，移动锚节点的行走路径对节点定位精度、覆盖率影响相对较大。针对锚节点移动情况下的定位主要有 2 个研究内容，一是基于移动锚节点定位算法问题，另一个是移动锚节点路径规划问题。

移动锚节点对未知节点定位的算法研究主要针对测量过程中的数据作处理，以得到更好的精度，更快的速度，更低的能耗。最基本的锚节点移动定位算法为文献[64]提出，算法中一个锚节点在网络中移动，周期性地发布包含其当前位置信息的广播，当未知节点接收到 3 个或以上的广播信息后，利用三边法则计算出自己的位置。Sun 和 Guo[65]将图像领域去噪声的方法引入对移动 RSSI 数据滤波处理，提出基于分布式非参数 Kernel 估计的节点定位方法，结合 TOA 测距技术得到节点位置。文献[66]提出移动锚节点采用高斯马尔可夫运动模型，将加权质心算法与扩展卡尔曼滤波算法结合，使用加权质心算法实现对节点粗精度定位，使用扩展卡尔曼滤波方法实现对粗定位节点的精确定位。文献[67]提出了一种基于移动锚节点的极大似然算法，移动锚节点在定位区域内周期性发送信标和声音信号，未知节点接收信标及其对应的声音信号能量，根据声音信号估算与信标点距离，采用滤波算法选择信标点，融合极大似然算法进行定位。文献[68]则提出了一种通过测量移动信标节点的方位信息校正 WSN 中节点坐标的算法。

在移动锚节点的定位中，锚节点路径规划问题是最难解决的问题。因为没有很好的路径规划，锚节点在定位区域中的移动是随机的，不能保证遍历所有的区域，也就不能保证能对所有的未知节点定位。文献[69]提出了一种简单的信标发射位置确定方法和利用虚拟力获取信标发射位置坐标的方法，并采用旅行商算法获取遍历这些发射位置点的最优路径，然后基于多边测量方法进行传感器节点定位。文献[70]则把图论引入到 WSN 节点定位系统，把 WSN 看成一个连通的节点无向图，将路径规划问题转化为图的生成树及遍历问题，提出了宽度优先和回溯式贪婪算法。

（2）移动节点定位算法

锚节点静止不动，未知节点移动，对移动节点定位是 WSN 中应用较多的一种场景。最早的移动目标定位系统为 Active Bat[41]，由 AT &T 实验室应用超声波技术开发的定位系统，系统首先确定了有唯一标记的硬件单元 Bat，Bat 包含超声波接收器，并与有线网络相连，装到天花板上。Bat 周期性发射包含自己标识的无线信号，移动 Bat 接收到该信号后反馈一个超声波信号，由此计算距离。如果超过 3 个接收器收到反馈的信号，通过最大似然估计方法得到移动 Bat 位置。Smart Floor[71]将传感器部署在地板下，通过压力的变化获取用户的位置信息，经过算法处理从而实现对用户的跟踪。另一种算法 Active Floor[72]与 Smart Floor 比较相似，但节点只对移动的目标做监测，在能耗上做改进，使网络监测的时间更长。这 2 个系统的缺陷都很明显，如果监测较大的范围，系统的成本将会很庞大，而且不易施工，针对该问题，文献[73]从定位精度和费用的角度对上述两系统进行了改进。另外，仿生的 Beep[74]系统也被引入到定位系统中，利用特定频率的声波确定目标的三维坐标。

移动节点的定位算法很大一部分借鉴了机器人定位的蒙特卡罗 MCL 定位算法[32]，在此基础上发展了限定样本采样范围的 MCB 算法[75]，对原始 MCL 算法的预测和过滤过程进行改进，提出了 Dual-MCL 和 Mixer-CL 算法[76]；将距离信息引入到蒙特卡罗定位算法中，提出了基于测距的蒙特卡罗定位算法[77]；为了提高采样的成功率，通过定义信标节点盒子和样本盒子，将采样区域限制在一个样本盒子里的蒙特卡罗盒子的定位算法[78]等。

国内对于移动无线传感器网络定位的研究相对较晚，但也出了不少的成果，代表性的有汪炀等提出一种基于 Monte Carlo 的移动传感网络精确定位算法[79]，算法对锚节点位置固定，未知位置节点可自由移动的情况精确定位，定义了节点运动预测模型和位置选取策略，实验证明，算法实用性较高而且效果明显好于同类的算法。湖南大学的赵欢对锚节点密度较低时移动节点的定位进行研究，利用物体运动的连续性，将运动规律与测距相结合提出了运动预测定位算法，不需要额外的硬件支持，取得了较好的效果[80]。魏叶华等针对最复杂的未知节点和锚节点都随机运动的情况，提出了动态网格划分的蒙特卡罗定位算法[81]，算法设定了一个锚节点数阈值，当未知节点感知的锚节点数超过该值时就使用锚节点选择模型，选出部分锚节点参与定位，这样处理可节约能耗，接下来对选定的锚节点构建采样区域，划分网格，在网格内找出最大采样次数并使用运动模型对数据过滤，得到定位结果，但对运动模型及动态特性的研究仍然是一个难点。

6.3.3　目标追踪算法现状

无线传感器网络中的目标追踪有 2 种情况，一种是移动目标与网络无关，网络节点采用传感手段（如震动、红外热释、超声等）对目标进行追踪；另一种是目标为节点之一，实际上为移动节点，可参与到网络通信中，网络通过算法对其进行追踪。这里只对后一种情况进行研究。

（1）基于 0-1 探测的目标追踪算法

该类算法主要有 CTBD 算法[82]、BPS[83]算法等。该类算法比较简单，只需要节点对目标是否在其探测范围内（0:不在，1:在）进行判断就行，算法一般完成以下 4 个部分的内容：

- 记录目标出现在其监测范围内的时间；
- 节点之间交换记录的时间、节点自身位置等信息；
- 计算移动目标位置的估值；
- 由连续的目标位置估值采用线性拟和算法得到目标运动轨迹。

CTBD 通过分段线性拟和目标位置估值，对原始探测值进行处理，实现更高的定位精度，并通过不间断处理节点提供的位置估计值，来更新运动轨迹估值，根据要求调整线段拟合所需的估计点数，满足算法需达到的实时性要求。BPS 算法简化了每个节点传感器需提供的信息，并假设移动目标可以任意改变运动状态，更符合实际的情况，为了提高精度降低算法复杂度，算法假设目标在相对小的滑动时间窗口内匀速运动且轨迹是一段直线，然后采用分段线性逼近的方法拟合出目标运动轨迹。

文献[84]提出了 OC（Occam Track）算法，网络中，目标区域分为 2 块，一块能被移动锚节点所覆盖，也就是能被该区域的节点检测到，另一块不能被移动锚节点覆盖，节点检测目标区域不能被检测到，将目标区域分割缩小为一个个小片，将这些小片连接就能形成一条目标轨迹的带，算法利用 Occam 理论将这些带状区域用一条直线连接起来，就能形成一条目标的拟合轨迹。

基于二进制探测的目标追踪算法还可根据节点功能将节点分类。探测节点仅需完成信息收集工作，追踪节点则负责有关参数的计算。对采集上来的数据还可应用不同的权值计算方法（如时间有简化法、距离期望值法、路径距离法等），建立不同的目标追踪系统。

（2）基于精确定位的追踪算法

由 Wisconsin-Madison 大学计算机系的 Rabbat 和 Nowak 提出的 DSLT 算法[85]，是一种分布式定位追踪算法，采用 RSSI 技术定位信号源，节点根据相邻关系形成数据处理序列,当某一个节点接收到当前目标参数估值之后, 根据自身的探测数据对当前目标参数估值微调，得到新的估值, 再按数据处理序列将新估值发送给下一个节点，目标参数估计算法将按照这个处理序列在网络内部循环执行。该算法在网络范围不大,节点数不多的情况下, 通信量较低, 但在节点数众多的情况下合理的数据处理序列很难形成，而且算法的收敛特性随着目标运动速度加快变得更加复杂。

伊利诺大学的 W P Chen 等提出的 DCATT 算法[86]是一种轻量级的分布式动态簇目标追踪算法，算法采用了层次型的结构设计，即算法中定义了数量较少的簇头节点和数量较多的低端节点，部分解决了传感器网络节点探测范围、通信距离以及能量等方面的限制。算法由以下几个步骤组成：通过节点的广播消息得到节点相邻关系表并保存相邻节点的位置信息; 当某个簇头节点探测到的移动目标时，该簇变为活跃状态，簇头节点广播信息请求数据分组，要求邻居节点加入该活动簇并向簇首提供信息，由簇头节点实现目标定位，并将定位数据上传。算法通过两阶段簇头选举，有效地减少网络通信冲突。簇头节点协作保证同一时间针对同一目标只有一个簇头节点处于活跃状态。为最终对移动目标定位，算法采用 Voronoi 图法或基于非线性最优解的方法完成数据处理。

（3）时空相关定位算法

DSTC[87]是一种监控数据非常全面的目标追踪算法，算法能精确描述监测区域内目标的移动轨迹。网络中节点形成时空相邻的簇结构，并通过该结构表示事件，簇内节点通过不间断交换目标信息，确定目标类型以及参数。节点首先定义了 CPA（Closet Point of Approach），表示在一段时间内距离目标最近的节点。节点将探测数据存入专用缓冲区，对 t 时间内的探测数据进行处理得到本地 CPA 事件，节点 i 在时间 j 保存的 CPA 事件表示为 e_{ij}，e_{ij} 与目标的时空坐标 $(x_i(t_j),t_j)$ 相对应。节点对外广播事件的同时在本地缓冲区保存该事件，通过比较本地与接收的事件，得到侦测信号最大时的动态窗口，落入该动态窗口的节点组成 CPA 事件簇，通过对簇内 CPA 事件的处理就能得到包含目标坐标、发现时间、速度、类型的目标事件（Target Event）集合，完成定位追踪。

BB[88]算法通过网络内的不同节点测量移动目标声音信号到达的时延差来计算目标的方位角，并以此来进行定位，是一种基于 DOA 的目标定位算法，算法实现简单，但算法处理过程中的采样周期、时钟的同步误差、信号的延迟都将引起节点定位误差变大。BB 算法最大的困难就是要求全网时间同步，这将带来大量的时间帧交换，造成网络无法容忍的能耗。

Shashi Phoha 结合 DSTC 算法和 BB 算法特点，提出了 Beam Forming Controlled 和 Logic Controlled Beam Forming 2 种组合算法[89]。BFC 算法建议将网络节点分类，一类为少量的 BB 节点（配置多个高性能传感器），另一类为大量廉价的节点。一般情况下对目标的追踪由稀疏分布的 BB 节点完成，当追踪达不到特定的要求或者能量不足的时候，唤醒 DSTC 节点。LCB 算法则动态选择目标轨迹附近的多个节点构成目标追踪簇，簇内节点运行 BB 算法定位目标位置，降低算法的复杂度和能耗。这 2 种组合算法的特点都采用了分级执行方案，尽可能地实现低成本的追踪。

（4）自适应目标跟踪（ATT）

ATT[90]是一种能够显著降低网络能耗的算法。算法将网络中的节点分类，探测节点负责目标状态、自适应处理、预测等，服务节点负责自适应精度设置、节点选择、数据管理等。探测节点一旦发现目标，就将目标信息传送至服务节点，由服务节点计算目标位置，同时设定一个最小移动值，将其反馈给探测节点，探测节点可据此调节上报目标信息的频度。通过这样的处理，对于移动速度快的目标，探测节点可加大上报频率，从而可以改善追踪质量，反之，减少上报次数以达到节能目的。

（5）基于粒子滤波（PF）的追踪算法

在无线传感器网络中实现目标追踪，实质上是将目标在各个时刻的位置连接起来。最大似然估计算法可以求解瞬时位置，但是 ML 算法对环境参数变化较为敏感，而且对多目标追踪实现的复杂度较高。Gordon 提出的粒子滤波器（PF）算法[91]解决了运动目标瞬时定位，威斯康星麦迪逊大学的 X H Sheng 和 Y H Hu 改进该算法并将其应用于目标追踪，即 CPF 算法[92]。针对粒子滤波算法需要存储大量的粒子数据，需要进行复杂迭代过程，不适合在资源有限的 WSN 上运行的特点，X H Sheng 与 Y H Hu 提出 DPF 算法[93]，算法通过动态分簇，接收来自子节点的观测量，将粒子集分成多个小的子集，分配给簇中的各个子节点，运行粒子滤波器，完成粒子滤波过程，并将这些滤波数据发送到处理中心获得最终位置估计。

粒子滤波算法能在现有定位算法的基础上较好地实现目标跟踪，近年来在这方面的研究成果非常丰富，文献[94]提出一种基于改进粒子滤波的跟踪算法，采用高斯混合模型近似概率密度分布，采用 SRUKF-PF 算法来更新粒子。文献[95]用 Unseenied Kalnian 滤波改进分布式粒子滤波算法，提出了一种新的分布式粒子追踪算法，通过分布式粒子滤波实现目标在线追踪。文献[96]将 UPF 算法和 PF

算法应用于目标跟踪，实现了对网络中做匀速直线运动的单个目标的追踪。文献[97]提出了一种描述目标机动加速度的目标状态空间模型，开发出粒子滤波的单目标和多目标跟踪算法。文献[98]给出集中式粒子滤波追踪算法实现的步骤，提出了一种分布式粒滤波跟踪算法，并构建了性能评价体系。

（6）基于信息驱动的目标追踪算法

在目标追踪算法中，往往算法需解决的问题是如何选择下一时刻的追踪节点，因为每个节点的监测范围有限，如果选择了不合适的节点，可能会丢失追踪目标。文献[99,100]提出了信息驱动协作跟踪算法，通过在节点之间采用一定的信息交换机制来预测目标的运动趋势，设计合理的节点唤醒机制来选择合适的节点，参与下一时刻的目标跟踪。

如图 6.1 所示，粗线条表示目标穿过传感器网络的轨迹，当目标进入传感器侦测区域时，离目标最近的节点获得目标位置的初始估计值，随着目标移动，当前追踪节点依次唤醒下一个跟踪节点，并将现有的追踪信息传递给下一个追踪节点，如点 1~9 所示，这个过程不断重复直到目标离开侦测区域。同时，每隔一段时间节点就将目标位置信息返回给汇聚节点进行处理。

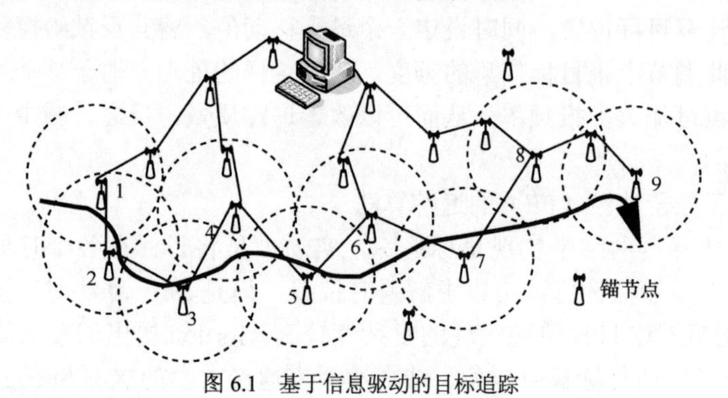

图 6.1　基于信息驱动的目标追踪

6.4　RSSI 测距技术

6.4.1　RSSI 测量原理

无线信号传输的一个重要的特点就是信号强度随着距离的增大而衰减。RSSI（Received Signal Strength Indicator）测距原理是将信号强度的衰减转化为信号传播距离，利用信号的衰减与距离之间的函数关系来近似估计距离。研究人员对不同传输环境的信号传输模型进行了卓有成效的研究[101]，得出了一些很好的经验公式。

$$L_d = L_1 + 10\eta \log d + v \tag{6.1}$$

$$L_1 = 10\log G_t G_r \left(\frac{c/f}{4\pi}\right)^2 \tag{6.2}$$

其中，G_t 为发射天线增益，G_r 为接收天线增益，c 为光速（m/s），f 为载频（Hz），η 为信道衰减系数（2～6），v 为考虑阴影效应时的高斯随机变量，即 $v \sim N(0,\sigma^2)$，其标准差取值为 2～8。d 为距离，L_d 为经过距离 d 的信道损耗。

在实际应用中，通过对发射功率和接收功率的测量来获取 RSSI 和距离的关系。大多数提供 RSSI 测量的芯片中，一般采用式（6.3）来表示发射功率和接收功率的关系[102]。

$$P_{\mathrm{R}} = P_{\mathrm{T}} / r^n \tag{6.3}$$

经过变换可得

$$P_{\mathrm{R}} = (A - 10n\lg r)\mathrm{dBm} \tag{6.4}$$

其中，P_{R} 为无线信号的接收功率，P_{T} 为发射功率，n 为传播影响因子，r 为收发单元之间的距离。A 为信号传输 1m 远时接收信号的功率，A 和 n 的数值决定了接收信号强度和信号传输距离的关系。

不同的芯片，受到硬件和调制方式的影响，经验公式会有相应的变化。实验平台所用的射频模块 CC2430 芯片基于 IEEE 802.15.4 协议，在物理层采用了 DSSS、OQPSK 调制技术，IEEE 802.15.4 给出了简化的信道模型[103]。

$$RSSI(d) = \begin{cases} P_{\mathrm{T}} - 40.2 - 10\times 2\times \lg d, d \leqslant 8\mathrm{m} \\ P_{\mathrm{T}} - 58.5 - 10\times 3.3\times \lg d, d > 8\mathrm{m} \end{cases} \tag{6.5}$$

众多的理论推导和经验公式都表明 RSSI 和无线信号传输距离之间有确定关系，RSSI 的测量具有重复性和互换性，在应用环境下 RSSI 适度的变化有规律可循，在解决好环境因素影响后，RSSI 可用于室内和室外的测距。

6.4.2　RSSI 测量值获取

无线传感器网络要求节点低成本、低功耗并且还要求节点能够完成系统所提供的功能，这些都对传感器节点的设计提出了严峻的挑战。实验平台选择 ZigBee 无线通信技术，使用 TI 公司的无线收发芯片 CC2430 设计节点。CC2430 有一个内置的接收信号强度指示器（RSSI），其数字值为 8 位有符号的二进制补码，可以从寄存器 RSSI_VAI 读出，RSSI 值是对 8 个符号周期内（128μs）寄存器值取平均得到。RSSI 寄存器值 RSSI_VAI 在 RF 上涉及的电能 P，由式（6.6）表示。

$$P\text{=(RSSI\_VAL+RSSI\_OFFSET)dBm} \tag{6.6}$$

其中，RSSI_OFFSET 是一个系统开发期间得到的来自前端增益的经验值，RSSI_OFFSET 近似值为−45。例如，从 RSSI 寄存器中读到的值是−20，那么 RF 的输入功率大约是−65dBm。从输入功率功能的寄存器 RSSI_VAI 中读出的 *RSSI* 值线性很好，具有大约 100dB 的动态范围，如图 6.2 所示。设备的 RF 输出功率可编程设置，通过软件设置 8 个功率输出级，由 RF 寄存器 TXCTRLL，PA_LEVEL 控制，其中 0dBm 为芯片的默认输出功率。

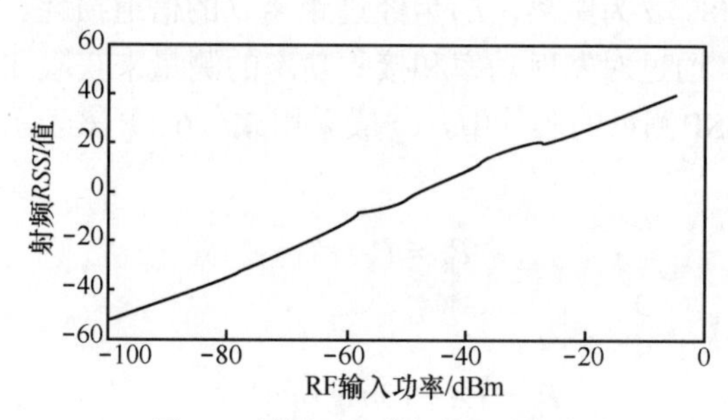

图 6.2 射频 *RSSI* 值与输入功率关系

6.4.3 RSSI 测距实验方案设计

为全面讨论 RSSI 测距性能，设计了如下实验方案。如图 6.3 所示，在中间固定一个节点，以全发射功率不停广播，另 4 个同类节点互相垂直分布，向远离中间节点的方向移动，从与中间节点相距 1m 的位置处开始测量，每隔 0.1m 为一个测量点，每个测量点分别测 10 次。实验在空旷的场地进行，如图 6.4 所示。节点固定在距地面 1m 的杆子上，移动节点与固定节点测量到 42m 以后，开始出现部分信号检测不到的情况，因为 *RSSI* 值由完整接收的数据分组中提取，所以继续测试已无意义（测试距离和硬件相关）。4 组实验结果如图 6.5 所示。

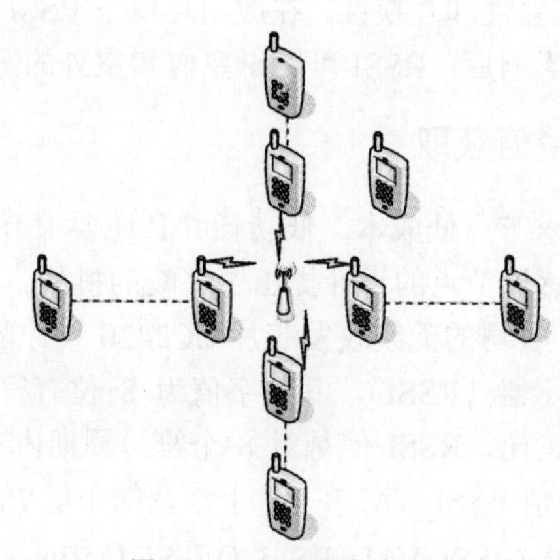

图 6.3 RSSI 测距实验方案

图 6.4　RSSI 测距实验环境

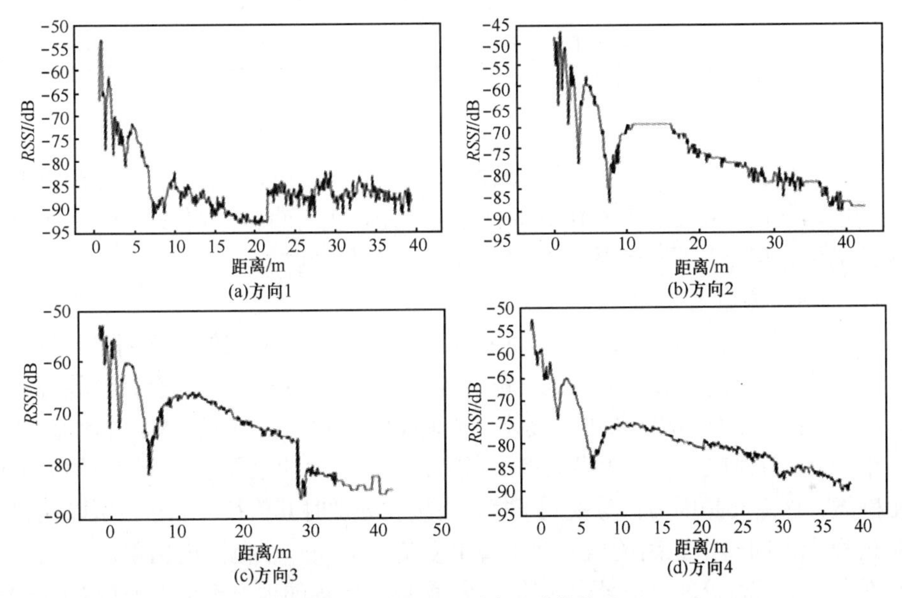

图 6.5　实测信号强度与距离的关系

图 6.5 表明，*RSSI* 测量值随距离变化趋势关系整体还是符合经验公式，但 4 个不同方向的节点测量值有差异，节点在近距离（10m 以内）测量的信号强度变化很大，当与信标节点距离继续增大时，信号幅度变化趋于平稳，同一个节点在同一个点测量多次，强度有跳变现象。可见 RSSI 测距在变化量大的 10 m 以内较精确，距离大于 10m，幅度变化不大，测距精度将有所下降，此外 RSSI 测距易受干扰，从图中可知，每一组数据都有剧烈变化的部分，很明显为干扰造成，不是有效数据，必须进行相应的数据处理。

6.4.4　RSSI 实验数据处理

（1）RSSI 转换误差处理

从 RSSI 值转换为距离值，需要环境参数 n，在不大的范围内，解决环境因素最好的方法就是采用信标节点进行测距校正。假设 $RSSI_1$ 为信标节点 B_1 接收的固定节点 A 的 $RSSI$ 平均值（dBm），$RSSI_2$ 表示信标节点 B_2 接收的固定节点 A 的 $RSSI$ 平均值（dBm）。P_1 表示未知节点 B_1 接收到节点 A 的信号强度平均值（mW）。P_2 表示 B_2 接收到节点 A 的信号强度平均值（mW），对式（6.3）进行转换可得

$$P_1 = 10^{RSSI_1/10}, P_2 = 10^{RSSI_2/10} \tag{6.7}$$

d_1 表示已知位置固定节点 A 和 B_1 之间的距离，d_2 表示节点 A 到 B_2 的距离，所以有

$$\frac{P_2(d)}{P_1(d)} = \left(\frac{d_1}{d_2}\right)^n, \quad n = \frac{\lg \dfrac{P_2}{P_1}}{\lg \dfrac{d_1}{d_2}} \tag{6.8}$$

通过对信标节点 $RSSI$ 值的测量就能取得参数 n 的值，用于提高环境经验参数值的精度，从而降低 $RSSI$ 值到距离的转换误差，也可直接采用 B_1、B_2 完成参数值 n 的测量，但不用同一个参照物会带来较高的测量误差。

（2）$RSSI$ 测量值处理

从 4 组测距实验中可以发现，如果将同一个 $RSSI$ 值对应的距离列出，将不会是一一对应的关系，即使在开阔地，距离与信号强度关系也不会完全按经验公式进行，这里选择了 3 组 $RSSI$ 值进行统计，结果如图 6.6 所示。3 组 $RSSI$ 统计值表明，每一个 $RSSI$ 值对应了一个距离范围，强度大的值出现的范围小，强度小的值出现的范围大。这主要是因为信号受到干扰，在接收处理时其值往往变小，所以在整个测量过程中，同一个距离的信号会出现很多值，会在一个范围内出现。近距离时 $RSSI$ 值较大，距离较远时信号会快速衰减，所以在较远的地方不会出现较大的 $RSSI$ 值。这种现象对采用 $RSSI$ 测距的模型和公式带来相当大的测量误差。

为保证测量的准确性，在 $RSSI$ 测量值处理中，大多采用均值模型，即未知节点将同一处采集到的同一个信标节点的一组 n 个 $RSSI$ 值进行平均处理，通过调节 n 值来平衡实时性与精确性。均值处理模式方法简单，应用很广，但这种方法有 2 个大的弊端：一是外部因素的影响往往使测量结果变小（开阔地），二是偶然因素的影响使得取样次数太少，将达不到效果，取样次数过多，会带来很多负面影响（能耗、收敛时间等）。

对 16 000 个实验数据作了分析，统计发现，数据在某个位置的 $RSSI$ 值可以是一个概率问题，分布密度最大的地方是测量值和真实值最接近的地方。为此，通过对数据做高斯拟合，找出密度最大的波峰值，滤除大部分错误的数据。拟合后的 $RSSI$ 概率分布如图 6.7 所示，各个不同的 $RSSI$ 测量值都只对应了一个波峰，值越大，波峰越陡，对应的距离值误差越小；值越小，波峰变缓，对应的距离值

变得更模糊，误差越大。得出的拟合函数为

$$y = y_0 + \frac{A}{\omega\sqrt{\pi/2}} \mathrm{e}^{-2\frac{(x-x_c)^2}{\omega^2}} \tag{6.9}$$

$$x_c = \frac{\sum_{i=1}^{k} RSSI_i}{k}, \quad \omega = \sqrt{\frac{\sum_{i=1}^{k}\left(RSSI_i - x_c\right)^2}{k-1}}$$

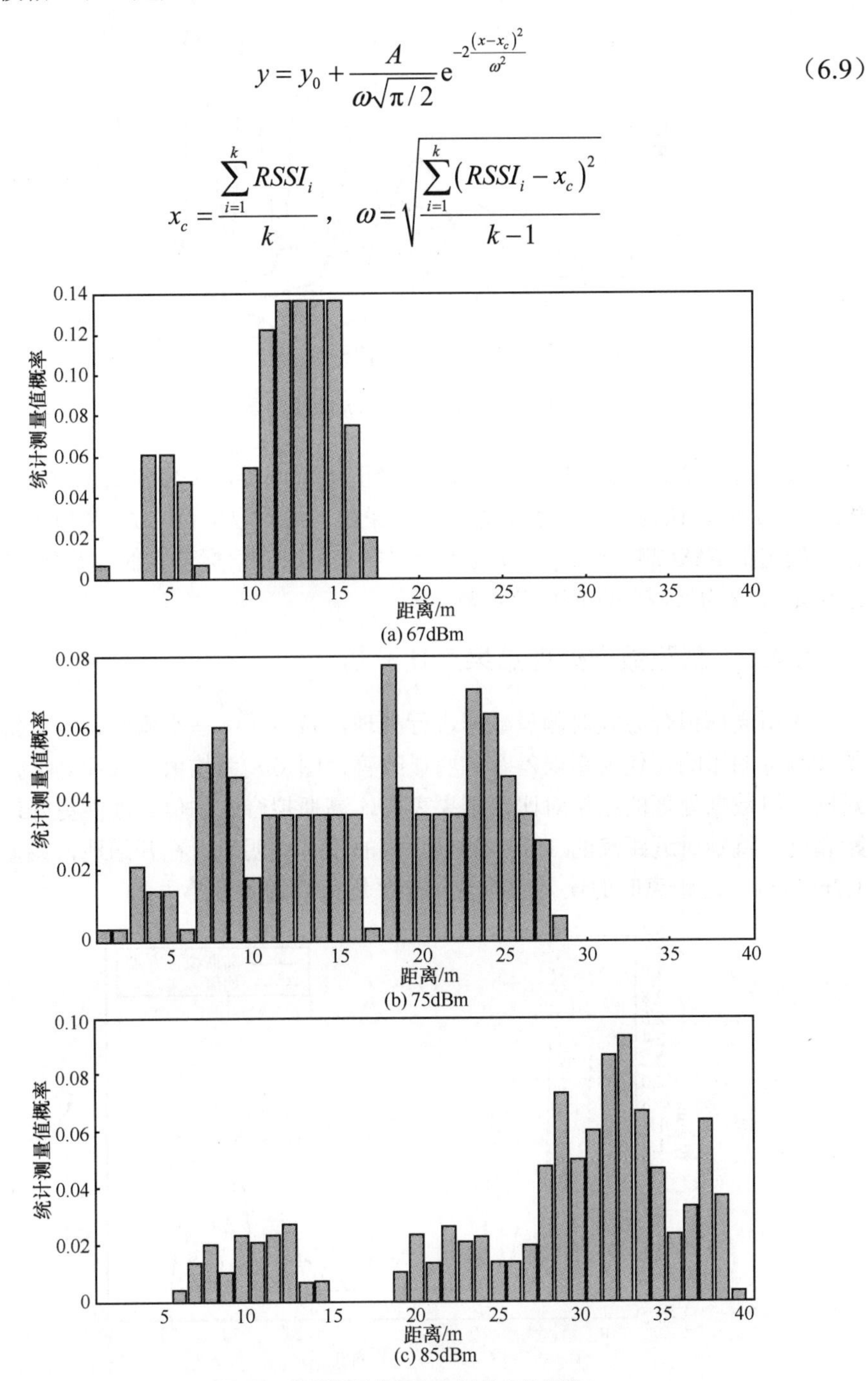

图 6.6　统计测量值概率与距离对应关系

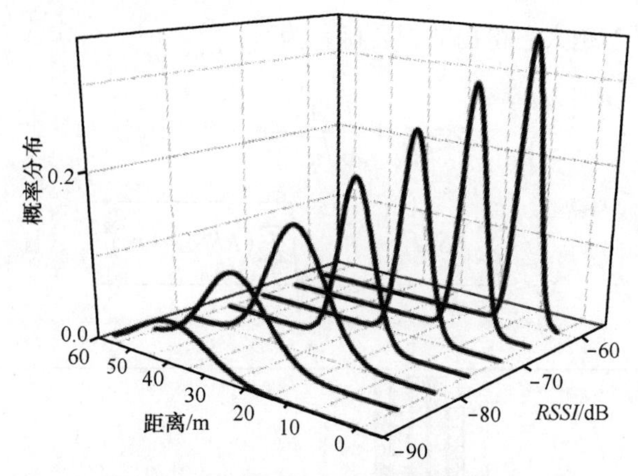

图 6.7　高斯拟合后的 *RSSI* 概率分布

找出每一个距离点测量的 *RSSI* 波峰值比较困难，可将值代入式（6.9），当 $0.5 \leqslant y \leqslant 1$ 时，认为是大概率事件，可以保留，然后取保留的 *RSSI* 值平均，所得值为确定的 *RSSI* 测量值。y_0、A 为待定系数（可通过信标节点的位置和 *RSSI* 关系来确定），k 为接收到的信标节点数。

6.4.5　测距数据处理结果对比分析

采用高斯拟合方式对测量数据进行处理，减少了一些小概率、大干扰事件对整体测量的影响，使测距误差有了明显改善，图 6.8 为均值方式和高斯拟合方式对同一组数据处理的结果对比，结果表明，高斯拟合比均值处理能更好地提高测距精度，特别对近距离的 RSSI 测量效果的改善更明显，在开阔地，误差能降到 1.2m 以内，远距离时的误差曲线变化和平均值处理差别不大。

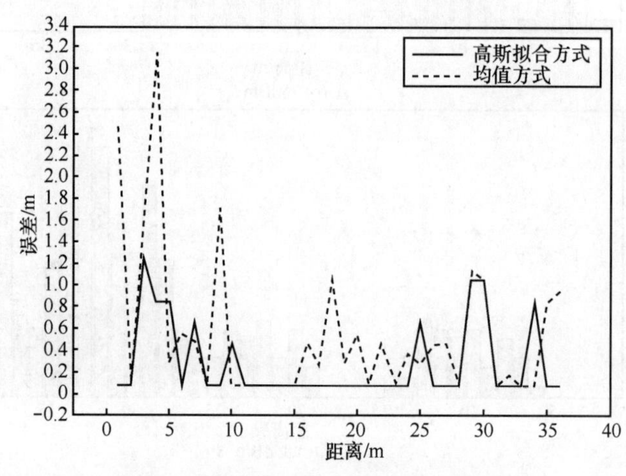

图 6.8　高斯拟合与平均值处理误差分布对比

6.5　基于动态权重的固定节点定位算法

基于 RSSI 的定位方法被许多研究人员研究，许多文献也指出了该技术的不足。文献[104]长时间跟踪了一个用于环境监测的 WSN，结果表明，环境特征会产生非常大的季节性或随机性变化，这些变化对无线信号传输特性带来巨大的影响，原有的信道模型将不适合，造成误差增大。而且实验表明，RSSI 的数值不是常数，即使发送和接收双方都静止，该值也会出现严重的振荡现象，这是由于无线信道的快速衰落和突变造成。理想情况下，接收信号强度的衰减规律遵从无线信号在空间中的传输模型，所以通过 RSSI 测量可以对目标节点在二维空间定位，然而在狭窄的空间如建筑物内，墙壁、门、窗、家居、甚至人体本身，都会对无线信号的传输模型产生不可避免的影响[105]，按照理想模型对节点定位将产生不可忽略的误差。

上述针对 RSSI 模型的误差可以通过重复测量取平均值，采用高斯拟合以及统计方法等措施在一定程度上得到降低[106]。但是，网络节点所使用的低成本射频部分往往没有经过严格校准，不能保证精度，如果使用不同种设备，即使相同的信号强度也可能导致不同的 *RSSI* 值，文献[107]中认真研究了校准问题，但实际的发送功率和期望的发送功率也存在差异，另外无线环境中的多径衰落造成的测量误差，不能通过重复测量就能消除[108]。总结起来，基于 RSSI 技术的定位存在的一系列问题，包括受外界环境影响较大、精度不够、硬件设备的不一致性等。

6.5.1　基于 RSSI 的质心定位算法

在基于 RSSI 的定位技术中，算法一般将 RSSI 值转换为距离，然后采用三边测量法来计算节点的位置，然而，在实际的定位算法中，由于锚节点到未知节点的 RSSI 值换算出来的距离值并不精确，而且由于实际环境的影响，从信号强度换算过来的距离值要大于从未知节点到锚节点的实际距离，采用简单的三边测量法有可能会无解，三边测量法只是理想状态下的模型，真实的模型应该是如图 6.9 所示，定位出来的位置是一个区域。

图 6.9 中，U 为未知位置节点，A、B、C 为锚节点。分别以 A、B、C 为圆心，以 A、B、C 节点测量的 U 节点的 *RSSI* 值换算出的距离值为半径作圆，由于测距误差，U 点不一定在 3 个圆弧的交点，但必在与 A、B、C 相对应的通信半径以内，因此 3 圆将会有重叠的区域，如图中弧 ab、弧 bc 和弧 ca 所包围的区域。而且，未知节点 U 的实际位置必定在该重叠区域内。

如图 6.9 所示，通过三边测量法只能求出 a、b、c 点的坐标。并不是 U 点的

位置坐标。一般对三角形 abc 求质心，得到近似的 U 点坐标为

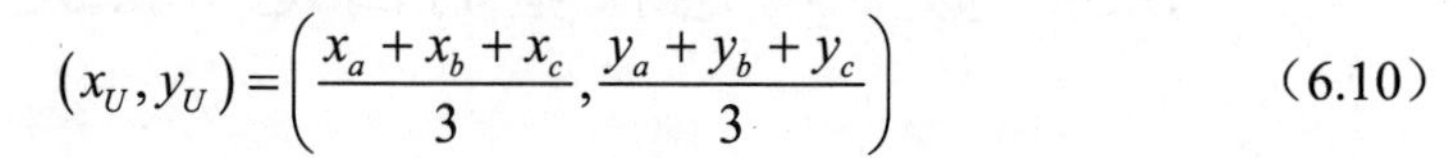

$$(x_U, y_U) = \left(\frac{x_a + x_b + x_c}{3}, \frac{y_a + y_b + y_c}{3} \right) \tag{6.10}$$

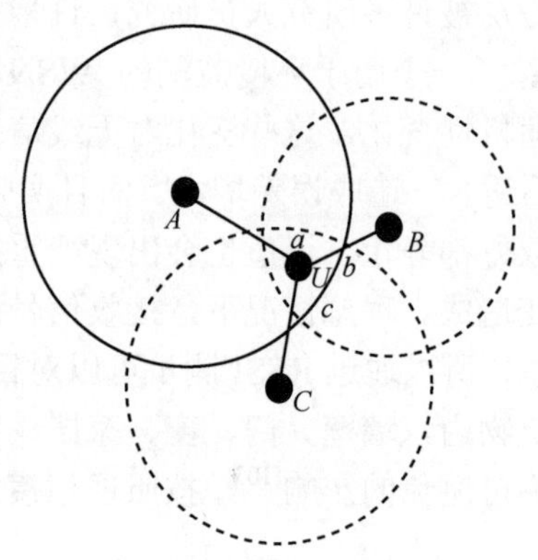

图 6.9　三角形质心算法

这就是三角形质心算法的基本原理，算法结合了测距操作，对质心算法进行了改进，大大提高了定位精度，而且复杂度低，易于实现，许多实用的多边形质心算法也将测距与求质心相结合，虽然计算量增大，但精度可以更高。经过改进的质心定位算法不完全基于网络的连通性，但其假设节点都有理想的信号传播模型，所以与实际测量相比也带来了较大的误差。图 6.10 为用对数—常态分布模型绘制的 *RSSI* 曲线[109]，从图中可以看出，节点到锚节点的距离越近，由 *RSSI* 值的偏差产生的绝对距离误差越小，距离越远，由 *RSSI* 波动造成的绝对距离误差变大，也就是说，在定位算法中，锚节点对未知节点位置精度的影响力不一样，*RSSI* 越大的锚节点，影响力越大，对节点位置的准确性有更大的决定权。

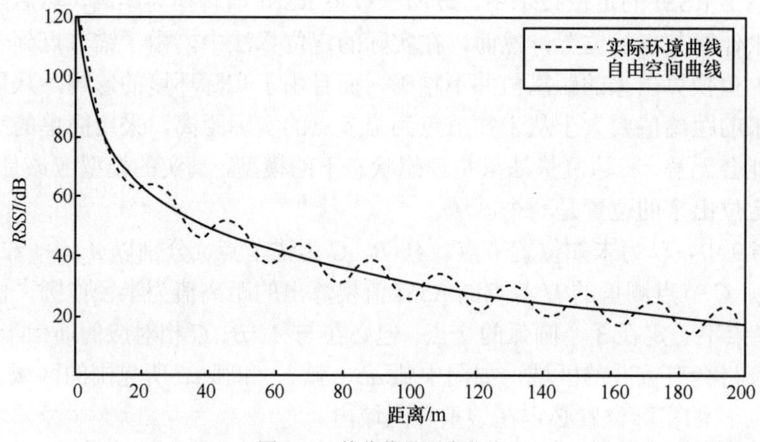

图 6.10　接收信号强度曲线

一般情况下，一个未知节点可能收到 n 个锚节点的信号，为了提高质心算法的定位精度，对锚节点的选择有一定的要求，南京邮电大学的赵昭[110]、海军工程大学的冯成旭[111]、周艳[112]等都分别从锚节点信号强度的排序，相对未知节点位置的角度、锚节点所组成的多边形等方面提出了优化选择锚节点的算法，并通过仿真实验证明了这些措施能大幅提高质心算法的定位精度。

6.5.2　基于 RSSI 的加权质心定位算法

权重质心算法在质心算法的基础上体现了锚节点对未知节点位置的影响程度，算法引入了权重系数体现锚节点对未知节点位置坐标决定权的大小，综合权衡计算得出最终的未知节点位置，减少了定位误差。一般通过式（6.11）中的权重系数来体现这种约束力，假设有 n 个信标节点（在传输范围以内），待测节点的位置 (x_i', y_i') 可由下式给出

$$(x_i', y_i') = \frac{\sum_{j=1}^{n} \omega_{ij}\left(x_j, y_j\right)}{\sum_{i=1}^{n} \omega_{ij}} \tag{6.11}$$

其中，权重 ω_{ij} 是距离的函数，一般有定义 $\omega_{ij} = \dfrac{1}{d_{ij}^{\alpha}}$ 。

在同样的定位精度下，权重质心算法可以减少锚节点数目，对硬件的要求也不高，具有较好的综合效果，在权重质心算法的基础上，许多研究人员做了大量的工作，提出了许多很好的算法，从各方面来改善算法的精度、能耗等。陈维克提出的加权质心定位算法[113]，将被节点感知到的信标节点的 RSSI 值按大小进行排序，综合考虑实际应用环境中的多径、绕射、障碍物等因素，按排序选择信标节点，采用式（6.12）进行加权质心计算

$$x_i = \frac{\dfrac{x_1}{d_1+d_2} + \dfrac{x_2}{d_2+d_3} + \dfrac{x_3}{d_3+d_1}}{\dfrac{1}{d_1+d_2} + \dfrac{1}{d_2+d_3} + \dfrac{1}{d_3+d_1}}, y_i = \frac{\dfrac{y_1}{d_1+d_2} + \dfrac{y_2}{d_2+d_3} + \dfrac{y_3}{d_3+d_1}}{\dfrac{1}{d_1+d_2} + \dfrac{1}{d_2+d_3} + \dfrac{1}{d_3+d_1}} \tag{6.12}$$

其中，(x_i, y_i) 是用加权质心算法求出的未知节点坐标，$(x_1, y_1), (x_2, y_2), (x_3, y_3)$ 分别为 3 个信标节点的坐标，d_1, d_2, d_3 为该节点到 3 个信标节点的近似距离。因子 $\dfrac{1}{d_1+d_2}, \dfrac{1}{d_2+d_3}, \dfrac{1}{d_3+d_1}$ 体现了不同的信标节点对其坐标位置的影响。对每个三角形重复上述计算过程，将得到的多个数据进行加权质心运算，得到未知节点坐标 (x, y)。

6.5.3 静态权重质心定位算法实验

权重质心算法在质心算法的基础上体现了锚节点对未知节点位置的影响程度，算法引入了权重系数体现了锚节点对未知节点位置坐标决定权的大小，综合权衡计算得出最终的未知节点位置，减少定位误差。在同样的定位精度下，权重质心算法可以减少锚节点数目，对硬件的要求也不高，具有较好的综合效果，静态权重定位算法即权重系数 α 为固定值，许多研究都只讨论了如何选择最优的权重系数，但在基于 RSSI 测距的静态权重定位算法中，α 值对定位精度的影响究竟有多大，据查证，没有文献用实验数据的说明，都只局限于仿真分析，为此，设计了如下测试实验。

分别布置了如图 6.11 所示的 3 个矩形区域，在区域的四角部署锚节点发布定位信息，将区域分成 0.5m×0.5m 的小格，在每个格中放入待定位节点接收 4 个锚节点的 *RSSI* 数据，每个待定位节点分别接收 4 个锚节点的 *RSSI* 数据 10 次，共采集了 36 000 个数据，对采集到的锚节点 *RSSI* 数据每 10 个一组进行高斯拟合，由 RSSI 测距的经验式（6.4）进行距离转换（A 取 48，n 取 20 经验值），得到

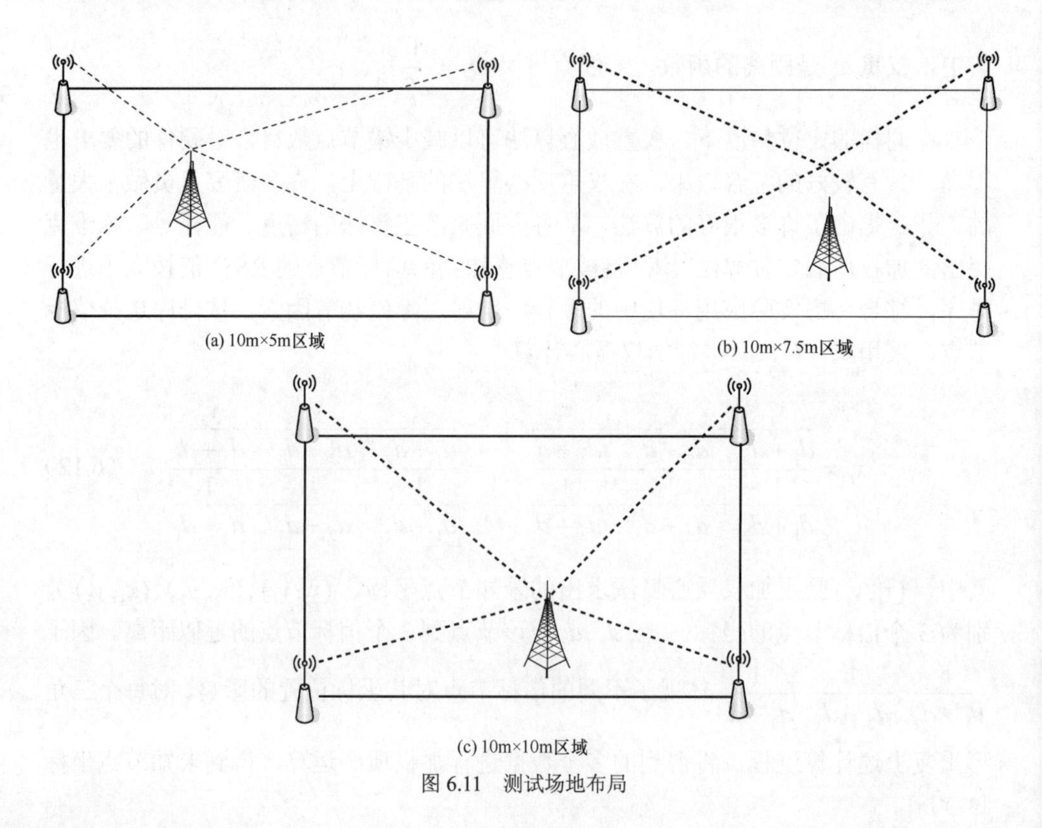

(a) 10m×5m区域

(b) 10m×7.5m区域

(c) 10m×10m区域

图 6.11 测试场地布局

未知位置节点到各个锚节点的距离，权重值 α 分别取（1,1.5,2,2.5,3,3.5,4,4.5,5,5.5）共10个值，采用静态权重定位算法分别求出 α 在取不同值情况下未知节点的位置，并将其和真实的位置相比较，得出在不同权重系数下定位误差的分布情况，结果如图 6.12 所示。

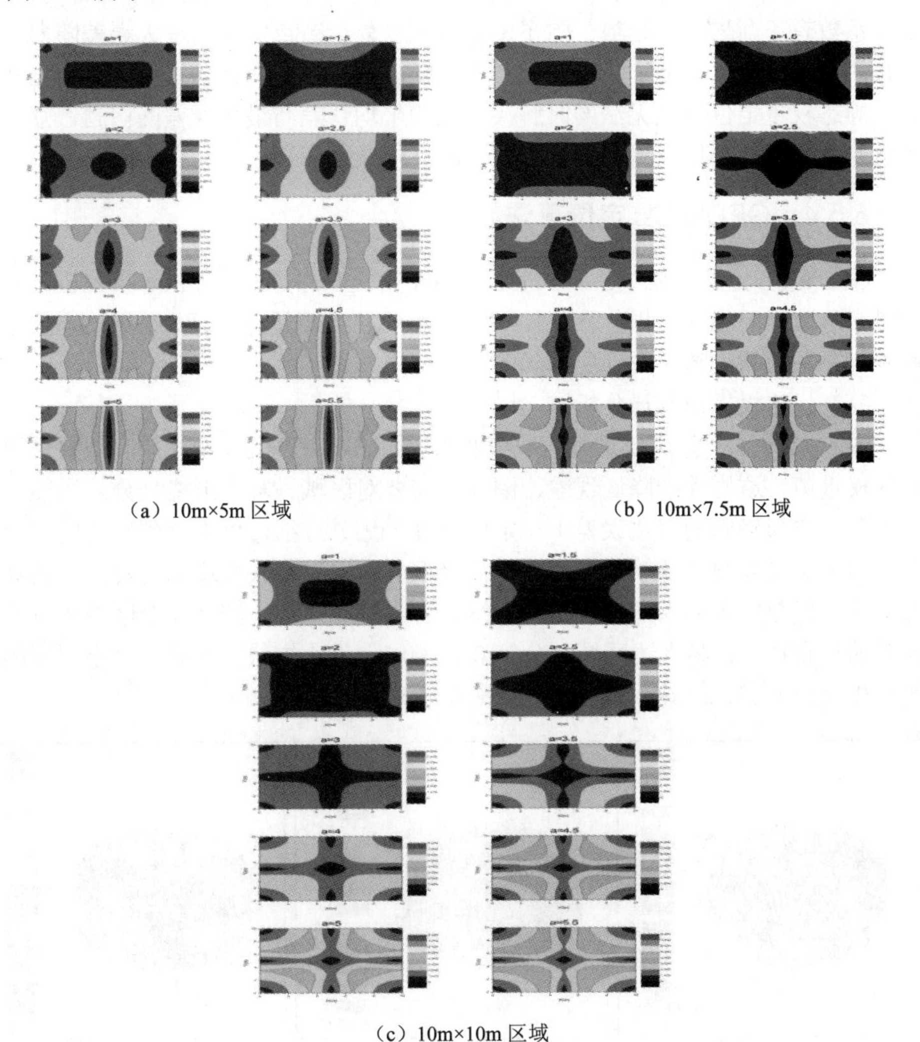

（a）10m×5m 区域　　（b）10m×7.5m 区域

（c）10m×10m 区域

图 6.12　区域权重系数值与误差关系

图 6.12 中，颜色的深浅代表了误差的大小，颜色越深，误差越小。从 3 个区域的误差分布图中可以得出，在矩形区域的不同位置，相同的权重系数引起的误差不一样，在中心区域，权重系数的取值对定位精度影响不大，只是取值越大，中心区域在同样误差情况下的面积变小。在矩形边缘，不同的取值带来的定位精

度差异较大，特别在边缘中间部分，随着取值的变大，定位误差逐渐变小。

从图中可以明显得出，深色区域随着权重系数的增大而减少，这意味不同的取值对整体的平均误差的影响不一样，当然，可以设计算法找到最优的 α 值，找到特定区域下最小的平均误差。当矩形区域从小变大时，要保证较小的平均误差，权重系数有逐渐增大的趋势。除了中心区域以外，节点定位的最大误差随着权重系数的增加而变大，但增大的权重系数又能降低边缘中间处的定位误差。由此可知，静态权重定位算法无法同时解决定位的平均误差与最大误差的问题，众多的改良算法只能在平均误差和最大误差之间折中。

6.5.4 GFDWCL 定位算法

GFDWCL 定位算法（Gauss Fit Dynamic Weighted Centroid Localization）基于大量实验数据的统计分析，采用高斯拟合对 *RSSI* 数据进行处理，采用动态权重是通过权重系数的选择而得到更精确的定位结果。

（1）优化权重值统计分析

图 6.12 中 3 个区域权重系数取值和误差的分布表明，在不同的区域要采用不同的权重值，这样才能降低误差，因此，需要对区域进行方形格划分。当然，划分过粗，方形格内的定位误差不一定能下降，划分过细，可以得到较高的定位精度，但节点需存储需计算的量过多，需交换的数据也将大大增加，对于低功耗、低成本、低数据传输率的无线传感网络而言，耗费太大。结合 3 个区域权重值与误差的分布特点，将上述区域划分为 0.5m×0.5m 的小方块，并对各个小区域的最优化权重值 α 进行统计，α 值分布如图 6.13 所示。

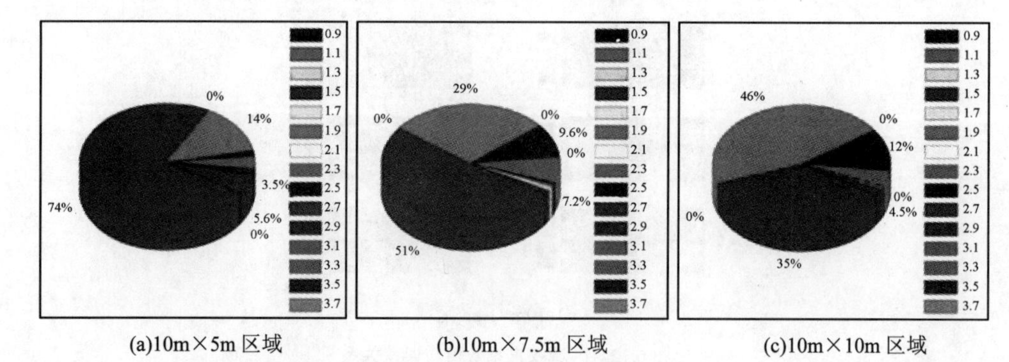

图 6.13 优化权重值分布统计

（2）优化权重系数区域区分

根据统计结果，设定如下场景：B_1、B_2、B_3、B_4 4 个信标节点，组成一个如图 6.14 所示的矩形区域，长边为 L_1，短边为 L_2。将矩形区域划分为 8 个部分，分

别为 R_{12}、R_{24}、R_{34}、R_{13} 以及 F_{12}、F_{24}、F_{34}、F_{13}。过对角线的中点分别做垂线，如图中的实线所示，将矩形区域分为 4 块 R_{12}、R_{24}、R_{34}、R_{13}。区域 F 为特定区域，分别位于各个边的中点，宽度为所在边长的 1/10，高度为对应边长的 1/5。

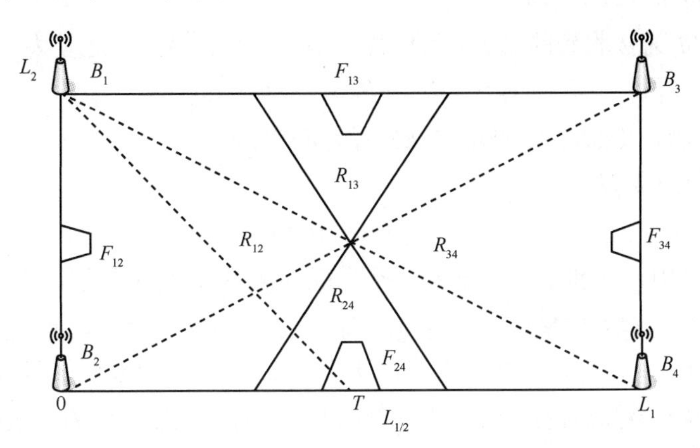

图 6.14　区域特点划分

2 条实线分别是 2 条对角线的垂直平分线，所以实线上的点到对应的 2 个顶点的距离相等，P_{B_1}、P_{B_2}、P_{B_3}、P_{B_4} 分别锚节点发射的信号强度，R 区域可以表示如下。

R_{12} 区域：$P_{B_1}>P_{B_4}$，且 $P_{B_2}>P_{B_3}$。

R_{24} 区域：$P_{B_1}<P_{B_4}$，且 $P_{B_2}<P_{B_3}$。

R_{34} 区域：$P_{B_1}<P_{B_4}$，且 $P_{B_2}>P_{B_3}$。

R_{13} 区域：$P_{B_1}>P_{B_4}$，且 $P_{B_2}<P_{B_3}$。

在 F_{24} 区域，节点在 T 点接收到信标节点 B_1 的信号强度由式（6.4）可得。

$$RSSI_{B_1T}=10\lg\frac{P'_{\text{rx}}}{P_{\text{ref}}} \tag{6.13}$$

同理可以分别求出 $RSSI_{B_2T}$、$RSSI_{B_3T}$、$RSSI_{B_4T}$。由于 T 位于长边的中点，所以有 $RSSI_{B_1T}=RSSI_{B_2T}$、$RSSI_{B_3T}=RSSI_{B_4T}$。B_1T、B_2T 的 RSSI 值之差为

$$D_{12}=RSSI_{B_1T}-RSSI_{B_2T}=10\lg\frac{P'_{\text{rx}B_1}}{P'_{\text{rx}B_2}} \tag{6.14}$$

代入式 $P_{\text{rx}}=P_{\text{tx}}G_{\text{tx}}G_{\text{rx}}\left(\dfrac{\lambda}{4\pi d_{ij}}\right)^2$ 可得

$$D_{12}=RSSI_{B_1T}-RSSI_{B_2T}=20\lg\frac{B_2T}{B_1T}=20\log\frac{l_1}{\sqrt{4l_2^2+l_1^2}} \tag{6.15}$$

令$\frac{l_1}{l_2}=\beta$，则$D_{12}=20\log\frac{1}{\sqrt{(2/\beta)^2+1}}$

对短边同样可以求出类似的关系。

定义$RSSI_i$为接收到的第i强的信号，那么相邻强度信号之差为

$$e_i = RSSI_i - RSSI_{i+1}，i=1,2,3 \tag{6.16}$$

在F_{24}区域，$RSSI_{B_2T}≈RSSI_{B_4T}>RSSI_{B_1T}≈RSSI_{B_3T}$

定义区分函数H

$$H = e_1 + |D_i - e_2| + e_3 \tag{6.17}$$

在函数H中，e_1和e_3接近于0，所以$D_i - e_2$决定了H的值，由式（6.15）~式（6.17）可知，在F区域中，其值也趋向于0，所以在F_{24}的区域内，H值较小，出了这个区域，e_1、e_2、e_3增长很快，D值不变，所以H值增长很快。对F的其他区域也能得出类似结论，因此节点的区域判定问题就能转化为通过函数值大小来确定的问题。

（3）算法实现步骤

在上一节，通过对H门限值的设定，能区分矩形区域中的中心区域和特定区域。在每个区域都有最优化的权重值，如果将权重系数α的取值和区域位置相结合，就能提高定位精度，同时解决平均误差和最大误差的问题。但H门限值的选取和区域形状以及定位精度有关，图6.15为3个区域的H值进行统计结果。因为矩形长短边的取值不一样，D值不一样，所以3个区域有5幅图，图中的深色区域部分对应H取值较小，和图6.12对比，H与权重系数取小时所引起的误差较大区域有很好的对应关系（各边中点附近），因此可以在确定了R区域的前提下通过H值来区分节点是否处于F区域，根据区域的区分，就可以选择不同的权重系数值来提高定位精度。

不失一般性，对基于高斯拟合的动态权重定位算法实现步骤定义如下。

（a）锚节点通过彼此的通信确定自己的相对位置（为组成矩形）。

（b）节点通过接收锚节点的广播帧（包含锚节点的坐标），确定自己所属的矩形区域和长短边，分别计算出D_1、D_2。

（c）节点接收多次本区域各个锚节点的广播帧，采用高斯拟合确定4个信标节点的$RSSI$值和距离d。

（d）根据$RSSI$值确定R区域，根据H值确定F区域（10m以内区域，H门限值由经验值确定为10）。

（e）在F区域内权重值取所在边长的1/2。

（f）非F区域，根据长短边比值取值，长短边比值大于2时，α取值为1.5，小于2时，α取值为2。

（g）根据 α 取值及权重定位公式计算横纵坐标，完成定位。

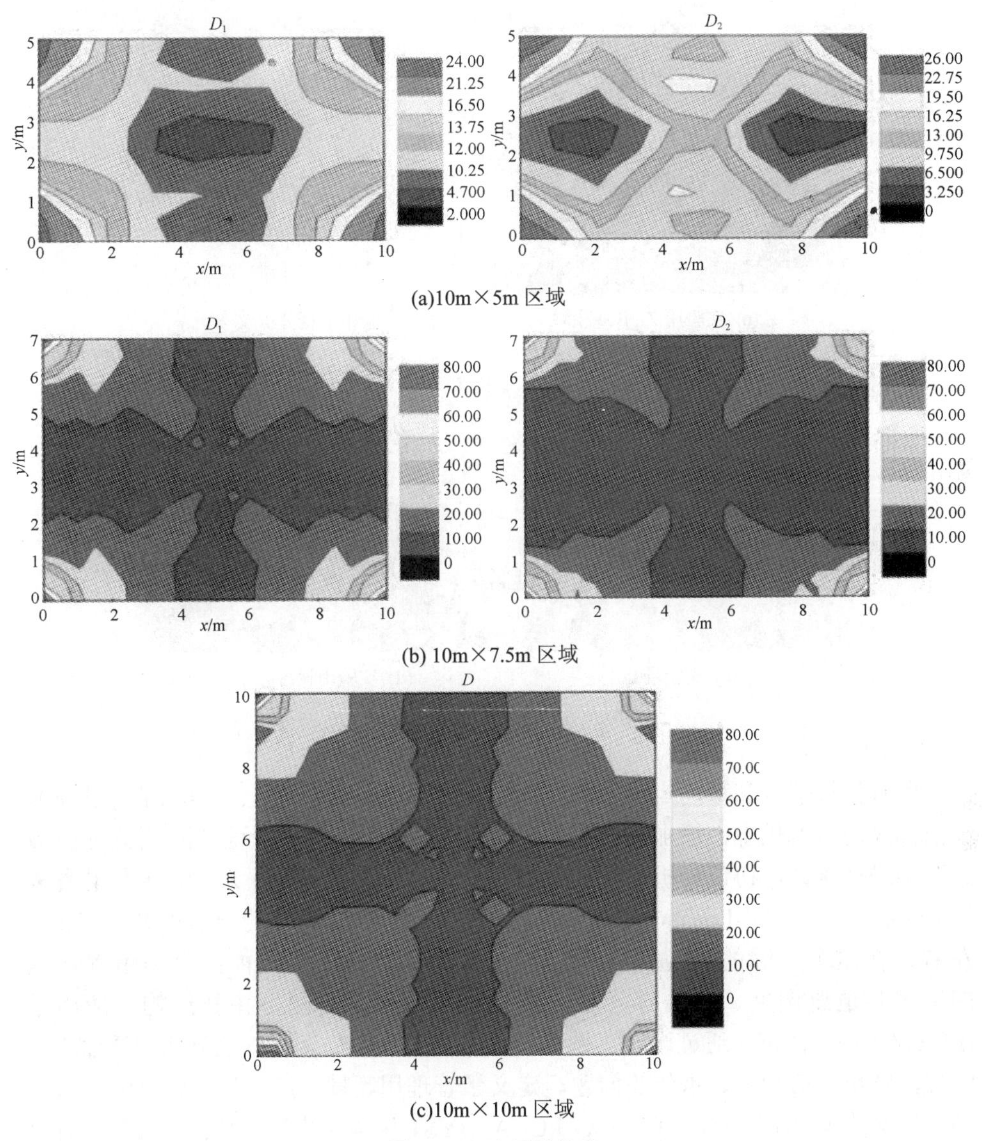

(a)10m×5m 区域

(b) 10m×7.5m 区域

(c)10m×10m 区域

图 6.15　H 与区域关系

（4）GFDWCL 算法评估

为更客观的评估 GFDWCL 算法，将该算法与静态权重定位算法做实地对比实验。布置一个 40m×50m 的区域，每隔 10m 均匀分布一个锚节点，共 24 个锚节点，准备 2 个待测节点，一个采用静态权重定位算法，一个采用动态权重定位算法，静态权重算法设定的最大门限值为 8 个锚节点，动态权重算法用到 4 个锚节点，实验设备与场地如图 6.16 所示。

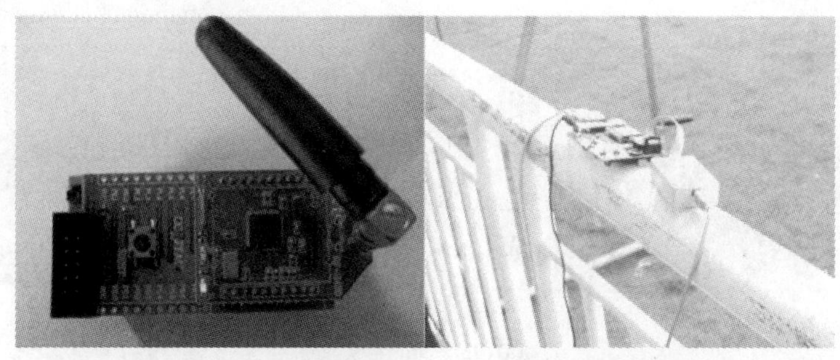

(a) 实验用 ZigBee 模块　　(b) 实验用数据分析仪

(c) 实验场地　　(d) 实验用设备

图 6.16　实验场地与设备

所有信标节点和移动定位节点都固定于距地 1m 的杆子上。信标节点和待测节点都采用电池供电，增加一个协议分析仪，对数据分组进行监测，并对定位收敛时间进行统计。协议分析仪软件采用 Chipcon Packet Sniffer 2.2.0，监控软件采用 Chipcon 公司的 Z-Location Engine1.3.0。锚节点和普通节点的通信距离都在 50m 左右，在这个实际的应用场景中，存在多个锚节点，区域内共享信道存在帧的冲突和退避调度、重传等问题，实验将网络设置为星型拓扑结构，应用了 IEEE 802.15.4 协议，通过设定协调器，采用超帧对锚节点和普通节点的通信进行管理，解决通信冲突、重传等问题。定义了管理用超帧、广播帧、信标帧、确认帧、数据帧等。调用 MDMCTRLOH.CCA_HYST 函数（协议栈函数）对信号强度进行测试并得到 *RSSI* 值。

网络采用星型拓扑结构，首先设定协调器、节点的地址以及锚节点的坐标，锚节点在超帧的竞争期内发送信标，定位节点在超帧保留时隙传送定位数据，被定位节点接收锚节点的 *RSSI* 值，统一传送到协调器，协调器采用 RS-232 口与上位机通信，协议分析仪采用 USB 接口和上位机的通信。2 种算法的待测节点同时放入区域中，用不同的地址区分，为得到更加完善的实验结果，2 种算法的待测节点分别放置在设定区域的不同位置，一共做了 60 个数据点的测试，这里截取了试验区域边缘和中心位置的几张图片，如图 6.17 所示。

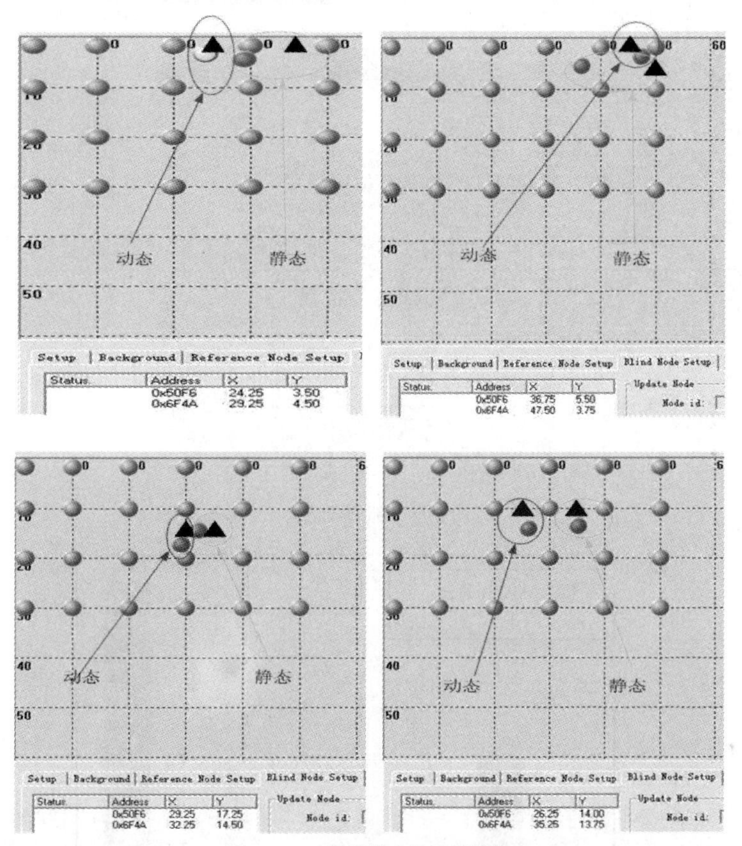

图 6.17　2 种算法定位效果比较

试验过程中协议分析仪捕捉部分帧的结构如图 6.18 所示。所有的帧除了按协议规定的帧类型、源、目的地址、帧长、FCS 校验外，还定义 *RSSI* 强度值字段，供定位算法提取调用。

（5）算法定位精度分析

从图 6.17 所示的 2 种算法的定位结果可知，静态权重算法在不同区域表现的定位精度差别很大，在实验场地的中心区域，该算法的定位误差较小，在场地的边缘和四角，误差较大，再一次验证了静态权重算法定位精度受锚节点的分布影响较大。GFDWCL 算法在区域的不同位置定位精度变化不大，这和算法只用到 4 个节点相关，算法复杂性的增加带来了定位精度的改善。对 60 个测量点数据的统计结果如图 6.19 所示，GFDWCL 算法的平均误差、最小误差和最大误差较静态权重算法相比都有一定程度的下降。

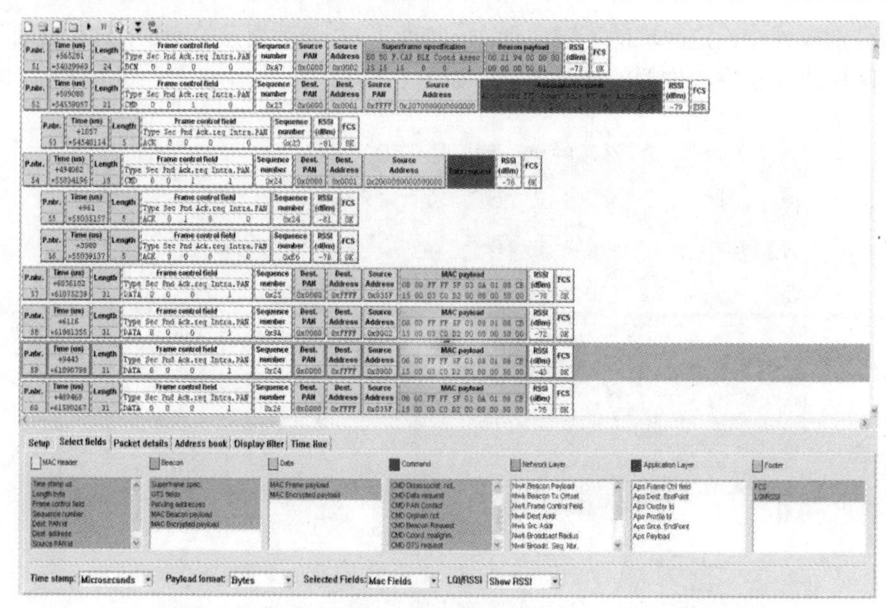

图 6.18　部分帧结构

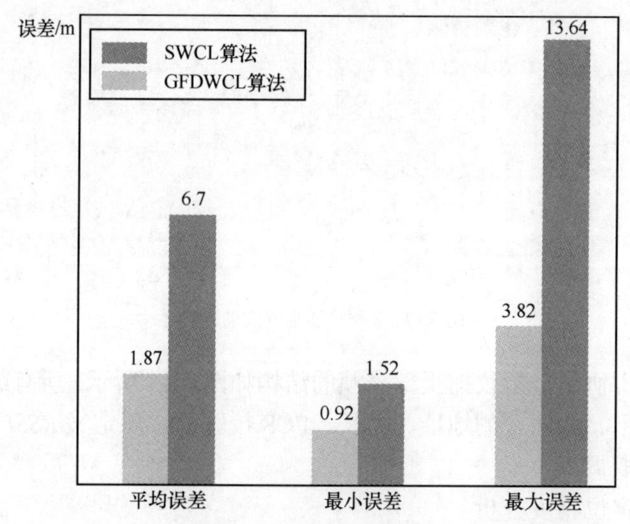

图 6.19　2 种算法误差对比

采用 GFDWCL 算法，定位的稳定性也改善了很多，多次在同一个点测量，节点漂移不大，而采用平均值法的静态 RSSI 算法漂移特别大，每一次测量运算都发生移位，特别在边角位置，这也是 2 种算法平均误差和最大误差差别较大的原因，也体现了对 RSSI 信号作高斯拟合带来性能的改善。

（6）算法能耗与收敛时间分析

动态定位算法的功耗主要由 2 部分组成，收发数据功耗和计算功耗，在无线传感网络中，收发数据的功耗是最主要功耗。按 ZigBee 协议组网后，待定位节点将在协调器节点的超帧管理下进行数据的收发，获取参考节点的信号强度信息，因 RSSI 强度信息需从完整的数据分组中提取，所以对每个参考节点都采用了问答方式。实验时参考节点设置了 24 个，和每个参考节点通信一次数据分组理论值为 48 个，对整个实验过程协议分析仪捕捉的 126 650 个数据分组进行了统计，排除其中无效的数据分组 18 696 个（协议分析仪的统计结果，和环境以及信道质量相关）。待定位节点和所有参考节点完成一次完整的测距通信最少需要 52 个数据分组，最多达到了 144 个数据分组，由于测试环境较好，60 个数据点的定位实验中有 90%的测距所用数据分组在 52~57 之间。

为提高定位精度，对测距需做高斯拟合，算法设计了 10 次 RSSI 信号测量，那么每一个待定位节点定位平均需 600 个左右的数据分组交换，对于一个存在多个待定位节点的无线传感器网络来说，能耗很大。然而，算法的特点使能耗可以大幅优化，如图 6.20 所示，对 60 个点的数据分组进行统计，对每次测量数据进行排序，由于数据的相关性，只需经过 3 次测距就能准确的确定所在区域， 从而只需对 4 个节点的数据做高斯拟合，可大大降低节点收发数据的功耗。而 SWCL 算法为了保持一定的精度，需尽可能多的参考节点（定义上限为 8 个，太多的话定位时间会很长），图 6.21 为同种环境下节点在同一位置 2 种算法所需数据分组的对比，很明显 GFDWCL 算法可将能耗降低 28%，待定位节点数增多时，效果将更加明显。

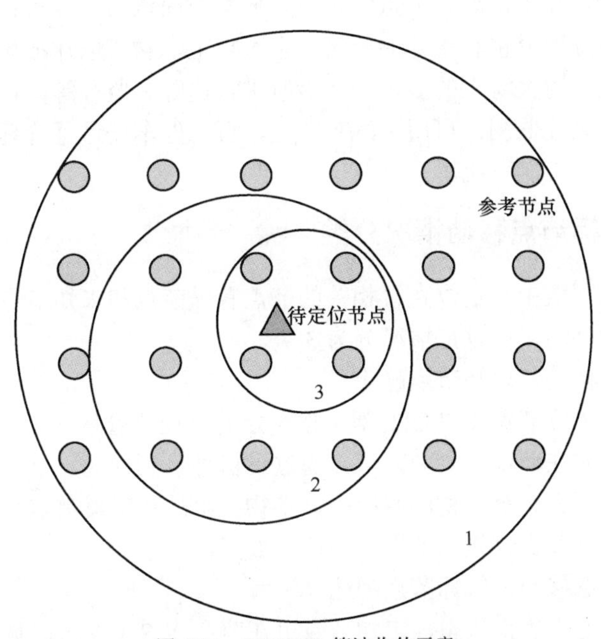

图 6.20　GFDWCL 算法收敛示意

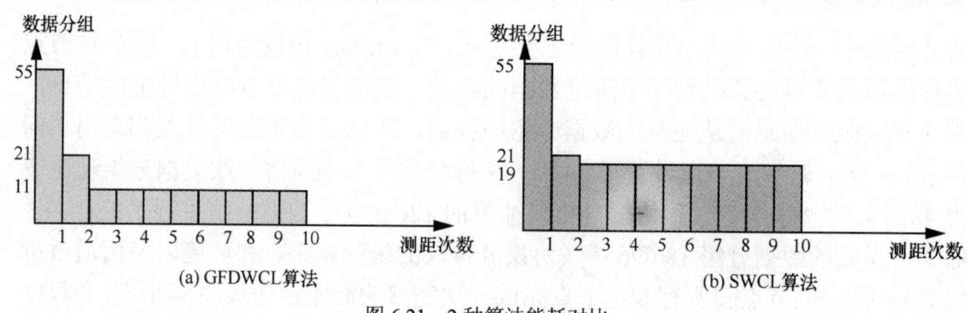

(a) GFDWCL算法　　(b) SWCL算法

图 6.21　2 种算法能耗对比

算法的收敛时间和流程相关，主要的耗时在于重复获取各个参考节点 RSSI 信号强度所花费的时间，这里和协调器信标帧的定义、网络的规模关系很大。在实验中，一个节点完成一次定位所费时间从 3 947ms 到 15 286.091ms 之间，有意义的收敛时间将在以后的实验中通过模拟更真实的应用场景（增加待定位节点，减少参考节点密度）得出。

6.6　无线传感网络中目标追踪研究

在 WSN 中，网络的应用背景不同，网络中节点的表现形式也不相同，有些应用中，节点一直处于静止状态，有些应用节点则处于运动状态。节点不同的状态需要不同的定位技术，静止节点的定位重要性前面章节已经进行了讨论。对运动节点的定位追踪研究也有重要的价值，在军事上，它可以在战场上对敌方的人员车辆进行定位，对大海中的舰、船和潜艇进行追踪和监视等；在民用方面，可以对医院的病人医疗监测，可用于汽车防盗，可对停车场进行管理，在监测基础上可组建城市交通管制系统。

6.6.1　目标节点移动情况分类

无线传感器网络中与定位直接相关的节点有锚节点和未知节点，根据锚节点和未知节点是否移动，可以把情况分为 3 类。

（1）锚节点移动，未知节点静止

锚节点自带定位装置（如 GPS 等）按一定的路径轨迹移动，未知节点随机部署好后即静止。如在环境监测中，节点通过飞机部署到地面，节点位置通过低空飞过的锚节点来定义。对动物的监控中，动物身上的传感器节点可作为移动的锚节点，静止节点只负责收集锚节点上的位置数据。

（2）未知节点移动，信标节点静止

锚节点始终处于静止状态，未知节点可在整个 WSN 覆盖区域内移动。这种情况应用最普遍，在煤矿安全监测系统、医疗监护系统中应用时，锚节点固定部署，佩戴在人员身上或装有设备上的未知节点移动，通过锚节点对其进行定位。

（3）锚节点和未知节点都移动

这种情况在无线传感器网络定位系统中是最为复杂。在军事领域，战场环境下，携带的传感器节点可以是信标节点也可以是未知节点，它们都具有移动性，这时的网络拓扑结构，路由等都随时发生变化。

6.6.2　无线传感器网络应用于目标追踪的优势

随着对 WSN 研究地深入，微电子、通信技术的发展，WSN 在目标定位追踪中表现出越来越明显的优势，归纳起来有以下几点。

（1）追踪更精确。无线传感网络与其他监控手段相比，节点分布比较密集，这样可以更详细地显示出移动目标的运动情况。

（2）追踪更可靠。无线传感器网络具有自组织的特点，当部分节点失效或有新的节点加入时，可以自动配置与容错，无须基础设施就能保证网络的运行，而且高密度的部署使得网络在追踪目标时有较高的可靠性、容错性和顽健性。

（3）追踪更全面。在无线传感器网络中，可实现多种传感器的同步监控，例如，可将震动和红外 2 种传感措施同时用上，使移动目标的发现更及时，也更容易。

（4）追踪更方便。由于传感器节点体积小、成本低，方便携带和部署，所以更容易实现对特定目标的追踪。

当然在具有许多优势的同时，也带来了一些挑战，例如没有中心控制机制，没有基础设施，带宽、能量有限等。因此，需要设计低成本、低功耗的硬件设备，还需具备一定的计算能力，将部分数据本地化处理；需设计能实现可靠数据传送的通信联网协议，传输延时要短，能满足实时性的要求；需设计准确有效的定位机制，移动节点的定位非常频繁；还需要设计分布式信息处理算法，高效的数据融合与决策等。这些都是无线传感网络应用于目标追踪必须解决的问题。

6.6.3　目标追踪主要研究内容

基于无线传感器网络的目标追踪系统与传统的目标追踪系统研究内容有所不同。传统的目标追踪理论所涉及的问题是控制、指挥、通信的问题，而无线传感器网络是由成千上万个传感器节点组成的，研究主要侧重在节点间相互协作来实现对目标追踪，得到比单个节点独立追踪更精确的结果。目标追踪实际上是节点协作过程，从过程来看，由节点侦测、移动目标定位和预告定位节点 3 个阶段组成[114]。在节点侦测阶段，网络中的节点通过传感模块来侦测目标是否出现；在定位阶段，通过多个传感器节点互相协作，采用定位算法，确定目标的当前位置；预告阶段是根据目标的预估轨迹，通知运动方向附近的锚节点加入目标追踪过程。

在目标追踪中无线传感网络还需要考虑网络的能耗、时延等多方面的因素。不同应用类型的无线传感器网络结构有着很大的区别，因此，基于无线传感器网络的目标追踪系统主要有 2 个方面的研究内容。一方面是无线传感器网络自身的研究，包括设计适合目标追踪特点的无线传感器网络体系结构、路由协议、拓扑控制、节点部署、定位技术、安全管理、数据管理、数据融合等；另一方面就是节点的协作方式算法研究，面向目标追踪的无线传感器网络自身的研究是为了适应追踪算法，协作方式算法的研究方法则与网络结构相关。

6.6.4 目标追踪技术所面临的主要问题

无线传感网络的无中心控制、受限的通信带宽、节点的低能耗、低运算处理能力，以及分布式对等网络的特点，给目标追踪带来了极大的挑战。目前，目标追踪技术面临如下主要问题。

（1）如何设计在最低的能量代价、有限的通信带宽、有限的计算能力情况下高效地进行分布式信息处理、信息融合的目标追踪算法。从现有的研究趋势来看，WSN 目标追踪更应强调算法的分布式处理、低计算复杂度和存储量。

（2）如何协作处理数据、共享信息和管理参与追踪的节点。无线传感器网络中，目标追踪的实质是多节点协作跟踪的过程，如何设置节点参与追踪、哪些节点休眠、何时唤醒参与追踪的节点、如何将追踪数据汇聚给跟踪簇头等。这些都是目标追踪所要考虑的问题。

（3）目前的研究多是针对单目标的追踪，在对多目标追踪研究时，有些研究成果能直接使用，有些则需要引入目标分类、源分离的处理方法，这些在计算能力有限的传感器节点上很难实现，因此设计计算简单、有效的多目标追踪算法也是目标追踪需要解决的问题。

（4）算法性能评价的量化标准。大规模 WSN 实验受各种因素的限制很难做到，应建立标准的仿真验证系统来模拟目标追踪系统，模拟在不同的网络环境下高精度、低能耗、自适应的目标定位算法，仿真结果应能给出算法的时延、精度、能耗等具体的数据，从而能对算法做定性评估。

6.6.5 目标追踪研究的基本内容

无线传感网络中，移动目标追踪的基本流程为递推过程，基本原理如图 6.22 所示。将对目标的观测数据经过处理后形成目标位置输出，图中数据关联则用于将目标位置数据按特定的规则进行配对，生成轨迹，运动预测则依据关联后的数据来维持追踪，追踪规则用来选择特定的数据，消除多余目标数据，减少不必要的计算负载，滤波预测用于对生成轨迹的数据作处理，得到尽可能符合实际的真实轨迹，因为在追踪测量过程中，有些测量值可能是错误的数据，通过滤波对其真伪辨识，并建立相应新的目标数据。追踪过程通过递推循环，最终完成辨识追踪任务。

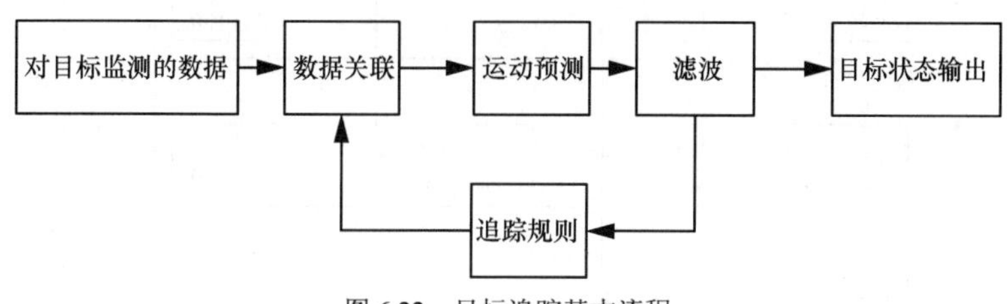

图 6.22　目标追踪基本流程

移动目标追踪作为 WSN 的典型应用，既要对静止节点定位，又要动态追踪，是两类应用的综合。目标追踪系统就是为了解决上述问题而对所接收到的测量信息进行处理的软、硬件系统。系统不仅要求对目标位置、速度和移动方向等物理参数的感知，而且还要尽可能延长网络寿命以达到长期、稳定的监控要求。

6.6.6　移动目标追踪 QoS 评估体系指标

QoS（Quality of Service）评估体系作为提高系统资源利用率和整体性能的重要手段，已经渗透到各种项目的设计流程和评价标准中。一般网络的 QoS 参数包括分组丢失率、时延、抖动、误差，还有可用性和吞吐量等，最典型应用包括计算机网络、电信网络、因特网等分布式计算系统[110,111]，QoS 标准都能给出明确的量化指标，实践证明，制定这样的 QoS 体系，对该方向研究正常有序的发展有非常好的推动作用。

WSN 节点资源严重受限的特点是设计任何协议和中间件算法都无法回避的问题，因此，对此提出针对特定应用的 QoS 指标体系非常重要。由于 WSN 复杂的应用场景，针对 WSN 的 QoS 指标至今尚缺乏一个系统完备的定义和描述。部分文献研究了这个问题，文献[112]将 QoS 指标（时延），分解到物理层、MAC 层、网络层、传输层、数据链路层和应用层等，分别定义各层的指标参数，如网络层定义时延的分指标为路径延迟，传输层定义的分指标为多点到端的延迟，数据链路层定义的分指标为发现延迟等，将无线传感网络各层的特点和应用需求进行衔接，但作者未从全局的角度对该 QoS 框架在面向不同应用时进行定义，也未跨层说明各项分指标之间可能存在的联系，而此类指标的缺失极有可能降低系统的稳定性和可执行性[113]。

在面向移动目标追踪的无线传感器网络的 QoS 标准中，有 3 项普适标准：精度、时延、网络寿命。可分别通过节点部署、节点选择、数据传输和分布式协作算法的性能来定义，如图 6.23 所示[114]。

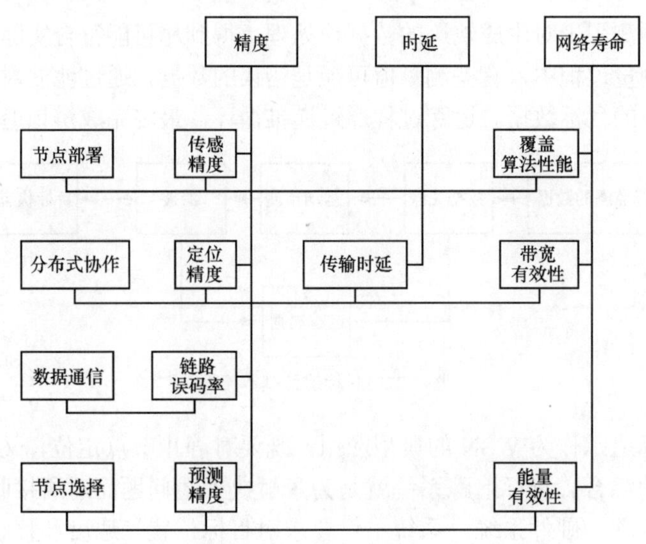

图 6.23　面向追踪的无线传感网络 QoS 指标体系

（1）节点部署

节点部署的 QoS 要求由 2 部分组成：节点感知精度和覆盖算法。节点感知精度模型可以用物理覆盖感知模型（0-1 模型）和信息覆盖感知模型（概率模型）来表示，覆盖问题是 WSN 研究中的基本问题之一，用来表示对监控区域的有效管理。

0-1 模型通过简单的判断对网络的覆盖问题给出量化指标，是一种离散的理论模型，但实际上，不同节点的感知范围有很大的差异，不仅有方向性而且时常呈现出不规则的形状，模型与实际情况相去甚远，无法为实际传感网络系统的设计提供必要的精度保障，而且会为无线传感网络的上层协议以及定位、路由等算法的设计及实现带来隐患。改进的概率模型，利用目标被节点检测到的概率与两者之间的距离及方向相关的特性，来表征相应的指标，当单个节点无法满足监控的概率需求时，可以增加更多节点的监控信息，采用融合协同感知来提高感知范围和对目标的检测率，以此来符合 QoS 的较高要求。

在节点部署阶段，为了保证网络的覆盖面和可靠性，通常会额外放置一定数量的节点，但这将增大网络的成本，通过采用节点轮值的工作机制、动态调度节点，可在不降低网络覆盖度的指标下，降低能量消耗并延长网络寿命，对合理的节点冗余度做量化。其 QoS 指标成为覆盖控制算法的主要命题。

以上 2 个层面间相互渗透构成了 WSN 节点部署的基本研究框架，研究者要根据具体问题定义相应控制算法及覆盖策略。

（2）数据通信 QoS

可靠、实时、准确的数据通信是 WSN 正常工作的前提，但是在 WSN 中，射频通信由于信道、环境等因素常常表现出不确定性和不稳定性，这是导致数据传输失败的最大原因，所以其 QoS 由链路质量分析及链路估计精度，信道差错控制精度及传输时延 2 大部分组成。

早期布尔通信模型认为若两节点间的距离在一定阈值范围内，则它们是互相连接的，若超过该阈值，则它们之间不连接，很明显，该模型过于简单。如果要为上层路由协议和算法的实现提供更准确的链路质量估计结果，需要对该模型重新定义。对链路质量分析的模型有 2 种方法：一种基于实验数据，用概率密度刻画的统计模型，另一种从无线信道不稳定、不可靠的本质原因入手，加入多径衰落和阴影效应等实际环境的影响来考察链路质量的模型。

数据传输最重要的 QoS 指标就是如何保持网络的连通性，这在无线网络不可靠、不对称的无线链路中更为重要。通过差错控制编码来提高信道传输的有效性和精度，或者在考虑信道编码的同时结合现有的源编码机制，采用联合编码或者其他编码机制来降低数据在感知和传输中丢失和出错的概率，提高能量和带宽的利用率，同时保证能量有效性和数据精度这 2 大关键 QoS 指标，在 WSN 这类以数据为中心的网络中应用较多，这几年普遍受到关注。

在目标追踪这样的动态 WSN，对数据时延相当敏感，而传统以数据为中心的 WSN 可以无限期等待重传，如果将现有传统意义上的数据型网络的通信协议应用于此类场合，系统的稳定性和性能将无法得到保证。因此，必须研究移动目标追踪中如何保证节点间数据可靠、实时的传输算法。

（3）分布式协作处理

对移动目标的追踪，需要多个节点的协作来完成，而分布式协作处理方式是 WSN 本身具有的特点。在目标追踪过程中，事件检测和定位都是通过节点的分布式协作来完成。

典型的分布式模型由多个传感器节点和 sink 节点组成，本地传感器节点将收集到的信息发送至 sink 节点，sink 节点依据一定的融合规则对事件做检测，所以在 WSN 中考虑分布式协作问题的本质，就是如何提高检测效率，一般用检测率和能量消耗指标来表示 WSN 分布式检测的 QoS 指标。检测率的 QoS 指标与无线信道以及传感单元性能相关，无线信道单元的 QoS 指标涵盖了信道速度、编码和射频功耗，传感单元的测量精确度除了物理平台设计以外还取决于系统设定的信源编码（使接收器能够最大程度、最高保真地重构传输前的源数据）。在分布式协作处理中，节点数越多，检测精度越高，但处理的数据量和网络成本也会上升，所以合理的节点数也是分布式协作处理的 QoS 指标之一。

定位技术是 WSN 的关键支撑技术之一，这方面的文献资料很多，其中精度、能耗和安全是 WSN 定位中需要考虑的主要因素，也是其主要的 QoS 指标。

（4）节点选择

在对移动目标的追踪中，任意时刻只有小部分节点能够采集到可信度较高的信息，并主导目标监测任务。同时，检测到目标的节点提供的信息存在冗余现象，这种信息冗余可以帮助网络获得更好的追踪性能，但会造成单个节点的工作频率和强度增大，网络寿命将会下降。因此，网络生存时间和目标追踪精度存在矛盾，这体现在节点的选择策略上。对选择策略进行评估，可从能量有效性和信息效用性两方面 QoS 来进行。

在 WSN 中，能耗问题一直是网络应用的关键问题，也贯穿于整个移动目标追踪过程。在节点选择机制里，能量有效性就是在满足一定的追踪精度要求下尽可能少地选择工作节点，让大部分节点休眠，从而节省能量，延长网络寿命。对节点进行选择时，不能为了节约能量而盲目地减少节点，也不能为了可靠性而尽量多地选择节点，提供太多无用或者冗余的信息，通过信息效用性这个 QoS 指标对选择策略做评估，通过节点和目标之间的距离来表征信息的效用性已得到了广泛的关注。

6.7 基于最大簇的速度自适应追踪算法

在无线传感网络的移动目标追踪中，锚节点不动，未知节点移动是应用最多的环境（如针对矿山巷道的人员和车辆的追踪）。针对该环境，出现了许多研究成果，文献[115,116]讨论了基于树的目标追踪机制，将整个网络生成一个树状的层次结构来追踪目标，树根相当于基站，树叶相当于监测节点，解决了追踪时数据的传送问题，但没有很好地解决传送树发送数据的频率问题，算法能耗太大，而且也没有提到如果目标追踪失败，如何找回目标。文献[117]讨论了一种基于簇的追踪机制，但对网络进行分簇，会导致整个网络的能量消耗不均，且簇头的选举、更新与维护也会带来许多额外的能量开销。Sheng X 采用分布式粒子滤波算法对目标进行预测与跟踪，算法采用 EM 算法训练高斯混合参数，大幅减少了簇头节点间的数据通信，减少了能量消耗，尤其是需要提高定位精度，需要大量传递粒子的情况[118]。Xiao W 提出一种选择参与定位的传感器节点的自适应调度策略[119]，追踪精度采用扩展卡尔曼滤波算法预估，并根据能耗成本动态调节追踪采样的频率，这些研究大都集中于从网络通信的角度以及信号处理的角度研究目标定位以及追踪问题，还有一部分关注如何优化节点的部署，从而保证对移动目标的充分覆盖。但这些算法有些需要复杂的计算，有些定位追踪精度欠佳。

6.7.1 算法基本思想和方法策略

移动目标的追踪过程如图 6.24 所示，移动节点从位置 1 以速度 v 移动到位置 2，追踪过程通过不间断地对移动目标的定位，生成连续的定位数据，从定时的采样定位数据得到目标的运动状态，实现追踪。所以，移动目标追踪算法可分成 2 部分，一部分为移动目标的快速定位，一部分为移动目标快速追踪。快速定位为快速追踪提供基础数据，快速追踪为快速定位提供预测，加快定位速度，降低能耗。

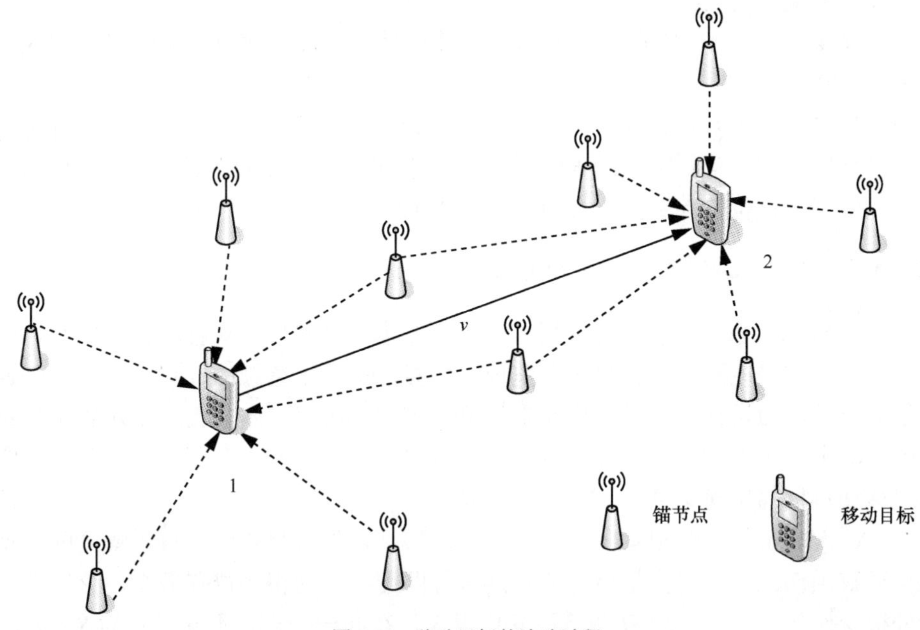

图 6.24　移动目标的追踪过程

为便于算法的讨论，首先对算法运行的环境和符号作说明，假定：

（1）网络节点部署在二维平面，网络中的锚节点为同种节点且网络全连通，网络中锚节点的位置已知；

（2）节点采用全向天线，通信距离为以节点为中心，半径为 r 的圆；

（3）网络中按一定的间距有规律的分布一些参考点，参考点的位置记录了在该位置上所能接收到的所有锚节点的 RSSI 信息，并建立在该点的 RSSI 信息数据库；

（4）区域的边界节点处于激活状态，移动目标从网络边界外进入检测区域，都能被感知（算法支持对多个目标的追踪，但只讨论单个移动目标的情况）；

（5）移动目标在网络区域中的任一点可同时被 3 个以上锚节点感知。

定义 1　监测网络的覆盖区域为 R，布置于 R 中的锚节点集合为 B，$B=\{b_i\}$，$i\in[1,n]$，其中，b_i 的侦测区域 R_i 为以 b_i 为圆心，r 为半径的圆，$R=\bigcup_{i=1}^{n}R_i$。

定义 2 对网络中的随机位置 p，$S(b,p)$ 表示在位置 p 接收到的锚节点 b 的 *RSSI* 值。$\{(b_1, S(b_1, p)),\cdots,(b_n, S(b_n, p))\}$ 表示移动目标在位置 p 接收到的所有锚节点的 *RSSI* 值，如有多个移动目标，则目标用 M 表示，其集合用 $\{(b_1, S_m(b_1, p)),\cdots,(b_n, S_m(b_n, p))\}$，$M\in[1,n]$ 表示。

定义 3 定时扫描间隔 t_p。网络以 t_p 为周期对移动目标 M 进行定位操作，生成以 t_p 为间隔的定位数据。

定义 4 主节点：在某一时刻，移动目标测得距离自己最近的锚节点，即 $S(b_i, p)$ 的最大值。

定义 5 参考点：在监控区域中，均匀分布的采样点，每一个参考点都记录了它所能感知到的信标节点的 *RSSI* 信号值。参考点可以是实际的节点，也可以是移动锚节点在该位置的数据采集点（虚节点）。

6.7.2 CCCP 移动节点快速定位算法

在 RADAR 系统中，通过“指纹识别”技术已经实现了对移动目标的快速定位，虽然定位精度不高，也只限于室内，但算法避开了繁锁的计算，达到了快速定位的要求，为设计移动目标快速定位算法提供了思路。本节在 RADAR 定位系统的方法上，引入定位辅助线，结合锚节点 RSSI 数据库设计了 CCCP 算法，实现对移动目标的快速定位。

RADAR 定位系统记录了定位场景中的特征数据，将移动节点采集到的数据和特征数据作比较，找出最接近的数据进行匹配，从而得到位置数据，该方法在野外很难操作，首先，*RSSI* 测量值变化很大，在同一个点，不同时刻的 $S(b_i,p)$ 不是一个定值，虽然通过高斯拟合可以解决稳定性问题，但需要多次测量，无法实现快速定位的要求。而且，在野外移动目标运动的随机性会造成区域内采样点几乎无限，WSN 系统不可能容纳采集和容纳如此多的数据。

CCCP 算法设置有限的参考点，通过定位辅助线进行定位，解决了采用 RSSI 数据库进行快速定位需无限采样点的问题，原理如图 6.25 所示。

在网络中有 3 种节点，分别为锚节点、参考点、移动目标节点。参考点可以是实际的节点，也可以是虚拟的节点，但在参考点位置需记录所能感知到的所有锚节点的 *RSSI* 值，参考点均匀分布，其密度可根据定位精度的需要设置。图 6.25 中，移动目标节点接收锚节点的 *RSSI* 信息，以该值的大小为半径，以锚节点为圆心作圆，如图虚线所示，虚线的位置表示所有和移动目标节点接收该锚节点 *RSSI* 值相同的点。参考点按 x 轴和 y 轴分布，x 轴相邻和 y 轴相邻的参考点定义为相邻的参考点对，如果虚线从两相邻的参考点对中穿过，连接该参考点对，连接线称为定位辅助线。定位辅助线连接的参考点意味着目标节点所接收的锚节点 *RSSI* 值的大小在这 2 个参考点所接收的该锚节点的 *RSSI* 值之间。

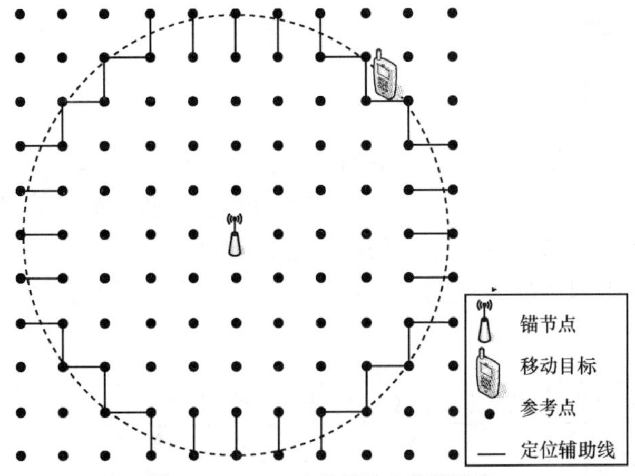

图 6.25　CCCP 定位算法定位辅助线

如果一个移动节点在 3 个锚节点所组成的三角形之内，移动目标节点能同时感知到 3 个以上的锚节点信息，对每一个锚节点都可以作出定位辅助线，那么至少有 6 根定位辅助线包围目标节点，并形成封闭的矩形，且移动目标在封闭的矩形中，将邻居参考点之间的定位辅助线称为簇，包围目标节点的簇所含的定位辅助线最多，如图 6.26 所示。

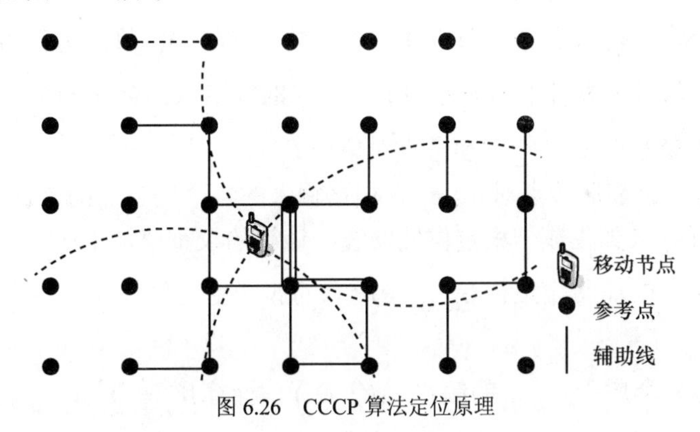

图 6.26　CCCP 算法定位原理

移动节点 M 感知的锚节点的集合为$\{(b_1,S(b_1,p)),\cdots,(b_n,S(b_n,p))\}$，定位辅助线的集合定义为$G_{(C,M)}=\left\{V_C,E_C,W_{(C,M)}(e)\right\}$，其中，$V_C,E_C,W_{(C,M)}(e)$的意义如下。

V_C为在锚节点$B=\left\{b_1\cdots b_n\right\}$服务范围内，所有参考点的集合；

$E_C=(u,v)$，u,v是 2 个相邻的参考点，E_C为所有相邻参考点的集合。

对每一个$e=(u,v)\in E_C$，如果存在 k 个锚节点$b_1\cdots b_k$，使$\max(S(b_i,u),S(b_i,v))\geqslant S(b_i)\geqslant\min(S(b_i,u),S(b_i,v)),1\leqslant i\leqslant k$成立，那么$u,v$之间存在定位辅助线，采用权重$W_{(C,M)}(e)=k$表示参考点之间的定位辅助线的条数，在定位时作为权

重用来计算目标位置。

6.7.3 CCCP 算法的结构

如图 6.27 所示，CCCP 算法由参考点数据库，位置估算器组成。对移动目标节点定位时，锚节点发出定位分组，要求移动目标将接收的锚节点的 *RSSI* 值上传，位置估算处将其与参考点数据库中数据进行比较，生成定位辅助线图，得到辅助线权重信息，找出组成最大簇的参考点的坐标，带入权重信息进行运算，得到移动目标的位置。

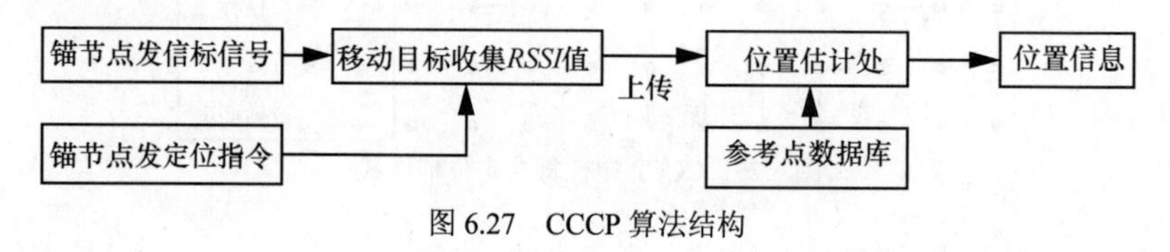

图 6.27 CCCP 算法结构

6.7.4 CCCP 算法定位处理过程

定义簇 C 为定位辅助线 $G_{(C,M)}$ 子集 (V_C,E_C) 的集合，并满足以下条件。对每个邻居节点对 $e\in E_C$，有 $G_{(C,M)}(e)\geqslant 1$，且不存在 $u\in V_C,v\notin V_C$。目标在位置 p 收集的 *RSSI* 值为 $S_{b1}\cdots S_{bn}$（各个锚节点在位置 p 的 *RSSI* 值），算法运行的步骤如下：

（1）功率信号 $S\left(b_{(i)}\right)$ 中形成移动节点感知的锚节点集合 $B=(b_1\cdots b_n)$；

（2）形成参考点集合 V_C 和参考点对集合 E_C；

（3）对每一个邻居节点对 $e\in E_C$，根据输入的各个锚节点的 *RSSI* 值，计算出权重值 $W_{(C,M)}(e)$（如生成一根定位辅助线，该簇的权重值加 1）；

（4）生成定位辅助线集合 $G_{(C,M)}$ 中所有的簇（由定位辅助线生成封闭的矩形称为簇）；

（5）对每一个属于 $G_{(C,M)}$ 的簇 $C=(V_C,E_C)$，计算 $W_C=\sum_{e\in E_C}W_{(C,M)}(e)$；

（6）找出最大的簇 *MC*；

（7）如果 *MC* 只有一个，直接跳转到步骤（9），否则继续；

（8）如 *MC* 不唯一，则找出 *MC* 中含参考点最少的簇，即为所找的最大簇；

（9）找出最大簇所在的参考点的坐标，运用权重法计算移动目标的位置。

6.7.5 算法的定位精度与锚节点数量的关系

在实验平台上，对锚节点的影响进行评估。在 100m×100m 的区域内随机分布了多个锚节点，网络全连通，每隔 10m 设定一个参考点，参考点记录经过高斯拟合处理的所有锚节点的 *RSSI* 值，在区域中放入目标节点，分别采用 3、4、5、6 个锚节点，执行算法，观察锚节点的数量对定位精度的影响，实验结果如图 6.28 所示。

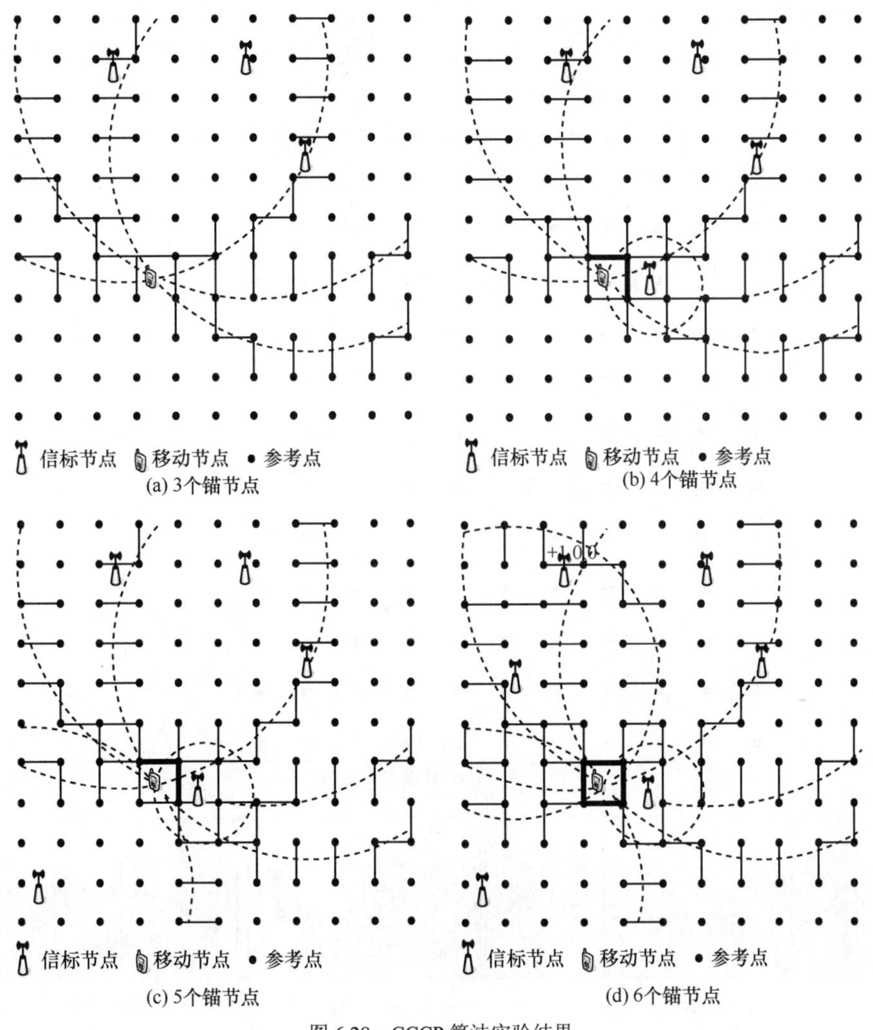

图 6.28　CCCP 算法实验结果

图 6.28 中，粗线代表有多条定位辅助线，线条越粗，表明在这两点之间的定位辅助线就越多，权重值就会越大。为了使实验过程更具代表性，将移动节点变换 6 个不同位置，每个位置重复上述实验，在每个位置都得到不同锚节点数情况下的定位误差数据，移动节点的位置移动情况如图 6.29 所示。

如图 6.30 所示，移动节点在不同的位置，锚节点变化对定位精度都产生影响，从图中可以得到，在 CCCP 算法中，目标节点随着锚节点数增多，定位误差逐步下降，但下降的程度不一样，有个别位置定位误差还会上升，定位误差下降快的，锚节点距目标节点较近。图 6.31 表示锚节点不变，移动节点在不同位置时定位误差的变化，节点处于不同的位置，定位误差不一样，说明锚节点相对于目标节点的分布对定位精度的影响较大。由于参考点的因素，节点的最大定位误差被限制在矩形框内。由于 *RSSI* 信号的不稳定和精度问题，参考点的设置不是越密越好，一则引起数据库变大，成本增高，计算时的能耗、时延也将增大，二则 *RSSI* 区分达不到要求，定位误差反而会变大。根据实验，参考点间距为 5~10m 之间效果较好，此时的定位精度能满足移动目标追踪的要求。

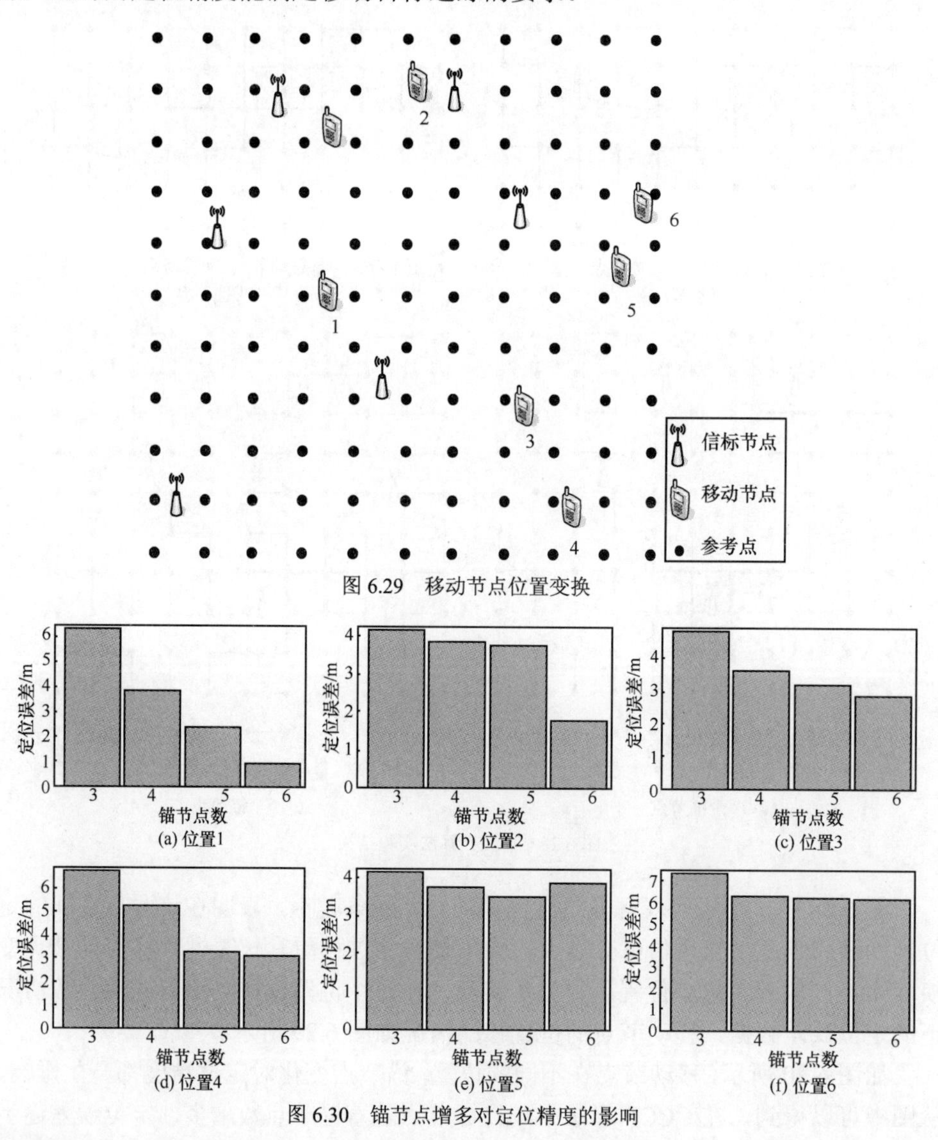

图 6.29　移动节点位置变换

图 6.30　锚节点增多对定位精度的影响

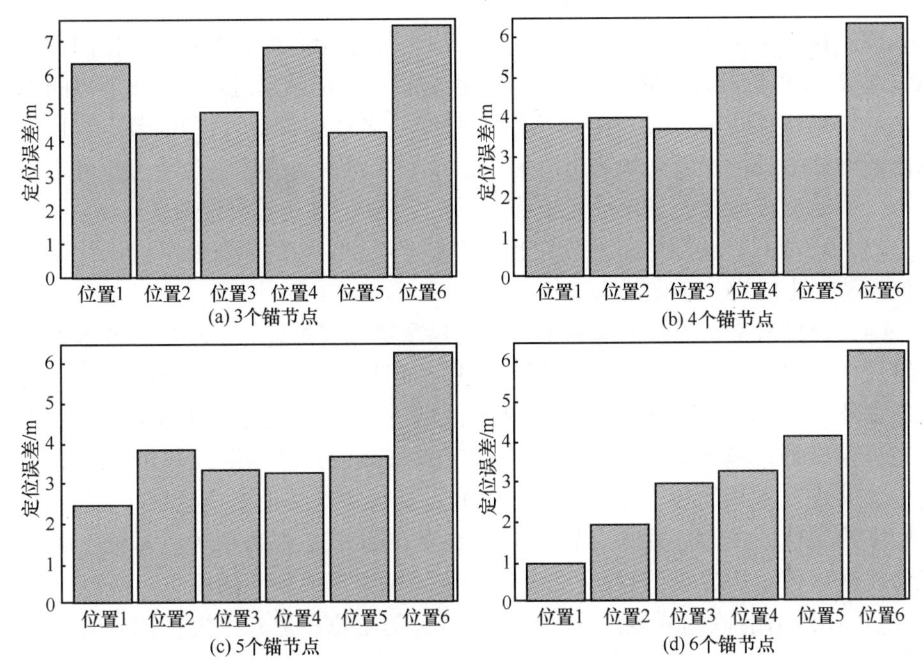

图 6.31　移动节点位置变换对定位精度的影响

6.7.6　CCCP 算法优化

CCCP 算法能提供精度较高、定位速度较快的移动目标定位，但算法还存在一定的问题，算法通过定位辅助线对移动目标定位，每一个能和移动节点通信的锚节点都将生成定位辅助线，从上节的实验结果可以看出，大多数定位辅助线对定位没有帮助。在网络中不同的位置，锚节点分布不一样，有些位置，移动节点可接收到很多信标节点的信号，有些位置锚节点较少，会造成接收的时间和计算量不一样，定位的速度也不一样，这在目标追踪中是不能容忍的，有可能会丢失目标。对实验结果的分析也可以得出，不是每个锚节点对移动目标的定位都产生同样的作用，分布均匀，能将移动目标节点包含在内的锚节点对定位精度的改善较大，靠近移动目标节点的锚节点对移动目标的定位影响较大。算法对一些特定的位置未能很好的考虑，造成误差较大，比如靠近参考点的位置，区域的边缘等。

为更好地适应移动目标追踪，对算法作以下优化。

（1）找到主锚节点和边界锚节点。主锚节点在移动目标中的 *RSSI* 值用 $S(b_c, p)$ 表示，边界节点在移动目标中的 *RSSI* 值用 $S(b_b, p)$表示。移动目标节点所收到的锚节点的 *RSSI* 集合$\{(b_1, S(b_1, p)),\cdots,(b_n, S(b_n, p))\}$中，最大值所对应的锚节点定义为主锚节点，最小值对应的为边界锚节点。

（2）挑选定位用锚节点。通过主锚节点，算法能大致知道移动目标的位置，通过对 *RSSI* 值的排序，能知道其余锚节点与移动目标的远近，因为锚节点的位置已知，根据相互间 *RSSI* 信号的差值（将锚节点之间的 *RSSI* 值和锚节点与目标节点之间的差值进行比较）挑选出能形成三角形并将移动目标包含在内的另 2 个锚节点，不能形成这样的三角形则按锚节点按 *RSSI* 值大小排列选取。

（3）只对主节点与目标通信范围内的参考点和周边的邻居参考点执行 CCCP 定位算法，生成定位辅助线簇。

（4）计算权重，导入参考点坐标采用权重定位算法计算移动目标位置。算法经过优化处理后，可降低了大量的计算量。如图 6.32 所示，在定位 M_1 时，仅需生成主节点 b_1 周边的定位辅助线（灰色区域所示），就能对移动目标定位，并且对定位精度的影响不大。通过把边界锚节点形成的定位辅助线与主节点形成的定位辅助线权重相比较，可以确定移动节点是否在网络的定位区域中，当 M_2 不在网络的定位区域时，虽然主节点 b_1 还是会在图 6.32 中所示灰色区域生成定位辅助线簇，但是边界锚节点 b_3 并没有在该区域中形成任何的权重，所以可以确定 M_2 不在网络的监测区域，为边界移动目标的定位和追踪丢失目标后的判断提供依据。

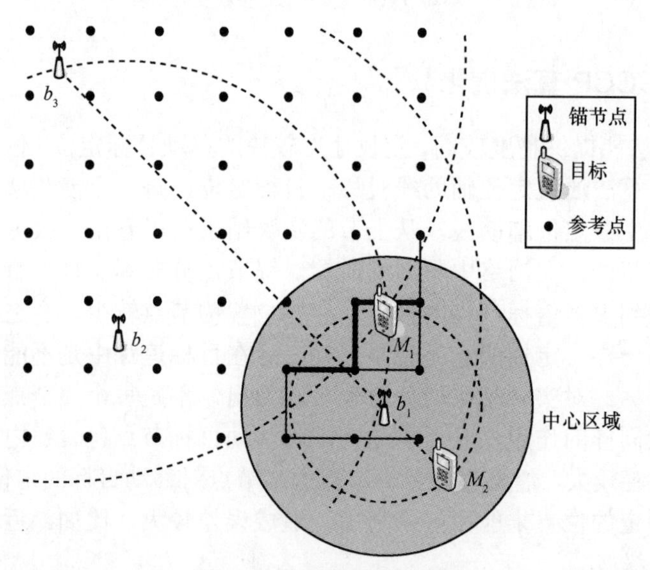

图 6.32　CCCP 改进算法原理

对改进后的算法也进行了实验，如图 6.33 所示，为移动目标选择了 3 个不同的位置，一个在 3 个锚节点的中央 M_3，一个离开了追踪区域 M_2，一个靠近锚节点 M_1，靠近锚节点的计算量较少，多次重复实验，M_1 的定位误差在 0.75~3.4m 之间，M_3 的定位误差在 1.66~4.8m 之间，M_2 在 b_2 的中心区域内无法完成定位，

因为边界节点 b_1 在中心区域没有定位辅助线。优化之后的算法完全能够实现移动目标的定位，而且定位精度能达到要求。实验平台没有采用完全自组网，只是验证定位功能，所以分时规定了每个锚节点发信标的时间，没有对定位时间做测试，有意义定位时间需要在大规模的自组网中通过实验测得。通过算法的改进，还增加了可对目标是否在追踪区域作出判断这一功能。

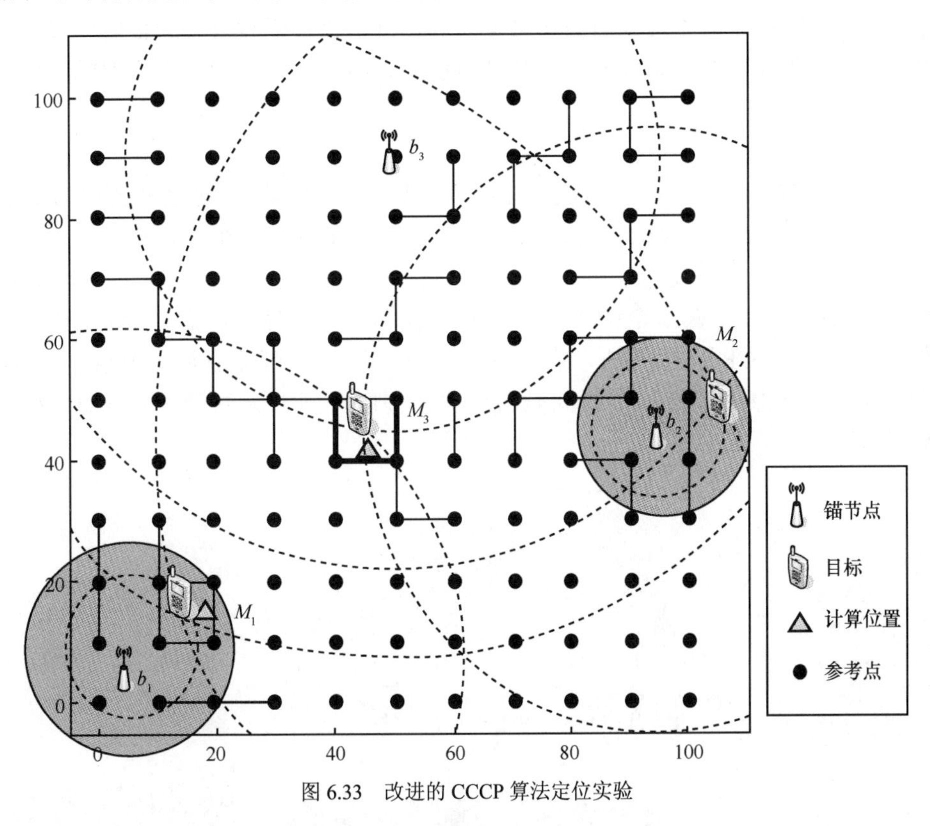

图 6.33　改进的 CCCP 算法定位实验

6.7.7　基于 CCCP 的移动目标追踪

传统的追踪算法就是对进入区域的目标进行不间断的定位，从而实现目标的追踪。CCCP 算法可以对移动目标进行快速定位，将定位数据连接就能实现对目标的追踪，由于移动目标运动的无规律性，网络中所有的锚节点必须处于工作状态，这样才能保证不会丢失目标，这种方式受 WSN 能量有限的限制，网络寿命将会很短，而且在任意时刻，大部分锚节点对定位没有帮助，白白耗费能量，所以简单地对定位数据进行处理实现目标追踪是不可取的。CCCP 算法通过信号强度的大小排序，找到主锚节点和边界锚节点，通过排序对目标的运动作出一定的预测，因此在 CCCP 算法的基础上引入运动预测和节点调度来实现速度自适应的目标追踪算法。

目标追踪算法基于 ZigBee 实验平台，网络中的节点在超帧的管理下进行数据的收发，每个超帧以网络协调器发出的信标帧为始，在信标帧中包含了超帧将持续的时间以及对这段时间的分配等信息。网络中的节点在接收到超帧开始时的信标帧后，根据信标帧的内容安排自己的任务，并进行同步。在超帧中定义了通信时段和不活跃时段，不活跃时段可根据实际情况的需要而设置。通信时段又分为竞争访问时段和非竞争访问时段。非竞争访问时段预留时隙给一些重要的业务，保证重要业务的优先。

（1）目标追踪过程分析

如图 6.34 所示，移动目标进入监测区域后，在位置 a，可接收到区域边界节点 b_1,t_1,t_2 3 个锚节点的信号，通过比较锚节点的 *RSSI* 值找出主节点 b_1，b_1 成为主节点后，广播发送唤醒帧，并持续一个超帧周期的时间，在 b_1 通信范围内的 t_1、t_2、t_3、t_4、b_2 5 个锚节点接收到唤醒帧后，从休眠状态变为活动状态，对目标执行 CCCP 优化算法，进行快速定位（这时有可能更换主节点），定位后的坐标数据由主节点加上时间戳后保存，并以时间 t_c 为周期重复执行 CCCP 优化算法。

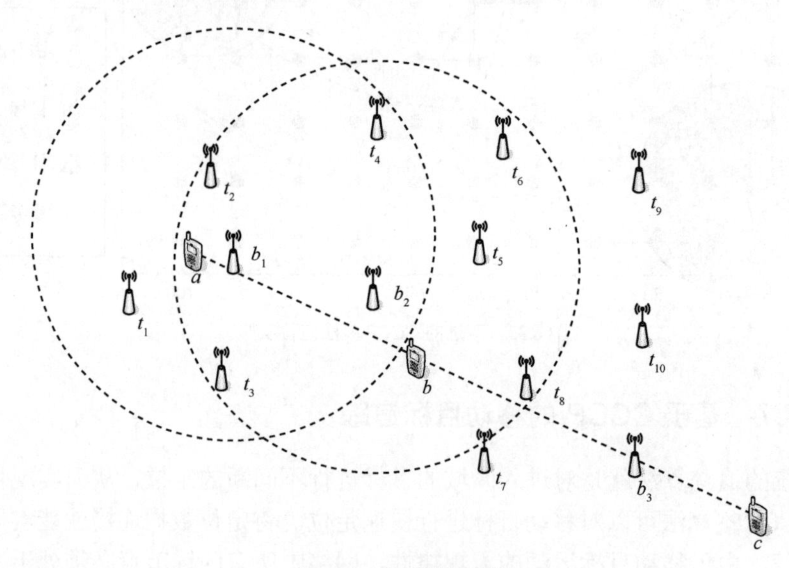

图 6.34　目标追踪过程

经过一段时间后，目标节点运动到位置 b_2，在运动过程中，唤醒的节点同步的保持追踪，在某一个时刻，在执行 CCCP 算法的过程中，b_2 取代 b_1 成为主节点，b_2 将开始广播唤醒帧，持续一个超帧周期，在 b_2 通信范围内的 t_5、t_6、t_8 接收到唤醒帧后，从休眠状态变为活动状态，对目标进行定位操作。b_1 节点在收到 b_2 的唤醒帧后，广播休眠帧，不在 b_1、b_2 通信范围交集的锚节点 t_1 收到休眠帧后，马上进入休眠状态，同理，当目标移动到 c 位置时，执行同样的操作，完成定位追踪过程。

（2）帧结构和定义

算法为满足对目标的追踪要求，需对锚节点作合理的调度，以达到节能和延长网络寿命的作用，在 ZigBee 实验平台中，调度都要通过各种帧来完成。在实验平台上定义了超帧、唤醒帧，休眠帧。

在 CCCP 算法中，超帧、唤醒帧和休眠帧都属于广播帧。超帧的结构如图 6.35 所示，网络中节点的活动与休眠时间由超帧控制，在超帧的作用下定时接收信标信号。唤醒帧和休眠帧是广播帧，但不是控制帧，为数据帧，含有地址信息，只对相关锚节点产生作用。实验平台只设计了星型拓扑结构，正常情况下，网络内所有锚节点都在协调器发布的超帧作用下活动和休眠，当需要对目标追踪时，在超帧的活动期，由主节点发布唤醒帧，对相关节点进行唤醒。2 种帧结构如图 6.36 所示，在数据载荷中定义信息类型来区分帧的定义。节点接收到广播帧后，对其进行解析，根据信息类型执行相应的操作。

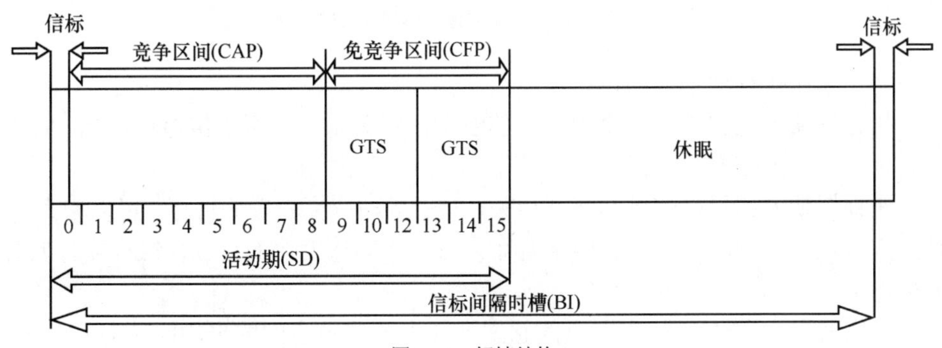

图 6.35　超帧结构

（3）算法对特殊情况的处理

目标的特殊运动有 2 种，一种是速度为 0 或者很小，另一种是速度较快。对于速度很小的移动目标节点，主节点在很长的时间内不会发生变化，CCCP 算法的定位结果会上报到协调器，上传的定位数据还会加上时间戳，因此，协调器可以知道目标节点的状态，可在超帧中延长休眠的时间，全网进入休眠的时间将变长，对节点进行定位操作的时间间隔 t_c 将变长。

当目标运动速度较快，特别是大角度偏转等，网络有可能出现一段时间内丢失目标的情况，这种情况表现为先前的主节点没有收到目标节点发送的最近的各个锚节点的 *RSSI* 强度数据分组，也没有收到新的主节点发布广播信息，这时可以认为发生了目标丢失。这种情况下，当前主节点通过发布紧急洪泛广播，所有的锚节点都将被唤醒进入活动状态，侦听目标节点的定位请求分组，最先侦听到的锚节点将自己变为主节点，发布唤醒帧，进入正常的工作程序。其他即没有检测到移动目标，又没有收到唤醒帧的锚节点经过时间 t_d 后转入由协调器控制的休眠状态。

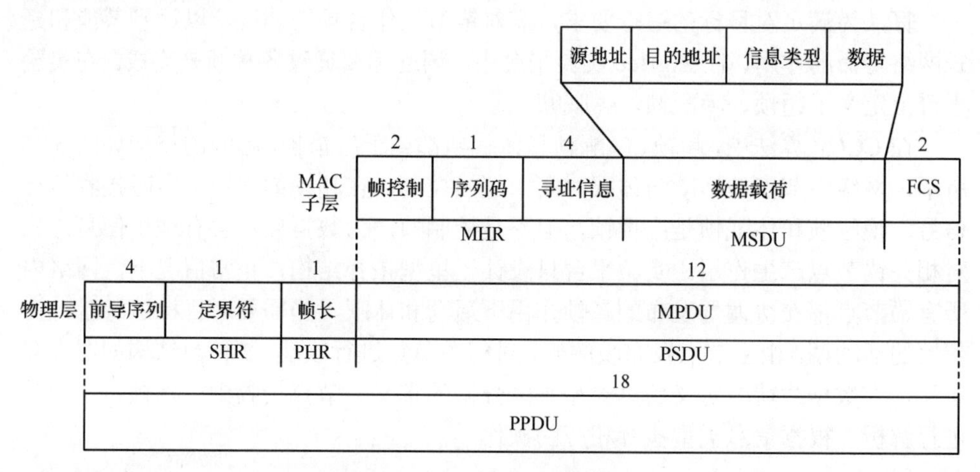

图 6.36　定义的唤醒、休眠帧结构

（4）算法执行周期 t_c 的讨论

执行周期 t_c 是算法中一个很重要的参量，它关系到能否正常追踪目标，以及能否延长网络工作寿命的问题。

执行周期 t_c 和目标的运动速度相关，对于运动速度较慢的目标，可以增大 t_c，减少锚节点工作的时间，延长网络寿命。对于运动速度快的目标，减少 t_c，具体分析如下：

假定目标运动速度为 V，节点的感知半径为 r，锚节点间的平均间距为 $l(l\leqslant r)$。目标不被丢失的必要条件是在 t_c 的时间内，目标节点的移动距离不能超过 r，因此，t_c 要满足如下公式：$\frac{l}{2}<Vt_c<r$。在实际情况中，由于锚节点分布不均匀，要保证连续追踪，t_c 应该取值偏小。ZigBee 实验平台支持通过超帧完成对 t_c 的设置，算法也能实现对 t_c 的调控。

（5）实验仿真与分析

WSN 中进行目标的追踪实验需要大量的节点，成本很高，目前阶段还无法实地实验算法，但本实验实地模仿了目标的移动情况，并实地采集了在不同位置的 *RSSI* 信号数据。实验过程设置如下。

假定移动节点在监测区域中作了一段圆弧运动，圆弧以（15，15）为圆心，以 50m 为半径的一段轨迹，如图 6.37 虚线所示。在监测区域中随机分布了 4 个锚节点，区域中每隔 10m 设定一个参考点，每个参考点（由移动节点代替）侦听并记录下 4 个锚节点在该位置的 *RSSI* 值，建立参考点数据库，共记录了 80m×80m 范围内共 256 个数据。移动节点以 1m/s 的速度沿圆弧运动，每隔 3s 进行一次采样，实验结果如图 6.37 所示。

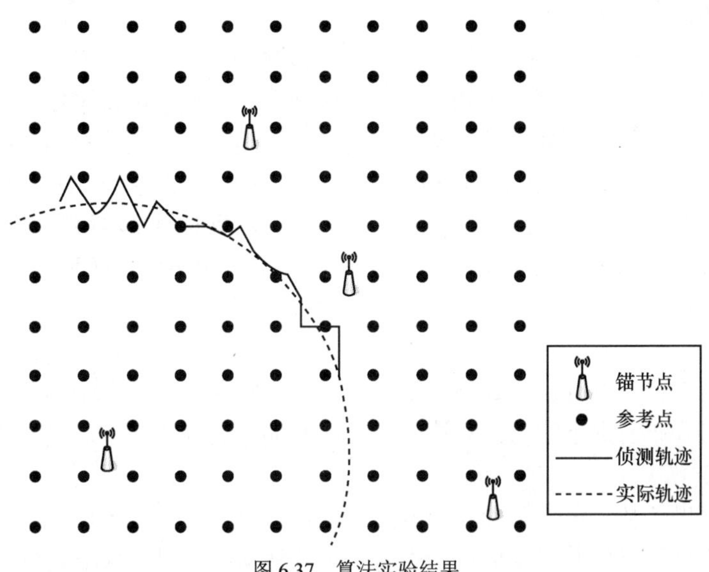

图 6.37　算法实验结果

从图中可以看出，算法生成的轨迹和实际的运动轨迹有一定的差距，但还是能体现出运动的趋势和变化情况，由于锚节点不多，在生成中心簇时，每根定位辅助线占的权重较大，所以一旦节点移动到某个特定的位置，计算结果就会发生大的变化，但参考点的设置能保证定位精度在中心簇的矩形框内。算法通过定位辅助线生成中心簇给定位带来了很好的顽健性，特别适合 *RSSI* 数据的处理，偶然因素引起 *RSSI* 强度的剧烈变化都被算法滤除。从图中可以得到，当目标运动到锚节点组成的三角形内时，追踪误差变小了一些，当运动路线附近有锚节点时，追踪误差也变小了，这也验证了在算法中提出的通过选择锚节点带来追踪精度的提高。

6.8　本章小结

本章分 3 部分对 WSN 中采用 RSSI 技术的定位及应用进行了讨论，首先对基本的定位手段和算法进行了讨论， RSSI 测距是无线传感器网络的一个基本应用，是我们后续算法的基础，对 RSSI 测距进行了全面的分析和论证，采用设计的实验平台对 RSSI 测距进行了大规模的实验，获取了上万个实验数据，通过对实验数据的统计分析，提出了结合锚节点确定参数，采用高斯拟合处理测量数据的提高测距精度的方法，实验证明采用该方法对 RSSI 测距数据处理，能有效的改善 RSSI 测距信号易受干扰，测距精度不高的问题。特别是可以降低最具实用意义的 10m 以内的测距误差。

其次对基于 RSSI 的定位技术进行了研究，提出 GFDWCL 算法，该算法不需增加额外的设备，通过实验可知，该算法较静态权重算法可将平均定位精度提高 3 倍以上，特别是大幅降低了定位算法的最大误差。该算法的提出和验证，都基于实验数据的统计处理，所以具有较好的实用价值。但实验平台的规模还不够大，节点数也不多，与实际的应用场景有一定的差别，只对星型网络做了实验，实验结果存在一定的局限性。但 GFDWCL 算法并不只局限于实验所设置的矩形分布，对于三角形，圆形的分布同样也能得出相类似的结论。也就是说，对于锚节点可人工分布的无线传感器网络该定位算法都有应用价值，只要有相应 RSSI 测距模型，都可用该算法进行定位处理。下一步的工作将主要研究算法在网状网络、参考节点均匀分布前提下的定位算法的处理，并提出适合移动节点定位的动态权重 RSSI 定位算法。

最后提出了基于最大簇的移动节点速度自适应追踪算法 CCCP，算法通过参考点记录的锚节点信号强度信息，引入了定位辅助线对目标快速定位，通过主节点设置合理的调度信息，通过对定位时间戳的处理对目标的运动速度进行估算，动态调整定位采样时间，实现了自适应的追踪算法，实验表明对于低速运动的移动目标，该算法能很好的完成目标追踪的任务。

由于无线传感器网络实现的复杂性，目前阶段还无法对算法做大规模的实地实验，实验也局限在星型拓扑结构，无法得出有价值的算法能耗和自适应调整的顽健性，下一步的工作重点将研究网状网络中的目标追踪实现，得到有意义的实验数据。

参 考 文 献

[1] RABAEY J J, AMMER M J, DA SILVA, *et al*. Picorodio supports Ad Hoc ultra-low power wireless networking[J]. Computer, 2000, 7:42-48.

[2] SAVARESE C, RABAEY J M, BEUTEL J. Locationing in distributed Ad Hoc wireless sensor network[A]. Proceeding of IEEE International Conference on Acoustics, Speech, and Signal(ICASSP)[C]. Salt Lake, USA, 2001. 2037-2040.

[3] NIRUPAMA B, DEBORAH E, LEWIS G, *et al*. Scalable coordination for wireless sensor

networks: self-configuring localization systems[A]. Proceedings of the 6th International Symposium on Communication Theory and Applications (ISCTA01)[C]. Ambleside, Lake District, UK, 2001. 1797 -1800.
[4] HONG X, XU K, GERLA M. Scalable routing protocols for mobile Ad Hoc networks[J]. IEEE Network magazine, 2002, 16(4): 11-21.
[5] GIROD L, ESTRIN D. Robust range estimation using acoustic and multimodal sensing[A]. Proceeding of IEEE/RSJ International Conference on Intelligent Robots and Systems(IROS)[C]. Maui, Hawaii, USA, 2001. 1312-1320.
[6] HER A, HOPPER A, STEGGLES P, *et al.* The anatomy of a context-aware application[A]. Proceeding of Mobile Computing and Networking (Mobicom)[C]. Seattle, Washington, USA, 1999. 59-68.
[7] HIGHTOWER J, BORIELLO G. Location systems for ubiquitous[J]. Computing, 2001, 8:57-66.
[8] MEGUERDICHIAN S, KOUSHANFAR, POTKONJAK M, SRIVASTAVA M B. Coverage problems in wireless Ad Hoc sensor network[A]. Proceeding of the IEEE Conference on Computer Communications (INFOCOM)[C]. Anchorage, Alaska, USA, 2001. 1380-1387.
[9] BULUSU N, HEIDEMANN J, ESTRIN D. Adaptive beacon placement[A]. Proceeding of the 2lst international Conference on Distributed Computings Systems[C]. Phoenix, Arizona, 2001. 489-498.
[10] CAPKUN S, HAMDI M, HUBAUX J P. GPS-free positioning in mobile Ad Hoc networks[J]. Cluster Computing, 2002, 5(2):157-167.
[11] DOHERTY L, PISTER K S J, GHAOUI L E. Convex position estimation in wireless sensor networks[A]. Proc of the IEEE INFOCOM 2001, IEEE Computer and Communications Societies[C]. 2001. 1655-1663.
[12] NICULESCU D, NATH B. Trajectory based forwarding and its applications[A]. Proceeding of the 9th Annual Int'l Conf on Mobile Computing and Networking[C]. San Diego, 2003. 260-272.
[13] HE T, STANKOVIC J A, LU C, *et al.* SPEED: a stateless protocol for real-time communication in sensor networks[A]. Proceedings of IEEE ICDCS’03[C]. Providence, RI, 2003. 225-239.
[14] KO Y B, VAIDYA N H. Location-aided routing (LAR) in mobile Ad Hoc networks[J]. Wireless Networks, 2000, 6(4):307-321.
[15] CHANG J H, TASSIULAS L. Energy conserving routing in wireless Ad Hoc networking[A]. Proceeding of the IEEE Conference on Computer Communications (INFOCOM)[C]. Tel Aviv, Israel, 2000. 22-31.
[16] XU Y, HEIDEMANN J, ESTRIN D. Geography-informed energy conservation for Ad Hoc

routing[A]. Proceeding of the 7th Annual Conference on Mobile Computing and Networking[C]. Rome, 2001. 70-84.

[17] ALBERTO C, DEBORAH E. Ascent: adaptive self-configuring sensor network topologies [J]. ACM SIGCOMM Computer Communication Review, 2002, 1:62-62.

[18] NICULESCU D, NATH B. Dv-based positioning in Ad Hoc networks[J]. Journal of Telecommunication Systems, 2003, 22(1-4):267-280.

[19] PATWARI N, HERO A O, PERKINS M, *et al.* Relative location estimation in wireless sensor networks[J]. IEEE Transactions on Signal Processing, 2003, 51(8):2137-2148.

[20] CATOVIC A, SHAINOGLU Z. The cramaer-rao bounds of hybrid TOAR/RSS and TDOA/RSS location estimation schemes[J]. IEEE Commun Lett, 2004, 8(10):626-628.

[21] NICULESCU D, NATH B. Ad Hoc positioning system (APS) using AoA[A]. Proceedings of IEEE INFOCOM'03[C]. San Francisco, CA, USA, 2003. 1734-1743.

[22] PRIYANTHA N, CHAKRABORTHY A, BALAKRISHNAN H. The cricket location-support system[A]. Proceeding of International Conference on Mobile Computing and Networking[C]. 2000. 32-43.

[23] SAVVIDES A C, HAN M, SRIVASTAVA B. Dynamix fine-grained localization in Ad Hoc networks of sensors[A]. Proceeding of the 7th Annual ACM/IEEE International Conference on Mobile Comptiong and Networking(Mobicom2001)[C]. 2001. 166-179.

[24] WANG S, LIU K Z, HU F P, *et al.* A distributed sensor network localization scheme motivated by graph rigidity theory[J]. The Mediterr-anean Journal of Measurement and Control, 2005, 1(4):185-190.

[25] DE OLIVEIRA H A B F, NAKAMURA E F, LOUREIRO A A F, *et al.* Directed position estimation: a recursive localization approach for wireless sensor networks[A]. Proceeding of the 14th International Conference on Computer Communications and Networks[C]. 2005. 557-562.

[26] BULUSU N, HEIDEMANN J, ESTRIN D. GPS-less low cost outdoor localization for very small devices[J]. IEEE Personal Communications Magazine, 2000, 7(5):28-34.

[27] NICULESCU D, NATH B. DV-based positioning in Ad Hoc networks[J]. Journal of Telecommunication Systems, 2003, 22(1-4):267-280.

[28] NAGPAL R. Organizing a Global Coordinate System From Local Information on an Amorphous Computer[R]. AI Memo1666, MIT AI Laboratory, 1999.

[29] HE T, HUANG C, BLUM B M, *et al.* Range-free localization schemes for large scale sensor networks[A]. Proceedings of the 9th annual international conference on Mobile computing and networking[C]. New York, USA, 2003. 81-95.

[30] DOHERTY L, PISTER K S J, GHAOUI L E. Convex position estimation in wireless sensor

networks[A]. Proc of IEEE Infocom 2001[C]. Anchorage AK, 2001. 1655-1663.

[31] SHANG Y, RUML W, ZHANG Y, FROMHERZ M. Localization from mere connectivity[A]. Proceedings of the 4th ACM International Symposium on Mobile Ad Hoc Networking and Computing, Annapolis[C]. USA, 2003. 201-212.

[32] HU L X, EVANS D. Localization for mobile sensor networks[A]. Proceeding of Annual International Conference on Mobile Computing and Networking[C]. New York, 2004. 45-47.

[33] CHEN X, HAN P, *et al.* A viable localization scheme for dynamic wireless sensor networks[J]. Computer and Computational Sciences, First International Multi-Symposiums, 2006, 2:587-593.

[34] HSIEH Y, WANG K. Effieient localization in mobile wireless sensor networks[A]. Ubiquitious and Trustworthy Computing, IEEE International Conference[C]. 2006. 292-297.

[35] CAPKUN S, HAMDI M, HUBAUX J P. GPS-free positioning in mobile Ad Hoc networks[J]. Cluster Computing Journal, 2002, 5(2):157-167.

[36] NISSANKA B, PRIYANTHA, HARI B. Anchor-Free Distributed Localization in Sensor Networks[R]. Technieal Report892, MIT Laboratory for Computer Science, 2003. 462-469.

[37] FANG L, DU W L, NING P. A beacon-less location discovery scheme for wireless sensor networks[A]. IEEE Conference on Computer and Communications Societies (INFOCOM 2005, 24th Annual Joint Conference)[C]. 2005. 161-171.

[38] SAVARESE C, RABAEY J M, BEUTEL J. Locationing in distributed Ad Hoc wireless sensor networks[A]. Proc of 2001 IEEE Int'1 Conf Acoustics, Speech and Signal Processing(ICASSP 2001)[C]. NJ, USA, 2001. 2037-2040.

[39] NICULESCU D, NATH B. Localized positioning in Ad Hoc networks[J]. Elsevier's Joumal of Ad Hoc Networks, Special Issue on Sensor Network Protocols and Applications, 2003: 211-349.

[40] HIGHTOWER J, BORIELLO G, WANT R. SpotON: an Indoor 3D Location Sensing Technology Based on RF Signal Strength[R]. Technical Report, UW CSE 2000-02-02, University of Washington, Department of Computer Science and Engineering. Seattle, WA,USA, 2000.

[41] HARTER A, HOPPER A, STEGGLES P, *et al.* The anatomy of a context-aware application[A]. Proc of the 5th Annual ACM/IEEE Int'l Conf on Mobile Computing and Networking[C]. Seattle, 1999. 59-68.

[42] WANT R, HOPPER A, FALCAO V, *et al.* The active badge location system [J]. ACM Trans on Information Systems, 1992, 10(1):91-102.

[43] HARTER A, HOPPER A. A distributed location system for the active office[J]. IEEE Network,

1994, 8(1):62-70.

[44] WELCH G, BISHOP G, VICCI L, *et al.* The HiBall tracker: High-Performance wide-area tracking for virtual and augmented environments[A]. Proc of the ACM Symp on Virtual Reality Software and Technology[C]. London, 1999. 1-11.

[45] PRIYANTHA N B, CHAKRABORTY A, BALAKRISHNAN H. The cricket location-support system[A]. Proc of the 6th Annual Int'l Conf on Mobile Computing and Networking[C]. Boston, 2000. 32-43.

[46] SAVVIDES A, HAN C C, SRIVASTAVA M B. Dynamic fine-grained localization in Ad Hoc networks of sensors[A]. Proc of the 7th Annual Int'l Conf on Mobile Computing and Networking[C]. Rome, 2001. 166-179.

[47] NIRUPAMA B. Self-configuring Localization Systems[D]. University of Califomia at Los Angeles, 2002.

[48] SAVVIDES A, SRIVASTAVA M, *et al.* Dynamic fine-grained localization in Ad Hoc networks of sensors[A]. Proceeding of the 7th ACM International Conference on Mobile Computing and Networking[C]. Rome, Italy, 2001. 166-179.

[49] CHEN J, YAO K, HUDSON R. Source localization and beamforming[J]. IEEE Signal Process Magazine, 2002, 19(2):30-39.

[50] SAVVIDES A, PARK, HAND S M B. The bits and flops of the N-hop multilateration primitive for node localization problems[A]. Proc Int Workshop Sensor Nets[C]. 2002. 112-121.

[51] DIEGO L I, MENDONA P R S, HOPPER A. TRIP: a low cost vision based location system for ubiquitous computing[J]. Personaland Ubiquitous Computing Journal, 2002 ,6(3):206-219.

[52] BAHL P, PADMANABHAN V. RADAR: an in-building RF-based user location and tracking system[A]. INFOCOM2000, Nineteenth Annual Joint Conference of the IEEE Computer and Communications Societies[C]. Tel Aviv, Israel, 2000. 775-784.

[53] WHITEHOUSE K. The Design of Calamari: an Ad Hoc Localization System for Sensor Networks[D]. Master's Thesis, University of California at Berkeley. 2002.

[54] BAHL P, PADMANABHAN V N. RADAR: an inbuilding RF-based user location and tracking system[A]. Proceeding of IEEE INFOCOM 2000[C]. 2000. 775-784.

[55] LIU H, DARABI H, BANERJEE P, *et al.* Survey of wireless indoor positioning techniques and systems[J]. IEEE Transactions on Systems, Man and Cybernetics, Part C: Applications and Reviews, 2007, 37(6):1067-1080.

[56] BAHL P, PADMANABHAN V N, BALACHANDRAN A. Enhancements to the Radar User Location and Tracking system[R]. Microsoft Corporation. 2000.

[57] HIGHTOWER J, WANT R, BORRIELLO G. SpotON: an Indoor 3D Location Sensing

Technology Based on RF Signal Strength[R]. Department of Computer Science and Engineering, University of Washington, 2000.

[58] WHITEHOUSE K. The Design of Calamari: an Ad Hoc Localization System for Sensor Networks[D]. University of California at Berkeley, 2002.

[59] ANDREA S, HEEMIN P, MANI B S. The bits and flops of the N-hop multilateration primitive for node localization problems[A]. Proceedings of the First ACM Intenational Workshop on Wireless Sensor Networks and Application(WSNA, 02)[C]. Atlanta Geogia, USA, 2002. 112-121.

[60] PRIYANT N B, CHAKRABORTY A, BALAKRISHNAN H. The cricket location support system[A]. Proceedings of the 6th Annual International Conference on Mobile Computing and Networking[C]. 2000. 32-43.

[61] DRAGOS N, BADRI N. Ad Hoc positioning systems(APS)[A]. Proceedings of 2001 IEEE Global Telecommunications Conferenee(IEEE GLOBECOM,01)[C]. San Antonio, TX, USA, 2001. 2926-2931.

[62] NICULESCU D, NATH B. DV based positioning in Ad Hoc networks[J]. Journal of Telecommunication Systems, 2003, 14(22):267-280.

[63] DRAGOS N, BADRI N. Ad Hoc positioning system(APS) using AOA[A]. Proceedings of The 22nd Annual Joint Conference of the IEEE Computer and Cormmunications Societies(INFOCOM2003)[C]. San Francisco,CA, USA, 2003. 1734-1743.

[64] 陈娟, 李长庚, 宁新鲜. 基于移动信标的无线传感器网络节点定位[J].传感技术学报, 2009, l:121-125.

[65] YU K, GUO Y J. NLOS error mitigation for mobile location estimation in wireless networks[A]. IEEE 65th Vehicular Technology Conferenee[C]. Dublin，Ireland, 2007. 1071-1075.

[66] 董齐芬, 冯远静, 俞立. 基于移动信标节点的无线传感器网络定位算法研究[J]. 传感技术学报, 2008, 5:823-827.

[67] 匡兴红, 邵惠鹤. 一种新的无线传感器网络节点定位算法研究[J]. 传感技术学报, 2008, l:174-177.

[68] 邓克波, 刘中. 基于移动锚节点的无线传感器网络节点坐标校正[J].信息与控制, 2009, 4:142-146.

[69] 李石坚, 徐从富, 杨肠. 面向传感器节点定位的移动信标路径获取[J].软件学报, 2008, 2:455-467.

[70] 李洪峻, 彦龙, 薛晗. 面向无线传感器网络节点定位的移动锚节点路径规划[J]. 计算机研究与发展, 2009, 46(1):129-136.

[71] ORR R J, ABOWD G D. The smart floor: a mechanism for natural user identification and

tracking[A]. Proceedings of Conference on Human Factors in Computing Systems (CHI 2000)[C]. 2000. 275-276.

[72] ADDLESEE M, JONES A, LIVESEY F, *et al*. The ORL active floor[J]. IEEE Personal Communications, 1997, 4(5):35-41.

[73] KADDOURA Y, KING J, HELAL A S. Cost precision trade offs in unencumbered floor based indoor location tracking[A]. Proceedings of the 3rd International Conference on Smart Homes and Health Telematics[C]. 2005. 75-82.

[74] MANDAL A, LOPES C V, GIVARGIS T, *et al*. Beep:3D indoor positioning using audible sound[A]. Proceedings of the 2nd Consumer Communications and Networking Conference[C]. 2005. 348-353.

[75] HU L, EVANS D. Localization for mobile sensor networks[A]. The 10th Annual International Conference on Mobile Computing and Networking Philadelphia[C]. 2004. 45-57.

[76] ENRIQUE S N, VICEKANANDAN V, WONG W S V. Dual and mixture monte carlo localization algorithms for mobile wireless sensor networks[A]. IEEE Wireless Communications and Networking Conference[C]. Hong Kong, China, 2007.317-328.

[77] DIL B, DULMAN S, HAVINGA P. Range-based localization in mobile sensor networks[J]. Lecture Notes in Computer Seienee, 2006, 38(2):164-179.

[78] BAGGIO A, LANGENDOEN K. Monte-Carlo localization for mobile wireless sensor networks[J]. Lecture Notesin Computer Seienee, 2006, 43(11):317-328.

[79] 汪炀, 黄刘生, 吴俊敏.一种基于 Monte Carlo 的移动传感器网络精确定位算法明[J]. 小型微型计算机系统, 2007, 34(8):74-77.

[80] 赵欢, 冯颖, 罗娟等. 无线传感器网络移动节点定位算法研究[J]. 湖南大学学报(自然科学), 2007, 34(8):74-77.

[81] 魏叶华, 李仁发, 罗娟. 基于动态网格划分的移动无线传感器网络定位算法[J]. 计算机研究与发展, 2008, 45(fl):1920-1927.

[82] MECHITOV K, SUNDRESH S, KWON Y, AGHA G. Cooperative tracking with binary detection sensor networks[A]. Proceedings of the First International Conference on Embedded Networked Sensor Systems[C]. 2003. 332-333.

[83] KIM W Y, KIRILL M, *et al*. On target tracking with binary proximity sensors[A]. Fourth International Conference on Information Processing Sensor Networks (IPSN05)[C]. 2005. 125-129.

[84] SHRIVASTAVA N, MUDUMBAI R, Madhow U, *et al*. Target tracking with binary proximity sensor: fundamental limits, minimal descriptions and algorithms[A]. Proc of ACM Sensys[C]. 2006.251-264.

[85] RABBAT M G, NOWAK R D. Decentralized source localization and tracking[A]. Proceedings IEEE International Conference on Acoustics, Speech, and Signal Processing[C]. 2004. 921-924.

[86] CHEN W P, HOU J C, LUI S. Dynamic clustering for a coustic target tracking in wireless sensor networks[A]. Proceedings 11th IEEE International Conference[C]. 2003. 284-294.

[87] FRIEDLANDER D, GRIFFIN C, JACOBSON N, *et al.* Dynamic agent classification and tracking using an Ad Hoc mobile a coustic sensor network[J]. The Eurasip Journal on Applied Signal Processing, 2002. 215-220.

[88] YAO K. Blind beam forming on a random by distributed sensor array system[J]. IEEE Journal on Selected Areas in Communications, 1998, 16:1555-1567.

[89] PHOHA S, JACOBSON N, FRIEDLANDER D, *et al.* Sensor network based localization and target tracking through hybridization in the operational domains of beam forming and dynamic space-time clustering[A]. Global Telecommunications Conference, GLOBECOM 03[C]. 2003. 2952-2956.

[90] YU X B. Adaptive target tracking in sensor networks[A]. 2004 Communication Networks and Distributed Systems Modeling and Simulation ConferenceSan Diego[C]. 2004. 253-258.

[91] GORDON N J, SALMOND D J, SMITH A F M. Novel approach to nonlinear/non Gaussian Bayesian state estimation[J]. Radar and Signal Processing IEEE Proceedings F,1993, 140:107-113.

[92] SHENG X H, HU Y H. Sequential acoustic energy based source localization using particle filter in a distributed sensor network[A]. ICASSPO4[C]. 2004. 972-996.

[93] 匡兴红，霍海波，刘雨青. WSN 中基于粒子滤波的目标跟踪研究[J].传感技术学报，2009, 7:1029-1033.

[94] 肖延国，魏建明，邢涛. 分布式 Unscented 粒子滤波跟踪[J]. 光学精密工程，2009, 7:1707-1713.

[95] 杨悦平，董慧颖，宋超凡. 基于改进粒子滤波的传感器网络目标跟踪研究[J]. 沈阳理工大学学报, 2007, 12:1-4.

[96] 李善仓，张德运，杨振宇. 无线传感器网络下的粒子滤波分布式目标跟踪算法[J]. 西安交通大学学报, 2007, 8:912-916.

[97] 黄艳，梁样，于海斌. 基于粒子滤波的无线传感器网络目标跟踪算法[J]. 控制与决策, 2008, 12:1389-1394.

[98] 邓小龙. 基于粒子滤波的目标跟踪与系统辨识方法的研究[D]. 上海交通大学, 2005.

[99] CHU M, HAUSSEEKER H, ZHAO F. Scalable information driven sensor querying and routing for Ad Hoc heterogeneous sensor networks[J]. The International Journal of High Performance Computing Applications, 2002, 16(3):293-313.

[100] ZHAO F, SHIN J, REICH J. Information driven dynamic sensor collaboration for tracking applications[J]. IEEE Signal Processing Magazine, 2002, 19(2):61-72.

[101] 方震. 位置数据库已知的无线传感器网络研究[D]. 中国科学院研究生院(电子研究所), 2007.

[102] 赵昭, 陈小惠. 无线传感器网络中基于 RSSI 的改进定位算法[J]. 传感技术学报, 2009, 3(22):391-394.

[103] TI/ Chipcon. CC2430 PREL IMINARY Data Sheet(rev.1.03)SWRS036A[S].

[104] JOHN S, SHANA J. Distributed sensory systems and developer platforms from crossbow technology[A]. Conference on Embedded Networked Sensor Systems-SenSys[C]. 2005. 1098918-1098984.

[105] HILL J, SZEWCYK R, WOO A, *et al*. System architecture directions for networked sensors[A]. Proceedings of the International Conference on Architectural Support for Programming Languages and Operating Systems[C]. 2000. 93-104.

[106] 童志鹏, 刘兴. 综合电子信息系统[M]. 北京:国防工业出版社, 2008.

[107] 崔莉, 鞠海玲, 苗勇. 无线传感器网络研究进展[J]. 计算机研究与发展, 2005, 42(1):163-174.

[108] 苗勇, 崔莉. 一种低计算复杂度的无线传感器网络分簇定位算法[J].高技术通信, 2009, 9(4):348-355.

[109] HE T, HUANG C D, BRIAN M, *et al*. Range-freelocalization schemes in large scale sensor networks[A]. Proceedings of the 9th Annual International Conference on Mobile Computing and Networking (MobiCom)[C]. San Diego, California, USA, 2003. 81295.

[110] 赵昭, 陈小惠. 无线传感器网络中基于 RSSI 的改进定位算法[J]. 传感技术学报, 2009, 22(3):391-394.

[111] 冯成旭, 刘忠, 程远国. 一种基于 RSSI 的无线传感器网络的改进定位算法舰船电子工程, 2010,30(10):69-71.

[112] 周艳. 基于 RSSI 测距的传感器网络定位算法研究[J]. 计算机科学, 2009, 36(4):119-120.

[113] 陈维克, 李文峰, 首珩. 基于 RSSI 的无线传感器网络加权质心定位算法[J]. 武汉理工大学学报(交通科学与工程版), 2006, 30(2):265-268.

[114] GUPTA R, DAS S R. Tracking moving targets in a smart sensor network[J]. The VTC Fall 2003 SymPosium, 2003, 5(10):3035-3039.

[115] JIAO J J, ZHAO G, ZHANG F S. A broadband CPW-fed T-shape slot antenna[J]. Progress In Electromagnetics Research, 2007, 76:237-242.

[116] MA H D, TAO D. Multimedia sensor network and its research progresses[J]. Journal of Software , 2006, 17(9):2013-2028.

[117] LEWIS G, DEBORAH E. Robust range estimation using acoustic and multimodal sensing[A]. Proceeding of IEEE: RSJ International Conference on Intelligent Robots and Systems(IROS'01)[C]. Maui.Hawaii.USA. 2001. 1312-1320.

[118] CHENG X, T A XUE G, CHEN D. TPS:a time-based positioning scheme foroutdoor wireless sensor networks[C]. Proceedings of the IEEE INFOCOM2004[C]. Hong Kong, China, 2004. 2685-2696.

[119] NICULESCU D, NATH B. Ad Hoc positioning system(APS)[A]. Proceedings of the IEEE GLOBECOM[C]. San Antonio, 2001.2926-2931.

第 7 章　无线传感器网络安全定位策略

在无线传感器网络中，安全、准确地得到节点的位置信息是网络构建、维护和应用等功能模块实现的前提和基础，也是无线传感器网络研究中的基础性和热点问题之一。无线传感网络的节点分布往往具有随意性和随机性，在初始阶段对节点进行位置预设有很大的困难，预装 GPS 定位系统也受成本、功耗、可扩展性、应用环境等问题的限制不能大规模进行，所以目前定位系统大都依据某些物理属性（时间、角度、信号强度、跳数等）来确定节点间的位置关系，以已知位置的节点为参照估算出未知节点的位置。然而，一段时间以来，该领域的研究主要集中于如何提高定位精确度、降低计算复杂度和提高能量有效性，来满足应用的需要，很少考虑定位系统的安全。在不可信的部署环境下，现有定位系统很容易遭受各种类型的攻击，例如，俘获锚节点、虫洞攻击、干扰信标信号等，而且传感节点的资源受限和 WSN 通常部署在无人维护、不可控制的环境中，定位所依据的各种物理属性的信号容易被篡改，定位过程容易遭受内部和外部的攻击，传感器网络除了具有一般无线网络所面临的信息泄露、信息篡改、重放攻击、拒绝服务等多种威胁外，还面临传感节点容易被攻击者物理操纵从而控制部分网络的威胁[1]。

目前，国外大多数针对无线传感网络安全性的研究建立在 Ad Hoc 网络和传统网络安全机制基础上，针对 WSN 的特点和应用需求作了一些拓展，其主要研究集中在密钥管理、拒绝服务等方面。国内在这方面也有了一定的研究，率先开展工作的有中科院计算技术研究所、华中科技大学等[2]。

7.1　定位系统安全分析

7.1.1　无线传感器网络攻击分类

根据无线传感器网络的协议层级，无线传感器网络所受攻击主要分为物理层攻击、数据链路层攻击、传输层攻击和应用层攻击等。物理层的攻击主要手段有物理层的信号干扰、对节点的物理破坏、使用入侵节点及使用外部设备冒充基站等、使节点采集或传输的信号受到干扰或形成非正确的传输信号、同时在物理层进行信号监听等；数据链路层的攻击主要有链路层接入碰撞、争用有限的通信资源、使节点能量损耗的拒绝睡眠攻击等；网络层的攻击有拒绝转发或篡改、拒绝服务攻击、女巫攻击、流量分析、污水池攻击、泛洪攻击、蠕虫攻击等；传输层的攻击主要有网络层的泛洪攻击；应用层的攻击主要有冒充和克隆等。无线传感器网络中各层主要攻击手段如表 7.1 所示。

表 7.1　　无线传感器网络攻击

攻击类型	网络层次
拥塞攻击	物理层
物理破坏	物理层
碰撞攻击	数据链路层
耗尽攻击	数据链路层
非公平竞争	数据链路层
虚假路由信息	网络层
选择转发	网络层
女巫攻击	网络层
槽洞攻击	网络层
虫洞攻击	网络层
Hello 泛洪攻击	网络层
告知受到欺骗	网络层
泛洪攻击	传输层
克隆	应用层

7.1.2　针对定位系统的攻击分析

WSN 自身存在诸多脆弱性，综合考虑无线传感器网络节点所处环境、拓扑结构和节点自定位过程，无线传感器网络定位系统具有较多的安全弱点。首先，网络部署区域环境多变，节点周边环境安全性比较弱，攻击者可以通过设置障碍物干扰测量信号、吸收或加强信号传播、破坏网络拓扑、移动毁坏传感器节点等手段干扰节点定位；其次，节点之间的信息传输过程不安全，由于认证体制以及加密系统的不完善，信息传输过程中的保密机制较差，易遭到恶意篡改或丢弃；节点自我保护能力较差，由于网络具有自组织性以及分布性特征，同时节点资源有限，难以使用安全的复杂度较高的加密算法，一旦密钥被破解，会造成严重影响。定位算法实际上是一种节点间的协作机制，这种协作机制的安全性是整个 WSN 网络需要面对的。定位系统的安全性与整个网络系统的安全密切相关，定位系统所受的攻击和 WSN 网络所受的攻击在很多情况下一致。

WSN定位过程主要由测量过程和估算过程组成，针对定位系统的攻击主要发生在定位过程的测量与估算阶段。

每个定位系统所采用的物理属性和定位过程不同，因此存在多种攻击手段。一般分为内部攻击和外部攻击，内部攻击中，攻击者必须俘获相关节点并掌握内部密钥，而外部攻击无需获得节点信任，直接针对定位机制，因此可以绕过传统基于密码体制的安全机制防护，外部攻击根据定位技术的不同，可分为基于测距的攻击和无须测距的攻击。内部攻击可演变为网络中合法节点进行的攻击，攻击者可以是已被攻陷的传感器节点，也可以是获得合法节点信息（包括密钥信息、代码、数据）的传感器节点。很显然，内部攻击比外部攻击更难检测和预防，其危害性也更大。针对不同定位技术的主要攻击手段如表7.2所示[3]。

表7.2　针对不同定位技术的攻击方法

物理属性	攻击方法
传播时延	阻挡信标传输的视线通道，引入多径时延
（TOA/TDOA）	阻塞—重放信标
传播损耗	阻塞而且重放不同功率的信标帧
（RSSI）	设置障碍物
	发送反相信号或衰减信号强度
虫洞攻击	虫洞攻击
入射角度	设置障碍物改变信号到达的角度
（AOA）	引入多径传输
转发跳数	虫洞、女巫攻击
	干扰而且使数据分组不走最短路径传输的攻击
	篡改计数分组的攻击
邻近关系	重放攻击来扩大信号覆盖范围
	虫洞攻击和重放攻击结合
	信号阻塞攻击

7.1.3　定位算法面临的攻击

定位算法容易遭到多种攻击[4~6]的威胁，无论是传感器节点本身还是它们传递的定位消息都是众多攻击者的目标。根据定位算法的各个步骤，从最初的信标节点发布参考位置消息的角度、之后的位置测量过程以及最终的位置计算过程，都可从如下几个方面分析传感器节点定位系统可能面临的主要攻击。

（1）针对信标节点的攻击

信标节点发布的位置参考信息在定位算法中占据举足轻重的地位，因此十分容易遭到网络环境中的各种攻击。若攻击者伪造为信标节点发送虚假的定位参考报文，或者俘获信标节点，都会对整个节点自定位系统造成十分严重的影响，甚至造成整个定位系统的崩溃。移位攻击[7]是最常见的攻击，也是一种物理攻击手段，攻击者移动或直接毁坏传感器节点改变网络结构，甚至放入恶意节点发布虚假定位报文，将造成定位严重偏差。

（2）针对距离和角度测量的攻击

从传感器节点定位过程来看，获取可靠的测距距离和角度是进行成功定位的基本前提。因此攻击者也从各个角度对定位过程进行干扰破坏。主要手段包括设置障碍或者改变物理信道特性；故意延迟数据分组发送时间，篡改定位参考消息内容以及传播错误的跳数信息等。重放攻击[8]、虫洞攻击[9,10]等都属于此种类型的攻击，重放攻击中攻击者重放过期的定位消息报文，干扰节点定位过程；虫洞攻击需要至少 2 个恶意节点合谋，以建立高效虫洞链路，改变网络拓扑结构，严重破坏节点定位活动。

（3）针对位置计算的攻击

当传感器节点获取足够的距离信息或者角度参考信息之后，便可利用得到的信标节点参考消息进行计算得到自身位置。攻击者对此主要采用的破坏手段为传播虚假信标消息、利用虚假节点或者采用信号干扰等，典型手段有女巫[11]攻击和虚假报文攻击[12]。女巫攻击又被称为仿制节点攻击，攻击者伪造多重身份，使未知位置节点收到大量相同节点的不同位置参考信息，严重影响定位准确性；虚假报文攻击，攻击者篡改报文信息，将虚假的位置参考消息注入网络中，严重影响依靠网络拓扑、跳数或连通度的非测距定位算法，误导节点定位。

7.2　WSN 定位系统中常见恶意攻击

在基本的攻击手段上衍生出了许多针对无线传感器网络的恶意攻击如 DoS 攻击[13]、女巫攻击[14]、Sinkhole 攻击[15]、虫洞攻击[16]、Hello 泛洪攻击[17]和选择转发攻击[18]等，这些恶意攻击，有些专门针对定位系统，有些不是针对定位系统，但对传感网络造成损坏，影响定位（例如攻击路由，使之不能生成全局的定位）。

（1）选择转发攻击[19]。对于攻击者来说，选择转发攻击是最简单、最普遍的一种 WSN 攻击。选择转发攻击的主要过程：攻击者首先阻塞 WSN 发送节点发出的信息，同时保存该信息，然后将该信息选择性地再转发给 WSN 接收节点。在动态 WSN 网络中，网络信息的更新速度很快，攻击者转发过时 WSN 信息的可能性很高，被攻击 WSN 节点将接收到错误的参照节点信息，这样就会影响 WSN 定位结果，如图 7.1 所示。

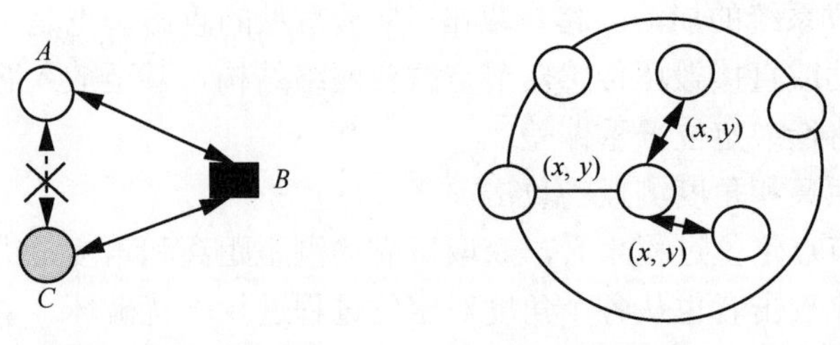

(a) 节点B选择性转发节点A的数据　　(b) 节点B选择性转发移动节点A的位置信息

图 7.1　选择转发攻击

（2）DoS（Denial of Service）攻击。中文名为拒绝服务攻击，计算机网络中的经典攻击手段，在各种网络中都存在。在无线传感器网络中，DoS 攻击通过干扰无线信道、大量重放、插入或丢弃报文等手段发起攻击，消耗传感器节点有限的资源，使网络部分或全部瘫痪。

（3）异质传播攻击。如图 7.2（a）所示，该种攻击主要针对 TDOA 测距技术，恶意节点收到射频信号后，发送欺骗的超声信号，由于距待定位节点较近，超声信号可比锚节点发射的信号先到目的地，造成待定位节点无法区分超声信号来源，造成测距错误。

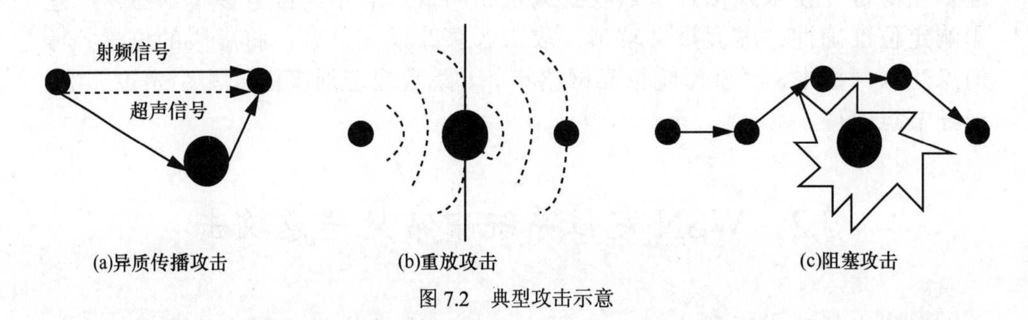

(a)异质传播攻击　　(b)重放攻击　　(c)阻塞攻击

图 7.2　典型攻击示意

（4）重放攻击。如图 7.2（b）所示，这种攻击主要针对 RSSI 测距，恶意节点截取了锚节点的信号，将其重新转发，待定位节点会误认为接收的是锚节点的 RSSI 信号，从而引起测距误差。

（5）阻塞攻击。在 WSN 网络中也称为选择性转发攻击，如图 7.2（c）所示，这种攻击主要针对无须测距的定位算法（如 Dv-Hop），恶意节点本应在正常的数据转发路径上，但恶意节点可能拒绝转发特定的消息并将其丢弃，造成从锚节点到未知节点的跳数发生变化，最终影响到定位。

（6）虫洞（Wormhole）攻击。在 2 个串谋的恶意节点间建立一条私有通道，攻击者在网络中的一个位置上记录数据分组或位置信息，通过此私有通道将窃取的信息传递到网络的另外一个位置。私有通道的距离一般大于单跳无线传输范围，所以通过私用通道传递的数据分组比通过正常路径传递的数据分组早到达目标节点。如果恶意节点故意抛弃数据分组或篡改分组内容，将造成数据分组的丢失或破坏。同时，因为虫洞能够造成比实际路径短的虚假路径，将会扰乱依靠节点间基于位置信息的路由机制，从而导致路由发现过程的失败。如图 7.3 所示，节点 1、节点 2 是无线传感器网络中相隔很远的 2 个节点，彼此都不在对方的通信半径内。*W*1、*W*2 是虫洞攻击两端的恶意节点，它可以建立一条私有通道，当节点 1 需要传送信息时，就广播一个消息确定由谁作为中间节点传递。*W*1 处于节点 1 的通信范围内，*W*1 收到广播消息后通过隧道快速传递给 *W*2，*W*2 广播复制节点 1 的请求消息，当节点 2 收到消息后，误以为节点 1 是邻居节点，回复确认消息，*W*2 在节点 2 的通信半径内，将收到的确认消息再通过隧道传送给 *W*1，*W*1 广播确认消息。当节点 1 收到确认后，就误以为节点 2 是它的邻居节点。这样，“邻居”关系确立并可在路由过程中使用。

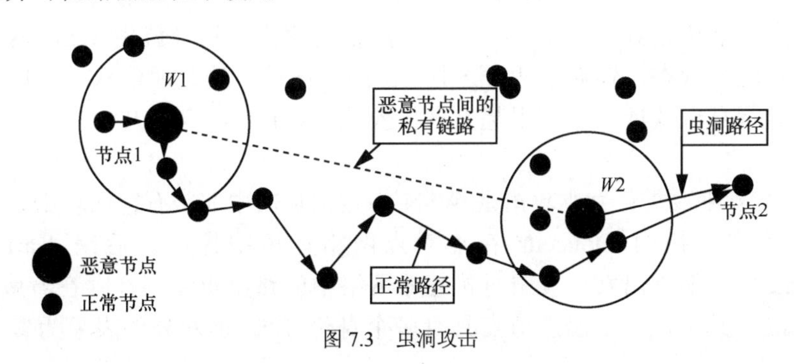

图 7.3 虫洞攻击

（7）复制攻击（Replication Attack）。指节点通过虫洞在远离某一节点的地方复制多个节点，攻击者不直接损害普通节点，但复制的节点会通过虫洞传播信息，使正常节点认为复制的节点为邻居节点，如复制攻击节点中有锚节点的话，将导致被定位节点定位错误。如图 7.4 所示。节点 *A* 和节点 2~4 本不是邻居节点，当网络中存在复制攻击后，*W*2 复制了 1、2、3、4 等节点，造成了 *A* 将节点 2~4 当作邻居节点的假象。

（8）节点俘获攻击[20]。节点俘获攻击是 WSN 中比较复杂的攻击之一。在节点俘获攻击中，攻击者不仅控制住了 WSN 中的节点，而且获得了 WSN 中节点间的通信密钥，再伪装成该 WSN 中的节点，给其他 WSN 节点发送伪造信息来干扰节点的定位。在 WSN 节点定位过程中，如果 WSN 中的某些节点被俘获，则攻击者可以利用它们传送错误的位置信息；尤为严重的情况是信标节点被俘获，则整个 WSN 的位置信息都可能会受影响。

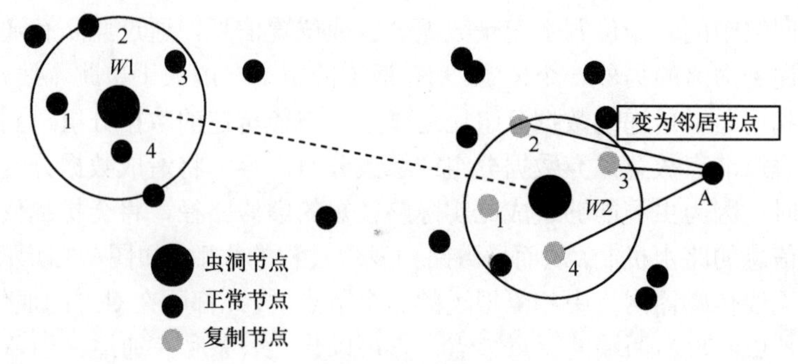

图 7.4 复制攻击

（9）Hello 泛洪攻击：许多 WSN 协议是通过 Hello 泛洪与邻居节点建立联系的，这种攻击是针对 WSN 节点定位过程的新型攻击，它主要表现是：如果攻击者采用大功率的无线设备广播路由（或其他信息），则它试图使用这条路由与基站通信，并使 WSN 网络中的部分节点（甚至全部节点）确认攻击者是其邻居节点；但是一部分 WSN 节点相距攻击者很远，且传输能力有限，则发送的信息不能传送到被攻击者，从而造成信息丢失，这样就使 WSN 网络陷入了一种混乱的状态。针对 Hello 泛洪攻击的最简单方法是通信双方采用有效措施相互进行身份认证，且利用基点来检验 WSN 节点的身份及它们之间的邻居关系。

（10）女巫攻击：女巫攻击是 WSN 中定位攻击中非常有害的攻击方式的一种，该攻击最初由 Douceur 在点对点网络环境中提出。后来 Karlof[21] 和 Newsome[22]等都指出女巫攻击对传感器网络中的路由机制同样存在着威胁。对女巫攻击定义为，一个恶意节点具有多个身份 ID，但对外的表象为多个正常节点。

① 女巫攻击特点

a）直接和间接通信

直接通信：该方式表现为女巫节点可以和其他合法节点直接进行通信，当合法节点向女巫节点发送信息时，恶意节点可以监听这些信息。而从女巫节点发出的信息实际上是由恶意节点发出的。

间接通信：合法节点无法直接和女巫节点进行通信，但恶意节点声称可以到达女巫节点，因此，发送给女巫节点的消息都是通过其中的一个恶意节点进行转发，这个恶意节点假装把这个消息发送给女巫节点，而事实上就是这个恶意节点自己接收或者拦截了这个消息。

b）伪造和偷窃的身份

伪造身份：攻击者通过构造多个与正常节点类似的女巫 ID 实现身份合法化。

盗用身份：在网络中有安全机制对节点 ID 的合法性进行识别的情况下，简单伪造新的 ID 很难通过。恶意节点通过手段使合法节点失效，从而盗用这些节点的 ID。

c）同时攻击和非同时攻击

同时攻击：攻击者利用其所拥有的合法身份 ID（女巫节点）同时参与网络信息交换。

非同时攻击：攻击者具有多个身份女巫节点，但在某一特定时期，攻击者只使用其中一个身份的女巫节点参与网络活动。

② 女巫攻击的破坏性

女巫攻击对无线传感器网络的破坏性很大，主要如下。

女巫攻击可以削弱分布式存储算法中冗余备份的作用。文献[23]指出在计算机网络中，女巫攻击可以使点对点存储系统的分段和复制机制失效，并对此做了证明。在 WSN 中，当系统进行备份时，备份数据会经过多个节点，但极有可能会存储在有具有女巫身份的同一恶意节点中。

女巫攻击可以破坏无线传感器网络中基于地理位置的路由算法[24]。恶意节点通过女巫攻击能同时以不同的身份出现在多个地理位置，实际上是同一个节点，从而破坏地理位置路由。

女巫攻击可以破坏数据融合机制。在无线传感器网络中，多个节点监测的数据需要融合，有效的查询机制可以节省网络的能耗[25]。但女巫攻击使恶意节点多次报告错误的监测数据，达到一定的数值，攻击就会完全更改数据融合的结果。

女巫攻击破坏投票机制。在无线传感网络的应用中，经常用到投票机制对监测的事件做出判断，女巫攻击根据所拥有的多个女巫节点可以破坏任何一个类似的投票机制，攻击者完全有可能决定投票的结果。比如，执行 blackmail 攻击，多次声称一个合法节点行为异常，而且女巫节点还可以相互之间担保。

女巫攻击破坏网络资源公平分配机制。无线传感器网络的应用过程中，往往需要将信道和工作状态时间分配到各个节点，有时根据节点数来分配，比如，邻近的节点很可能通过分得的一定时间片来共享一条无线信道。但攻击者利用大量虚假的女巫节点能获得更多的网络资源，导致合法节点能分配到的资源减少或分配不到资源，如同网络中的 DoS 攻击。

女巫攻击破坏某些行为的检测机制。对 DoS 攻击，网络可以根据某个节点重复发分组现象来检测出是否发生了某种特定类型的非法行为，但若攻击者将多次非法的重复行为分配给其拥有的多个合法身份的女巫节点去完成，网络将很难检测出这类行为。

7.3 定位系统安全策略

7.3.1 安全定位系统设计思路

安全定位的研究方法可以采用如图 7.5 所示的思路来进行[26,27]。首先针对网络中特定的攻击手段和特定的算法进行分析，分析网络攻击对传感器节点定位的影响；接着确定定位的目标，提出满足目标的安全定位算法；再在理论上建立提出算法的数学模型，并分析该数学模型的性能指标，将结果反馈到定位算法的提出阶段，对定位算法进行进一步的修改和优化，直到算法的性能满足需求。在无线传感器的定位方面，随着对传感器网络研究的不断深入，传感器节点定位技术的研究也越来越多元化，为了提高节点定位的准确性及定位过程的安全性，以下多种安全定位方法被提出[28~31]。

（1）增加算法的复杂度或增加一些节点的硬件设备来提高算法自身的安全性和健壮性；

（2）利用信息加密或者身份认证保证节点信息传递的安全性和可靠性；

（3）引入一些安全模型机制，检测和排除一些恶意的攻击节点。

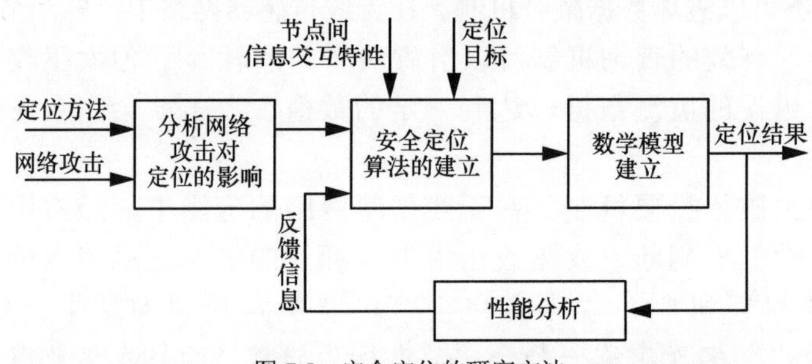

图 7.5 安全定位的研究方法

在无线传感器网络定位过程中，节点的定位算法很多，恶意攻击手段也很多，尽管如此，针对不同的攻击形式、不同的应用环境，为了保证无线传感器网络中数据的保密性、完整性和可用性，也提出了一些相对有效的防御方法，如表 7.3 所示。

无线传感器网络防范定位攻击算法不是很多，一般都移植计算机网络的防病毒方法。2004 年以来，传感器网络节点定位的安全问题逐渐引起工业界、学术界的关注，许多新颖的安全定位策略被提出，这些安全策略采用了不同的定位原理，不同的网络配置技术，能承受的攻击能力也不相同，当然算法的时空复杂性也有所不同，比较有代表性的策略如下。

表 7.3　典型攻击分析

攻击类型	网络层次	可采取的防御机制
拥塞攻击	物理层	光通信
篡改	物理层	有效秘钥管理机制
冲突	数据链路层	校验码
耗尽	数据链路层	速率限制
操纵	网络层	认证、加密
选择性转发	网络层	冗余、测探
女巫攻击	网络层	认证
污水池攻击	网络层	认证、冗余、测探
虫洞攻击	网络层	监测、灵活的路由选择
Hello 泛洪	网络层	双向认证、三次握手协议
泛洪	传输层	限制连接数量、用户质询
克隆	应用层	密钥对唯一

7.3.2　基于加密实现安全定位的算法

恶意节点往往发布虚假的位置信息，解决这类安全问题的最好方法就是对相关敏感数据进行加密，当然加密算法不只是用于安全定位，在整个 WSN 中都能起到很好的安全作用。文献[32,33]提出的安全方案中，均把加密方法运用在对锚节点的安全保护方面，防止恶意节点对锚节点的破坏。加密方法从理论上可以运用到定位系统的各个方面，但无线传感器网络缺乏网络基础设施，资源受限等特性使得诸多密码算法难以直接应用[34]。目前主要使用计算量较少的对称密码算法，但是在特定情况下，如访问控制等也使用低开销的非对称密码算法[35~37]。

无线传感器网络中，最基本的有微型加密算法（TEA, Tiny Eneryption Algorithm）[38]加密算法由 David J 等提出，属于对称分组加密算法，和一般的加密算法不同，它不是采用异或操作来进行可逆操作，而是采用迭代、加减对数据进行加密，降低对计算能力的要求，Shauang Liu 等已在 Mote 节点上进行了实验，验证了该算法。但该算法还没通过严格的安全审查，算法还有缺陷。经典的 RC5，RC6 加密算法[39]，使用加法、异或和循环左移 3 个基本操作实现数据加密，具有快速、可变长、简单高效的特点，算法在计算机网络中得到了大量应用，但有一定的计算量，无线传感网络节点的资源不能直接支持其运行。Adrian Perrig 等对算法进行了改进，采用 RC5 部分子集或对代码进行裁剪，大幅减少了代码量，并在 Berkeley Smart Dust 节点上实现了该算法，运行在 SPINS[40]协议上，该算法的优点是安全性高，但还是有一定的资源耗费，而且 RC5 需要计算初始密钥，将浪费节点额外的 RAM 字节数。

在对称密码中，节点需在预分配前存储大量的密钥，许多研究者正尝试着在传感器节点上实现公钥运算，将一些经典的非对称密码算法简化应用于无线传感网络。Gura 等在 8 位微控制器上实现了 ECC 和 RSA 算法[41]。Malan 等在 MICA2 节点上实现了椭圆曲线密码 Diffie-Hellman[42]。R Watro 等在 MICA2 节点上实现了基于 RSA 的认证协议[43]。Benenson 等基于 EccM 库设计了用户认证协议，并在 TelosB 节点上实现该协议[44]。随着技术的进步，传感器节点的计算能力也越来越强。原先被认为不可能应用的密码算法的低开销版本也开始被接受，成为传感器网络安全研究的热点之一[45]。

7.3.3 距离界限协议实现安全定位

距离界限协议基于 RF-TOA 测距技术，最早由 Brands 和 Chaum 提出时间绑定呼叫—响应协议(Time-Bounded Challenge-Response Protocol)[46]，在距离界限协议中，被验证者只有在接收到验证者的数据分组后才能进行应答。算法在验证分组中含有随机数，来限制通过提前响应来缩短测距的攻击。因为任何外部攻击都将延缓协议的处理，从而拉长测距结果。因此距离界限协议可限制各种以缩短测距为目的的攻击。

该安全协议对硬件的要求很高，要求有非常快的信号处理能力，为减少对设备硬件的要求，Sastry 等对协议作了改进，提出了 Echo 协议[47]，其与时间响应协议最大的区别就是呼叫报文时用射频发送给被验证者，而响应报文则采用超声信号发送回验证者。ECHO 算法的不足之处在于，算法需要增加额外设备，而且往返时间中包含了加密算法的处理时间，这部分时间会有一定的偶然性，会带来一些错误。Meadows 等针对这个问题，对协议的安全性进行形式化分析，通过最小化报文、量化密码机制，提出了类似的距离界定协议[48]。上述的距离界限协议解决了节间点距离的上界问题，但无法防止以改变测量距离为目的的攻击，为解决这个问题，出现了基于多验证者的安全定位和位置验证协议 VM。

7.3.4 VM 安全定位机制

VM（Verfiable Multilateration）算法[49]是一种改进型的距离界限协议，算法通过测量一致性来保证定位的安全。原理如图 7.6 所示，假定未知节点 u 处于一个由 3 个校验点 V_1、V_2、V_3 形成的三角形内，V_1、V_2 和 V_3 采用测距方法测得其到 u 的距离 l_1、l_2、l_3，并上报给计算中心，中心节点估算出 u 的位置，然后检验 l_1、l_2、l_3 的值是否和该位置匹配（误差范围内），只有 3 个距离都为真的情况下，u 的位置才正确。如果攻击者改变了未知节点到某个校验点的距离，则必须相应改变 u 到另一个校验点的距离，这一般很难达到，所以通过一致性可以保证定位的安全。

VM 不仅可以抵抗各种测距攻击，也可以用于位置校验。但 VM 的不足之处在于无法抵御共谋攻击，一旦攻击者和校验者共谋，该算法就会失效，并且对无线传感器网络信标节点的密度和分布有要求，要保证校验点都能和未知位置节点通信。VM 采用集中式定位，容易在中心节点附近造成通信瓶颈。SLS（Secure Localization Scheme）算法[50]在 VM 机制上做了改进，采用移动锚节点代替静止的锚节点，减少锚节点的数量，但对网络硬件提出了更高的要求。

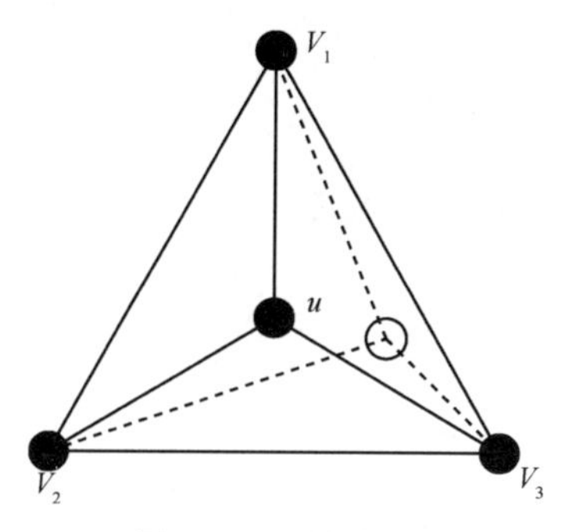

图 7.6　VM 算法原理

7.3.5　SLA 安全定位机制

Anjum 等提出的安全定位算法 SLA[51]基于随机数验证。算法首先假定定位节点位于多个锚节点的通信范围以内，各个锚节点分别采用不同功率的信号发送随机数，网络中节点都能获得一个集合（由不同锚节点发送的随机数和信号强度组成）并上报给 sink 节点。sink 节点将这些集合映射到一个区域，采用质心算法就可以确定未知节点的位置。如图 7.7 所示，锚节点 AN_1、AN_2、AN_3 采用不同的发射功率，覆盖区域分别为 C_1、C_2、C_3，假定 AN_i 对应的随机数为 N_{i1}、N_{i2}、N_{i3}，则位于阴影区域内的未知节点可以收集到的随机数集为$\{N_{12}, N_{13}, N_{22}, N_{23}, N_{33}\}$，对应的位置为阴影区域。

SLA 算法不需要严格的时间测量与同步机制，是一种粗粒度的安全定位算法。算法把锚节点的通信范围通过随机数相关联，对节点虚报距离进行了约束，在一定程度上可以抵抗被俘获传感器节点的欺骗攻击。但 SLA 算法也存在以下不足：定位精度较低；无法抵抗被俘获锚节点的欺骗攻击；仍然有可能遭受虚增测距的攻击。

7.3.6　Serloc 安全定位算法

Serloc 是一种完全分布式、局部化的安全定位协议，是一种免测距的安全定位机制[52]。每个锚节点采用多个定向天线广播定位信标，未知节点根据接收到的多个锚节点的信标报文就能确定自身所处的最小交叉区域 RoI（Region of Intersection），如图 7.8 所示，最后通过质心算法 CoG 就能确定自己的坐标，即 $\overline{p} = CoG(RoI(p)) = CoG\left(\bigcup_{i=1}^{|B_i|} p_i\right)$，其中，$p_i$ 为邻居锚节点 B_i 的信号扇区。

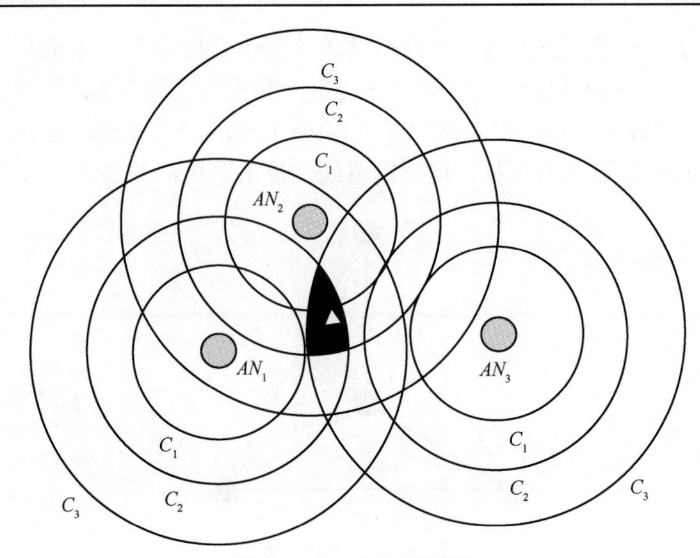

图 7.7　SLA 安全定位算法

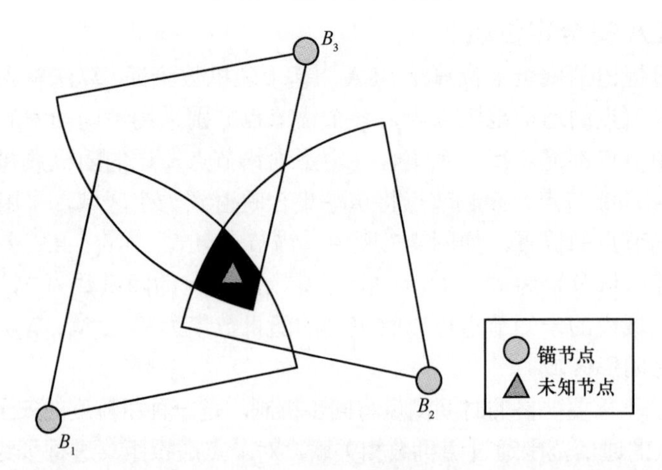

图 7.8　SerLoc 算法

SerLoc 算法采取了进一步的安全措施，利用全局共享密钥和 RC5 算法加密所有信标报文，采用单向散列链（One-Way Hash Chain）提供信标报文源端服务，提高了安全性，并借助定向天线的几何特性来检测女巫攻击。SerLoc 是一种粗粒度的定位技术，存在定位精度差的缺点，为了提高定位精度，需要部署更多的锚节点或者为每个锚节点安装更多的定向天线，但这将增加系统成本和算法复杂性。Lazos 等在该算法的基础上提出了改进的 ROPE 算法[53]和 HiRLoc 算法[54]。

ROPE 是一种混合型的定位算法，在 SerLoc 的基础上进行了改进，通过距离界限协议和通信半径的共同约束，将定位攻击约束在有限的范围内。但该协议不仅需要拥有多个定向天线的锚节点，而且所有节点要有严格的时间同步和实时处理能力。HiRLoc 算法要求锚节点能够变换天线角度和通信范围，实现在不增加锚节点和天线数量的情况下增加扇区交叉区域，达到与 SerLoc 算法一致的效果，但 HiRLoc 对锚节点的要求更高，而且增加了计算复杂度和通信开销。

7.3.7　基于标签的 Dv-Hop 定位算法

基于标签的 Dv-Hop 定位算法[55]是 Junfeng Wu 等提出来的一种基于标签改进的 Dv-Hop 定位算法。该定位算法的主要机制是通过将传感器网络中所有节点通过其满足的某些特性要求将其分成不同的类别，在之后的定位过程中，对存在攻击的节点进行排除。在基于标签的 Dv-Hop 定位算法中，对于信标节点和普通节点分别作了相应的处理。对于信标节点，规定了 3 点。规定（1）：在无路由循环的数据路径中，每个信标节点都不能接收到其自身发出的定位信息。规定（2）：每个信标节点接收其邻居节点的信息分组不能超过一个。规定（3）：每个信标节点不能与通信范围以外的节点进行信息传输。在定位过程中，每个信标节点向其邻居节点广播 hello 信息，hello 信息的格式为 $\{type, id, (x_i, y_i)\}$，*type* 表示节点的类型，*id* 表示节点的 *id* 号，(x_i, y_i) 表示节点的位置坐标。邻居节点根据接收到的 hello 信息建立自己的邻居表，每个节点初始化的标识都是“*N*”，如果信标节点违反了规定(1)，则说明该节点链路中存在着全双工的虫洞攻击，该节点标识为“*D*”；如果信标节点违反了规定（2）和规定（3），则说明该节点链路中存在着单工虫洞攻击，该节点标识为“*S*”。

对于普通节点，规定了 4 条。规定（1）：每个标识为“*U*”的节点将检测其是否违反了自我排斥属性，如果违反了，则该节点链路中存在双虫洞攻击，该节点将会标识为“*D*”。规定（2）：对于被标识为“*U*”且不是“*D*”的传感器节点，如果它从其邻居节点接收到 2 份相同的信息，则说明该节点链路中存在着单工虫洞攻击，并将其标识为“*S*”。 规定（3）：对于标识为“*U*”而且不是“*D*”的传感器节点，如果接收到 2 个信标节点的信息，节点将计算这 2 个节点之间的距离，如果其距离大于 2*R*（*R* 为节点传输半径），则说明该节点链路中存在着单工虫洞攻击，并将其标识为“*S*”。规定（4）：对于被标识为“*U*”的传感器节点，在收到警告信息之后，它会检查受到攻击信标节点组里的信标节点，如果它在每个信标节点组里找到了一个信标节点，则说明该节点链路中没有虫洞攻击，并将其标识为“*N*”。

在定位过程中，每个普通节点初始化标识为“*N*”，如果它接收到邻居信标节点的一个警告信息，它将会标识为“*U*”。被标识为“*U*”的传感器节点通过规定（1~4）对其进行进一步的检测并进行标识，直到传感器网络中所有节点都被标识完成。该定位算法通过对网络中的节点进行标识，在定位过程中对于不同级别的节点分别作相应的处理，能够很好地抵御网络中的虫洞攻击。但是该算法在整体上，在节点标识的过程中，算法相对而言比较复杂，收敛性不好。

7.3.8 入侵及异常检测与隔离技术

由于很多针对定位系统的非常规攻击使用现有的密码学机制难以进行有效的防御，如 DoS（Denial of Service）攻击、节点被俘获之后发起的攻击等，所以如何在传感器网络中抵御这些非常规的攻击就显得非常重要，目前一种比较有效的方法是对所有信标节点进行入侵和异常检测，对检测出异常的节点进行隔离。

在检测异常的信标节点方面已经有一些成果，如 Du 等提出的 LAD（Localization Anomaly Detection）方案[56]，该方案主要是使用无线传感器网络应用中可以事先获知的网络拓扑关系和邻居节点之间存在的联系，来检测待定位节点最后计算的位置与它事先获得的拓扑信息是否相一致，如果一致，就认为计算得到的位置误差在可接受范围内；否则就需要考虑不一致性是否超过一个事先约定的阈值，如果发现超过阈值就报告异常情况发生。仿真实验结果显示：误报率的大小与异常本身的性质有关，当异常信息的不一致性越大，就越容易被检测出来，从而误报率也就会越低。由于 LAD 方案使用了网络节点的拓扑结构。因此，在特殊的网络中如果不能事先获得未知节点的分布情况，那么它就无法继续检测下去，算法失效。而且，该方案没有给出异常的处理方案，所以即使检测出来异常，也没有给出有效方法来解决异常，系统没有很好的容错性。

Liu、Du 等提出了一组信标节点处理技术，该技术可以检测并且移除被俘获的恶意信标节点[57]。该技术主要在检测阶段加入了一个验证过程：由那些已知自身具体坐标的信标节点 B_s 伪装成待定位节点的身份来发送定位请求，该节点 B_s 通信范围内的其他信标节点 B_i 在接收到报文之后，回复 B_i 的位置和到 B_s 的距离。而信标节点 B_s 在收到这些定位信息后，使用两点之间距离计算公式计算 B_s 自身与其他信标节点 B_i 的距离 d_{si}，通过与测量距离进行比较，判断是否有较大误差。如果发现误差超过了一个事先给定的阈值，则可以判定该信标节点 B_i 发送的信息为虚假信息。为了检测最后的计算距离是否会超过节点的信号传输最大距离 R，还使用了虫洞检测器（Wormhole Detector）。如果计算距离 $d_{si}>R$，则说明信标报文不可靠，可能信标报文遭到了虫洞链路攻击；如果 $d_{si}<R$，则需要验证信标节点 B_s 和 B_i 间信标报文的 RTT（Round Trip Time），如果它超过了事实上应该需要的时间，就有可能遭受了恶意信标的重放信标攻击。在检测的

过程中，每一个信标节点 B_s 都有机会发送分组含被它怀疑的信标节点 B_i 的信息控诉报文给基站。在基站中会保存一个全局的信息表，表中会记录每个信标节点 B_i 是否被投诉，被投诉的次数，发送控诉报文投诉其他信标节点的次数等信息。如果投诉其他信标节点发送的控诉报文数小于某个事先给定的阈值 τ，则认为该节点发出的针对其他信标节点的控诉是有效的，否则就认为该节点发出的针对其他信标节点的控诉是无效的，应当被撤销。在文献[57]中，通过分析和模拟，发现在恶意信标节点比率小于 50%的时候，提出的这些方法可以非常有效地解决网络中恶意信标节点攻击的问题，但是随着恶意节点的数量不断增多，误报率也会相应的不断增大，实验表明当网络中有 10 个恶意节点的时候，误报率就会超过 20%。

同时，由于所提出的技术中控诉和撤销机制都是集中式的，所以无法克服集中式算法的固有缺点，基站是制约网络安全性能的主要因素。因此如何使用分布式的控诉和撤销机制将会是一个很有意义的研究方向。最后，文献中的技术并不能解决恶意信标节点比率超过 50%的情况，当邻居范围内一半以上信标节点都被恶意节点所影响时，系统就无法分辨恶意信标节点和正常信标节点，此时文献[57]中提到的方法就会失效。

7.3.9 顽健性的节点定位算法

定位算法的安全性和可靠性可以通过上述的安全机制在一定程度上得到保障，但是无法保证绝对的安全。绝对的安全只是理论上的概念，在实际应用中是无法实现的，所以如何设计一个安全的节点定位算法，使得该算法即使在遭受攻击后仍然能够实现可接受的定位服务，即具有较高的顽健性，是一个重要的研究方向。由于本身特殊的性质，基于统计分析的定位算法能够具有很高的顽健性，所以现在越来越多的传感器定位系统都会使用这些方法以提高系统的可靠性和安全性。Li、Zhang 和 Nath 等提出一种定位算法基于 LMS（Least Median Square）理论[58]，该算法的主要思想是通过过滤掉那些在定位过程中对传感器节点定位产生较大影响的异常定位信息，从而提高算法的顽健性，由于过滤了由较少数的异常节点产生的错误位置信息，因此提高了待定位节点定位精度。非安全的节点定位算法，比如极大似然估计法、三边测量法等，在计算节点坐标之前，首先都需要测得待定位节点到所有信标节点的距离和所有信标节点的坐标，组成定位信息集，然后在这个定位信息集上执行 LS 算法计算自身位置（如式（7.1））。通过研究发现，由于 LS 算法本身的性质，在实际应用中 LS 算法存在着容错性差的缺点，即在整个定位信息集中有一个误差较大的定位信息，也会对节点的定位精度产生非常巨大的影响。因此，该算法计算得到的未知节点的坐标(x, y)是满足如式(7.2)中右侧表达式值的最小二元组。

$$\begin{cases}(x-x_1)^2+(y-y_1)^2=d_1^2\\(x-x_2)^2+(y-y_2)^2=d_2^2\\\quad\vdots\\(x-x_n)^2+(y-y_n)^2=d_n^2\end{cases}\tag{7.1}$$

$$\delta^2=\frac{1}{|L|}\sum_{i=1}^{|L|}\left(d_i-\sqrt{(x_i-x)^2+(y_i-y)^2}\right)^2\tag{7.2}$$

其中，(x_i,y_i)为信标节点 i 的坐标，d_i 为信标节点 i 与待定位节点的距离。该统计算法主要基于以下假设：在待定位节点的通信范围内，正常信标节点的数量多于恶意信标节点的数量。但是在实际应用过程中，攻击者能发起女巫攻击或可以俘获多个信标节点，使得恶意信标节点的数量可能超过正常信标节点的数量。

Liu 等通过研究定位计算中最大似然估计的计算模式，提出了一个基于统计的 ARMMSE（Attack-Resistant Minimum Mean Square Estimate）算法[59]。这个算法的主要思想是利用最小方差中值的一致性原理，在定位计算过程中，定位信息集和平均方差之间存在某种联系：定位信息集越不一致，平均方差就会越大。算法中使用一种贪婪算法，对所有的定位信息集进行详细分类，通过计算定位信息集的方差中值是否超过给定阈值来判断该定位信息集是否安全。发现不安全的定位信息集就直接移除，只保留下那些方差中值未超过给定阈值的定位信息集。当算法运行结束后，如最终发现安全定位信息集中的定位信息个数小于 3，则此时算法失效。该算法可以移除那些由被俘获信标节点发出的恶意定位信息，所以在一定程度上实现了顽健性。但是算法没有考虑到合谋攻击的情况，在定位系统遭受到合谋攻击时，系统会检测出有 2 个或者 2 个以上方差中值小于阈值的定位信息集，由于算法没提出这种情况下的处理方案，所以无法判断出正确的定位信息集，最后导致算法的失效。

7.4 DPC 安全定位算法

本节提出的 DPC（Distance and Position Consistent）算法是一种分散式的基于 RSSI 测距的安全定位算法，算法多次运用测量和计算一致性原理检测并滤除多种恶意攻击生成的虚节点，并且算法没有中心节点，所有的节点都参与算法的运算。

7.4.1 预备知识

假定网络中所有正常节点的通信都是双向的，信道是全向的，有一般的网络密度（通信范围内 10 个以上节点），节点在二维平面内，采用基于 RSSI 测距的定位协议，节点的位置通过三边测量法完成。为了便于讨论，定义了如下符号。

V：发起定位的节点

Nbr（v）：由 v 的邻居节点组成的集合

P_k：节点 k 在实平面上的位置

N：邻居节点的数目

M：交互进行 RSSI 测量的节点数目

D_{ij}：节点 i 和 j 的物理距离

d_{ij}：节点 i 和 j 的测量距离

C_{ij}：节点 i 和 j 的计算距离

S：节点测量距离的集合

7.4.2　恶意节点定位攻击分析

常规的定位算法中往往由锚节点发起定位操作，并广播自己的位置信息。各种攻击统计表明，影响定位的恶意节点的目标是创造一个个并不存在的虚拟节点，然后伪造其到所有邻居节点的距离信息，从而欺骗待定位节点。如果恶意节点知道邻居节点的位置信息，它就可以伪造出一个个合理的虚拟节点，对邻居节点发布一系列虚假合理的距离信息，从而将自己变为合法节点。因此，在定位处理过程中，必须要隐藏节点位置信息，没有邻居节点的位置信息，攻击者很难生成一系列合理的到邻居节点的距离信息。

定义 1　如果节点仅知道它到其邻居节点的距离，而不知道邻居节点的位置，节点无法确定自己的位置。

证明　如图 7.9 所示，假定攻击节点在位置 O 获得了 A、B、C 3 个节点的距离信息，它能够得出结论，节点 A、B、C 在以 O 为圆心的 3 个同心圆周上，且 $L_{OA} > L_{OB} > L_{OC}$，为了伪造一个物理位置 O'，攻击节点在点 O 需要发布到 A、B、C 3 个节点不同的距离，而且 3 个距离值还要满足一定的关系，如果不知道邻居节点的精确位置，这 3 个满足一定关系的距离值很难生成，如图 7.9（a）所示，为了伪造点 O'，需要有 $L_{O'A} > L_{O'C} > L_{O'B}$ 这样的距离信息发布。然而同样是满足条件的图 7.9（b），攻击者 O 需要发布的是 $L_{O'B} > L_{O'A} > L_{O'C}$，既然 A、B、C 的位置信息不知道，它很难决定选择哪一组距离值发布，这样攻击者就很难产生一个合理的虚假的位置，传感器网络通常有一定的节点密度，处于同心圆的节点很多，这使得攻击者伪造一个合理的虚假位置几乎不可能。

当然，如果有多个攻击者共谋，它们就可以确定正常节点的位置，比如 3 个攻击者知道相互之间的位置，当普通节点发布自己的距离信息时，其位置能够通过三边法被计算出来，一旦正常节点的位置被发现，攻击者就能够产生合理的、虚假的虚节点，达到破坏定位的目的。

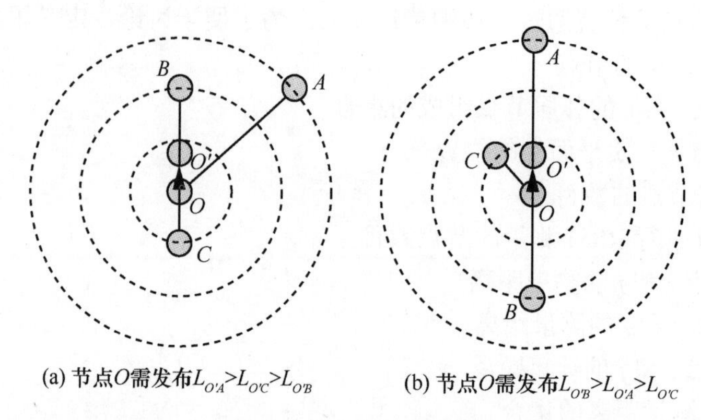

图 7.9　虚节点定位示意图

7.4.3　安全定位算法需解决的问题

恶意节点攻击目的是使正常节点确信几个不存在的节点或者是攻击者所发布的虚假位置。如图 7.10 所示，一个攻击者伪造了一个位置，并宣称它和周围的邻居节点有一系列合理的距离。本节设计的安全定位算法需要以很高的概率滤除这种现象，表达如下：在二维坐标中，节点之间存在真实的欧几里得距离，将一系列邻居节点之间的距离作为输入，未知节点的位置作为输出，在没有恶意节点的情况下，将实节点所发布的距离信息输入将有定位信息输出。如果存在恶意节点并产生了一些虚节点，那么虚节点所发布的距离信息的输入只会有更高维的定位信息输出。因为这里只在二维平面讨论定位算法，所以不会存在这样的位置，这样的节点是虚节点，可以滤除。

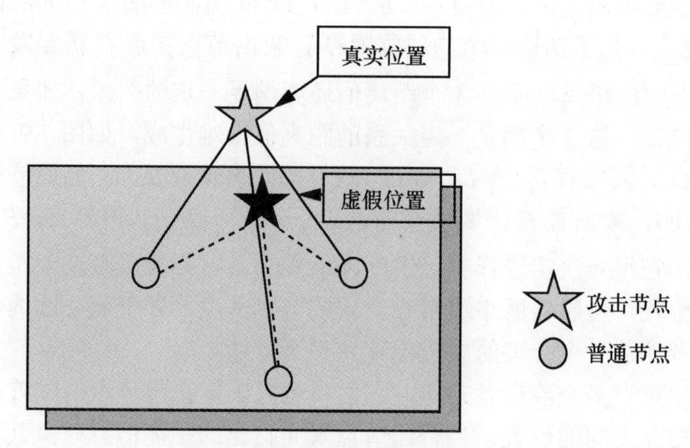

图 7.10　错误测距信息和虚节点位置

7.4.4　安全定位算法结构

将提出的算法分为 2 个部分：距离测量阶段和虚节点滤除阶段。在第一阶段，每个节点使用加密通信测量它和邻居节点的距离。在第二阶段，创建平面，平面包含通信范围内所有的距离测量一致性的节点，每个节点经过测距后都会形成距离测量一致性的簇，选择包含节点最多的簇，这个簇所在的平面为定位平面。受 RSSI 测距范围的限制，在一个无线传感网络中有多个这样的平面，这些单个的平面通过合并，最终形成唯一的全局定位。

正确的测距信息是安全定位算法首先要解决的问题。为此，先对测距数据有效性进行定义。如果一组节点相互之间测量的距离是一致的，而且在一个欧几里得平面内，那么该组数据有效。

7.4.5　安全测距算法

攻击者可以长时间的收集来自邻居节点的距离信息，当信息足够多时，就有可能计算出节点的相对位置，然后攻击节点就能根据位置信息伪造一个虚假的合理的位置，达到产生虚节点的目的。针对这种类型的攻击，设计了安全测距算法，安全测距算法可以运用多种测距技术，这里采用 RSSI 测距为例进行说明（对节点有要求，要求发射功率可调）。

第一步：RSSI 信号强度加密

节点 v 首先全功率发送射频信号给邻居节点 $u \in Nbr(v)$，发起测距操作，然后以一个随机的 RSSI 强度 P_{tx} 发送测距分组给节点 u，接收节点 u 记录接收到的功率值 P_{uv}。

在预定的时间内，或者是收集了 Nbr（v）中每个节点的射频强度信号后，采用对称加密协议，用随机的密钥 k，加密 P_{tx}，对每个 $u \in Nbr(v)$ 的节点，节点 v、u 广播这个加密分组给邻居节点，邻居节点中有些非法节点不能对加密的测量数据分组作回复，排除出 $u \in Nbr(v)$ 集合。

第二步：RSSI 解密测量

Nbr（v）中的节点在预定的时间内收集了邻居节点加密的信息后，解密 k。收到 Nbr（v）中每个节点的密钥 k 后，v 解密出 RSSI 的强度值 P_{tx}，结合式（6.2）和高斯拟合处理式（6.9）计算出与邻居节点的距离 d_{ij}。收集了邻居节点的距离信息以后，节点 v 比较收集到的数据，对每个收集到的距离，如果 $\{d_{ij} \mid d_{ij} = d_{ji}, i, j \in Nbr(v), i \neq j\}$，则保留节点 i、j 以及这 2 个节点之间的测量数据。

安全测距算法阻止了攻击节点计算节点 v 的位置，因为只知道自已的 P_{uv} 值，不知道 P_{tx} 值，无法计算距离，只有在节点发布密钥 k 后才能计算距离，即使能解密，它也仅仅只知道自已和邻居节点的距离，无法知道邻居节点相互之间的位置，所以无法确定节点 v 的位置。

密钥 k 不需要在节点分布前分配，因为尽管一个攻击者也可以产生一个自己的随机密钥，但它不能得到和其邻居节点一致的距离信息，除非它知道其他节点的位置。

7.4.6 虚节点滤除算法

节点 v 随机选取 2 个邻居节点 i 和 j 确定一个平面（i 和 j 本身有可能是虚假节点），由这 3 个节点、3 个边建立本地的坐标系统 L，在节点 v 的坐标系统中，用 G（V, E）来构建集合，V 表示节点 v 和它的邻居节点的集合，E 表示集合内任意 2 个节点之间的距离的集合。最初，G 为空集，G 更新过程如下：邻居节点 k 的位置通过 v、i、j 3 个节点用三边测量法确定，在坐标系统 L 中，采用测量距离 d_{kv}、d_{ki}、d_{kj}，在本地坐标系统 L 中，v、i、j、k 4 个节点的相对位置是唯一的。

工作过程如下。

（1）节点 v 随机选取 2 个邻居节点 i 和 j 确定一个平面（i 和 j 本身有可能是虚假节点），由这 3 个节点的 3 个边建立本地的坐标系统 L。

（2）初始化无向图 G（V, E），V 表示节点 v 和它的邻居节点的集合，E 表示集合内任意 2 个节点之间测量距离的集合。

（3）对每个邻居节点 $k \in Nbr(v)$，计算节点 k 的位置 P_k（邻居节点 k 的位置通过 v、i、j 3 个节点用三边测量法确定，采用坐标系统 L 中的测量距离 d_{kv}、d_{ki}、d_{kj}）。

（4）对任意的节点 $i, j \in V$，找出 i、j 之间的测量距离 d_{ij}。并根据它们的位置坐标，求出 2 点间的计算距离 $c_{ij} = |p_i - p_j|$。

（5）如果 $|d_{ij} - c_{ij}| \leqslant \varepsilon$，然后将边 e（i,j）加入 E 中。

（6）G（V, E）构成了一个簇 C。

（7）对 V 中每个节点都重复步骤（1）~步骤（5），然后在 E 中找到有最多连接数的边，定义为最大的簇 C，保存。

在 L 中的所有节点都完成定位以后，将任意 2 个邻居节点之间的距离进行比较，如果 2 个节点 i 和 j 的计算距离和测量距离之差大于某一个数 ε（值和环境噪声相关），节点 i 和 j 的边将不会被包括进集合 E 中。包含节点 v 的最大的连接数 E 是 L 中最大的距离一致性的子集，这个簇也是最大的簇。这也是节点在该平面上的最终定位结果。

7.5　DPC 算法性能

7.5.1　算法可行性证明

安全定位算法需要每个节点都加密测量与邻居节点的距离，即算法需多次迭代运行，每个发起定位的节点都将组建以自己为簇头的簇。

定义 2　如果随机选择的创建平面的顶点都是实节点，那么经过算法处理后所组成的簇中不包含虚节点。

证明　节点 v 在位置 p_1，选择了 2 个点 p_2、p_3,组成了实平面 P，以 p_1 为簇头组建簇 C。假定 3 个节点都是正常节点。经过安全测距算法后，E 中将包含每个正常邻居节点之间的边。另一方面，攻击者也将产生一系列的虚节点，产生一些距离信息。由于算法的控制，这些距离信息在平面 P 上不会有一致性的性质，将会被滤除，除非它在自己的真实位置。如图 7.11（a）所示，这样的点将会在另外的平面 P'上。因此虚节点和正常节点的连接线不会被创建，由正常节点 p_1、p_2、p_3 组成的簇平面不会有虚假位置的节点。

定义 3　如果组成一个平面所选的顶点至少有一个虚假节点，那么该簇的节点数目比全由实节点组成的簇节点数目要少。

证明　节点 v 在位置 p_1 和其他 2 个点 p_2、p_3 创建了平面 P'，其中至少有一个是虚假节点，在平面 P'上，形成簇 C'。假设 p_2 是虚节点，根据定义 2，很多合法节点和虚节点 p_2 将不会有一致的距离信息，将会被误认为虚节点排除出该平面。p_1、p_3 又在实平面 P 上，所以 p_1、p_3 能在平面 P 和 P'的交线上，如图 7.11（b）所示。因为实平面 P 上的簇中所包含的实节点都能满足算法的距离一致性的要求，所以 C 中所含的节点数将大于簇 C'中所包含的节点数。

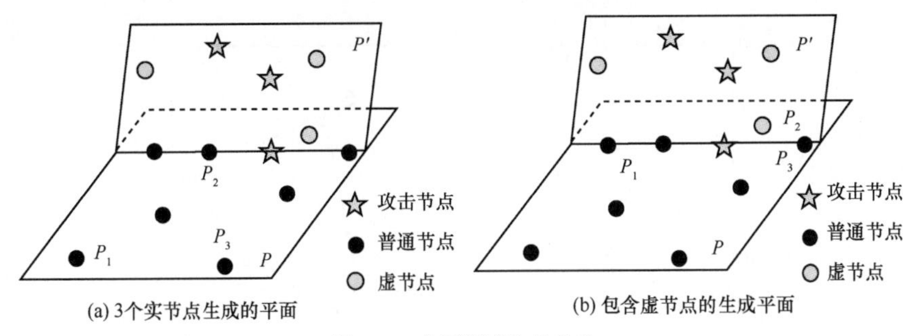

图 7.11　实平面滤除虚节点

如果在平面 P'上虚节点数大于合法节点，攻击节点产生的虚节点有可能达成距离一致而生成虚平面 P'。但发起定位的节点 v 是随机选择的，并不是所有的虚节点都能满足该平面的测距要求，因此有很高的概率，虚节点和 p_1、p_3 2 节点的边不会被创建，即在平面 P' 上簇 C' 中所含节点数小于在平面 P 上的簇 C。

图 7.12~图 7.14 反映了安全测距算法和滤除虚节点中定义 2 和定义 3 的特性。

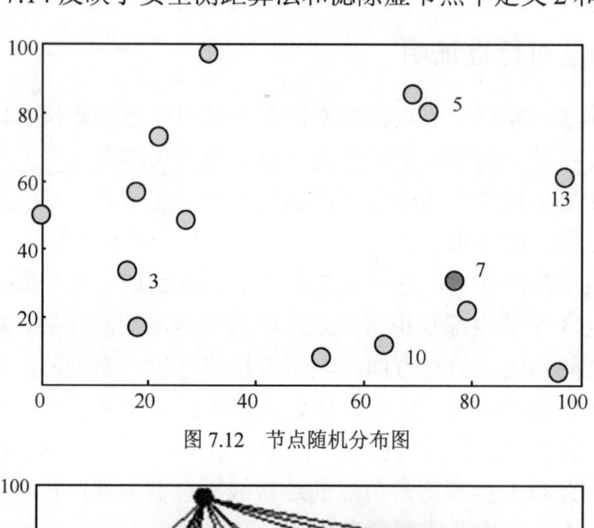

图 7.12　节点随机分布图

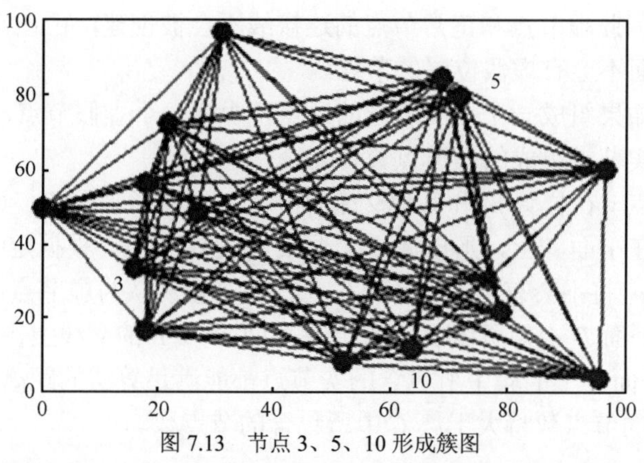

图 7.13　节点 3、5、10 形成簇图

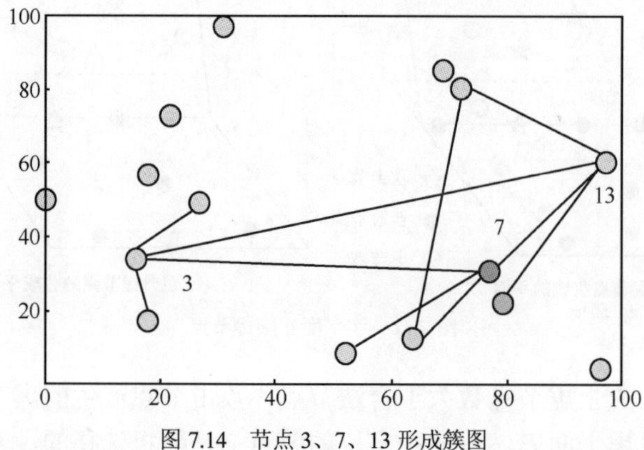

图 7.14　节点 3、7、13 形成簇图

图 7.12 表示，在 100m×100m 的场地内随机分布了 15 个节点，其中，标号为 7 的节点为恶意节点。这里根据定义 2 和定义 3 展示了 2 种情况对比，一种是由节点 3 发起的定位，与正常节点 10 和节点 5 组成一个平面。另一个平面由节点 3、节点 7、节点 13 组成。每个节点都能与其他节点通信，2 个平面都将组成自己的簇，如图 7.13 和图 7.14 所示。

7.5.2　算法特例说明

DPC 安全定位算法是建立在这样的基础上，由正常节点发起定位，恶意节点的数量少，且恶意节点所生成的虚节点间不能达成距离一致，所以不能建立平面。但如果有 3 个以上的虚节点能达成一致，并且由虚节点发起定位，那么，它们将可以建立一个平面，如图 7.11（b）所示 P'，同时正常节点将被欺骗。但是，这种欺骗只会发生在实平面和虚平面的交线上，因为实节点还有自己的平面。同理，其他在相交线上的节点也可能被另外的虚平面欺骗。在网络中，总有一些实节点不在相交线上，不能查觉虚平面 P'的存在，从它自己的位置来看，它仅能查觉到真实平面 P'，这种情况说明，即使一个虚平面被创建，它仅仅能损害分布在 2 个面相交线上的节点。假定有 N 个实节点在实平面 P，没有 3 个节点是共线的，为了攻击这些节点，虚节点的数量至少要超过 $3C_n^2$ 个，这将比实节点的数量大得多，这说明了本安全定位算法能在恶意节点产生大量虚节点的情况下工作。

7.5.3　算法能耗分析

算法的能耗由测距时通信能耗和算法的计算能耗 2 部分组成。

（1）通信部分能耗计算

假定一个节点有 $N-1$ 个可以用最小发射功率通信的邻居节点，它将产生 $N-1$ 个邻居节点的距离信息，其过程如图 7.15 所示。

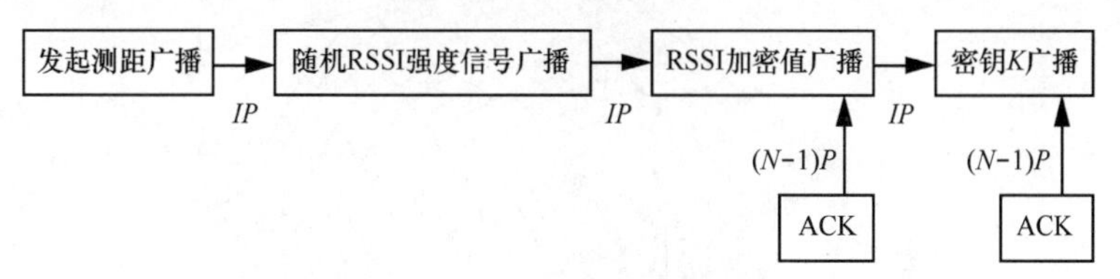

图 7.15　算法测距收发数据分组过程

由图 7.15 可知，一个节点完成安全测距算法至少需（$2N+1$）P 个数据分组的交换，N 个节点需（$2N+1$）NP 个数据分组交换。普通的 RSSI 定位算法只需广播一次 *RSSI* 值，整个测距过程完成也只要 NP 个数据分组交换，安全性的要求带来了通信量的增长和能耗的增加。

（2）计算部分能耗花费

计算能耗花费由 2 部分组成：加解密的计算花费和滤除虚节点计算花费。

每个节点将加密自己的 *RSSI* 距离信息，解密邻居节点的距离信息，每计算一次花费为 E，因此，整个加解密的计算花费 N^2E。

滤除阶段的计算花费估算如下：滤除阶段主要是三边测量法计算的花费，每一个邻居节点测量距离和计算距离比较的计算花费。算法每运行一次花费为 C，重复次数为 i，那么在滤除阶段计算花费是 $i(N-1)C$。

7.5.4 滤除算法重复次数讨论

根据算法，如所选择地进行三边定位的顶点都是实节点，算法只要运行一次就能滤除虚节点，如所选的顶点中有虚节点，算法就需要重复多次进行比较，找出最大的簇，这样才能滤除虚节点。虚节点所占比例的多少决定了 3 个节点都是实节点的概率，即算法的重复次数 i 和实虚节点的比例相关。

在节点 v 成功的选择 2 个实节点作为生成平面 P 的顶点之前，安全测距算法将会反复执行。假定 q 是 v 的邻居节点，而且是虚节点的概率，那么至少一个顶点是虚节点的概率是$1-(1-q)^2$，在滤除算法运算过程中，选择的顶点都是实节点的概率是$1-\left(1-(1-q)^2\right)^i$。图 7.16 为虚节点的比例、重复次数和滤除成功率的关系，图 7.17 为特定滤除成功率下重复次数和恶意节点比例的关系。从图 7.16 和图 7.17 可以发现，滤除虚节点的效果在虚节点的数量占的比重较少时，效果很好，不需要多少次算法重复就能达到很高的滤除率，虚节点占的比重较大时，需要算法反复运行的次数增多，但从图 7.17 中可知，即使 50%的节点是虚节点，重复的次数也仅仅需要 16 次，就能达到 99%的滤除率，而且重复的次数仅仅影响计算的耗费，并不需要额外的无线通信费用。

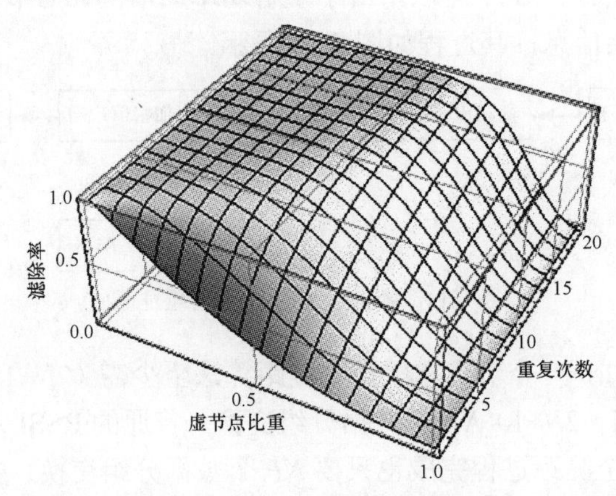

图 7.16　重复次数、虚节点比重、滤除率关系

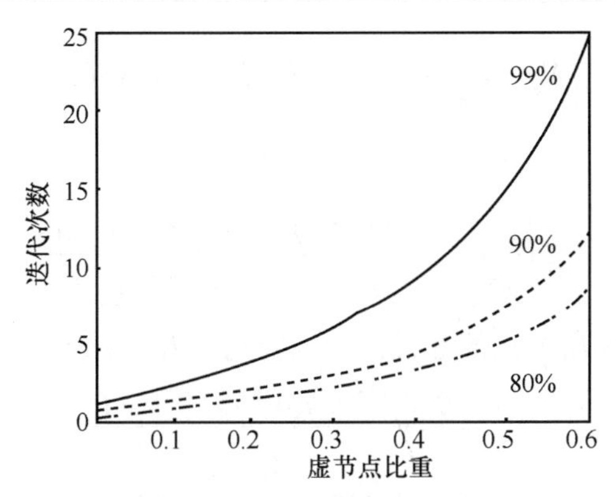

图 7.17　特定滤除率下虚节点比重、迭代次数关系

7.5.5　算法对节点密度要求

从上述对算法的讨论分析可知，节点需要有一定的密度才能运行，只有 3 个节点肯定无法确定哪个是虚节点。假定节点 N_1 能获得小于 r 范围内的所有邻居节点的测距信息，如图 7.18 所示，为了验证一个特定的节点 U 是否为虚节点，需要至少 2 个实节点在共同的范围内，这样就能够通过算法确定一个平面并决定节点 U 是否在该平面上，从而确定 U 是否为虚节点。

在图 7.18 中，节点 N_1 作为第一个顶点，2 个随机选择的邻居节点 N_2、N_3 作为第二和第三个顶点。需要验证测试的节点为 U，N_1 和 U 之间的距离为 L，那么重叠区域的面积为

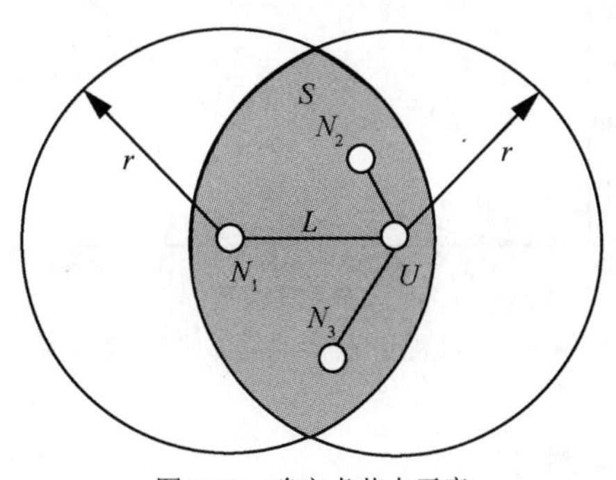

图 7.18　确定虚节点示意

$$S(L) = 2r^2 \cos^{-1}\left(\frac{L}{2r}\right) - z\sqrt{r^2 - \left(\frac{L}{2}\right)^2} \tag{7.3}$$

另外 2 个顶点必须是节点 N_1、N_2 共同的邻居节点，重叠区域内所有邻居节点的平均数值是

$$N_{\text{avg}} = \frac{n}{\pi r^2}\int_0^r f(z)S(l)\,\mathrm{d}l = 0.586\,503n \tag{7.4}$$

是概率密度函数

$$f(l) = \frac{\partial\left[\Pr(L \leqslant l)\right]}{\partial l} = \frac{\partial}{\partial z}\left[\frac{\pi l^2}{\pi r^2}\right] = \frac{2l}{r^2} \tag{7.5}$$

既然平均共同邻居节点的数目，可利用到的 N_2、N_3 组合的数目为

$$C_\alpha^2 = \frac{0.586\,503n(0.586\,503n-1)}{2} \tag{7.6}$$

图 7.19 显示了邻居节点数和可利用的验证处理节点对的数目的关系。从图中可以知道，可用于验证的节点对数随着邻居节点数的增加上升很快，一个节点只要有 10 个以上的邻居节点，可利用的节点对将达到 10 对，这能确保算法正常运行。一般无线传感网络节点的通信距离都在 100 m 左右，10 个以上的邻居节点一般都能保证。当然，在所有可用的节点对中，有一种三节点共线的情况需要排除，因为这将有很高的定位误差，一部分实节点将会被当作虚节点删除。而且，从图 7.18 中可知，只要在 2 个平面的重叠区域存在 3 个实节点，这 2 个平面就能被粘合在一起，最终形成一个含有节点 U 的唯一平面。

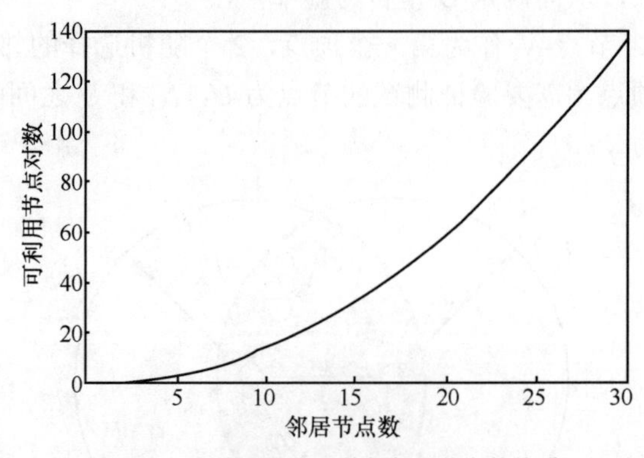

图 7.19　可利用节点对数与邻居节点数关系

7.5.6　平面合并算法

由于 RSSI 测距范围的限制，上述 DPC 算法只在一个簇内作用，只会生成一个的簇平面，要达到最终的定位效果，还需要组合多个不同的簇平面形成一个整体，根据上节的结论，提出合并平面算法如下。

平面 P_1 由簇 C_1 的节点组成，平面 P_2 由簇 C_2 的节点组成，如果簇 C_1 和 C_2 交集的节点数小于 3，则平面 P_1、P_2 不能合并成一个平面。

如果节点 i、j 既属于簇 C_1，又属于簇 C_2，但在不同的平面有不同的值，则平面 P_1、P_2 不能合并成一个平面。

如果 i 属于簇 C_1，j 属于簇 C_2，如存在，那么 P_1、P_2 不能合并成一个平面。

否则，固定 2 个簇的交点，合并 2 个平面 P_1、P_2。

算法如图 7.20 所示，图 7.20（a）为节点分布图，受通信距离的限制，由节点 2 发起的定位组成最大的簇如图 7.20（b）所示，组成的簇 C_1 在平面 P_1 上，另一部分节点由节点 1 发起，组成的簇 C_2 在平面 P_2 上，如图 7.20（c）所示，2 个簇的节点都通过了安全定位算法，簇内的节点能互连组成边，2 个平面有共同的节点 8、9、12，符合合并平面的算法，所以能合并成一个平面，如图 7.20（d）所示。

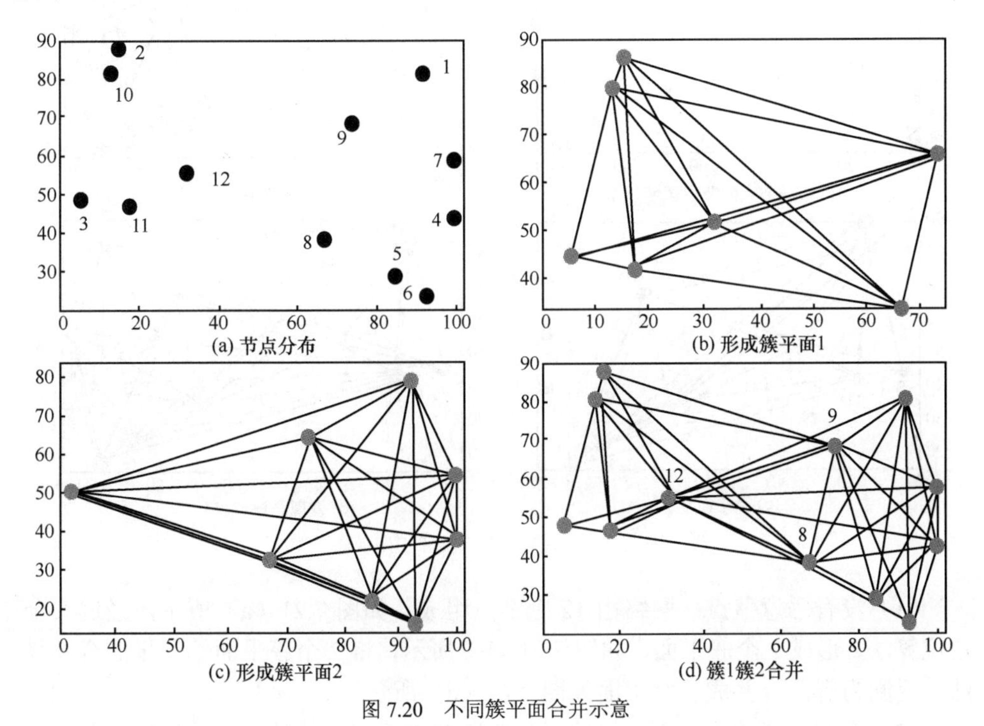

图 7.20　不同簇平面合并示意

还有一种情况，如果 C_1 簇的平面可以认为是 C_2 簇的平面，那么这 2 个平面可直接合并。

7.6　DPC 算法对各种攻击的工作过程

DPC 算法能否对各种恶意攻击有效，通过模拟虫洞攻击、节点复制、女巫攻击等几种攻击模型对算法进行讨论，将 DPC 算法应用于攻击的处理过程，DPC 算法将发现这些攻击，并进行处理。

从节点的角度来描述在恶意节点攻击下的定位过程，图 7.21（a）是每个节点在实平面中的放置位置，用箭头标出了恶意节点，对每一个邻居节点或者是通过虫洞攻击联系的节点，距离信息的收集方式按安全测距算法进行，对收集到的距离信息经过虚节点算法处理后，创建了一个有效的平面，然后，将该平面信息输入平面合并算法。整个过程将有以下几种情况变化。

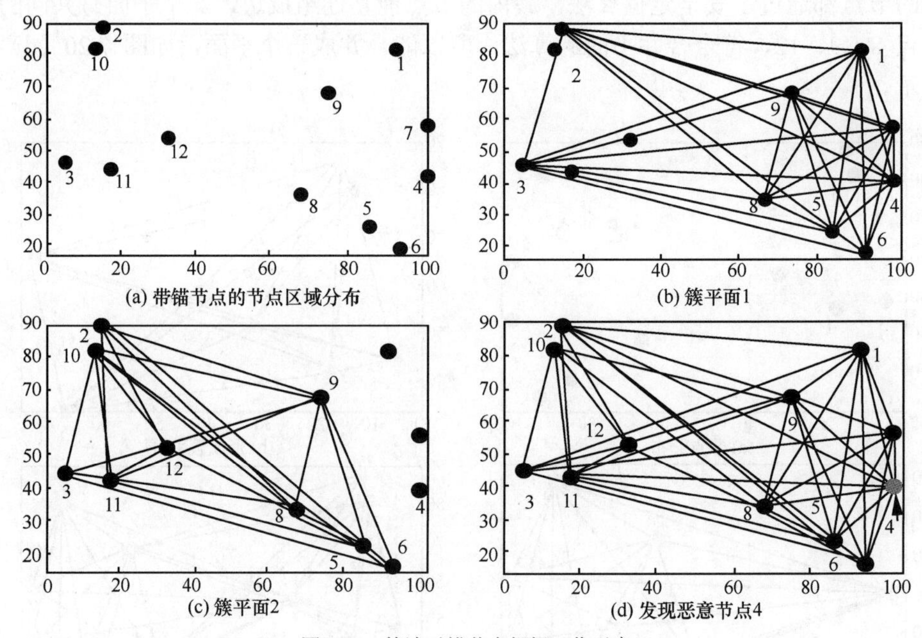

图 7.21　算法对锚节点损坏工作示意

（1）没有恶意节点：网络由 12 个节点组成，如图 7.21（a）所示，经过安全定位算法，形成 2 个簇平面，如图 7.21（b）所示，将 2 个簇平面输入平面合并算法，返回为真，合并成一个平面如图 7.21（d）所示。

（2）存在损坏的锚节点：锚节点和普通节点不同之处是产生的信标包含了该节点的全局位置信息。在算法中，锚节点和其他非锚节点一样产生测距信息，所以 DPC 算法同样能滤除损坏的锚节点。一个锚节点损坏对算法的定位影响不会很大，只要网络中不只一个锚节点，全局定位就能通过平面合并算法获得。而且，我们还能通过平面合并对损坏锚节点位置信息进行修正。

如图 7.21 所示，实平面由 10 个常规节点和 2 个锚节点 11、4 组成，锚节点 4 被恶意节点损坏。假定锚节点 4 产生了一致的距离测量信息，但是在其位置信标中修改了全局的位置。节点 1 和节点 2~9 有一致的距离测量信息，建立平面 P_1，节点 10 和节点 2、3、5、6、8、9、11、12 有一致的距离测量信息，建立平面 P_2。平面 P_1、P_2 输入算法 2，符合算法 2 的有 3 个以上的共同节点的条件，它返回结果为真，所以可以合并成一个平面，合并后的平面将会发现同一个点的全局位置不一样，说明有锚节点损坏，如果其他平面上还有其他正常锚节点，就能发现损坏的锚节点 4，并通过测距信息对此进行修复，那么恶意节点的攻击就不能达到破坏定位的效果。

（3）虫洞攻击：虫洞攻击是 2 个节点在物理或者是逻辑上相隔较远，但表现为相隔很近。在图 7.22（a）中，节点 1~5 的位置远离节点 6~12。因此，节点 5 仅和节点 1~4 有距离信息，节点 9 和节点 6~12 有距离信息，节点 5 和节点 9 是蠕虫节点，这 2 个节点间建立了一个虫洞，假装是邻居。节点 1 创建了一个包含节点 1~5 的平面 P_1，如图 7.22（b）所示，节点 11 创建了包含节点 6~12 的平面 P_2，如图 7.22（c）。平面 P_1 和 P_2 因为有节点 5、9 虫洞相连，就会误认为 2 个平面相邻，造成定位错误。但将 2 个平面 P_1 和 P_2 输入平面合并算法，就会发现不能合并在一起，因为 2 个平面交集的节点数少于 3 个，虫洞的攻击不能达到目的，如图 7.22（d）所示。

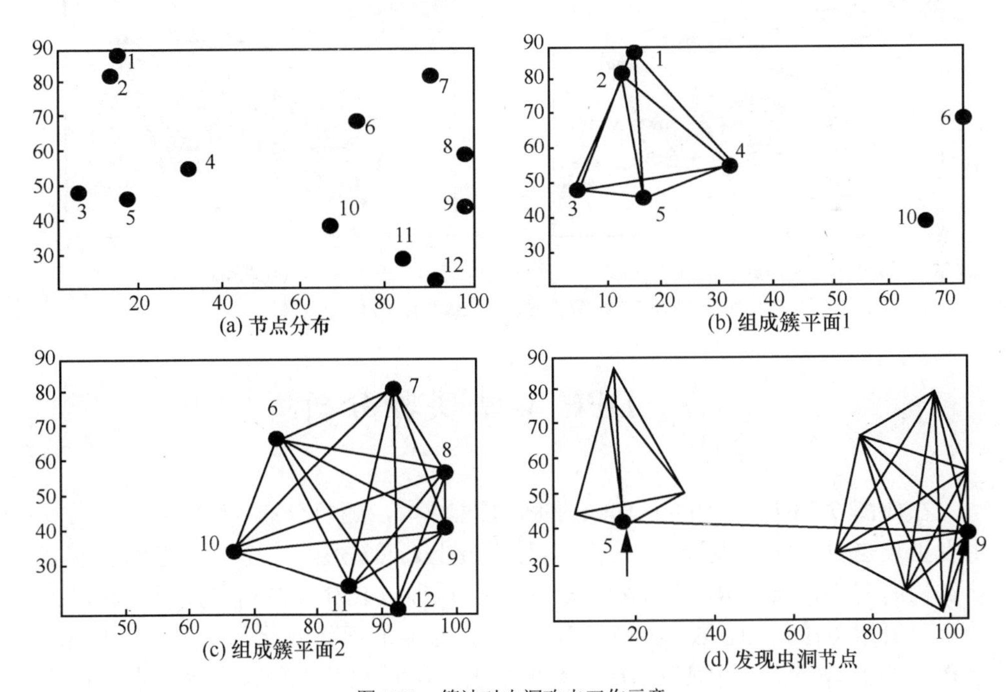

图 7.22　算法对虫洞攻击工作示意

（4）女巫攻击：女巫攻击是指恶意节点扮演了几个实节点的角色。如图 7.23 所示，图 7.23（a）为节点分布图，节点 S 为女巫节点，生成了 10 个不存在的节点，如图 7.23（b）所示，这些不存在的节点由一个节点生成，相互之间可以满足安全定位算法而组成平面 P_1。实节点可通过算法 1 创建平面 P_2，两平面如图 7.23（c）所示。2 个平面输入算法 2，由于节点虚节点和实节点除攻击点 S 之外，节点之间不会有正确的测距信息，所以 2 个平面 P_1、P_2 无法通过平面合并算法的检验，不能合并为成一个平面，女巫攻击不能得逞，如图 7.23（d）所示。

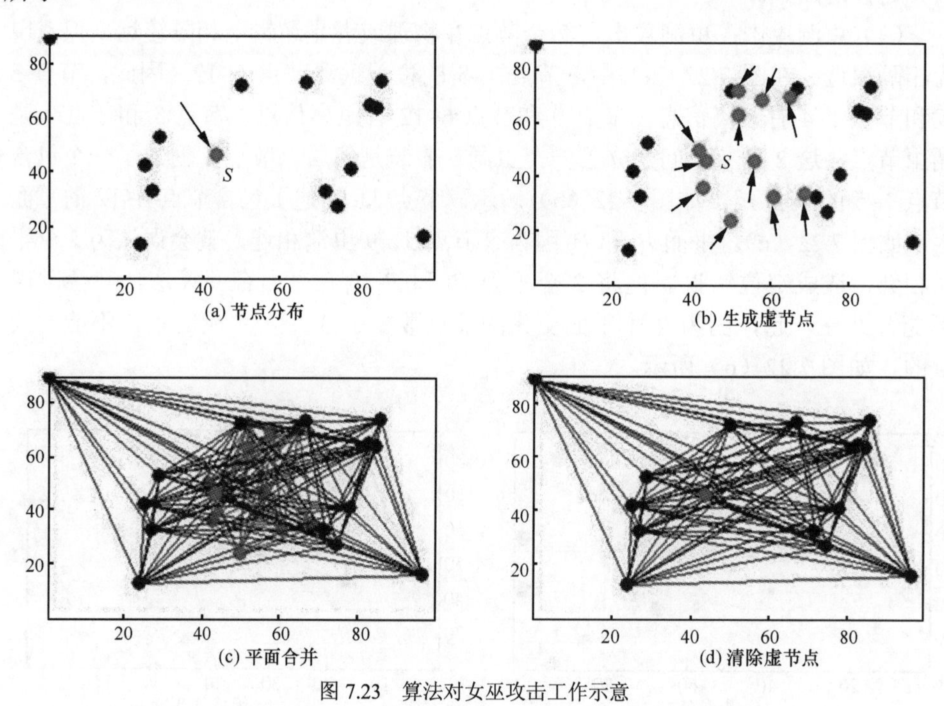

图 7.23　算法对女巫攻击工作示意

7.7　DPC 算法实验分析

在如图 7.23 所示 100m×100m 的平坦区域内，随机分布 15 个节点，当发生女巫攻击时，实验设计如下：在实验平台上，首先由 16 个节点组成星型拓扑结构的网络，通过 RF 寄存器 TXCTRLL 中 PA-LEVEL 控制射频模块的输出功率，采用 0xF7、0xFB、0xFF 三级功率，对应的通信变化范围在 55~80m。节点 S 为恶意节点，生成了 10 个女巫节点，用正常节点代替女巫节点随机分布在这个区域内（用随机函数生成坐标，然后根据坐标布置节点），每个女巫节点都有自己的位置，但是只有一个攻击节点 S 在协调器的控制下发布 RSSI 信息。共设计了 10 组实验（用随机数生成 10 次女巫节点的分布位置，共采集了 1.6 万个 RSSI 信号），每一组实验保持普通节点的位置不变，但产生的女巫节点位置变化，重复 10 次。得到如图 7.24 所示的实验结果（这里设计的误差门限值为 10m）。

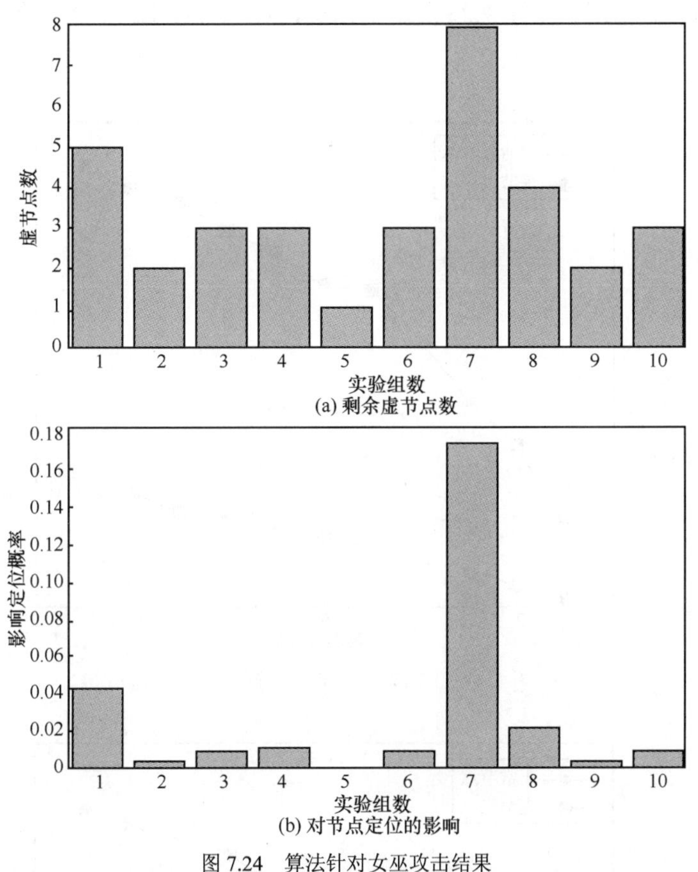

图 7.24　算法针对女巫攻击结果

从图 7.24（a）中得知，DPC 算法的效率很高，一组 10 次实验，女巫攻击产生 100 个虚节点，绝大多数都能被滤除，最多的一组也只留下 8 个虚节点。女巫攻击要影响定位必须一次有 3 个以上的虚节点，上述实验中，其对定位的影响如图 7.24（b）所示。在 100 次的实验中，只有一次影响了 18%的正常节点的定位，即 15 个正常节点中只有 3 个正常节点的定位被破坏。

7.7.1　算法门限值讨论

DPC 算法主要通过测距差别来实现对虚节点的滤除，所以测距精度将会影响到对虚节点的滤除。如果取的门限值较小，虚节点的滤除率高，但同时，一部分正常节点也将被滤除。门限值过大，一部分虚节点就不能被算法滤除，算法的性能与门限值相关。

对 16 000 个正常测距数据进行统计，对其误差范围做了分析，同时，将 10 组实验虚节点的位置统计并代入测距误差范围，得到了实节点和虚节点在不同测距误差值的分布情况，如图 7.25 所示，由此，可以方便地得到算法的滤除效果，如图 7.26 所示。

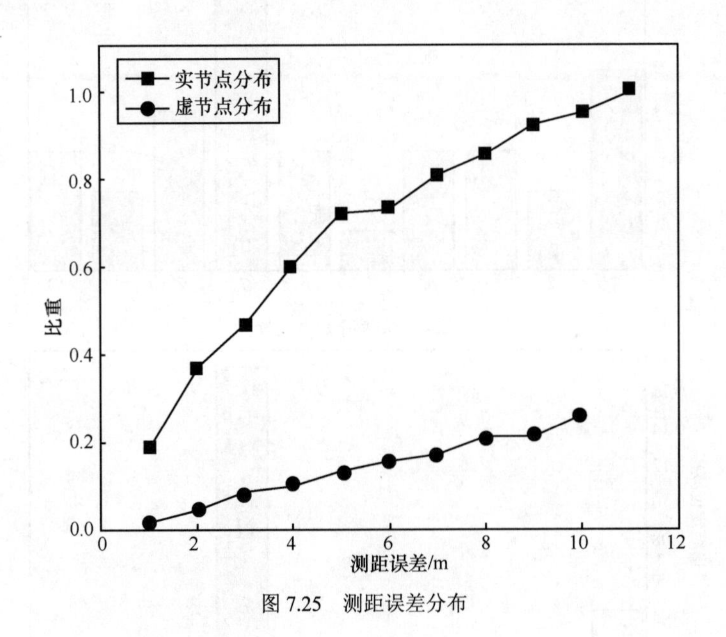

图 7.25　测距误差分布

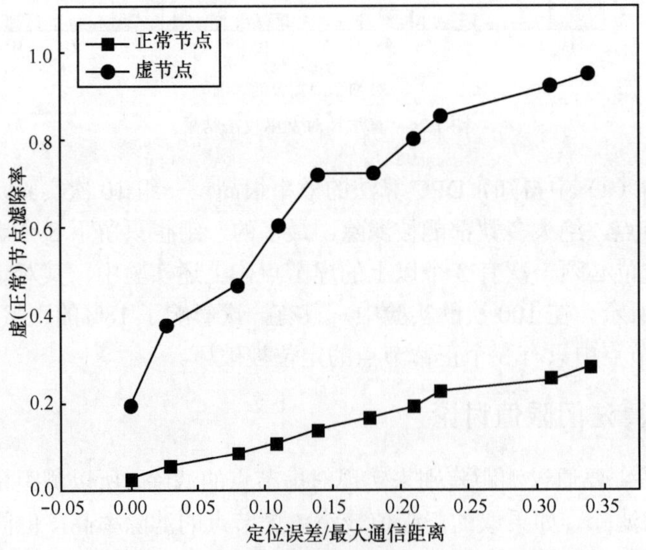

图 7.26　算法滤除结果

从图 7.26 中可得知，正常节点的变化比较平缓，门限值的选取对其影响不大，即使门限值设到了射频通信距离的 30%，被算法误滤除的正常节点数也只在 0.05~0.22 变化，而此时虚节点的滤除率已经为 0.2~0.98。

由此，经过 DPC 算法的处理，在绝大多数的定位过程中，女巫攻击对定位的影响不大。虽然实验中出现了一次影响了 18%的正常节点定位的异常情况，但这并不意味女巫攻击就会得逞，因为这时虚节点组成的簇为 8 个节点，而实节点组成大于 8 个节点的簇的可能性为 99.9%（在测距误差为 10m，无障碍物的情况下），由 DPC 算法，最终将会选择节点数最多的簇为定位平面的参考簇，所以在最后形成平面时，算法有很好的成功率保证定位的正常。

7.7.2　DPC 算法小结

节点的安全定位是无线传感网络必需讨论的问题，本章提出的安全定位算法有别于现有的集中式的验证算法，采用了无中心节点的分散的验证方式，仿真及实验结果证明该算法的效果很好，能有效防止某些定位攻击，有很好的安全性。没有中心节点，算法本身的安全性也能得到保证，安全定位算法过程不复杂，部分算法（点对点部分）已经在 CC2430 芯片内的 51 单片机内实现，下一步的研究工作将完整实现定位和平面合并算法。

7.8　本章小结

无线传感器网络安全定位技术和传统网络安全有较大区别，传统网络的安全主要解决信息的机密性、完整性、消息认证、多播/广播认证、信息新鲜度、入侵监测以及访问控制等问题。无线传感器网络由于自身特点（受限的计算、通信、存储能力、缺乏节点部署的先验知识、部署区域的物理安全无法保证以及网络拓扑结构动态变化等）使安全性的要求更高，除要继承传统网络的安全以外，还要从物理手段实现定位安全。

本章提出的 DPC 算法对安全定位虽然表现出了一定的效果，还存在局限性，随机强度的 RSSI 测距会造成邻居节点数和安全测距算法的邻居节点数目不一致，虽然有平面合并算法，但还是会漏掉对部分节点的定位。虽然可采用 TDOA 等另外的测距方法来解决该问题，但同时也会引入成本过高、超声信号区分等问题。对恶意节点攻击的仿真分析也只局限了几种，总之，算法还有很多需要进一步讨论的地方，但提出的分散验证定位的方法将是无线传感器网络实现安全定位的一种新的思路。

参考文献

[1] SHAIKH R A, *et al.* Securing distributed wireless sensor networks: issues and guidelines[A]. Sensor Networks, Ubiquitous, and Trustworthy Computing, IEEE International Conference[C]. 2006. 226-231.

[2] 郎为民等. 无线传感器网络安全研究[J]. 计算机科学, 2005, 32 (5):54-58.

[3] 叶阿勇,马建峰,裴庆祺.无线传感器网络节点定位安全研究进展[J]. 通信学报, 2009, 30(10A):74-84.

[4] SPOT:Secure positioning (localization)[EB/OL]. http://www.syssec. ethz.ch/ research/spot.

[5] LI Z, TRAPPE W, ZHANG Y, *et al.* Robust statistical methods for securing wireless localization in sensor networks[A]. Proc of the Int'l Symp on Information Processing in Sensor Networks[C]. Washington, USA, 2005. 55-59.

[6] JIANG J F, *et al.* Secure localization in wireless sensor networks a survey[J]. Journal of Communications, 2011, 6(6):27-32.

[7] 张起元. 无线传感器网络虚假数据检测排除机制研究[D]. 中国科学技术大学, 2010.

[8] 叶阿勇, 马建峰, 裴庆祺等.无线传感器网络节点定位安全研究进展[J]. 通信学报, 2009, 30(10):74-84.

[9] HE R H, MA G Q, WANG C L, FANG L. Detecting and locating wormhole attacks in wireless sensor networks using beacon nodes[EB/OL]. http://home.eng.iastate.edu/~gamari/CprE537_S10/projects/Final_projects/Shuer_Liu_ProjectReport.pdf.2009.

[10] KONG, *et al.* WAPN: a distributed wormhole attack detection approach for wireless sensor networks[J]. Zhejiang University SCIENCE A, 2009, 10(2):279-289.

[11] JIANG C. A novel sybil attack detection scheme in wireless sensor networks[A]. Proc of 2nd International Conference on Information Science and Engineering (ICISE)[C]. Hangzhou, China, 2010. 6402-6405.

[12] 曹晓梅, 俞波, 陈贵海等. 传感器网络节点定位系统安全性分析[J]. 软件学报, 2008, 19(4):879-887.

[13] WOOD A, STANKOVIC J. Denial of service in sensor networks[J]. IEEE Computer, 2002, 35(10):54-62.

[14] DOUCEUR J R. The sybil attack[A]. Proc of First International Workshop on Peer-to-Peer Systems (IPTPS'02)[C]. Cambridge, MA, USA, 2002. 251-260.

[15] KARLOF C, WAGNER D. Secure routing in wireless sensor networks: attacks and countermeasures[J]. Elsevier's Ad Hoc Networks Journal, Special Issue on Sensor Network

Applications and Protocols, 2003, 1(2-3):293-315.

[16] HU Y C, PERRIG A, JOHNSON U B. Wormhole Detection in Wireless Ad Hoc Networks[R]. Departement of Computer Science, Rice University Tech, 2002.

[17] LIU D, *et al.* Attack-resistant location estimation in sensor networks[A]. Proceedings of the Fourth International Conference on Information Processing in Sensor Networks[C]. 2005. 99-106.

[18] KARLOF C, WAGNER D. Secure routing in wireless sensor networks attacks and counter measures[A]. The 1st IEEE Int'1 Workshop on Sensor Network Protocols and Applications(SNPA'03)[C]. Anchorage, Alaska, 2003,

[19] SRINIVASAN A, WU J. A Survey on Secure Localization in Wireless Sensor Networks[M]. Encyclopedia of Wireless and Mobile Communications, BookChapter.

[20] HU Y C, PERRIG, JOHNSON A. Wormhole attacks in wireless networks[J]. Selected Areas in Communications, IEEE Journal on Publication, 2006, 24(2):370-380.

[21] CHRIS K, DAVID W. Secure routing in sensor networks: attacks and counter measures[A]. First IEEE International Workshop on Sensor Network Protocols and Applications[C]. Anchorage, Alaska, 2003.

[22] NEWSOME J, SHI E, SONG D. The Sybil attack in sensor networks: analysis and defenses[A]. Proc of Third Intl Symposium on Information Processing in Sensor Networks(IPSN'04)[C]. Berkeley, California, USA, 2004. 259-268.

[23] RATNASAMY S, KARP B, YIN L. GHT: a geographic Hash table for data-centric storage[A]. Proceedings of the 1st ACM International Workshop on Wireless Sensor Networks and Applications WSNA[C]. Atlanta, Georgia, USA, 2002.

[24] KARP B, KUNG H T. GPSR: greedy perimeter stateless routing for wireless networks[A]. Proceedings of the Sixth Annual ACM/IEEE International Conference on Mobile Computing and Networking[C]. Boston, MA, USA, 2000. 243-254.

[25] MADDEN S, FRANKLIN M J, HELLERSTEIN J M. TAG: a tiny aggregation service for Ad Hoc sensor networks[A]. Proceedings of the Fifth Symposium on Operating Systems Design and Implementation[C]. Boston, MA, USA, 2002.

[26] KHAN Z A, ISLAM M H. Wormhole attack: a new detection technique[A]. 2012 International Conference on Emerging Technologies[C]. Islamabad, Pakistan, 2012. 276-281.

[27] LIU K, YAN X, HU F. A modified Dv-Hop localization algorithm for wireless sensor networks[A]. 2009 IEEE International Conference on Intelligent Computing and Intelligent Systems[C]. Shanghai, China, 2009. 511-514.

[28] NIU Y, GAO D, GAO S, CHEN P. A robust localization in wireless sensor networks against Wormhole Attack[J]. Journal of Networks, 2012, 7(1):187-194.

[29] CHEN S, GENG Y, SHENGSHOU C. A security routing mechanism against sybil attack for wireless sensor networks[A]. 2010 International Conference on Communications and Mobile Computing[C]. Shenzhen, China, 2010. 142-146.

[30] 武富平. 基于差分进化的无线传感器网络安全定位算法[D]. 山东大学, 2011.

[31] 明廷堂, 吴绍兴. 一种用于 Ad-Hoc 网络路由协议虫洞攻击的检测机制[J]. 河南大学学报(自然科学版), 2012, (3):315-320.

[32] RITESH M, GAO J, DAS S R. Detecting wormhole attacks in wireless networks using connectivity information[A]. Proc of the 26th Annual IEEE Conference on Computer Communications(INFOCOM'07)[C]. 2007. 107-115.

[33] 靖刚, 吴俊敏, 徐宏力. 基于对称密码的无线传感器网络安全定位[J]. 计算机工程, 2009, 35(12):117-119.

[34] GANESAN P. Analyzing and modeling encryption overhead for sensor network nodes[A]. Proceedings of the 2nd ACM International Conference on Wireless Sensor networks and applications[C]. San Diego, 2003. 151-159.

[35] KARLOF C. TinySec: a link layer security architecture for wireless sensor networks[A]. Proceedings of the Second ACM Conference on Embedded Networked Sensor Systems[C]. Baltimore, Maryland, 2004. 140-154.

[36] GAUBATZ G. Public key cryptography in sensor networks-revisited[A]. The 1st European Workshop on Security in Ad-Hoc and Sensor Networks[C]. Heidelberg, 2004. 2-18.

[37] GAUBATZ G, *et al.* State of the art in public-key cryptography for wireless sensor networks[A]. Second IEEE International Workshop on Pervasive Computing and Communication Security[C]. Hawaii, 2005. 16-22.

[38] DAVID J. WHEELERAND R. NEEDHAM M. TEA, a tiny enerytion algorithm[A]. Fast Software Enerption, Second International Workshop Proceedings[C]. 1995. 97-110.

[39] RIVEST R L. The RC5 encryption algorithm, CryPtoBytes[M]. Spring, 1995.

[40] PERRIG A, SZEWCZYK R, TYGAR J D, *et al.* SPINS:Security protocols for sensor networks[J]. Wireless Networks, 2002, 8(5):521-534.

[41] GURA N, *et al.* Comparing elliptic curve cryptography and RSA on 8-bit cpus[A]. Proceedings of the 2004 Workshop on Cryptographic Hardware and Embedded Systems (CHES 2004)[C]. Boston, 2004. 119-132.

[42] DAVID J M, *et al.* A public-key infrastructure for key distribution in TinyOS based on elliptic curve cryptography[A]. First IEEE International Conference on Sensor and Ad Hoc Communications and Networks[C]. Santa Clara, California, 2004. 58-67.

[43] WATRO R, *et al.* TinyPK: securing sensor networks with public key technology[A]. Proceedings of the 2nd ACM Workshop on Security of Ad Hoc and Sensor Networks[C].

2004. 59-64.

[44] BENENSON Z, *et al*. Realizing robust user authentication in sensor networks[A]. Workshop on Real-World Wireless Sensor Networks (REALWSN)[C]. Stockholm, 2005. 135-142.

[45] 裴庆祺，沈玉龙，马建峰. 无线传感器网络安全技术综述[J]. 通信学报，2007, 28(8):113-122.

[46] BRANDS S, CHAUM D. Distance-bounding protocols[A]. Proc of the Workshop on the Theory and Application of Cryptographic Techniques on Advances in Cryptology[C]. New York, 1994. 344-359.

[47] SASTRY N, SHANKAR U, WAGNER D. Secure verification of location claims[A]. Proc.of the 2003 ACM Workshop on Wireless security(WISE)[C]. New York, USA, 2003. 1-10.

[48] MEADOWS C, POOBENDRAN R, PAVLOVIC D, *et al*. Distance bounding protocols: authentication logic analysis and collusion attacks[A]. Secure Localization and Time Synchronization for Wireless Sensor and Ad Hoc Networks[C]. Springer-Verlag, 2007.

[49] CAPKUN S, HUBAUX J P. Secure positioning in wireless networks[J]. IEEE Journal on Selected Areas in Communications, 2006, 24(2):221-232.

[50] ZHANG Y, LIN W, FANG Y, *et al*. Secure localization and authentication in ultra-wideband sensor networks[J]. IEEE Journal on Selected Areas in Communications, 2006, 24(4):829-835.

[51] ANJUM F, PANDEY S, AGRAWAL P. Secure localization in sensor networks using transmission range variation[A]. Proc of 2nd IEEE International Conference on Mobile Ad-hoc and Sensor Systems[C]. Washington, 2005. 195-203.

[52] LAZOS L, POOVENDRAN R. SeRLoc: secure range-independent localization for wireless sensor networks[A]. Proc of the 2004 ACM Workshop on Wireless Security[C]. Philadelphia, 2004. 21-30.

[53] LAZOS L, RADHA P, CAPKUN S. ROPE: robust position estimation in wireless sensor networks[A]. Information Processing in Sensor Networks[C]. 2005. 324-331.

[54] LAZOS L, POOVENDRAN R. HiRLoc: high-resolution robust localization for wireless sensor networks[J]. Selected Areas in Communications, 2006, 24(2):233-246.

[55] WU J, CHEN H, LOU W, *et al*. Label-based DV-Hop localization against wormhole attacks in wireless sensor networks[A]. The 5th IEEE International Conference on Networking, Architecture and Storage[C]. Macau, China, 2010. 79-88.

[56] DU W, FANG L, NING P. Lad: localization anomaly detection for wireless sensor networks[A]. The 19th IPDPS[C]. 2005. 41.

[57] LIU D, NING P, DU W. Attack-resistant location estimation in sensor networks[A]. ISPN'05, the 4th Int'l Symp Info Processing in Sensor Networks[C]. 2005.13.

[58] LI Z, *et al*. Robust statistical methods for securing wireless localization in sensor networks[A]. ISPN'05, the 4th Int'l Symp Info Processing in Sensor Networks[C]. 2005. 12.
[59] LIU D G, NING P, WEN L, *et al*. Attack-resistant location estimation in sensor networks[A]. Proc ACM IPSN[C]. 2005.99-106.

第8章　无线传感器网络覆盖控制技术

无线传感器网络有着丰富的应用场景，特别是物联网的出现与发展，丰富了无线传感器网络应用的内涵与外延。从无线传感器网络的特点和应用场景可知，不同的应用需求和应用环境、不同的网络假设模型和监测对象，对无线传感器网络的设计提出了不同的要求，需要采用不同的方案来解决。节点的能量受限、感知有界性的特点，使网络覆盖控制技术成为国内外工业应用和学术界研究的重点。节能保证传感器网络的生存时间，覆盖则保证网络的监测质量和可靠性，这两方面的研究都是传感器网络的基础支撑技术。由于传感器网络的监测性能（网络的生存时间、能量有效性、网络的连通性）直接与覆盖控制相关，所以通过覆盖控制技术与节点间的协作，对网络进行控制，可以保证网络监测质量，延长网络生存时间。

覆盖控制研究如何在客观的物理世界中放置传感器节点，使节点能更好地对所在的物理环境进行监测，并延长网络生存时间。本章介绍无线传感器网络覆盖控制技术，主要包括覆盖控制的定义、覆盖控制的关键技术问题、覆盖控制问题的分类、覆盖控制性能的衡量指标。对覆盖控制中的节点部署和拓扑控制国内外研究现状进行了归纳与总结，分类比较近年来代表性的研究成果，并指出覆盖控制研究中存在的问题。

8.1　节点部署算法概述

节点部署是在指定的监测区域内，通过适当的方法布置节点以满足某种特定的需求。节点部署是传感器网络进行工作的第一步，它直接关系到网络监测信息的准确性、完整性和时效性。合理的节点部署不仅可以提高网络工作效率、优化利用网络资源，还可以根据应用需求的变化改变活跃节点的数目，动态调整网络的节点密度，节点部署是无线传感器网络研究领域的基本问题之一。

在无线传感器网络中，节点在能量储备、存储能力、计算能力、通信能力等方面受限，需要多个节点协同工作才能完成复杂的监测任务，而部署则能直接决定传感器网络的感知范围及监测精度，因此，传感器网络部署主要研究如何根据所需的部署方式和应用需求，将传感器节点安排在适当的位置，并通过拓扑控制组成适当的网络拓扑结构，以达到对监测区域完全覆盖的目的。一般对部署算法有 2 个基本要求：第一，感知范围必须覆盖整个区域；第二，部署必须满足代价、能耗和可靠性等方面的网络需求。

传感器部署分为 2 种形式，确定放置和随即抛洒。若采用确定放置，则需要计算传感器节点在监测区域内的预定位置，设计者可在网络建设之前提前计算好具体位置，预留给将要部署的传感器节点；若采用随机抛洒的方式，则需要设计较为复杂的算法，计算节点在监测区域内最小的分布密度。如果节点具有移动能力，可自适应地调整在监测区域内的位置，则还需要设计移动算法，考虑节点将要移动的位置，如何确定位置及与周边节点通信等算法。通过执行这些算法，节点能自组织地对周围环境做出合理判断，移动到合适位置。

目前，关于节点部署的研究中，已经设计出了许多模型和相关算法。这些技术可根据适用环境分为 3 类：第一类技术适用于采用确定放置的部署方式；第二类适用于节点不具有移动能力，而且采用随机抛洒的部署方式；第三类适用于节点具备移动能力，也采用随机抛洒的部署方式。

8.1.1 采用确定放置的部署技术

该技术将监测区域划分为二维或三维网格，并假设传感器节点分布在网格点上，监测目标也出现于网格点上。假设节点的检测模型为 0/1 模型，即如果节点和网格点间距离不大于检测半径，则节点能感知该网格点，反之，节点无法感知该网格点。如果每个网格点至少被一个节点所覆盖，则网络将覆盖整个监测区域。每个网格点对应一个监测向量，该向量表示该网格点可以被哪些节点感知。如果不同的网格点对应于不同的监测向量，则可根据监测向量对出现在网格点上的目标进行定位。若某个监测向量对应于多个不同的网格点，则网格点间距越小，定位精度越高，在以上模型的基础上，可为每个网格点定义一个取值为 0 或 1 的整数变量。若以传感器网络部署的代价为最小优化目标，以每个网格点都至少被一个节点覆盖为约束条件，则可以采用商用整数规划软件求解。若以网络定位精度为最高优化目标，以部署代价为约束条件，则可采用模拟退火算法求解。若假设节点的检测模型为与距离相关的概率检测模型，即节点对网格点的检测概率为 e^{-ad}，d 代表节点与网格点之间的距离，a 反映节点的检测能力，所以 d 越大，检测概率越小；a 越大，节点对网格点的检测能力越弱。如果障碍物出现在节点或网格点之间的连线上，则节点对该网格点的检测概率将降低。另外，每个节点对网格点的检测相互独立。如果每个网格点被检测概率大于指定的阈值，则无线传感器网络的感知范围能覆盖整个检测区域。而且，可将较大的阈值设置到具有较高安全可靠程度的网格点，从而对指定区域进行优先覆盖。在与距离相关的概率检测模型上，一般使用基于贪婪算法的传感器网络部署算法，每次选择一个网格点并在其放置节点，直到满足约束条件。

确定性部署通常应用于网络的状态相对固定或应用环境已知，节点在网络中的位置信息以及节点的密度已知情况下。节点的确定性部署通过对问题进行数学抽象，可成为静态优化问题或线性规划问题[1]。在文献[2]中，得出节点部署达到覆盖所需要的最少节点个数并给出了节点相应的位置；在文献[3]中，利用六边形网格来部署节点，以实现最大的连通覆盖。确定性部署能简化问题的解决方案，但在实际的应用中，尤其是大规模、无人监守的恶劣环境中，随机部署显得更具有优势。

8.1.2　采用随机抛洒且节点不具移动能力的部署技术

当监测区域环境恶劣或存在危险时，随机部署是唯一的选择。同样，在大规模应用时，由于节点数量众多、分布密集，采用确定性节点部署技术也不切实际的。此时，可通过飞机、炮弹等载体把节点随机抛撒在监测区域内，节点到达地面以后自组成网。这种随机性主要体现在 2 个方面[4]：一是节点落在监测区域内的位置具有随机性；二是由于环境的影响，落在区域内的节点状态具有一定的随机性，某些节点可能会在坠落过程中由于损坏而失效。因而，在随机部署策略下，为取得较好的覆盖性能，必须投入大量的冗余节点以达到所需要的节点密度。随机部署方式[5]不能保证部署的节点可以完全覆盖整个监测区域，一般适用于对覆盖要求不太严格的应用环境中。文献[6]采用渐近性分析方法分析了在实际随机部署时带来的问题。文献[7]介绍了 3 种随机部署模型：简易扩散模型、均匀模型和 R-random 模型。

针对要求路径覆盖的跟踪应用，在 Exposure 检测模型基础上，研究人员提出了计算节点在监测区域内最小分布密度的方法。先假设传感器节点接收到移动目标的信号强度为 $S(s,p)=\lambda/d(s,p)^k$，其中，λ 为常数，k 代表信号功率的衰减系数，$d(s,p)$ 为节点 s 与目标 p 之间的距离。如果 $S(s,p)$ 在节点检测时间内的积分值超过了指定阈值，则定义节点可检测到移动目标。设 k=2 时节点的完全检测半径为 r，若移动目标的出发点和节点的距离不超过 r，则该移动目标一定能被检测到。r 由移动目标的速度以及检测时间、设定阈值、常数 λ 共同决定。假设节点均匀分布在监测区域内，为了保证对监测区域内的移动目标进行监测，节点在监测区域内的最小分布密度为 $S/(\pi r^2)$。S 为监测区域总面积。

8.1.3　采用随机抛洒且节点具移动能力的部署技术

针对区域覆盖的监测应用，基于机器人部署应用中的势场技术，研究人员提出了采用随机抛洒，且节点具备移动能力的部署技术。文献[8]和文献[9]就通过利用部分节点的有限移动，完成覆盖空洞，达到网络 k 覆盖的目的。在传感器节点向其他节点移动过程中，把移动节点看成虚拟的带电粒子，假设相邻节点间和节点与障碍物之间存在作用力，每个节点根据受力平衡的原理移动一定距离后达到平衡态，这时节点能够充分覆盖整个区域。目前，针对该方向已提出一些部署算法，Zou 和 Chakrabarty 等提出了 VFA 算法[10]，基本思想是假设部署区域中存在 3 种力：一是障碍物对节点的斥力；二是对覆盖率要求较高的区域产生的引力；三是节点之间产生的引力或斥力。算法计算产生在每个节点上的合力来控制节点之间的距离及节点的移动。另一种方法是在部署阶段采用拓扑控制技术对节点采取局部分簇策略，每个节点根据周边节点的能量及分布密度等情况，自适应地调整工作模式，从而提高能量的利用率，若定义节点和被跟踪目标间存在作用力，则可使节点根据被跟踪目标的位置和重要性，动态地调整部署，保证在覆盖区域内提高节点跟踪能力。当然，研究人员也提出过一些基于启发式的算法设计，但这些技术不能有效保证对监测区域的完全覆盖。

8.1.4 节点部署的评价指标

节点部署的好坏直接影响着网络的性能和寿命，结合无线传感器网络的应用特点和系统特性，在评价无线传感器网络的节点部署时，主要考虑以下 3 个指标。

（1）对需采集信息的完整性和精确性支持

要求节点部署后能够覆盖目标区域，并能对传感器节点进行动态的管理，以保证采集信息的完整性和精确性。

（2）对信息可传输性的支持

实际上是对网络连通性的要求，以保证采集到的信息能够准确及时传递到信息的使用终端。

（3）延长网络寿命的要求

无线传感器网络应用的最大问题是能量限制问题，要求在完成任务的前提下最大限度地延长整个网络的寿命。

在节点部署时需要从上述评价指标出发进行设计，考虑覆盖、连接和节能问题。其中，覆盖根据无线传感器网络的应用需要考虑 3 种情况：静态覆盖、动态覆盖和移动覆盖。连接需要考虑通信连接和路由连接 2 种情况。节能也需要考虑部署时的能量消耗问题和运行中的能量消耗问题。

8.2 无线传感器网络在矿井的部署

无线传感网络节点的合理部署需考虑到整个网络的覆盖性和节点的连通性。覆盖性要求对于感测区域的任意物理空间都能被网络中至少一个节点的感测范围所覆盖。连通性要求相邻的 2 个节点都处于对方的通信范围内，所有节点构成自组织网络，保证监测数据能够传输到远端。因为这些因素，不同的应用背景有不同的覆盖要求和连通要求，需要研究不同的节点部署算法。

无线传感器网络在基础设施薄弱的矿山可以得到广泛应用，但矿井开采区域地形错综复杂，不同于完全开放的区域，边界和各种障碍会限制传感器的覆盖范围和通信能力，一般将这种区域视为由一类具有封闭、半封闭边界障碍的区间组成，且其边界由不同形状的多边形、弧形或其他不规则图形组成。如何对这类具有边界和各种障碍的区域做出有效部署，不能应用现有的任何一种标准，只能以尽可能少的传感器节点满足该类区域的覆盖性和连通性作为评价目标。但是，对这种特殊区域布点的研究，必须以网络在小型、大型区域中的部署算法为基础。

近年来，国内外研究人员已提出了多种解决覆盖性和连通性的方案，如文献[11]中的 AGP 算法，可很好地解决覆盖问题，但此种算法的局限在于无法保证相邻节点的通信。另外，文献[12,13]也提出了传感网络中自适应调整节点位置的算法以满足覆盖性，但针对的却是完全开放的区域，没考虑环境周围障碍物的因素。对于文献[14,15]中提出的栅格算法可以很好地解决覆盖性和连通性，但当传感器节点达到一定数量时，效率会大幅降低。文献[16]中将区域覆盖性和连通性结合考虑，但只对节点传感距离和通信距离相同的情况进行了研究，并未针对不同的感测、通信距离分情况讨论。实际上，不同的感测和通信距离对节点部署的影响很大，下面将在井下特定场景中讨论该因素的影响。

假设一个传感器监测区域，节点的通信范围为 R_c，在该距离内能传送数据分组给相邻节点，节点监测覆盖范围为 R_s。节点通信、覆盖范围为半径 R_c、R_s 的理想圆周。文献[17]中，K Kar 和 S Banerjee 默认 $R_c=R_s$，设计了能满足覆盖率和连通性的方案，但简单定义节点具有相同 R_c、R_s 与实际应用相差太远。本节将基于 R_c、R_s 之间的不同关系分情况进行讨论。在 R_c 和 R_s 相等的情况下根据 D Pompili 在文献[18]中的提议，两相邻传感器在相隔不超过 R_s 时，能确保对周边区域的有效覆盖。由此可得出在完全开放空间，分别以覆盖、连通为标准的节点分布[19]，如图 8.1 和图 8.2 所示。

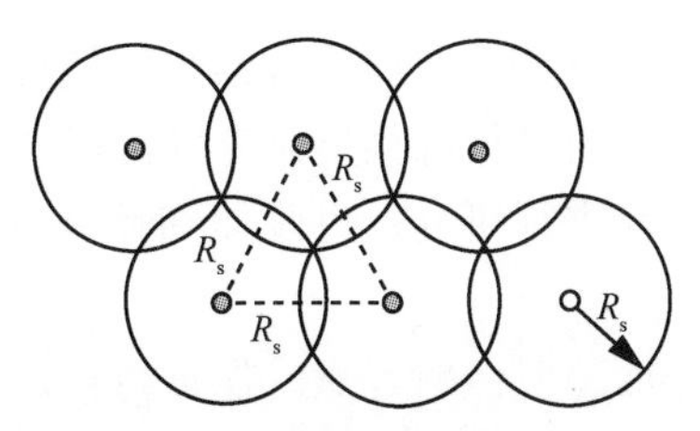

图 8.1　以保证覆盖性为标准的布点策略

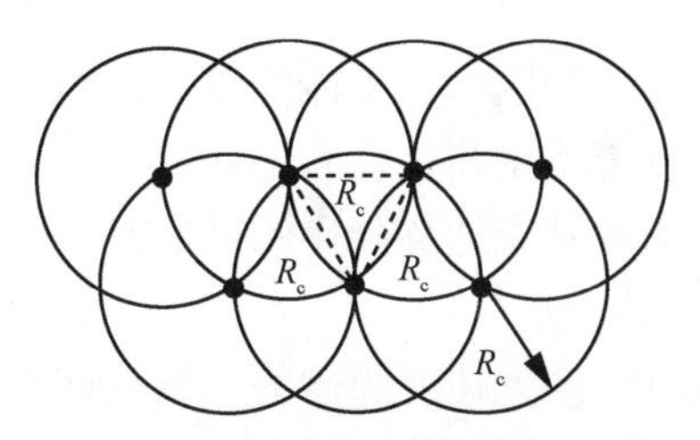

图 8.2　以保证连通性为标准的布点策略

8.2.1 小型区域的部署算法

对于带状区域内且宽度小于 $\sqrt{3}R_{\min}$ 的小型区域，采用平分线分割区域，并沿着区域平分线布点即可确保满足覆盖性和连通性。图 8.3 和图 8.4 中，在 $\sqrt{3}R_{\min}$ 的宽度内，能准确找到该区域的平分线，在 $R_{\min}$=(R_c, R_s)的情况下，沿平分线布点。为了保证区域的覆盖性和连通性，通常在平分线最末端再补充一个节点。该方案是否可行，做出如下证明。

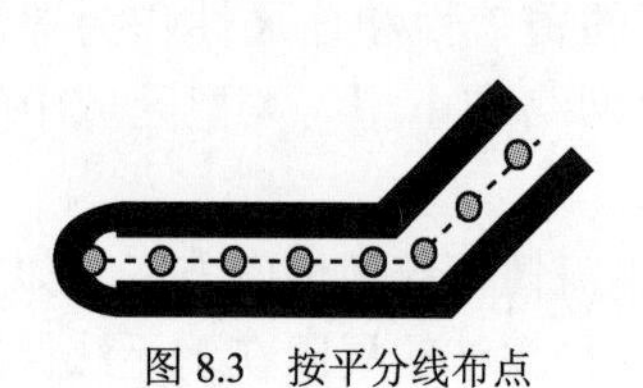

图 8.3 按平分线布点

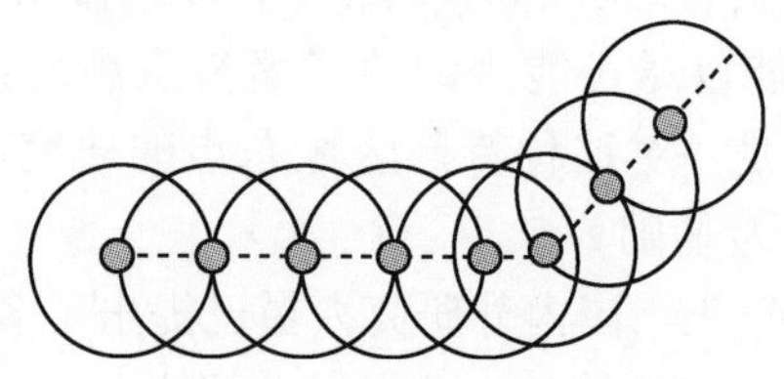

图 8.4 平分线布点覆盖范围

因为 $R_{\min}$=（R_c, R_s），即在该区域的节点一定可以满足连通性，同时该方法可满足小于 $\sqrt{3}R_{\min}$ 的带状区域覆盖性。

当 $R_s \geqslant R_c$，即 $R_{\min}=R_c$ 时，按相邻两节点间距 R_c 布点，沿平分线上一列传感器节点所能覆盖到带状区域宽度为

$$2\sqrt{R_s^2-\frac{R_c^2}{4}} \geqslant 2\sqrt{R_c^2-\frac{R_c^2}{4}}=\sqrt{3}R_c=\sqrt{3}R_{\min} \tag{8.1}$$

所以能确保满足该区域的覆盖性和连通性。

当 $R_s < R_c$，即 $R_{\min}=R_s$ 时，按相邻两节点间距 R_s 布点，可以肯定两相邻节点满足通信范围，而沿平分线排列传感器所能覆盖到的带状区域宽度为

$$2\times\frac{R_s}{2}\times\tan 60^\circ=\sqrt{3}R_s=\sqrt{3}R_{\min} \tag{8.2}$$

因此，综上 2 种情况，该布点方法能确保满足小型区域的覆盖性和连通性。

8.2.2 大型区域的部署算法

对于大型区域，不能简单地仿照小型区域布点方法，用一行沿平分线分布的传感器就能满足覆盖性和连通性要求，而是要采用多行阵列传感器才能解决这个要求。首先从无边界障碍的区域对节点部署问题进行研究，再延伸到具有边界障碍的特殊区域。

建立一个无边界障碍的二维坐标系，一行行部署传感节点，保证每行之间以及相邻节点之间的覆盖性。

当 $R_c \leqslant \sqrt{3}R_s$ 时，每行中相邻节点的间距为 R_c，即能保证相邻节点之间的覆盖性。因为 $R_c \leqslant \sqrt{3}R_s$，由上节讨论可知每行传感器所能覆盖的范围为宽度 $2\sqrt{R_s^2-\frac{R_c^2}{4}}$ 的带状区域，每相邻两行节点之间的 y 轴差值为 $R_s+\sqrt{R_s^2-\frac{R_c^2}{4}}$，$X$ 轴的差值为$\pm\frac{R_c}{2}$，所以上述方法可使整个区域的覆盖性得到保证。图 8.5~图 8.7 分别描述了符合以上条件的 3 种情况。需注意的是，由于 $R_c < \sqrt{3}R_s$，所以仅能保证同一行中相邻两节点间通信，而无法满足相邻两行节点间的通信要求。

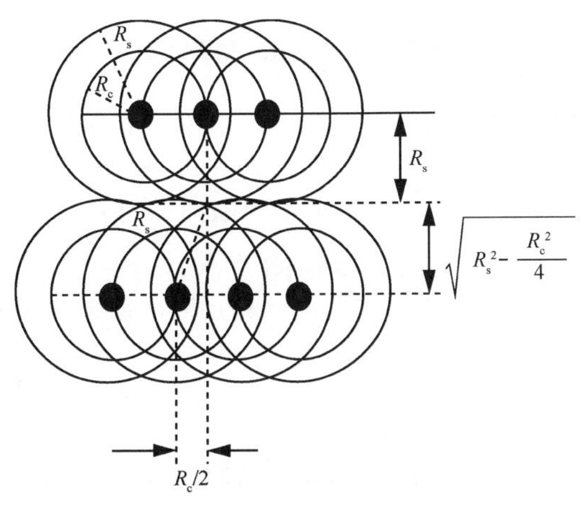

图 8.5　$R_s>R_c$ 时的布点

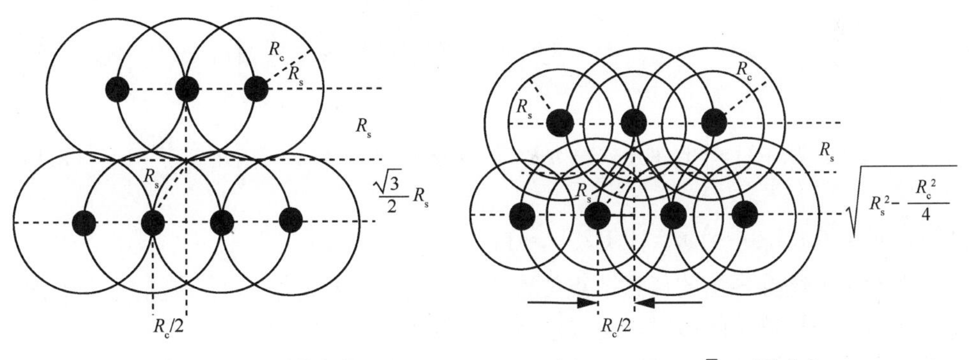

图 8.6　$R_s=R_c$ 时的布点　　　图 8.7　$R_s<R_c<\sqrt{3}R_s$ 时的布点

当 $R_c > \sqrt{3}R_s$ 时，如继续采用以上方式布点，将使相邻两行传感器之间存在无法监测的区域，同时也会造成了传感节点的浪费，所以这种情况采用典型的六边形原则布点更为合理，且相邻传感节点按间距 $\sqrt{3}R_s$ 设置。如图 8.8 所示，此时，可同时保证该区域覆盖性和连通性。

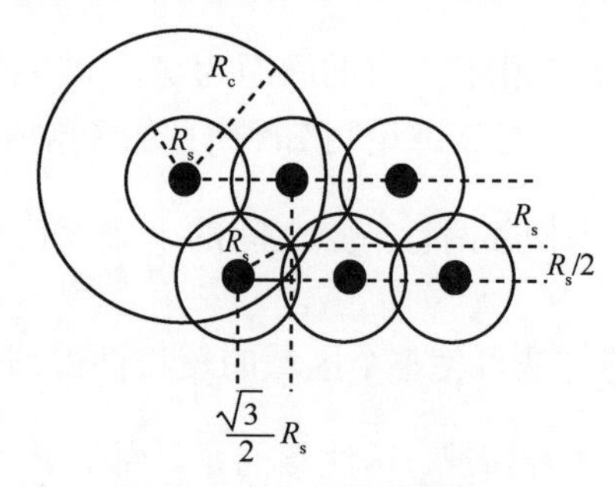

图 8.8 $R_c > \sqrt{3}R_s$ 时的布点

8.2.3 井下巷道特殊区域的节点部署算法

对于井下特殊区域的传感器节点部署策略，可以借鉴以上对大型区域分析中总结的二维坐标系中的布点规则。首先建立二维坐标系，设某一初始节点 $S(0,0)=(x_0,y_0)$,保证其在该区域所有节点中距原点距离最小。由上述满足连通性和覆盖性部署的结论可知，位于该初始节点 x 轴正方向相邻点的坐标，$S(1,0)=(x_0+R_c,y_0)$，而位于该初始节点 y 轴正方向相邻行的第一个传感节点，$S(0,1)=\left(x_0+R_c/2, y_0+R_s+\sqrt{R_s^2-\frac{R_c^2}{4}}\right)$, $S(2,2)=\left(x_0+2R_c, y_0+2R_s+2\sqrt{R_s^2-\frac{R_c^2}{4}}\right)$

由此可计算出该二维坐标系内按以上部署算法分布的任意节点位置为(注意：对于奇、偶行有区别)

$$S(n',2n)=\left(x_0+n'R_c, y_0+2nR_s+2n\sqrt{R_s^2-\frac{R_c^2}{4}}\right) \tag{8.3}$$

$$S(n',2n+1)=\left(x_0+R_c/2+n'R_c, y_0+(2n+1)R_s+(2n+1)\sqrt{R_s^2-\frac{R_c^2}{4}}\right) \tag{8.4}$$

其中，$n'=(0,1,2,\cdots,\infty), n=(0,1,2,\cdots,\infty)$。

当然，上述推导出的任意节点位置的表达式会随着初始节点设定的不同而改变，在具体分析特殊区域时，可灵活围绕区域的不同形状建立二维坐标系。另一方面，所述的连通性仅仅局限于一行中相邻传感节点之间的数据交换，后续部分将针对特殊区域讨论如何保证整个区域传感网络的连通性。

在如图 8.9 所示带有边界障碍的特殊区域中，按上述方式布点会造成一部分区域无法覆盖。而按图 8.10 中沿边界布点无疑可满足覆盖性和连通性，为了保证相邻节点的通信不被障碍物所阻隔，多余的节点被附加在边界的转角上，这样无疑会造成传感器浪费。对于此类区域的布点可在上述研究的基础上加以改进，如图 8.11 所示。

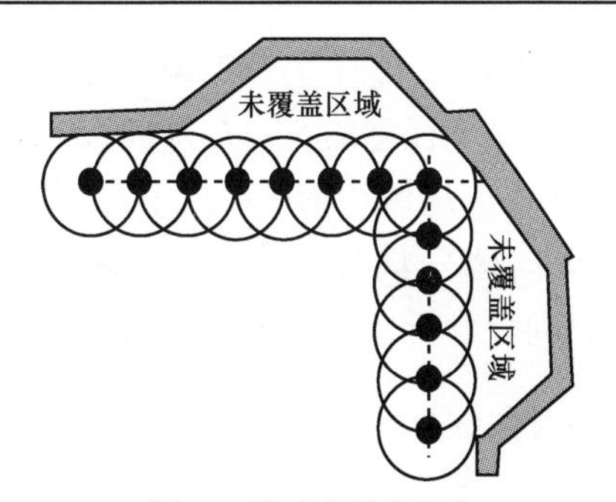

图 8.9　生成未覆盖区域

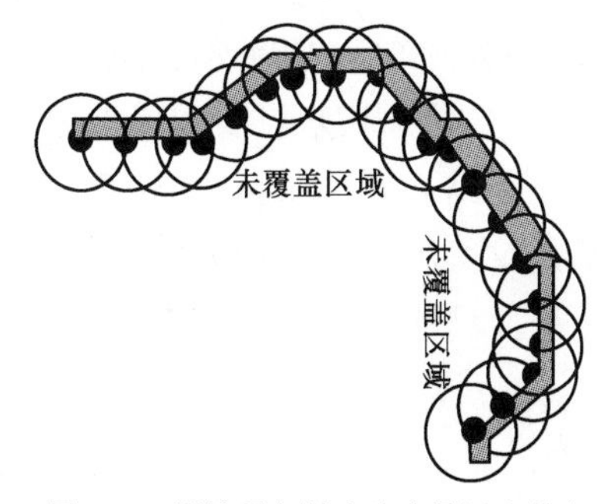

图 8.10　沿边界部署产生大量冗余节点

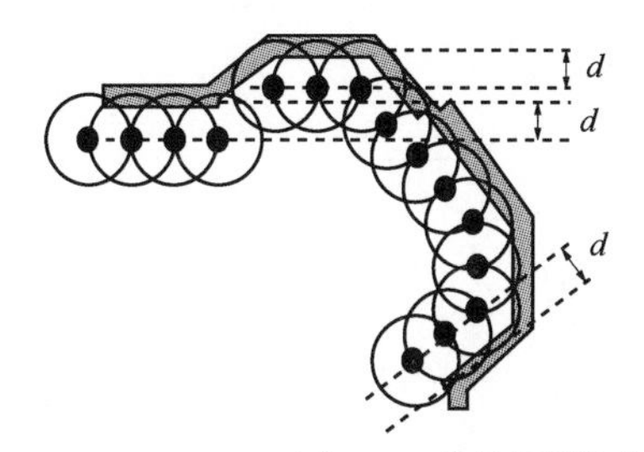

图 8.11　优化部署策略

当未覆盖区域宽度 $d\leqslant\sqrt{R_s^2-\frac{R_c^2}{4}}$，且 $R_c\leqslant\sqrt{3}R_s$ 时，可将节点与边界距离设置为 $\sqrt{R_s^2-\frac{R_c^2}{4}}$，两相邻节点间距为 R_c；

当未覆盖区域宽度 $d\leqslant\sqrt{R_s^2-\frac{R_c^2}{4}}$，且 $R_c>\sqrt{3}R_s$ 时，可将节点与边界距离设置为 $\sqrt{R_s^2-\frac{R_c^2}{4}}$，两相邻节点间距为 $\sqrt{3}R_s$。可满足覆盖性和连通性；

当未覆盖区域宽度 $d>\sqrt{R_s^2-\frac{R_c^2}{4}}$ 时，无论 R_c、R_s 关系如何，按上一节大型区域部署方式处理。

这样，即可在要求最少节点的情况下，同时满足对该区域的覆盖性和相邻节点之间的连通性要求。

然而，仅满足每行相邻节点间的连通性，无法使该区域中所有节点形成完全自组织网络。本文采用 EMST（欧几里得最小生成树）[20,21]算法设计最远边界的通信连接，并结合几何分析，解决整个网络的连通问题。

设在某一区域 T 中，有节点 S 能与该 T 范围内某一个枝叶节点进行通信。设 C 为 T 内所有节点 S 的集合，记作：$C\leftarrow\{S\}$；设变量 $K=0$，$K\rightarrow K+1$。对任意 $S'\in C$，

D_k是以S'为圆心，R_c为通信半径的圆。移动任意以C中子集点为圆心的理想圆周D_k，设I_k为圆周D_k与该区域T边界的相交点，对于任意的$S''\in I_k$，同时$S''\in C$，且满足$S''\notin D_1\cup D_2\cup D_3\cup\cdots\cup D_{k-1}$。则起始点$S$（$D_1$圆周的圆心点）到$S''$（与边界$T$的交点）所构成的直线路径将完全被$D_1\cup D_2\cup D_3\cup\cdots\cup D_{k-1}\cup D_k$通信范围所覆盖。具体路径的布点可以视为几何问题进行分析，2 行节点之间直线距离为$R_s+\sqrt{R_s^2-\frac{R_c^2}{4}}$，根据平行四边形原理，2 条对角线$d_1$、$d_2$分别为

$$d_1=(R_s+\sqrt{R_s^2-\frac{R_c^2}{4}})^2+\frac{R_c^2}{4} \tag{8.5}$$

$$d_2=(R_s+\sqrt{R_s^2-\frac{R_c^2}{4}})^2+\frac{9R_c^2}{4} \tag{8.6}$$

根据特殊区域的形状，择优选取对角线，得出应补充的传感器点数$\frac{d_1}{R_c}$或$\frac{d_2}{R_c}$，按对角线上的等分点部署，分布如图 8.12 所示，这时，行与行之间的通信路径建立，传感器节点能保证整个网络的连通性。

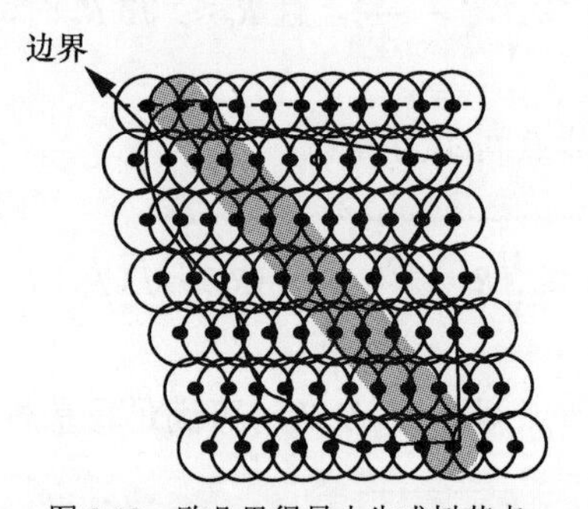

图 8.12　欧几里得最小生成树节点

8.2.4　优化部署算法仿真及性能分析

为了证明优化布点算法的有效性，分别对两处不同形状的区域进行布点仿真。如图 8.13 和图 8.14 所示，为了模拟矿井下各种复杂的地形区域以及在开采巷道内可能出现的物理障碍，文中所给出的部署环境，不仅包括简单典型的方形区域，而且还将任意图形作为边界或障碍的复杂区域图形作为仿真对象，以充分证明该优化部署算法的有效性。在仿真过程中，分别令（R_c, R_s）=（4,6）、（5,5）、（6,4）、（8,4）等多种情况，以满足上述讨论的 4 种不同关系，$R_s>R_c$; $R_s=R_c$; $R_s<R_c<\sqrt{3}R_s$; $R_c>\sqrt{3}R_s$。并在该区域下，采用上述算法以确保覆盖性和连通性，以具体布点数量

作为比较标准，反映该算法的有效性，进行对比的 4 种算法为：本文提出的优化部署算法、以覆盖为标准的算法、以连通为标准的算法、格点算法。

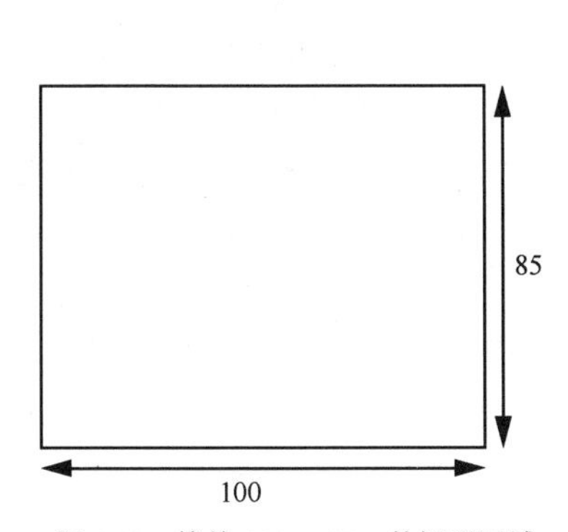

图 8.13　简单 100m×85m 的矩形区域

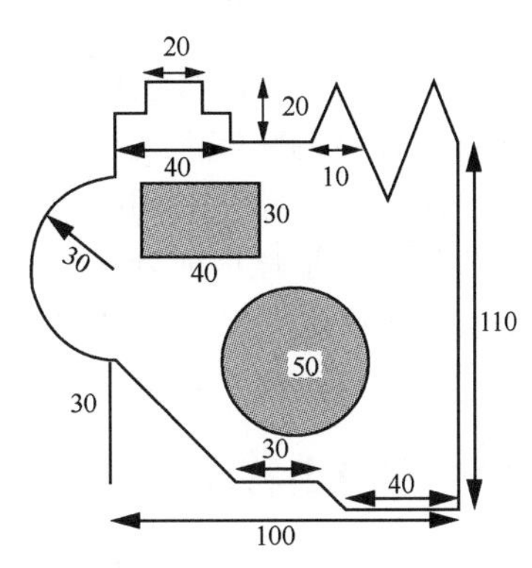

图 8.14　复杂区域示例

仿真结果如图 8.15 和图 8.16 所示，分别为在 R_c、R_s 的不同关系下，采用上述 4 种不同的部署策略需要使用的具体节点数。在格点算法中，所有的相邻节点间隔都是以 R_c、R_s 中的最小值为标准，因此所需要的节点数在此情况下最多。而当 $R_s>R_c$ 时，由于以连通性为标准的算法要求水平相邻节点间的间隔为 R_c，使已满足覆盖性的区域重复布点，造成了节点的浪费。当 $R_s<R_c<\sqrt{3}R_s$ 时，以覆盖为标准的算法需补充大量的多余节点，以满足局部区域（如转角，弧形区）的通信连接，所需的节点数仅次于格点算法。而当 $R_c>\sqrt{3}R_s$ 时，由于节点具有足够的通信距离，所以以覆盖为标准的布点算法达到的效果和本文中的优化布点算法相同。综上所述，本文提出的优化布点算法能在任意 R_c、R_s 关系下，消耗最少量的节点，并同时满足特殊区域的覆盖性和连通性。

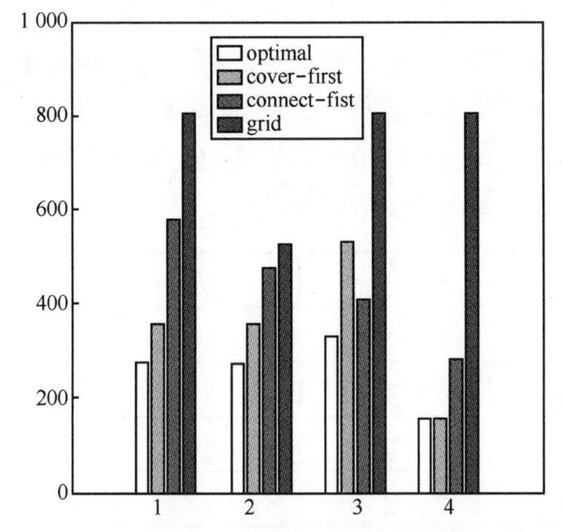

图 8.15　在 100m×85m 的矩形区域消耗的传感器节点数

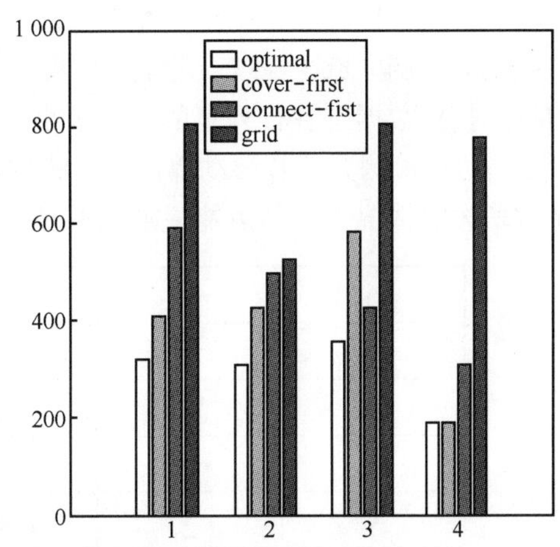

图 8.16　复杂区域消耗的传感器节点数

8.3 井下无线传感器网络的拓扑控制

在可确定部署的应用环境中，经过优化的网络节点部署以后，可满足无线传感器网络对矿井监测区域的连通性与覆盖性要求，并且节点的分布和运行能耗都比较平均。然而随着监测时间的推移，监测区域可能发生变化，部分传感器节点可能产生故障、能量耗尽或者遭到恶意破坏，一些节点将会失效，失效的传感器节点将造成监测区域中的某些监测盲区或通信盲区，使网络无法满足监测系统的要求，需要进行网络的动态拓扑控制，使运行中的网络能保持较好的性能。

8.3.1 节点自移动控制算法

随着机器人技术的发展，机器人的能力不断提高，成本不断下降，机器人应用的领域和范围也在不断扩展[22]，采用低成本的固定传感器节点与移动机器人传感器节点构成的混合移动传感器网络具有对传感器网络再部署和修复感知漏洞的功能，可以更好地覆盖待感知区域。在可移动的无线传感器网络中，节点消耗能量的最大开销是移动位置的能量消耗，因此，在实际应用中应尽可能地减少不必要的移动，这需要研究合理控制节点移动的算法。

（1）SMART 扫描算法

网络中可移动节点的移动控制首先需要发现失效的节点和经过一段时间运行后节点分布不均匀的区域，已有一些算法可实现该功能。在基于扫描的 SMART[23,24]算法中，传感器节点被部署为 $n \times n$ 的二维阵列，算法对行、列分别进行扫描，在扫描过程中，下一节点对各自的上一单跳邻节点传来的扫描数据加 1，继续传给下一单跳邻节点，汇聚节点统计各行、列扫描数据的最终结果并计算节点在监测区域的覆盖密度情况，然后通过广播消息通知处于高密度区域的可移动节点移动到覆盖密度低的监测区域。经过一轮调整，继续循环扫描、统计移动的进程。直到阵列中的行列扫描数据中各行列差值达到最小，该算法运行过程和结果如图 8.17~图 8.19 所示。这种检测方式和移动算法在规模较大的节点阵列中可靠性不高，而且在扫描轮数增大的情况下，节点能量消耗过多也是该算法的主要缺陷之一。

0	1	4	5	3
3	12	5	5	4
3	9	11	7	5
4	7	8	7	5
5	2	5	3	2

图 8.17　初始部署数据

2	2	3	3	3
6	6	6	6	5
7	7	7	7	7
6	7	6	6	6
4	3	4	3	3

图 8.18　经过行扫描后的移动数据

5	5	5	5	5
5	5	6	5	5
5	5	5	5	5
5	5	5	5	5
5	5	5	5	4

图 8.19　经过列扫描后的移动数据

（2）Hungarian 算法

如何让运行一段时间后的网络在节点移动最少，耗能最少的情况下满足应用要求，是移动网络需要规划考虑的问题。在 Hungarian 算法[25]中，将每个节点通信范围内的所有节点之和定义为该节点的边界权重 k_m，其中，m 为该节点的单跳邻节点数。在利用 Hungarian 算法控制节点移动过程中，首先将 SMART 算法中的二维传感器阵列图转换成配对图表，进行扫描后，确定该区域的最终平均节点分布密度，分别以“给予”和“获取”的形式定义格点。格点权重定义为超过或低于平均密度的程度，边界权重作为判断与其配对的格点之间的数量差。采用图 8.20 所示方法就能调整格点内的节点密度，得到格点内的节点向周边格点移出或移入的节点数。

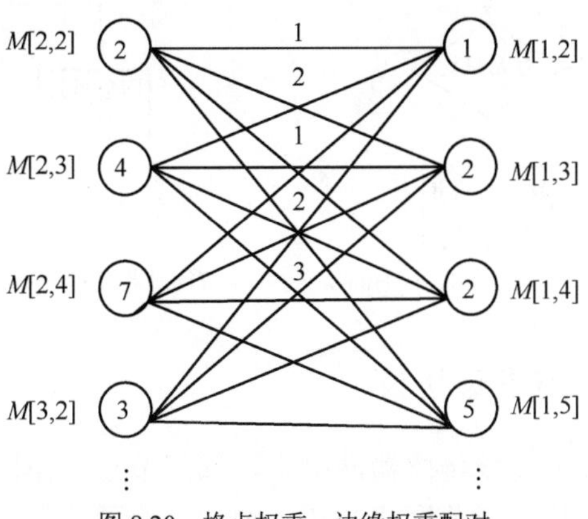

图 8.20　格点权重、边缘权重配对

（3）二维网孔下的局部 Hungarian 算法

在 Hungarian 局部算法[26]中，每一个格点通过向邻节点发送邀请消息进行初始配对，邀请信息中包含当前格点内节点数与监测区域内格点中的平均节点数差值，以及预先定义的差值传输范围。如果“给予”型格点获得的邀请信息不属于“获取”型格点，将转发该消息。当“获取”型格点获得邀请信息时，将回复该信息或转发，返回其差值数据。得到返回的消息后，“给予”型格点将往“获取”型格点内遣出节点。“给予”型节点发射功率可调，当发送邀请信息时，首先，它将在小范围内向邻格点发送该邀请，如无回复请求，将扩大发送范围以搜寻“获取”型格点。这一步骤和自组织网络中通过逐步扩大搜集圈来获取单跳节点类似。如果“获取”型获得来自不同格点的邀请信息，将选择位置最靠近的格点，除非当所选择的格点无法贡献出足够多的节点时，才会同时响应多个邀请信息。而当“给予”型同时获得多个回复消息时，将通过节点差值来判断，越小的差值优先级越高。图 8.21 为算法基本流程。

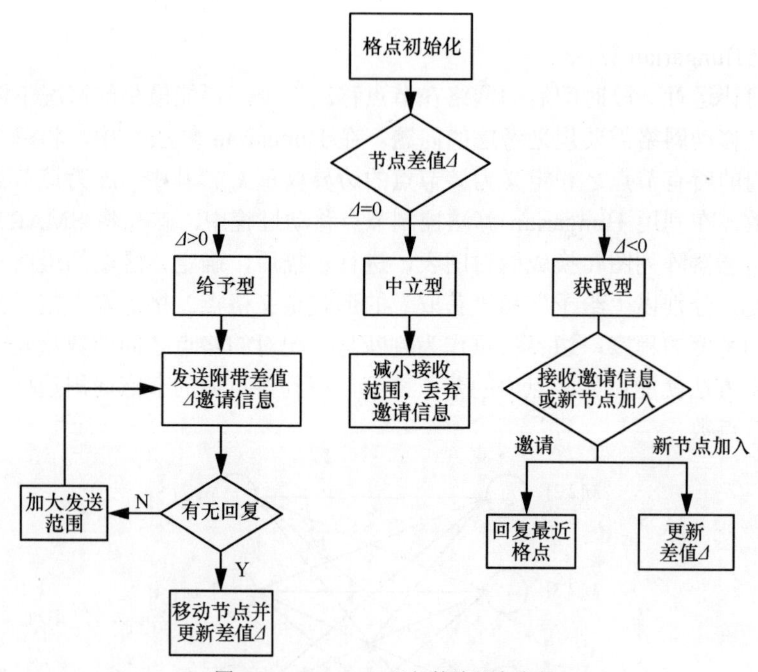

图 8.21　Hungarian 局部算法基本流程

8.3.2　邻居节点发现协议

在有可移动节点的无线传感器网络中，邻居节点并不固定，拓扑结构可能会迅速发生变化，仅仅依靠当前网络的拓扑结构来组网并不可靠，不时地更新邻居节点信息是网络在实际应用中必须执行的操作。

邻居发现问题是无线传感器网络（WSN）通信协议的重要组成部分之一。一般情况下，与自组织网络类似，网络中的传感器节点通过广播信息来发现邻节点，如在 AODV、DSR 和 ZRP[27]路由协议中，都假设所有邻节点持续侦听信道，这种工作方式简单可靠，但无线传感器网络中，为节省能量，很多算法都采用了低占空比的工作方式，WSN 中的节点在生命期中大部分时间在休眠，从而导致较长的发现延迟。邻居发现算法必须要在节省能量和缩短发现延迟时间之间平衡取舍。

目前，因为同步通信耗时耗能较多，异步的邻居发现算法近年得到了较多的关注。低占空比 WSN 的异步邻居发现算法的基本做法都是先将时间分成固定间隔的时间槽，一个时间槽的时间长度可以保证完成一次发现过程。当 2 个节点有一个苏醒时槽重叠时，则可以认为节点发现了邻居节点。异步邻居发现算法分为 2 类：概率性和确定性算法。概率性算法如文献[28]等在保持节点能量低消耗的情况下，致力于在确定的时间内能够以较大概率发现邻居；而确定性算法如文献[29,30]等则致力于在确定的时间内能够 100%地发现邻居节点。

Birthday[31]协议是一种基于概率的邻节点发现协议，由 McGlynn 等根据生日悖论提出。一个节点分别以 p_s、p_t、p_l 的概率选择进入 3 种状态（休眠、传输和监听）之一。将节点分时隙进行侦听、空闲、传输，以发现通信范围内的潜在邻节点。当 X 节点发现 Y 节点时，Y 在传输态，X 就必须处于侦听态。在一个时隙中，此种情况概率为 $p_l p_t$。X 在整个时隙中发现 Y 的概率为 $1-(1-p_l p_t)^n$。而 Y 发现 X 的概率也相同。若考虑其为独立事件，则网络中可预期的连接数为

$$E(U)=2(1-(1-p_l p_t)^n) \tag{8.7}$$

当越来越多的节点接入网络，每个节点在部署检测邻节点时，因为处于发送状态的概率可调整，将不可避免导致信道的冲突问题。Birthday 协议提供了解决方案，即变量 T，L 和 S 可在任意时隙分配，假设分配变量可看成是每个节点的独立事件，每个节点在不同时隙内有 3 个不同结果。

$$P_r(T=t,L=l,S=s)=(N,t,l)\,p_l^l p_t^t p_s^s \tag{8.8}$$

只有在其余 $N-1$ 个邻节点都处于发送状态，而 X 节点处于侦听状态时，X 节点才可检测到其他邻节点，那么其中每一对节点间的连接概率为

$$E(h)=E(L,T=1)\,p_r(T=1) \tag{8.9}$$

对于节点 X，可监听网络中节点的总概率为

$$E(h)=N(N-1)\frac{p_t}{1-p_t}p_t(1-p_t)^{N-1} \tag{8.10}$$

转换后，可得

$$E(h)=N(N-1)p_l p_t(1-p_t)^{N-2} \tag{8.11}$$

如果节点数 N 足够大，在双向侦听的情况下，节点间监听的概率大致符合 Poisson 分布，系数取

$$\lambda=\frac{nE(h)}{N(N-1)}=np_t p_l(1-p_t)^{N-2} \tag{8.12}$$

因此，网络内的双向节点连接数为

$$F=1-\mathrm{e}^{-\lambda}=1-\mathrm{e}^{-np_t p_l(1-p_t)^{N-2}} \tag{8.13}$$

8.3.3 边界移动节点调度控制

由邻居节点发现算法可知，节点可通过上述 Birthday 协议获取其相邻节点的位置信息。当某些节点失效后，其所有相邻的节点均无法收到上述 Birthday 协议所反馈的数据分组，因此认为该节点已失效。然后，所有该失效节点的邻节点通过广播将包含自己位置信息的数据分组给下一跳节点，其他节点收到该位置信息后继续转发给下一跳节点，如此直到所有节点都能获取并定位出该失效节点的位置信息。

当网络所处环境不规整，有障碍物时，往往需在邻近边界或障碍物的区域布置较多的节点，这些节点的感知和通信能力往往没有全部用到，如图 8.22 所示的节点 R，当网络出现盲区时，这些节点还有很大的潜力可以挖掘，用于减少网络盲区。根据 R_c 与 R_s 之间不同的数量关系，将邻近监测区域或障碍物边界的传感器节点分 3 种情况讨论，以采用不同的移动控制算法。

当 $R_c \leqslant \sqrt{3}R_s$ 时：

（1）节点距监测区域边界或障碍物垂直距离 $d<\sqrt{R_s^2-\frac{R_c^2}{4}}$，

（2）节点距监测区域边界或障碍物垂直距离 $\sqrt{R_s^2-\frac{R_c^2}{4}}\leqslant d<R_s$，

（3）节点距监测区域边界或障碍物垂直距离 $d \geqslant R_s$。

设置以上 3 类处于不同距离的节点有各自不同的移动优先级。距离为 $d<\sqrt{R_s^2-\frac{R_c^2}{4}}$ 的节点获得最高的移动优先级，处于 $\sqrt{R_s^2-\frac{R_c^2}{4}}\leqslant d<R_s$ 范围之内的次之，$d \geqslant R_s$ 范围内的节点优先级最小。

当 $R_c > \sqrt{3}R_s$ 时：

（1）节点距监测区域边界或障碍物垂直距离 $d < \frac{R_s}{2}$；

（2）节点距监测区域边界或障碍物垂直距离 $\frac{R_s}{2} \leqslant d < R_s$；

（3）节点距监测区域边界或障碍物垂直距离 $d \geqslant R_s$。

同上，上述节点也具有不同的移动优先级。情况（1）至（3），优先级依次降低。

下面以 $R_c \leqslant \sqrt{3}R_s$ 时优先级的设置为例进行设置。当 $R_c > \sqrt{3}R_s$ 时，也可按照相同的策略来移动节点，以达到尽可能多地消除网络盲区的目的。当处于最高移动优先级的节点收到移动信息时，节点将通过获取的失效节点位置信息，计算与该节点之间的距离 $d_{dt} = \sqrt{(x_t - x_d)^2 + (y_t - y_d)^2}$（注：$(x_t, y_t)$、$(x_d, y_d)$ 为最高优先级节点与死亡节点各自的二维坐标值），并以广播形式通知其他节点。由无线通信中能量损耗式（8.14）可知，通信距离的增加与节点能量损耗成正比[32]，因此，移动策略还需考虑移动后的通信问题，协议规定，在所有具有同样移动优先级的节点中，选取距离 d_{dt} 最小的节点，同时为了避免节点因为过度移动造成的能量耗尽，将通过计算移动距离来平衡节点能量的损耗，过程如图 8.22 所示。

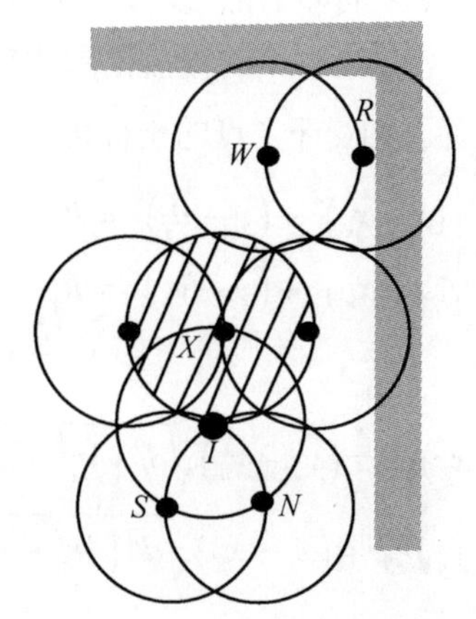

图 8.22　*X* 节点死亡，*R* 节点获得最高移动优先级

$$E_T(l,d) = \begin{cases} lE_{\text{elec}} + l\varepsilon_{\text{fs}}d^2, d \leqslant 0 \\ lE_{\text{elec}} + l\varepsilon_{\text{mp}}d^4, d > 0 \end{cases} \tag{8.14}$$

当具有最高移动优先级的节点 *R* 被选择代替图中失效节点 *X* 时，*R* 将通过广播形式通知具有同样优先级的可用节点 *W*、*S*、*N*，按上述距离原则，*W* 节点将被控制并移动至 *X* 节点所在位置，同时 *R* 节点被移动至 *W* 节点原有位置。如图 8.23 所示。

另一方面，考虑到矿井中复杂的地形环境，如果在 W 节点移动至 X 节点的过程中遇到障碍物，W 节点将反馈信息给 R 节点，协议将控制 R 节点调整移动的线路，如图 8.24 所示。

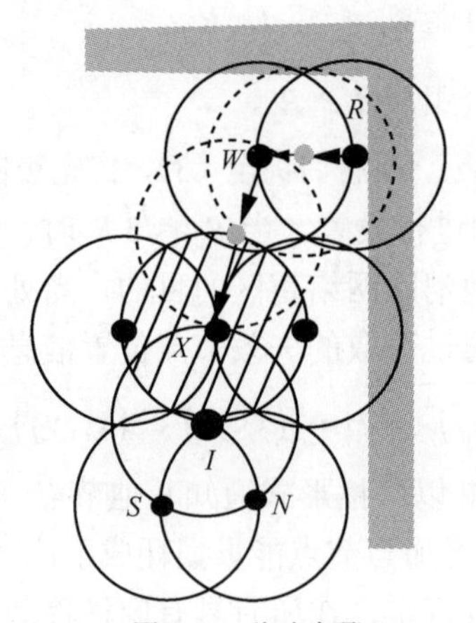

图 8.23　移动步骤

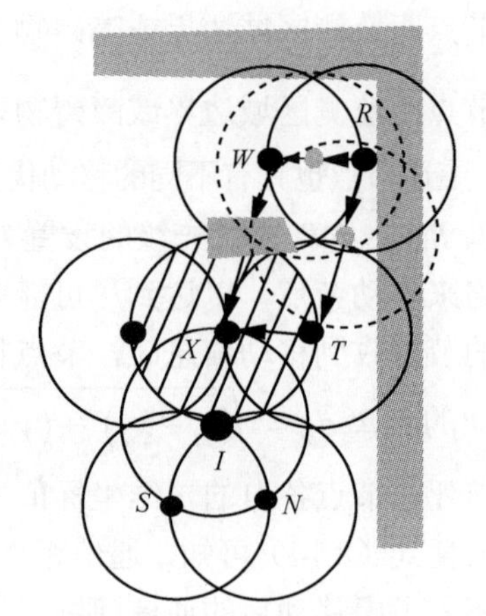

图 8.24　改变移动路线

协议中，传感器节点为了填补网络盲区需要对移动线路做出计算，并验证其可实施性。假设 W 节点为失效节点 X 的邻节点。设节点 X、W、S、N 坐标分别为 (x_0, y_0)、(x_w, y_w)、(x_s, y_s)、(x_n, y_n)。节点 S、N 的覆盖范围相交于 I 点，算法规定节点 W 将移动至失效节点 X 所在位置。相交于 I 点的坐标可由式（8.15）得出

$$\begin{cases}(x-x_s)^2+(y-y_s)^2=R_\mathrm{s}^2\\(x-x_n)^2+(y-y_n)^2=R_\mathrm{s}^2\end{cases}\tag{8.15}$$

可得

$$\begin{cases}x=(x_s+x_n)/2\pm(y_s-y_n)\sqrt{d^2\left(4r_c^2-d^2\right)}/2d^2\\y=(y_s+y_n)/2\mp(x_s-x_n)\sqrt{d^2\left(4r_c^2-d^2\right)}/2d^2\end{cases}\tag{8.16}$$

由此解得的 I 点坐标 (x_i, y_i) 符合最靠近失效节点 X 的要求。

按照以上提到的优化部署算法，基于二维坐标系，邻节点在 R_s 和 R_c 的不同关系下分别有固定的斜率。

当 $R_\mathrm{c}\leqslant\sqrt{3}R_\mathrm{s}$ 时，$\tan\alpha=\left(R_\mathrm{s}+\sqrt{R_\mathrm{s}^2-\dfrac{R_\mathrm{c}^2}{4}}\right)/\dfrac{R_\mathrm{c}}{2}$；

当 $R_\mathrm{c}>\sqrt{3}R_\mathrm{s}$ 时，$\tan\alpha=\sqrt{3}$。

设 $X'=(x', y')$ 为节点 W 即将移动到的新位置，该位置应满足以下关系。

$$\begin{cases}(x'-x_i)^2+(y'-y_i)^2=R_s^2\\(y_w-y')/(x_w-x')=\tan\alpha\end{cases} \tag{8.17}$$

8.4　基于"虚拟力"的拓扑控制技术

8.3 节讨论了邻节点发现算法、基于格点的节点移动算法、路径规划算法，但节点从移动到最终的网络处于平衡态需要一个控制过程，供节点在移动过程中采用。国内外研究人员提出了一种"虚拟力"的概念来模拟节点在移动中所受到的移动作用力，根据节点所处的不同位置，节点移动时将受到其他节点的拉力和推力。虚拟力算法基于移动机器人避让障碍物所运用的势场算法，节点间所产生的虚拟力分为引力和斥力 2 种。当两节点足够近时（如，小于各自的感知半径），两节点间将存在排斥力，使节点间距离增大；当两节点间相距过大时（大于各自的感知半径），两节点间将存在引力，使距离缩短。因此可看出，斥力可用来避免过多的冗余节点分布于同一监测区域，而引力则能维护监测区域内的覆盖度，避免监测盲区。在无线传感器网络中，对虚拟力作了如下定义。

设定用来控制各区域传感器节点分布密度的距离，根据传感器网络应用要求而设定不同的值。节点 I、J 之间的 VFA 公式

$$\vec{F}_{ij}=\begin{cases}\left(\omega_A\left(d_{ij}-d_{th}\right),\alpha_{ij}\right),d_{ij}>d_{th}\\0\qquad\qquad\qquad\quad,d_{ij}=d_{th}\\\left(\omega_R\dfrac{1}{d_{ij}},\alpha_{ij}+\pi\right),d_{ij}<d_{th}\end{cases} \tag{8.18}$$

其中，d_{ij} 是节点 s_i、s_j 的欧几里得距离，d_{th} 是节点 s_i、s_j 的设定距离，a_{ij} 为节点 s_i、s_j 之间的方向角，$\omega_A\,(\omega_R)$ 为节点受到的虚拟力（拉力、推力）系数[33]，节点在网络中所受到的合力为其他各节点对该点力的矢量和，表达式为

$$\vec{F}_i=\sum_{j=1,j\neq i}^{n}\vec{F}_{ij} \tag{8.19}$$

其中，n 为该监测区域内移动节点的总数。向量 $\vec{F}_i$ 为在节点 i 上受到的不同方向、不同节点的合力。一旦 $\vec{F}_i$ 及其方向确定，节点将沿力的方向移动到新的位置。

8.4.1 虚拟力算法改进

无线传感器网络中密集分布大量的节点，采用简单的虚拟力计算处理方式，合力的计算将比较复杂，也将导致一些问题。

（1）VFA 不能总保证节点间的距离为 d_{th}。当节点 S_1 位于垂直位置，S_2，S_3 分别位于水平位置时，由优化部署算法可得节点 S_4 移动后的理想位置。当 S_4 在 VFA 作用下进入区域时，S_1, S_2, S_3 构造的是等边三角形，由式（8.18）中可知，S_1 和 S_4 之间将一直存在引力，因此 S_1, S_4 将继续相向移动，最终将破坏整个网络的力平衡。

（2）对于一个规模相对较大的无线传感器网络，由式（8.19）给出的虚拟力关系式不能使节点在固定距离下处于稳定状态，节点将围绕某一位置震荡，这无疑将耗费更多的移动能量。因此，有必要将虚拟力量限制在一个有效的范围内，使得当任意两节点间距离超出了设定的距离时，相互之间将不存在虚拟力量，使节点在移动后快速处于稳定状态。

（3）对于监测区域边界的影响并未考虑。实际上，在虚拟力量的作用下，传感器节点会以一定概率被移出监测边界。

为了完成快速部署，使虚拟力算法能达到更好的覆盖效果，提出了指数型虚拟力数学模型。节点间所受虚拟力随着距离的减少按指数变化，通过设定公式中指数 β_1、β_2 的系数来调节力的大小，一般系数设为 2。

$$\vec{F}_{ij}=\begin{cases}0 & ,d_{ij}>C_{th}\\ \left(\omega_A\left(d_{ij}-d_{th}\right)^{\beta_1},\alpha_{ij}\right) & ,d_{th}\leqslant d_{ij}\leqslant C_{th}\\ \left(\omega_R\dfrac{1}{d_{ij}}^{-\beta_2}-d_{th}^{-\beta_2},\alpha_{ij}+\pi\right) & ,d_{ij}<d_{th}\end{cases} \tag{8.20}$$

8.4.2 VFA 算法优化

在无线传感器网络中，若某节点有效通信距离为 C，则在该范围内，通过信号强度检测（RSSI），节点可计算出其与周边节点的距离。同样，RSSI 亦可用来计算节点受到的虚拟力。当节点间距离超过 C 时，节点间无法互相通信，即无法通过 VFA 来分析受到的力和调整自身位置。另外，对于那些受到引力而相距超过 C 的节点，通过以上分析，在式（8.20）的作用下，将处于不稳定状态。因此，有效的通信距离 C 将使网络中节点快速趋于稳定。例如，如果 S_4 和 S_1 之间、S_2 和 S_3 之间无作用力，则节点将快速处于确定的位置，完成对监测区域的覆盖。同时，也无需消耗多余的能量。因此，将式（8.20）改进为

$$\vec{F}_{ij}=\begin{cases}0, d_{ij}>C_{th}\\ \left(\omega_A\left(d_{ij}-d_{th}\right),\alpha_{ij}\right), d_{th}\leqslant d_{ij}\leqslant C_{th}\\ \left(\omega_R\dfrac{1}{d_{ij}},\alpha_{ij}+\pi\right), d_{ij}<d_{th}\end{cases} \tag{8.21}$$

每次移动，节点移动到新位置的方向和最终的合力的大小可由式（8.21）得出。为了限制无实际意义的移动，可设定节点移动的最大跳数。节点移动的距离和其受到的合力大小成正比，但不可超过最大跳数范围。考虑到监测区域边界的影响，可通过设定最大坐标来防止节点移出监测区域。节点在一次移动后更新其坐标信息，由式（8.22）、式（8.23）得出

$$x(i)_{\text{new}}=\begin{cases}x(i)_o, \left|\vec{F}_i\right|=0\\ x(i)_o+\operatorname{sign}\left(\vec{F}_{ix}\right)\left|\dfrac{\vec{F}_{ix}}{\vec{F}_i}\right|\times Step_{\max}\times \mathrm{e}^{-\frac{1}{\vec{F}_i}}, 0\leqslant x(i)_{\text{new}}\leqslant x_{\max}\\ x_{\max}, x_{\max}<x(i)_{\text{new}}\\ x_{\min}, x_{\min}>x(i)_{\text{new}}\end{cases} \tag{8.22}$$

$$y(i)_{\text{new}}=\begin{cases}y(i)_o, \left|\vec{F}_i\right|=0\\ y(i)_o+\operatorname{sign}\left(\vec{F}_{iy}\right)\left|\dfrac{\vec{F}_{iy}}{\vec{F}_i}\right|\times Step_{\max}\times \mathrm{e}^{-\frac{1}{\vec{F}_i}}, 0\leqslant y(i)_{\text{new}}\leqslant y_{\max}\\ y_{\max}, y_{\max}<y(i)_{\text{new}}\\ y_{\min}, y_{\min}>y(i)_{\text{new}}\end{cases} \tag{8.23}$$

其中，$x(i)_o$ 和 $y(i)_o$ 代表目前的节点位置。$x(i)_{\text{new}}$ 和 $y(i)_{\text{new}}$ 表示下一轮移动的位置。$\vec{F}_i$ 为节点所受到的虚拟力量的合力。$x_{\max}$ 与 $y_{\max}$ 表示节点所处监测区域的 x、y 方向最大距离。

为了均衡移动能量，将限制节点每轮的最大移动距离。假设失效节点的所有邻节点都将给移动节点施加一个拉力。若设失效节点为集合 p_j，为了减少移动的总距离，节点 s_i 向失效节点 p_j 进行每一轮移动的时候将遵循以下步骤。

步骤 1　邻节点探测出失效节点 p_j，位置信息由上述的几何算法获得。

步骤 2　计算 $d_{p_js_1}, d_{p_js_2}, \cdots, d_{p_js_n}$。当获得最小距离 $d_{p_js_i}$ 时，节点 s_i 将向节点 p_j 移动初始距离 λ，λ 为一个传感器节点在一轮移动当中所能移动的最大距离。当节点 $s_i\left(x_{s_i}, y_{s_i}\right)$ 位置信息更新为 $s_i'\left(x_{s_i}', y_{s_i}'\right)$ 时，具体位置可由式（8.22）、式（8.23）

得到。如图 8.25 所示，可得出节点 s_i 与目标节点 p_j 的关系式

$$\left(y-y_{p_j}\right)\left(y_{s_i}-y_{p_j}\right)=\left(x-x_{p_j}\right)\left(x_{s_i}-x_{p_j}\right) \tag{8.24}$$

从而可得

$$x'_{s_i}=\lambda\left(x_{s_i}+x_{p_j}\right)/d_{p_js_i}+x_{p_j}, y'_{s_i}=\lambda\left(y_{s_i}+y_{p_j}\right)/d_{p_js_i}+y_{p_j} \tag{8.25}$$

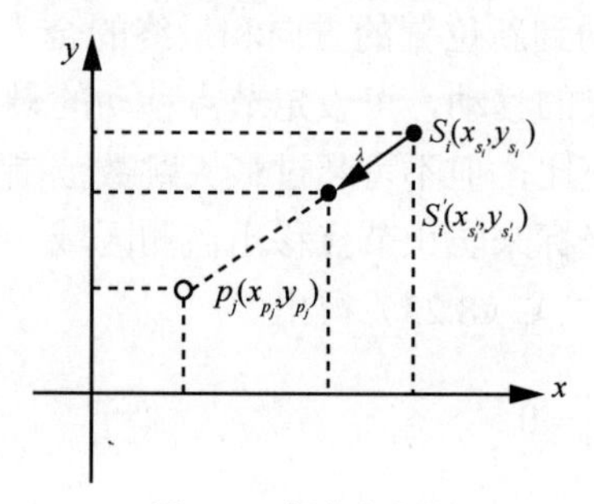

图 8.25　新节点位置

据以上分析，总结出优化 VFA 模型。当失效节点周围所有邻节点的最终合力可计算时，具有移动优先级的节点将根据合力矢量向失效节点移动。最新的移动位置由以下式（8.26）获得。

$$\begin{cases} x(i)_{\text{new}}=x(i)_{\text{old}}+\text{sign}\left(\vec{F}_{ix}\right)\left|\dfrac{\vec{F}_{ix}}{\vec{F}_i}\right|\times\lambda \\ y(i)_{\text{new}}=y(i)_{\text{old}}+\text{sign}\left(\vec{F}_{iy}\right)\left|\dfrac{\vec{F}_{iy}}{\vec{F}_i}\right|\times\lambda \end{cases} \tag{8.26}$$

由以上几何算法及优化的 VFA 模型[34,35]，可证明该“自愈”拓扑控制协议在解决网络连通及覆盖盲区时的灵活性和有效性。当所有具有最高优先级的节点移动完成后，其他的盲区将由下一优先级节点进行弥补。在优化部署算法中提出的欧几里得最小生成树算法可应用于移动节点，在某些节点死亡的情况下，可确保网络的覆盖性和连通性。

8.5　“自愈”拓扑控制算法仿真与性能分析

“自愈”拓扑控制算法以优化部署算法为基础。对于该算法的仿真区域，依然沿用上一节优化部署算法中采用的 100m×85m 简单矩形区域及复杂区域。在实行节点的优化部署后，进行“自愈”拓扑控制算法的仿真。

当传感器节点部署于矿井监测区域中，其覆盖度[36,37]由式（8.27）定义。

$$C_r = \frac{\bigcup_{i=1,\cdots,n} A_i}{A} \tag{8.27}$$

其中，A_i定义为被第 i 个节点所覆盖的监测区域；n 为节点的总数；A 代表应用优化部署算法的整个监测区域。在进行“自愈”拓扑控制算法的仿真中，采用 R_c=4、R_s=6 和 R_c=8、R_s=4 2 组数据来反映节点不同的通信及感测关系，即 $R_c \leqslant \sqrt{3}R_s$ 时和 $R_c > \sqrt{3}R_s$ 2 种情况。由于具有移动优先级较高的边缘节点处于转发数据较少的区域，所以其能耗相对较低。为了实际模拟矿井下因能量耗尽导致节点死亡的情形，假设前期死亡的节点均处于网络吞吐量大、转发度高的中间区域。由以上分析可知，因为边缘分布的节点其实际覆盖范围低于处于中间区域监测节点，所以其具有较高优先级。为了维持对区域的基本监测要求，将矩形区域及复杂区域中的最大的节点死亡数目分别定义为 120、150。

仿真结果如图 8.26 和图 8.27 所示比较了在具有自愈功能的网络和普通网络，当节点逐步死亡时监测区域的覆盖度情况。图中，由上至下，第一组为 $R_c \leqslant \sqrt{3}R_s$，第二组为 $R_c > \sqrt{3}R_s$ 时。由仿真结果图可知，随着死亡节点的不断增加，具有“自愈”拓扑控制算法的网络覆盖率远大于普通网络。代表覆盖率的线段在初期下降非常缓慢，当移动优先级节点完成移动，线段下降速率加快。而在此情况下，对于普通网络，覆盖度下降速率将略低于“自愈”网络。由于所用节点数量在 $R_c > \sqrt{3}R_s$ 时少于 $R_c \leqslant \sqrt{3}R_s$，所以随着节点的死亡，监测区域覆盖度下降速率相对更快。

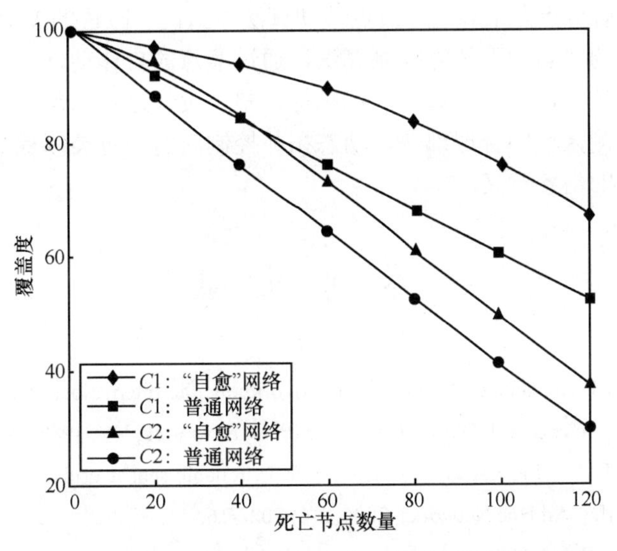

图 8.26　R_c、R_s不同情况下，100m×85m 的矩形区域覆盖度比较

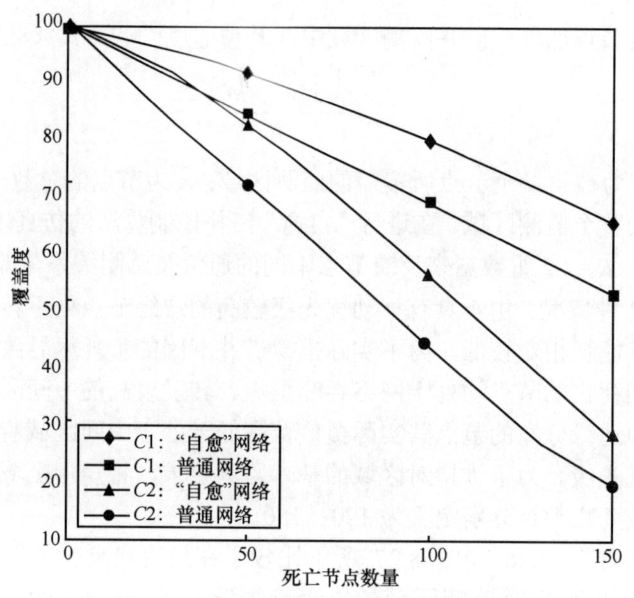

图 8.27 R_c、R_s不同情况下，复杂区域覆盖度比较

8.6 本章小结

本章根据矿井下的环境特点，给出了优化的节点部署策略。针对无线传感器网络由于节点能量耗尽或故障所导致的网络盲区问题，分析了已有的节点移动算法，设计了邻居节点发现算法，节点移动算法并给出了改进的 VFA 算法，适用于优化部署算法的“自愈”拓扑控制算法，通过节点的自移动，动态解决网络盲区问题，并通过仿真证明了该算法的优越性。整个设计过程涵盖了无线传感器网络在矿井特殊监测区域的合理部署，动态拓扑控制问题，对类似复杂区域的节点部署研究有一定的借鉴意义。

参考文献

[1] ROURKE O J. Art Gallery Theorems and Algorithms, the International Series of Monographs on Computer Science[M]. Oxford University Press, New York, NY, 1987.

[2] SHAKKOTTAI S, SRIKANT R, SHROFF N. Unreliable sensor grids: coverage, connectivity and diameter[J]. Ad Hoc Networks, 2005, 3(6):702-716.

[3] COSKUN V. Relocating sensor nodes to maximize cumulative connected coverage in wireless

sensor networks[J]. Sensors, 2008, 8:2792-2817.

[4] 王晓东. 无线传感器网络节能算法研究[D]. 杭州:浙江大学, 2007.

[5] TILAK S, ABU-GHAZALEH N B, HEINZELMAN W. Infrastructure trade-offs for sensor networks[A]. Proceedings of First InternationalWorkshop on Wireless Sensor Networks and Applications(WSNA'02)[C]. 2002. 49-57.

[6] BALISTER P, BOLLOBAS B, SARKAR A, *et al.* Reliable density estimates for coverage and connectivity in thin strips of finite length[A]. Proceedings of the 13th Annual ACM International Conference on Mobile Computing And networking[C]. Montréal, Québec, Canada, ACM, 2007. 75-86.

[7] GONZÁLEZ B H. A randomized art-gallery algorithm for sensor placement[A]. Proceedings of the Seventeenth Annual Symposium on Computational Geometry[C]. Medford, Massachusetts, United States, ACM, 2001. 232-240.

[8] YANG X, HUI C, KUIW U, *et al.* Modeling detection metrics in randomized scheduling algorithm in wireless sensor networks[A]. Proceedings of the IEEE Wireless Communications and Networking Conference(WCNC'07)[C]. Kowloon, 2007.3741-3745.

[9] WU J, YANG S. SMART: a scan-based movement-assisted sensor deployment method in wireless sensor networks[A]. Proceedings of the 24th Annual Joint Conference of the IEEE Computer and Communications Societies(INFOCOM'05)[C]. 2005. 2313-2324.

[10] ZOU Y, KRISHNENDU C. Sensor deployment and target localization based on virtual forces[A]. Proceedings of the Twenty-Second Annual Joint Conference of the IEEE Computer and Communications[C]. 2003. 1293-1303.

[11] HOFFMANN F, KAUFMANN M, KRIEGEL K. The art gallery theorem for polygons with holes[A]. Proc of 32nd Annual IEEE Symposium on Foundations of Computer Science[C]. London, 1991, 39-48.

[12] WANG G L, CAO G H, LA PORTA T, ZHANG W S. Sensor relocation in mobile sensor networks[A]. Proc of the 24th Int Annual Joint Conf on Computer and Communications Societies[C]. America, 2005. 2302-2312.

[13] HEO N, VARSHNEY P K. Energy-efficient deployment of intelligent mobile sensor networks[J]. IEEE Trans on Systems, Man and Cybernetics, 2005, 35(1):78-92.

[14] SHAKKOTTAI S, SRIKANT R, SHROFF N. Unreliable sensor grids:coverage, connectivity and diameter[A]. Proc of Int Conf on Computer and Commnications[C]. San Francisco, 2003. 1073-1083.

[15] DHILLON S S, CHAKRABARTY K, IYENGAR S S. Sensor placement for grid coverage under imprecise detections[A]. Proc of the Fifth Int Conf on Information Fusion[C]. Los Angeles, 2002. 1581-1587.

[16] KAR K, BANERJEE S. Node placement for connected coverage in sensor networks[A]. Proc of Int Conf on Modeling and Optimization in Mobile, Ad Hoc and Wireless Networks[C]. Sophia

Antipolis, 2003. 40-48.

[17] KAR K, BANERJEE S. Node placement for connected coverage in sensor network[A]. Proceedings of the Modeling and optimization in Mobile, Ad Hoc and Wireless Networks[C]. Sophia Antipolis, France, 2003.

[18] POMPILI D, MELODIA T, AKYILDIZ F I. Deployment analysis in underwater acoustic wireless sensor networks[A]. Proc of the ACM Int Conf on Under-Water Networks[C]. Los Angeles, 2006.120-127.

[19] ABBASI A A, YOUNIS M, AKKAYA K. Movement-assisted connectivity restoration in wireless sensor and actor networks[J]. IEEE Trans on Parallel and Distributed Systems, 2009, 20(9):1366-1379.

[20] ZOU Y. Coverage-Driven Sensor Deployment and Energy-Efficient Information Processing in Wireless Sensor Network[D]. Duke University, 2004.40-76.

[21] AKYILDIZ I F, WEILIAN S, SANKARASUBRAMANIAM Y, *et al.* A survey on sensor networks[J]. IEEE Communication Magazine, 2002, 40(8):102-114.

[22] 蔡自兴. 机器人学[M]. 北京:清华大学出版社. 2000.

[23] HEINZELMAN W B, CHANDRAKASAN A P, BALAKRISHNAN H. An application-specific protocol architecture for wireless microsensor networks[J]. IEEE Trans on Wireless Communications, 2002, l(4):660-670.

[24] YOUNIS O, FAHMY S. Distributed clustering in ad-hoc sensor networks:A hybrid, energy-efficient approach[A]. Proc 13th Joint Conf on IEEE Computer and Communications Societies[C]. Chicago, 2004. 35-39.

[25] SHU, HN L Q L. Fuzzy optimization for distributed sensor deployment[A]. Proc of Int Conf on IEEE Wireless Communications and Networking[C]. Beijing, China, 2005.1903-1908.

[26] WU X L, JINSUNG, CHO J S, BRIAN J A. Optimal deployment of mobile sensor networks and its maintenance strategy[A]. Proc of Int Conf on Computer Science[C]. Berlin, 2007. 112-123.

[27] OKAZAKI A M, FROHLICH A A. AD-ZRP: ant-based routing algorithm for dynamic wireless sensor networks[A]. Proceeding of 18th International Conference on Telecommunications (ICT)[C]. 2011. 15-20.

[28] DUTTA P, CULLER D. Practical asynchronous neighbor discovery and rendezvous for mobile sensing applications[A]. Proceedings of SenSys'08[C]. 2008. 71-84.

[29] KANDHALU A, LAKSHMANAN K, RAJKUMAR R. U-connect: allow latency energy efficient asynchronous neighbor discovery protocol[A]. Proceedings of IPSN'10[C]. 2010. 350-361.

[30] BAKHT M, KRAVETS R. SearchLight: asynchronous neighbor discovery using systematic probing[J]. Mobile Computing and Communications Review, 2010,14(4):31-33.

[31] MCGLYNN M, BORBASH S. Birthday protocols for low energy deployment and flexible neighbor discovery in ad hoc wireless networks[A]. Proceedings of Mobi Hoc'01[C]. 2001. 137-145.

[32] SONG C, LIU M, CAO J N, *et al.* Maximizing network lifetime based on transmission range adjustment in wireless sensor networks[A]. Proc of Int Conf on Computer Communications[C]. Wuhan, 2009. 1-10.

[33] ZOU Y, KRISHNENDU C. Sensor deployment and target localization based on virtual forces[A]. Proc of Int Conf on IEEE Computer and Communications Society[C]. Atlanta, 2003. 1293-1303.

[34] HEINZELMAN W R. Application-Specific Protocol Architecture for Wireless Sensor Networks[D]. Massachusetts Inst of Technology, 2000.57-80.

[35] SOHRABI K, GAO J, AILAWADHI V, *et al.* Protocols for self-organization of a wireless sensor network[J]. Journal of IEEE Personal Communication, 2000, 7(5):16-27.

[36] HEINZELMAN W, CHANDRAKASAN R, BALAKRISHNAN. A energyefficient communication protocol for wireless microsensor networks[A]. Proc of the 33rd Hawaii Inte Conf on System Science[C]. 2000. 10-20.

[37] KUBISCH M, KARL H, WOLISZ A, *et al.* Distributed algorithms for transmission power control in wireless sensor networks[A]. Proc of IEEE Int Conf on Wireless Communications and Networking[C]. Louisiana, 2003. 16-20.

第9章　面向小区无线抄表系统的数据路由设计

传统无线网络的路由协议以保持网络连通性、避免网络拥塞和提供高质量的网络服务为主要目的，其主要任务是寻找源节点到目的节点间的优化路径及将数据沿优化路径正确转发，能耗问题并不是考虑的重点。但对于无线传感器网络而言，节点一般采用电池供电，而一般民用的应用需求要求节点在工作寿命时间内免更换电池，例如《CJ/T188-2004 户用计量仪表数据传输技术条件》规定电池正常使用时间为热量表应不低于 5 年、水表和燃气表应不低于 6 年。因此，采用高性能的路由算法及自组网协议，高效使用节点能量是无线传感器网络应用的关键问题之一。无线传感器网络层的自组网路由协议主要负责路由的发现和维护，需完成路由选择和数据转发 2 个基本功能。但无线传感器网络的应用相关性使得路由协议的研发呈现多样性，本章以基于无线传感器网络的抄表系统为例说明与应用特点相关的路由协议研发。

9.1　无线抄表系统特点

随着社会的不断发展进步及国家对“一户一表”工程改造的推进[1]，智能计量表（水表、电表、气表、热表）的数量快速增长，表计数据抄送及管理的复杂度成倍增加。表计数据抄送的准确性、及时性直接影响到行业的信息化水平、管理决策和经济效益，因此采用现代化的远程集中自动抄表（Automatic Meter Reading）技术[2,3]已成为行业和相关单位的迫切需要。智能计量表主要采用无线通信技术、计算机技术和网络技术，通过专用设备对各种计量表计的测量数据进行自动采集并传输，然后通过抄表通信网络将信息传送到抄表系统控制中心，再由控制中心对数据进行处理、显示、打印、存储等操作，同时利用网络与营业收费系统相连以实现抄表收费一体化[4]。该系统的出现解决了早期人工抄表过程中遇到的漏抄、错抄、估抄等诸多问题，提高了抄表数据的准确性和工作效率，给表计管理的现代化带来了新的希望。同时，随着近年来无线传感器网络技术的飞速发展，抄表设备成本正逐渐降低，为抄表系统的自动化和智能化提供了更高的可能，已经表现出十分广阔的市场发展前景。一般采用无线抄表技术的系统结构如图 9.1 所示。

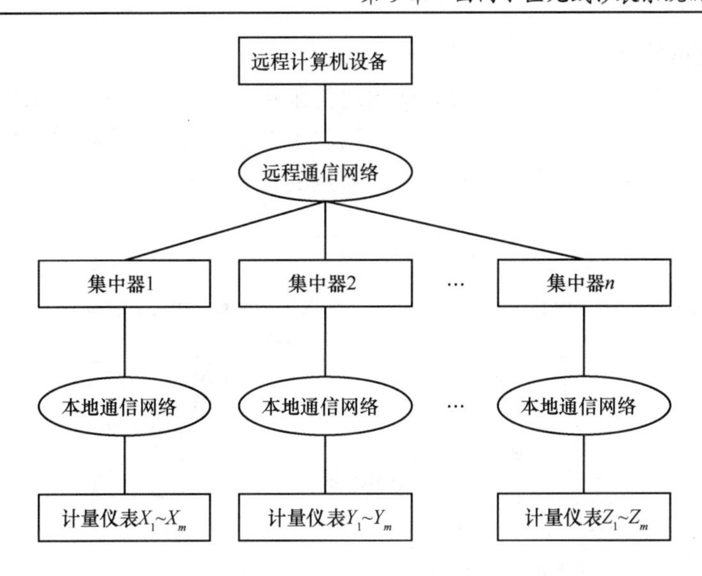

图 9.1　具有远程、本地通信功能的无线自动抄表系统结构

远程通信网络结构通常以星型为主，即以远程抄表计算机为中心，以星型发散的形式通过通信信道与集中器连接形成一对多的连接构架，通信信道以公用通信网络 GSM、GPRS 和 CDMA 为主。目前，我国公用通信网已经实现在全国绝大部分地区的覆盖，可以对范围很广的分散设备实现数据采集，对数据采集点数量的限制少，并且这些网络都具有双向通信的特点，非常适合对设备进行远程控制，如参数调整、开关等控制操作，是一种综合性价比较高的通信方式。因此，公用通信网已成为抄表系统采用的一种完善、稳定、可靠的远程通信解决方案。

图 9.1 所示的本地通信网络一直是抄表系统的难题。由于居民和工商业用户的计量点数量庞大，应用环境复杂多变，设备种类多且设备安装实施和运行维护的成本压力大，对本地通信网络的要求较高，大容量的本地通信网络一直困扰着整个行业，而无线传感器网络的低成本、低功耗、大容量与抄表网络的要求相符，可以解决抄表系统的本地通信问题，并随着微电子行业、通信技术的发展其成本可进一步降低、性能更加可靠。

将无线传感器网络应用于无线抄表网络首先需要对抄表系统的特点进行剖析。

（1）网络规模方面。无线抄表网络以居民小区为单位，节点的数量一般低于 2 000 个以下，不属于大规模 WSN。

（2）分布密度方面。无线抄表网络的节点分布密度不大，一般分布在每栋楼里，每栋楼的节点分布类似于均匀分布。

（3）节点的工作环境方面。无线抄表网络节点部署完成后，节点不移动也不易损坏，因此网络拓扑结构相对比较稳定。

（4）通信方式方面。无线抄表网络的通信采用分层组织的方式（如图 9.2 所示），集中器为数据收集中心，一定数量的表计节点构成一个簇，其中由能量可补充的采集器充当簇头，簇头把簇内表计节点的数据转发给集中器。

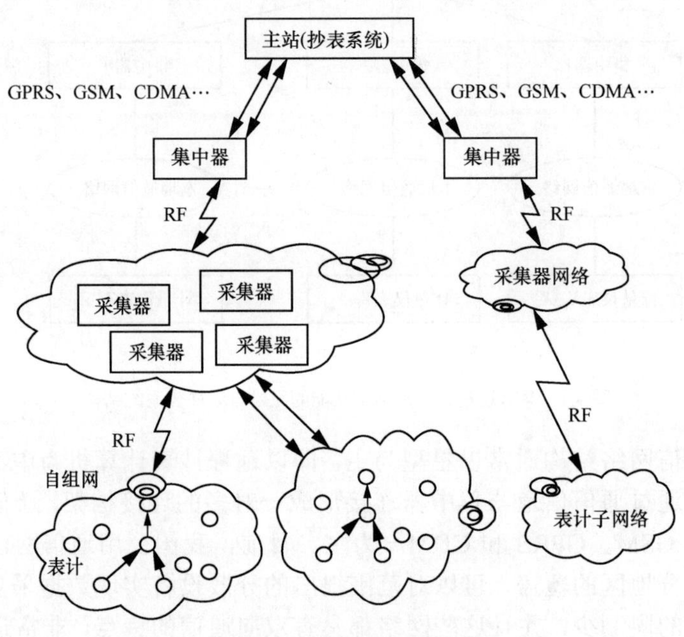

图 9.2　系统的体系结构

借鉴 WSN 的 LEACH[5]、PEGASIS[6]、TEEN[7]等路由协议的优秀思想，针对居民小区特征和网络体系结构特点，本章提出了能量有效的多层分簇路由算法 EEMLC（Energy-Efficient Multi-Level Clustering）。首先把采集器当作普通的表计节点，以最大化网络生命周期为出发点计算出最优簇头（采集器）数量。在抄表系统工作时，集中器在首轮按照各层的最优簇头数量对整个网络进行逐层虚拟分区，选用采集器作为各虚拟分区的簇头。在接着轮次里，因采集器的能量可补充，系统不必再进行簇头选举操作，这样可节约已有分簇路由协议中每轮进行簇头选举的能耗。由于在一个以采集器为簇头的簇中，表计节点离采集器的距离不一样，如果各节点都直接与簇头通信，不可避免的是离簇头远的节点能量消耗大于离簇头近的节点，势必会导致各节点的通信能耗不均匀。为了均衡每个簇内节点的通信能耗，EEMLC 路由采用单/多跳混合的通信模式把数据传输给簇头。采用多跳通信时，簇内节点需要构建一个分层式路由簇树，为了降低路由簇树的构建能耗，可每间隔一定的轮次进行路由树构建工作，从而最大限度地延长网络的生命周期。

9.2　典型 WSN 分簇路由协议

分簇路由算法是利用设定的簇头选举和簇形成机制，生成多个相对稳定的子网，有效减少拓扑结构变化对路由的影响。分簇路由方法可以对系统变化做出快速反应，具有较好的可扩展性，网络中节点也无须维护复杂的路由信息，减少路由控制信息的开销，从而降低节点的能量消耗。基于不同的规则，迄今人们已经提出了多种分簇算法。

9.2.1　LEACH 协议

LEACH 是一种低功耗自组织自适应分簇路由协议，其基本思想是以循环方式随机选举簇头，每个节点平均分担转发通信业务，从而降低能耗，延长网络生命周期。LEACH 中定义了“轮”（round）的概念，每轮由簇的初始化建立和数据稳定通信 2 个阶段组成。在簇的初始化建立阶段，相邻节点动态地形成簇，并随机选举节点作为簇头。成为簇头的节点向周围广播信息，其他节点根据接收到的信号强度来确定它应归属的簇头，并告知相应簇头。在数据稳定通信阶段，簇内节点把数据发送给簇头，簇头再对数据进行必要处理后发送给汇聚节点。通常稳定工作阶段持续的时间远大于初始化阶段。完成本轮工作后，网络就进入下一轮的工作周期。

簇头节点的选举是 LEACH 协议的关键，每轮具体的选举方法是：各节点产生一个[0,1]之间的随机数，若这个数小于某一个预定的阈值 $T(n)$，该节点将可以参与竞争这一轮的簇头，$T(n)$ 的计算如下

$$T(n)=\begin{cases}\dfrac{p}{1-p\left[r \bmod (1/p)\right]}, n\in G \\ 0, \text{其他}\end{cases} \tag{9.1}$$

其中，p 为期望的簇头节点在所有节点中的百分比，即节点被当选为簇头的概率；r 是当前进行的轮数；n 是节点标号；G 是在最后的 $1/p$ 轮中未当选为簇头节点的节点集。

在每轮循环中，应尽量避免某个节点重复多次当选为簇头，而导致能量耗尽而失效，因此担当过簇头的节点，$T(n)$ 就设置为 0，这样使它不会再次当选为簇头，而尚未当选为簇头的节点，则以概率 $T(n)$ 参与选举；随着当选过簇头的节点增多，剩余节点当选簇头的 $T(n)$ 随之增大，这能增加它们当选为簇头的概率，如果某节点的 $T(n)$=1，表示该节点将无条件地成为簇头。

LEACH 路由协议中各节点以随机等概率方式成为簇头，这样有利于节点能

量的均衡消耗，延长了网络的生命周期。但是 LEACH 中所有的节点都使用单跳即直接与簇头通信，离汇聚节点远的节点由于需采用大功率通信而导致生存时间较短，并且簇头的数量不固定且分簇不均匀，不适合用于规模大的网络，即使在规模小的网络中，频繁的动态分簇会引起簇头变换，产生大量广播的额外开销。

9.2.2 PEGASIS 和 Hierachical-PEGASIS 协议

PEGASIS 协议是 LEACH 协议的改进，它仍然采用动态选举簇头的思想，为了避免 LEACH 协议的动态分簇带来的开销，节点只需要和它们最近的邻居节点之间进行通信，所有节点只形成一个簇，称为“链”，并且在该链中只有链头节点与汇聚节点进行通信。节点利用令牌（token）控制链两端数据沿链传送至链头。链头的选取方法如下：设网络中有 N 个节点，这些节点以 1 到 N 的自然数进行编号，第 j 轮当选的链头是第 i 个节点（$i=j \bmod N$），这样各节点轮流成为链头。其过程如图 9.3 所示。

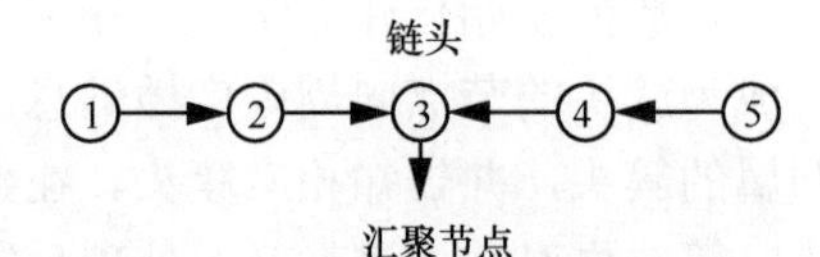

图 9.3　PEGASIS 沿链进行数据传输

图 9.3 中节点 3 被当选为链头，它就向周围节点广播链头标志，收到簇头标志的节点 1 把数据发送给节点 2，融合节点 1 和自己的数据后，节点 2 将数据传给链头。同理，节点 5 将数据传送给节点 4 ，融合节点 5 和自己的数据后，节点 4 也将数据传送给链头。将相邻节点 2 和节点 3 传送过来的数据与自己的数据进行融合，链头 3 最终将融合后的数据传送给汇聚节点。

PEGASIS 协议有效避免了 LEACH 协议频繁动态选取簇头带来的通信开销，是几乎无通信量的簇头选举方式。同时，采用链式的数据融合方法，数据传输的次数和通信量大大减少。此外，节点只与距离最近的邻居节点通信，即采用小功率通信方式，这样能够有效地利用能量，网络的生命周期得以大幅提高。但 PEGASIS 的单链方式要求所有节点都具有成为链头的能力，如果链头失效将导致路由失败，链头节点可能成为网络通信的瓶颈。当链路比较长时，链中的远距离节点的数据传输时延将会增长。

为解决 PEGASIS 协议中由于链路过长所引起的时延过大的问题，在能量和时延之间找到平衡点，研究人员进一步提出了 Hierarchical-PEGASIS 协议[8]。该协议采用数据同时传输方式，有效地避免了节点间的通信冲突，并缩短传输时延。仿真结果表明 Hierarchical-PEGASIS 协议比 PEGASIS 协议的网络生命周期延长了将近 60 倍。

9.2.3　TEEN 和 APTEEN 协议

TEEN 采用与 LEACH 相同的多簇结构和运行方式，是专为反应式 WSN 设计的路由方法，其基本思想是利用过滤策略来减少数据传输量。由于在响应式网络中只是在被观测变量发生突变时才传送数据，因此在簇建立过程中，随着簇头的选定，汇聚节点通过簇头向所有节点通告有关数据的硬阈值和软阈值 2 个参数。硬阈值是可以激活传感器节点的最小属性值，软阈值规定感知属性值的变化幅度。当监测数据首次超过硬阈值时，节点便向簇头上报数据，并将当前监测数据保存为监测值（SV, Sense Value）。此后，只有当监测数据超过硬阈值并且监测数据的变化幅度大于软阈值时，节点才会发送最新的监测数据给簇头，并设它为新的硬阈值。如果新一轮的簇头已经确定，则该簇头将重新设定和发布这 2 个参数。

TEEN 协议动态调整 2 个阈值参数的大小，可以在系统能耗和精度要求之间取得合理的平衡，从而控制数据传输的次数。但是阈值会阻止某些节点传送任何数据，网络将难以知道它们的状态，因此这个方法不适宜需周期性上报数据的应用。

APTEEN 对 TEEN 进行了扩展，它可以根据应用的需要来改变 TEEN 协议的周期性和相关阈值的设定，既可以对突发事件做出快速反应又能周期性地采集数据。节点发送数据的工作方式与 TEEN 一样，但规定如果节点在计数时间内没有发送任何数据，便强制要求节点向汇聚节点传送数据。APTEEN 一定程度上克服了 TEEN 中节点检测值没有超过硬阈值就无法进行通信的缺陷。

9.2.4　DCHS 协议

DCHS[9]（Deterministic Cluster-Head Selection） 把能量作为选举簇头的一个重要参数，用来改善 LEACH 中阈值 $T(n)$ 计算公式的不足。每轮选举中能量相对较高的节点被选择作为簇头节点。$T(n)$ 的改进表达式为

$$T(n)=\begin{cases}\dfrac{p}{1-p\left[r \bmod (1/p)\right]}\dfrac{E_{n\_\text{current}}}{E_{n\_\max}}, n\in G \\ 0, \text{其他}\end{cases} \tag{9.2}$$

其中，E_{n_current} 表示节点的当前能量；$E_{n\_\max}$ 表示节点的初始能量。可见，式（9.2）表示能耗比例较低的节点当选为簇头的概率大。实验结果表明，与 LEACH 相比，DCHS 有效提高网络生命周期 20%~30%。然而，这种改进也存在一个缺陷：随着的网络运行，所有节点的 E_{n_current} 都变得很低，那么 $T(n)$ 也就会变小，节点当选簇头的概率也会降低，这将导致每轮当选的簇头数量减少，簇头的通信量将随之增加，最终导致网络生命周期缩短。为此，DCHS 再次改进式（9.2）中 $T(n)$ 的缺陷，将节点能量和阈值大小予以综合考虑，使协议更加公平合理，改进的阈值

$T(n)$ 的计算公式如下

$$T(n)=\begin{cases}\dfrac{p}{1-p\left[r\bmod(1/p)\right]}\left[\dfrac{E_{n\_\text{current}}}{E_{n\_\max}}+\left(r_s\operatorname{div}\dfrac{1}{p}\right)\left(1-\dfrac{E_{n\_\text{current}}}{E_{n\_\max}}\right)\right], n\in G\\ 0,\text{其他}\end{cases} \tag{9.3}$$

其中，r_s 表示节点连续未当选过簇头的轮次，一旦当选了簇头，r_s 重置为 0。

DCHS 与 LEACH 一样是周期性的执行，在簇的建立阶段每个节点计算自己是否能成为簇头，非簇头节点根据判断加入相应的簇。在数据稳定通信阶段，簇内节点把数据传输给簇头，簇头节点对接收到的数据进行必要的融合，然后发送给汇聚节点，稳定数据通信阶段完成后即进入下一“轮”新的初始阶段。

9.3 适合无线抄表网络的能量均衡多层分簇路由算法

就分层拓扑的无线抄表系统应用而言，节点发射功率低，绝大多数表计节点需要借助中间节点以多跳路由的方式将数据转发至集中器，如果中继转发节点的选择策略不当，易导致少数节点能量消耗过快而失效，从而破坏网络正常功能。因此，降低网络节点数据传输能耗和在时空域上均衡网络节点的能耗是延长无线抄表网络生存期的主要方法。通过数学模型来推导各层最优簇头数和簇内节点采用单/多跳混合的通信模式概率。由最优簇头数确定最佳采集器数量，这样可确保系统既节约成本又能使表计节点的数据顺利传输到集中器，由单跳和多跳的概率确定簇头节点与簇内节点直接通信的轮数和多跳通信的轮数，从而均衡节点的通信能耗，最大限度地延长网络的生命周期。

9.3.1 无线抄表系统模型

假设网络是近似边长为 M 的正方形数据采集型区域，N 个功能相同的传感节点随机独立且均匀地分布于该平面区域内，节点能量是有限且不可补充，同时，节点不具备移动性，集中器（用 BS 表示）位于远离传感区域的某一位置，节点的发射功率可调，即可根据发射距离的远近调整发射功率的大小。簇头为局部的中间处理中心，负责对来自其附属节点的数据进行融合处理。该 L 层分簇采用自下而上的方式形成，第 1 层为最低层，第 L 层为最高层。同时假设该网络区域内第 i 层有 k_i 个簇头节点，且第 i 层簇头从 i–1 层的簇头节点中选取（没有被选取的 i–1 层簇头节点当作第 i 层的非簇头节点），因此第 i 层的非簇头节点到簇头距离[10]为

$$d_{i\text{-}toch}^2=M^2/\pi k_i, i\in 1,2,\cdots,L \tag{9.4}$$

如图 9.4 所示的 2 层结构，第 1 层的 k_1 个簇头把接收的非簇头节点的数据进行融合后发送给第 2 层的 k_2 个簇头，第 2 层的簇头接收其附属的非簇头节点数据和第 1 层簇头节点的数据，融合后再发送给基站。当层数大于 2 时，即第 i 层 k_i 个簇头把接收的第 i−1 层 k_{i-1} 簇头的数据进行融合后发给第 i+1 层的 k_{i+1} 个簇头，最终最高层 k_L 个簇头把融合后的数据发送给集中器。

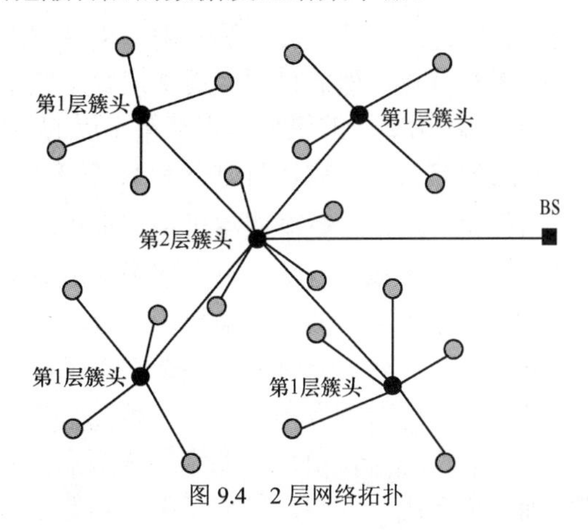

图 9.4　2 层网络拓扑

假设在每轮的数据采集期间，非簇头节点只发送一个自身采集的数据分组给自己所在分层的簇头，同时与其他簇中任何节点都不进行数据信息通信。簇头对簇内节点进行管辖，接收簇中节点的采集数据分组并对数据分组进行有效融合，在一轮数据采集期间最高层簇头节点只发送一个数据分组给集中器。为了便于计算，根据文献[10]中的能量损耗模型，作如下的能量消耗假设：

e：节点发送或接收每比特数据的能耗；

e_f：簇头融合每比特数据的能耗；

εd^λ：RF 功率放大器及无线信道上所需能耗，ε 为发送节点的功放系数，d 为发送的距离，λ 为路径损耗因子，一般为 2~4。

同时假设每个簇头在进行各自的 MAC 和路由处理时，不考虑分组碰撞和空闲监听时的能量消耗。传感节点发送 1bit 数据的能量消耗为

$$e_t = \begin{cases} e + \varepsilon_1 d^2, d < d_0 \\ e + \varepsilon_2 d^4, d \geqslant d_0 \end{cases} \tag{9.5}$$

在本章多层分簇中，簇内通信时取功放系数为 ε_1，簇头与集中器通信时功放系数为 ε_2。

9.3.2　网络簇头选举策略

与已有分簇路由算法[11~19]相似，EEMLC 算法的执行过程也是周期性的。为

了降低系统资源开销，稳定数据通信阶段的持续时间需远大于簇头选举的初始化阶段的时间。EEMLC 算法首轮的初始化工作在集中器的集中控制下完成，根据网络的部署参数，可以预先知道各层最优簇头数 k_i ，从而对网络区域进行逐层虚拟分区。首先，集中器按照第 1 层的最优簇头数把整个网络覆盖区域分成面积相等的 k_1 个虚拟簇类区域，每个节点隶属于其中一个簇类区域，由于首轮时各节点的能量都相等，因此节点成为簇头的机会均等，由 BS 从每个簇区域中随机选取一个节点作为第 1 层的簇头节点；然后再按照第 2 层最优簇头数把整个网络区域按面积划分为 k_2 个簇类区域，第 2 层的簇头节点从第 1 层的簇头节点中随机选取。以此类推，直至最高 L 层的簇头选举完毕且划分为 k_L 个簇类区域。

簇类区域在首轮划分完毕后，在整个网络生命周期内将不再改变，从第二轮开始，簇头的选举采用完全分布式的方法，每层簇类区域独立选举本区域内的簇头，不需要集中器集中控制，更不需要与其他簇头进行协商，完全分布式的选举簇头。为了防止单一节点快速失效，此时的簇头选举需考虑节点当前能量值 E，即簇内的所有节点将自己的当前能量 E 与 $E_{\text{threshold}}$（$E_{\text{threshold}}$ 为节点可作为簇头节点的阈值）相比较，如果 $E \geqslant E_{\text{threshold}}$ ，节点可竞选簇头节点，并向前一轮的簇头报告自身的能量值 E，而当 $E < E_{\text{threshold}}$ 时，该节点不再竞选簇头。前一轮簇头判断接收到 E 值和本身的能量选择新一轮簇头，剩余能量大者将成为新一轮的簇头，如果簇内所有节点的 E 均小于 $E_{\text{threshold}}$ ，则该簇将由于能量耗尽而失效。各层簇头自下而上进行选举，直至最高层的簇头被选举完毕。

初始化阶段完成后，新簇头依据簇内节点数为簇内每个节点分配 TDMA 时间表。为了有效节约节点能耗，非簇头节点的发送器在不属于自己通信的时隙时进入睡眠状态。簇头时刻处于开启状态，以便接收簇内节点发送的数据。簇头接收到簇内节点的数据后，再对数据进行必要的融合处理，然后根据路由表将数据发给上一层处理，直至最高层簇头把融合后的数据发送给集中器。

9.3.3 网络最优簇数分析

为了简化分析各层最佳簇头数的复杂度，首先考虑如图 9.4 所示的两层结构的网络，然后推广到 $L>2$ 的多层网络。第 1 层有 k_1 个簇头，第 2 层有 k_2 个簇头，第 1 层的非簇头节点把采集到的数据发送给第 1 层的簇头节点，这个过程发送每比特的平均能耗为

$$E_{1\text{-non}} = e + \varepsilon_1 d_{1\text{-toch}}^2 = e + \varepsilon_1 \frac{M^2}{2\pi k_1} \tag{9.6}$$

第 1 层簇头节点接收本簇区域内的非簇头节点发送来的数据并融合这些数据，即该层簇头节点的能耗为

$$E_{1-\text{ch}} = \frac{N-k_1}{k_1}e + \frac{N}{k_1}e_f \tag{9.7}$$

由式（9.6）和式（9.7）可知，第 1 层节点的每 bit 总能耗为

$$E_1 = (N-k_1)E_{1-\text{non}} + k_1 E_{1-\text{ch}} = 2(N-k_1)e + \varepsilon_1 \frac{M^2(N-k_1)}{2\pi k_1} + Ne_f \tag{9.8}$$

对于第 2 层节点来说，第 1 层的簇头节点（为第 2 层的非簇头节点）把融合后的数据传输给第 2 层的簇头，此过程中非簇头节点的能耗为

$$E_{2-\text{non}} = e + \varepsilon_1 d_{2-\text{toch}}^2 = e + \varepsilon_1 \frac{M^2}{2\pi k_2} \tag{9.9}$$

第 2 层的簇头接收并融合来自第 1 层簇头的数据，此过程的能耗为

$$E_{2-\text{ch}} = \frac{k_1-k_2}{k_w}e + \frac{k_1}{k_2}e_f \tag{9.10}$$

由式（9.9）和式（9.10）可知，第 2 层节点的每 bit 总能耗为

$$E_2 = (k_1-k_2)E_{2-\text{non}} + k_2 E_{2-\text{ch}} = 2(k_1-k_2)e + \varepsilon_1 \frac{M^2(k_1-k_2)}{2\pi k_2} + k_1 e_f \tag{9.11}$$

最后，第 2 层簇头节点把融合后的数据发送给集中器，此过程的能耗为

$$E_{toBS} = k_2\left(e + \varepsilon_2 d_{toBS}^4\right) \tag{9.12}$$

因此图 9.4 所示的 2 层网络总能耗为

$$\begin{aligned} E_{2-\text{total}} &= E_1 + E_2 + E_{toBS} \\ &= 2Ne + \frac{\varepsilon_1 M^2}{2\pi}\left(\frac{N}{k_1} + \frac{k_1}{k_2} - 2\right) + e_f(N+k_1) + k_2\left(\varepsilon_2 d_{toBS}^4 - e\right) \end{aligned} \tag{9.13}$$

欲使网络的平均能耗最小，分别计算式（9.13）对 k_1 和 k_2 的一阶导数，当一阶导数等于 0 时可得第 1 层和第 2 层的最佳簇头数。

$$\frac{\partial E_{2-\text{total}}}{\partial k_1} = 0 \Rightarrow \frac{N}{k_1^2} - \frac{1}{k_2} = \frac{2\pi e_f}{\varepsilon_1 M^2} \tag{9.14}$$

$$\frac{\partial E_{2-\text{total}}}{\partial k_2} = 0 \Rightarrow \frac{k_1}{k_2^2} = \frac{2\pi\left(\varepsilon_2 d_{toBS}^4 - e\right)}{\varepsilon_1 M^2} \tag{9.15}$$

由式（9.13）可得多层（$L \geqslant 2$）网络的总能耗为

$$E_{L-\text{total}} = 2Ne + \frac{\varepsilon_1 M^2}{2\pi}\left(\frac{N}{k_1} + \sum_{i=2}^{L}\frac{k_{i-1}}{k_i} - L\right) + e_f\left(N + \sum_{i=1}^{L-1}k_i\right) + k_L\left(\varepsilon_2 d_{toBS}^4 - e\right) \tag{9.16}$$

因此式（9.14）对 $k_i\left(i\in[2,L-1]\right)$ 的一阶导数为 0 时

$$\frac{\partial E_{2-\text{total}}}{\partial k_i}=0\Rightarrow\frac{k_{i-1}}{k_i^2}-\frac{1}{k_{i+1}}=\frac{2\pi e_f}{\varepsilon_1 M^2} \tag{9.17}$$

式（9.14）对 k_L 的一阶导数为 0 时

$$\frac{\partial E_{L-\text{total}}}{\partial k_L}=0\Rightarrow\frac{k_{L-1}}{k_L^2}=\frac{2\pi\left(\varepsilon_2 d_{toBS}^4-e\right)}{\varepsilon_1 M^2} \tag{9.18}$$

结合式（9.17）和式（9.18）可以看出，通过迭代的方式可得 $k_{L-1},k_{L-2},\cdots,k_1$，最优簇头数 k_i 与网路覆盖区域 M 密切相关。同时，最优簇头数 k_L 与集中器的位置也有很大的关系，当 d_{toBS} 越大，k_L 就越小，表示节点与集中器通信消耗的能量越多，因此必须尽量减少与集中器直接通信的节点数，也就是说，要减少簇头的数目。另外，簇头数与无线能量模型的参数也有关系。对于微功率无线抄表系统来说，节点布置完后，集中器的位置及能量参数也随之确定，就可以提前计算出每层的最优簇头数 k_i。按照最优的簇头数进行分簇，把网络整体的能量消耗降到最低，从而延长整个网络的生命周期。

9.3.4 簇内单/多跳混合通信算法

降低功耗一直是无线传感器网络追求的目标，目前人们在降低节点功耗方面做了大量的研究[20~26]，但仍存在一些不足：没有考虑簇头和簇内节点的负载均衡。因无线抄表网络拓扑相对比较稳定，没有必要每轮选举簇头，可以每隔 t（大于 1 的常数）轮选举簇头，这样能降低初始化阶段的能量消耗。同样，为了均衡簇内节点能量消耗，簇内节点以单跳和多跳模式以概率 p 和 $1-p$ 交替与簇头进行通信。单跳通信可减少离簇头近的节点转发数据的负担，而多跳可减小离簇头远的节点长距离通信负担。

由式（9.4）可知网络中的簇可近似为一个圆，如图 9.5 所示，为一个典型的簇结构。假设簇区域以通信距离 R 的厚度等分成 n 个同心环，多跳时，环内的节点为环外节点提供数据转发服务，即第 n 环内的节点要为来自第 n 环外节点发送给簇头的数据分组提供转发服务[27]。

为了分析节点采用多跳模式与簇头通信的能量消耗，先以 2 层环的簇（簇内节点被分成 2 部分）为例进行分析，然后推广到 n 跳。簇被分成 2 部分时，在离簇头通信距离为 R 区域内的节点采用单跳，该区域称为临界区域，而靠近环的节点为临界节点，而临界区域外的节点采用两跳。假定节点在网络中服从均匀分布，临界区域转发数据分组的平均个数为 $N(c)=\left(d_{i-\text{toch}}^2-R^2\right)/R^2$，在一个数据采集周期（轮）内，得到临界节点多跳时的能量消耗为

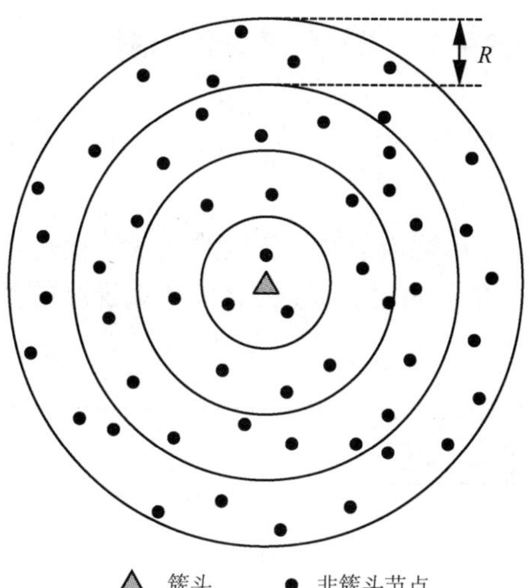

图 9.5　典型簇的结构

$$E_{\text{multi-hop}} = \left(\left(2e + \varepsilon_1 R^2\right) \frac{d_{i-\text{toch}}^2 - R^2}{R^2} + \left(e + \varepsilon_1 R^2\right) \right) = \frac{A^2\left(2e_l + \varepsilon_1 R^2\right)}{k_i \pi R^2} - e \quad (9.19)$$

很明显，如果 $R = d_{i-\text{toch}}$，则 $k_i \pi R^2 = M^2$，此时簇内节点与簇头直接通信，即为一个单跳簇，消除上式中的 R，得单跳通信的能量消耗为

$$E_{\text{single-hop}} = e + \frac{\varepsilon_1 M^2}{\pi k_i} \quad (9.20)$$

可见，单跳通信为多跳通信的一种特例。如果簇中的节点与簇头直接通信，此时第 n 环中临界节点能量消耗为

$$E_{\text{single-hop}}\left(nR\right) = e + \varepsilon_1 n^2 R^2 \quad (9.21)$$

采用多跳通信时，簇内第 n 环中节点在一轮的采集周期内平均转发的数据数为

$$N\left(E_{\text{relay}}\right) = \frac{d_{i-\text{toch}}^2 - n^2 R^2}{d_{i-\text{toch}}^2 - \left(n-1\right)^2 R^2 - \left(d_{i-\text{toch}}^2 - n^2 R^2\right)} = \frac{d_{i-\text{toch}}^2 - n^2 R^2}{\left(2n-1\right) R^2} \quad (9.22)$$

由上式，第 n 环中的临界节点在一轮的数据采集周期内转发数据分组的平均能量消耗为

$$E_{\text{relay}}\left(nR\right) = N\left(E_{\text{relay}}\right) e = \frac{d_{i-\text{toch}}^2 - n^2 R^2}{\left(2n-1\right) R^2} \left(2e_l + \varepsilon_1 R^2\right) \quad (9.23)$$

因此，多跳通信时簇中单个节点的平均能量消耗为

$$E_{\text{multi-hop}}(nR)=\frac{d_{i\text{-toch}}^2-n^2R^2}{(2n-1)R^2}\left(2e_l+\varepsilon_1R^2\right)+e+\varepsilon_1R^2 \tag{9.24}$$

由式（9.21）可知，在单跳通信时，节点的能量消耗是随 nR 的单调递增函数，而由式（9.24）可知节点的能量消耗是随 nR 的单调递减的函数，单跳和多跳时的能量消耗如图 9.6 所示。

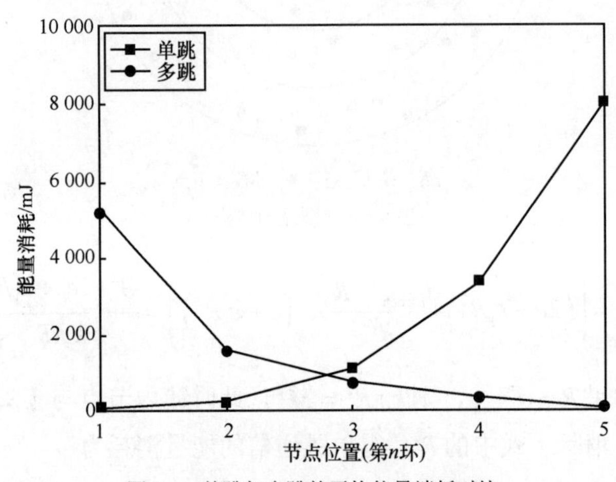

图 9.6　单跳与多跳的平均能量消耗对比

图 9.5 是一个有多个节点组成的簇，簇区域被等分成 5 个环且簇半径 $d_{i\text{-toch}}=50/\sqrt{\pi}$，很显然，在单跳或多跳模式通信时，节点离簇头距离的不同，消耗的能量有相当大的差距，节点的能量消耗很不均衡。如果单纯地采用其中的一种模式，节点能量消耗不均衡，会造成某些节点过早死亡，从而影响整个网络的性能。

综上所述，为了保证簇中节点能量消耗均衡，延长簇的生命周期，以达到延长网强生命周期的目的，有必要采取单跳和多跳混合的方法使节点的能量消耗平衡。从图 9.6 也可以看出，要使节点的能量消耗平衡，只需考虑近端（$nR=R$）和远端（$nR=M\sqrt{\pi k_i}$）节点的能量消耗，假设网络的生命周期共有 T 轮数据采集周期，采用单跳和多跳混合通信方式，此时节点的能量消耗为

$$E=pTE_{\text{single-hop}}(nR)+(1-p)TE_{\text{multi-hop}}(nR) \tag{9.25}$$

假设

$$e_0=e+\varepsilon_1R^2 \tag{9.26}$$

$$e_1=(2e+\varepsilon_1R^2)\left(\frac{M^2}{k_i\pi R^2}-1\right)+(e+\varepsilon_1R^2) \tag{9.27}$$

$$e_2=e+\frac{\varepsilon_1M^2}{\pi k_i} \tag{9.28}$$

则近端节点的能量消耗为

$$E(R)=pTE_{\text{single-hop}}(R)+(1-p)TE_{\text{multi-hop}}(R)=pTe_0+(1-p)Te_1 \tag{9.29}$$

远端节点的能量消耗为

$$\begin{aligned}E\left(\frac{M}{\sqrt{k_i}}\right)&=pTE_{\text{single-hop}}\left(\frac{M}{\sqrt{k_i}}\right)+(1-p)TE_{\text{multi-hop}}\left(\frac{M}{\sqrt{k_i}}\right)\\&=pTe_2+(1-p)Te_0\end{aligned} \tag{9.30}$$

显然，只有保证近端和远端节点的能量消耗无限接近，簇中节点的能量消耗才近似达到平衡，所以混合通信中概率 p 的函数为

$$f(p)=\left|E(R)-E\left(\frac{M}{\sqrt{k_i}}\right)\right|=\left|pTe_0+(1-p)Te_1-\left(pTe_2+(1-p)Te_0\right)\right| \tag{9.31}$$

近端节点的能耗函数 $f_1(p)$ 可表示为

$$f_1(p)=(e_0-e_1)p+e_1 \tag{9.32}$$

远端节点的能耗函数 $f_2(p)$ 可表示为

$$f_2(p)=(e_2-e_0)p+e_0 \tag{9.33}$$

$f_1(p)$ 随 p 单调递减，$f_2(p)$ 随 p 单调递增，当 $f_1(p)\cong f_2(p)$ 时，表示近端和远端节点的能量消耗基本平衡，此时的概率 p 为最佳。

$$(e_0-e_1)p+e_1\cong(e_2-e_0)p+e_0\Rightarrow p\cong\frac{e_0-e_1}{2e_0-e_1-e_2} \tag{9.34}$$

图 9.7 的簇构成与图 9.6 的簇构成一样，p 为最佳值时单跳/多跳和混合跳平均能量消耗对比，很明显，采用单/多跳混合的通信模式，簇中节点的能量消耗均衡性比单跳或多跳通信模式有了大大的改善，因此在簇头选举时可以适当增加轮数 t，可以减小 LEACH 算法每轮都要进行簇头选举的通信能量，同时，簇的总能量消耗也比单跳模式减小。

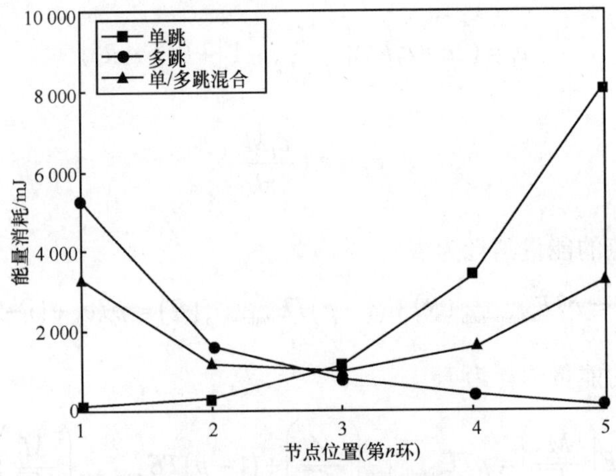

图 9.7　单跳、多跳和混合跳平均能量消耗对比

9.3.5　EEMLC 算法仿真与性能分析

通过仿真验证 EEMLC 的簇头数量、能耗均衡和生命周期等方面性能。仿真场景设定如下。

（1）100 个节点随机放置在 100m×100m 的方形区域内，所有节点的初始能量是 0.5J 且其通信的能耗门限 E_{th}=0.001J，每个数据分组长 250byte；

（2）集中器位于区域外且离区域中心点的距离为 125m，与中心点位于同一水平线，集中器的能量可补充；

（3）$e=50\text{nJ}$，$e=5\text{nJ}$，$\varepsilon_1=10\text{pJ}\cdot\text{bit}^{-1}\cdot\text{m}^{-2}$，$\varepsilon_2=0.001\ 3\text{pJ}\cdot\text{bit}^{-1}\cdot\text{m}^{-4}$。

由于高层簇头是从低层簇头中选取出来的，因此随着层数的增加，簇头数依次减小。在实际应用中，簇头数必须是整数，且簇头数必须大于或等于 1，当按设定层数进行理论计算时，如果有 2 层的计算结果小于 1，说明该分层方法已经超过合理层数，同时也应满足 $0<k_1\leqslant N$。表 9.1 显示了 L=1~3 时各层的最佳簇头和整个网络的能耗。当 L=1 时，簇头接收本簇内节点的数据，经过融合后直接发给集中器，最优簇头数 $k_1=3$，该网络采集一轮数据的平均总能耗约为 24.13mJ。

表 9.1　　不同层次的最优簇头数与每轮平均能耗

网络层数	最佳簇头（理论）	网路能耗（理论）	最佳簇头（实际）	网路能耗（实际）
L=1	k_1=2.8	24.05mJ	k_1=3	24.13mJ
L=2	k_1=7.9 k_2=0.8	22.29 mJ	k_1=8 k_2=1	22.37 mJ
L=3	k_1=12.9 k_2=3.5 k_3=0.4	21.99 mJ	k_1=13 k_2=14 k_3=1	22.25 mJ

而当 L=3 时，最优簇头数 $k_1=13$ 、$k_2=4$ 、$k_3=1$ ，该网络采集一轮数据的平均总能耗降到约 22.25mJ，比 L=1 时节约能耗 7.79%。

图 9.8 显示了在 L=3 时的网络拓扑中，第 1 层和第 2 层簇头数分别变化时每轮采集 1bit 数据总能耗（其中 $k_3=1$ ）。EEMLC 算法必须在 $k_1>k_2$ 时能耗才有效，因此在 $k_1=k_2$ 时存在较大的能耗跳跃边，T_1 是能耗最低的点，此时 $k_2=4$ ，$k_3=13$ ，与表 9.1 计算结果相同，这体现了在网络通信模型和部署区域等参数确定的情况下，完全可以预定网路分层拓扑及各层的最优簇头数，以最大限度地延长网络的生命周期。

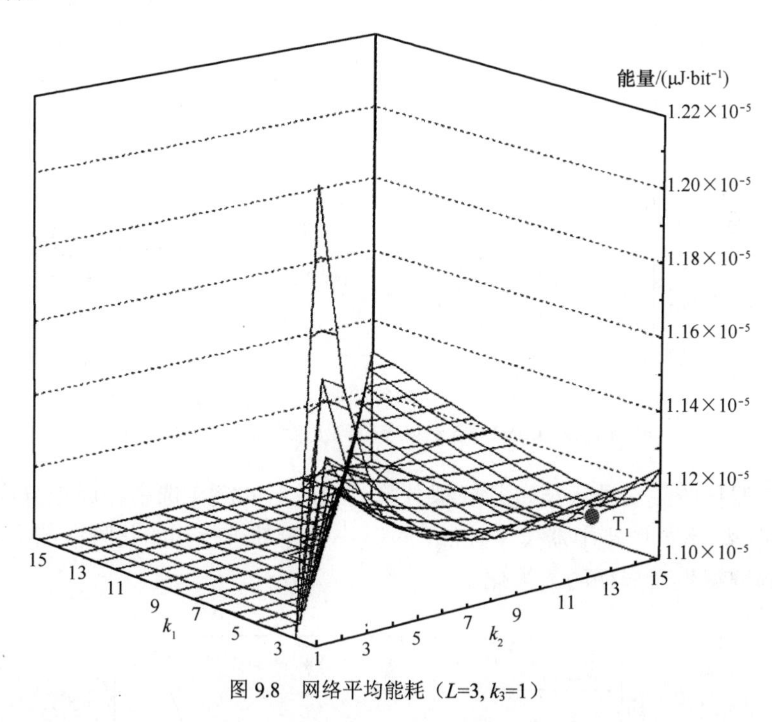

图 9.8　网络平均能耗（L=3, k_3=1）

每轮的能耗均衡是延长网络生命周期的重要保证之一，否则能耗的不均衡会导致某些节点的能耗过快而死亡。在 LEACH 和 EEMLC（ $k_1=1$ 、$k_2=4$ 和 $k_3=13$ ）算法验证实验中，所有节点都能健康通信时，选取最早 20 轮的网络能耗进行比较。图 9.9 所示的曲线表明 LEACH 能耗波动范围比 EEMLC 能耗的波动范围大，这是因为 LEACH 中的分簇是依概率随机产生，簇的大小分布不均，而 EEMLC 按照分区进行簇选举，导致网络每轮能耗分布均衡。同时每轮簇头都是由上一轮簇头根据簇内节点的剩余能量大小来确定，不再从全网中竞争，使得初始阶段的能耗降低。然而，由于首轮需要 BS 对传感器区域进行虚拟分区，控制信息量较大，从而导致首轮能耗明显高于其他轮。

图 9.10 显示了整个网络生命周期中节点的生存数量，图中曲线表明 EEMLC 算法中第一个死亡节点出现时刻明显晚于 LEACH 算法。EEMLC 算法的第一个死亡节点出现在 1 498 轮，而 LEACH 算法的第一个死亡节点出现在 1 346 轮，网络生命周期延长了约 11.3%。这说明了 EEMLC 算法采用层次簇类区域结构，将节点间的通信局限在一定的范围内进行，不仅可以降低初始化阶段的能耗，而且能方便建立树型的路由结构，减小了与 BS 直接通信的节点数，由于 BS 的距离较远，从而减小了与 BS 的通信能量，从而降低整个网络能耗，延长了网络的生命周期。

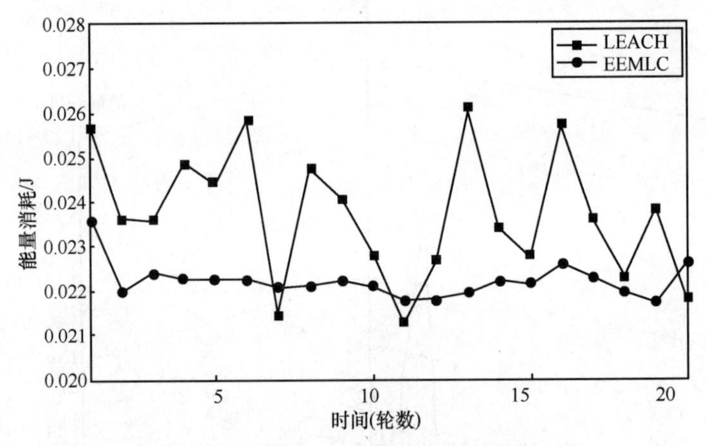

图 9.9 EEMLC 与 LEACH 每轮总能耗均衡性对比

集中器按照簇头数逐层进行虚拟分区，首轮后的簇头选举在虚拟分区范围内分布式进行，不再由集中器集中控制，可减小每轮都进行初始化阶段的通信能耗，从而达到网络生命周期的最大化。

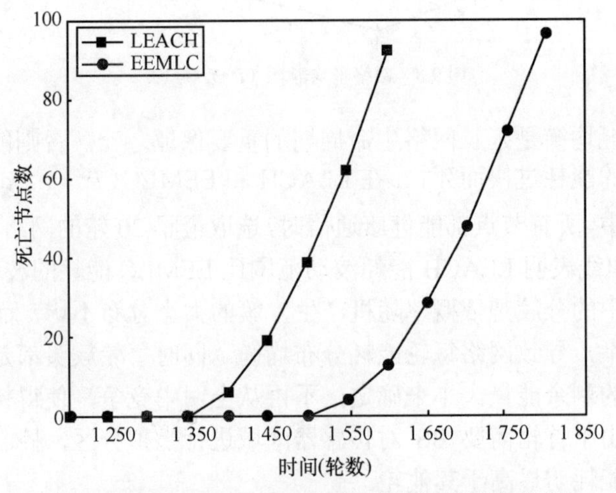

图 9.10 EEMLC 与 LEACH 的死亡节点随时间变化的对比

簇头选举完成后，虽然簇内节点可通过单跳的方式与簇头通信，但是会引起离簇头远的节点能量消耗大于离簇头近的节点，为了均衡每个分区内节点的负载，簇内节点可依一定的概率，采用单/多跳混合的通信模式把数据传输给簇头。然而由于无线抄表网络拓扑相对比较稳定，为了节约簇头选举阶段的能耗，可每间隔一定的轮次再进行簇头选举的工作，从而最大限度地延长网络的生命周期。

9.4　EEMLC 路由算法的实现

与 LEACH 相同的是，EEMLC 算法的路由实现同样包括初始化和稳定数据通信 2 个阶段，初始化阶段包括簇头的选举和路由簇树建立，而稳定数据通信阶段则为节点根据路由簇树将数据传送至集中器的阶段。

与 LEACH 不同的是，EEMLC 算法的集中器在首轮集中控制簇类区域的划分和设置，并指定首轮的簇头，形成路由簇树。从第二轮开始，初始化阶段只是根据本簇区域内节点的状态信息来选举簇头和建立路由簇树，不再需要与集中器进行任何通信。在稳定数据通信阶段，节点根据路由树信息负责将数据传送给集中器。

在抄表系统设计时，为了抄表路由的构建方便，使用采集器（能量可补充）作为簇内区域的簇头，并直接与集中器通信。簇头的个数可根据现场的表计节点部署信息预先计算出来，因此抄表系统除了需首轮的初始化时进行簇头选举，其余的轮次就不再需要进行簇头选举，而只要进行路由簇树的建立工作。

9.4.1　簇区域确定与节点成簇

在 EEMLC 路由算法中，首轮初始化工作时，集中器首先广播一个簇构建报文，所有节点收到簇构建报文就立即将自己的状态信息发送给集中器，该信息包括节点的 ID 信息及当前能量值。集中器根据节点预先约定的位置信息及系统预先指定的最优簇头数 k_i 等档案，将整个抄表小区分成 k_i 个簇类区域，每个节点只隶属于一个簇类区域。在网络整个工作过程中，各个节点的簇类标识一旦被集中器确定，就不再改变，直至节点死亡，也就是说，簇类区域是固定不变的。簇建立与固定的具体过程如下。

（1）节点布置完毕后，则所有节点进为入 idle 状态。

（2）集中器以指定功率 P_{tonet} 向整个网络广播簇类区域构建报文，其特征域包含的内容如表 9.2 所示，收到此报文的节点根据接收信号的强度计算它到集中器的近似距离 d_{toCen}，并确定自己回复数据的发射功率。

（3）节点将自己的状态信息回复给集中器，该信息包括节点的 ID 号、距离信息，当前能量值 E_{cur} 。

（4）集中器根据节点的信息及系统预先给定的档案和指定的最优簇头数，将网络分成 k_1 个簇区域。

（5）集中器在每个区域中选择一个能量最大的节点作为该簇的簇头，并分配一个 Cluster_ID 号。

表 9.2　簇构建报文的特征域

hop_count	source_ID	cluster_ID	sink_ID	packet_type

其特征域中各字段的内容如下。

（1）hop_count 字段：表示集中器到节点经过的跳数，在簇类区域构建时，当节点与集中器直接通信时，该域设置为 1 跳。

（2）source_ID 字段：表示由哪个节点传送过来的，即记录源节点 ID。

（3）cluster_ID 字段：表示簇类区域号。

（4）sink_ID 字段：表示集中器号，为防止计量节点数据被传送到邻近台区，用一个集中器号来表示自己所归属的台区。

（5）packet_type 字段：表示报文类型，簇构建请求报文用“CC_REQ”表示。

9.4.2　抄表网络路由树的建立

簇中节点可采用单/多跳混合的通信方式，其单/多跳的轮数由式（9.34）决定，数据传送的发射功率由跳数决定，例如，从单跳改变成 2 跳时，发射功率将降低到约为单跳时的 1/4。簇内多跳以树状架构为基础，所以在整个路由初始化阶段，必须先建立一个类似树状的拓扑结构，再经由此结构来传送数据。节点加入到树结构后，每个节点便可建立起自己相关的候选父节点（CP, Candidate Parent）和候选信息表（CIT, Candidate Information Table），然后进入数据发送阶段。

簇内树状结构构建时，簇头当作树根，树根广播一个簇构建约束报文，此报文是用来建立和维护树状结构，整个约束报文的特征域如表 9.2 所示，其中不同的是：hop_count 指簇头到节点的跳数，packet_type 为树构建请求，用“TC_REQ”表示，简写为“T”。

构建树状层次结构时，每个节点根据收到的树构建报文特征域信息来建立自己的候选信息表 CIT，CIT 格式如表 9.3 所示。hop_value 表示该节点在树中的跳数，candidate_parent 表示候选父节点 ID，cluster_ID 表示发送到哪个簇头，用“C”表示，sink_ID 表示集中器 ID，用“S”表示。

表 9.3　CIT 格式

hop_value	candidate_parent	cluster_ID	sink_ID

每个簇树构建阶段由建立树的层次、CIT 及数据传输路由信息组成。如图 9.11 所示，簇头 C 将层次构建报文中的 hop_count 值加 1（hop_count 的初始值为 0）并把 TC_REQ 报文广播出去，用来寻找 1 跳的节点。在簇头 C 发送的信号覆盖范围内，收到此广播报文<1,1,C,C,S,T>的邻居节点，将 hop_count 值与自己 CIT 中的 hop_value（初始值为无穷大）进行比较，如果前者大，就忽略此 TC_REQ 报文；如果前者小，则等待 T_{TC_REQ} 时间，以此来判断是否还收到其他的 TC_REQ 报文，等到该时间期满，选择所收到的 TC_REQ 报文中最小的 hop_count 值，将相关信息写入到自己的 CIT 中。

在图 9.11 中，节点 N_1、N_2、N_3、N_4 都收到由簇头 C 广播的 TC_REQ 报文，比较完后，经过 T_{TC_REQ} 时间满，即将 hop_count、source_ID 和 cluster_ID 这些信息写入自己的 CIT 中，例如节点 N_3 的 CIT 为<1,C,C,S>。接着节点 N_1、N_2、N_3、N_4 将 TC_REQ 中的 hop_count 值加 1（此时值为 2）再广播出去，节点 N_8 在 T_{TC_REQ} 内会接收到节点 N_3 和节点 N_4 发送过来的 TC_REQ 报文，由于此时 2 个报文中的 hop_count 值都为 2，那么节点 N_8 将把这些信息写入到自己的 CIT 中，其中，节点 N_1 也可能收到节点 N_4 所广播的 TC_REQ 报文，而此报文的 hop_count（为 2）比节点 N_1 的 CIT 中的 hop_count 值（为 1）还大，因此节点 N_1 将此报文忽略掉。当节点 N_8 建立好自己的 CIT 后，同样，将 TC_REQ 报文中的 hop_count 值加 1 再继续广播出去，树中的最大层次深度由系统参数决定。以此类推，将每个尚未加入此树状结构的节点加入进来，且每个节点都建立好自己的 CIT，利用此 CIT，每个节点可形成其回传的路由信息。图 9.12 所示为节点接收 TC_REQ 报文的流程。

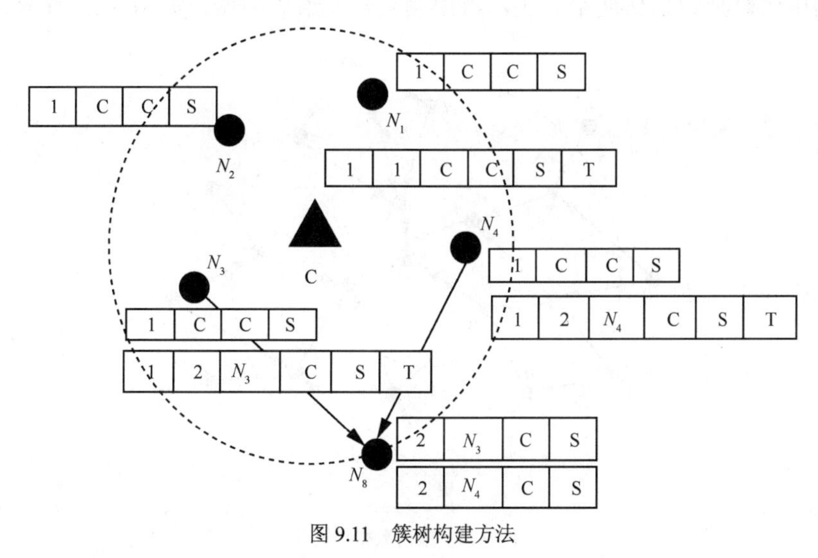

图 9.11　簇树构建方法

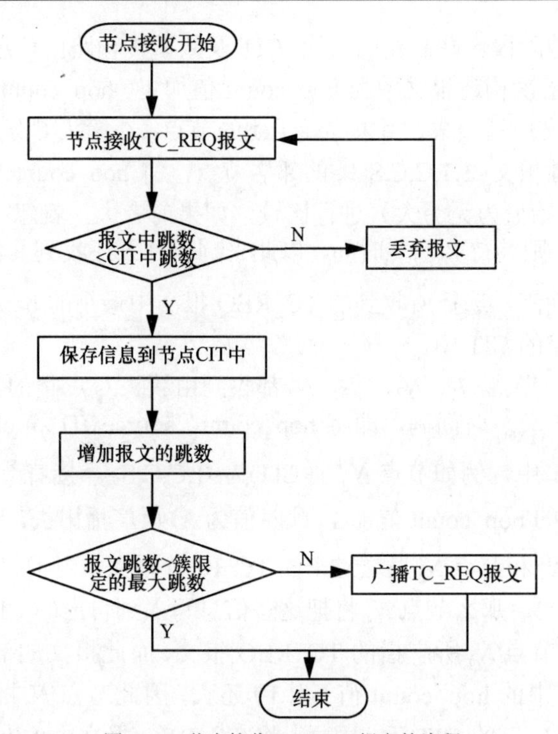

图 9.12　节点接收 TC_REQ 报文的流程

9.4.3　表计数据的传输

在完成路由树构建后，系统就进入数据的传输阶段，每个节点就可通过建立好的路由信息把数据传送给簇头，再由簇头转发给集中器，如图 9.13 所示。

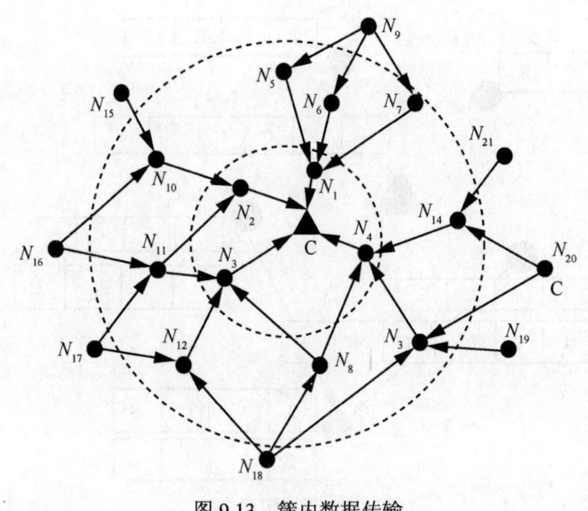

图 9.13　簇内数据传输

数据传输的报文格式如表 9.4 所示，seq_number 域是报文顺序号；source_ID 和 destination_ID 分别表示接收数据的 ID 和数据产生源的 ID；data_len 表示数据报文的长度；pay_load 表示所传送数据报文的内容。当成功接收此报文后，该报文的目的节点将回复一个接收数据确认报文（RD_ACK），用来告知数据源节点，数据报文已成功接收。

表 9.4　　　　数据报文格式

seq_number	source_ID	destination_ID	cluster_ID	sink_ID	data_len	pay_load

RD_ACK 报文的格式如表 9.5 所示，同样 destination_ID 和 source_ID 分别表示目的节点 ID 和源节点 ID；energy 表示源节点目前的能量状态，用布尔值来表示，如果该值为“1”，表示源节点的能量足够，下次可以用此节点作为中继节点来转发数据；如果该值为“0”，表示源节点的能量不足，下次不能用该节点作为中继节点转发数据。

表 9.5　　　　RD_ACK 报文格式

seq_number	source_ID	destination_ID	energy

节点在传输数据时，只将数据发送给上一层父节点，父节点的信息由自己 CIT 中的 candiate_parent 域决定，节点每次传输数据时，都从 candidate_parent 中轮流选择不同的父节点。如图 9.14 所示，每个节点都有自己的候选父节点，这样可形成多条路径，current_path 代表目前把数据发送给哪个父节点，而 candidate_path 则表示 CIT 中还有哪些父节点可作为候选。当传输数据时，节点会等待 T_{RD_ACK} 单位时间，若在该时间内收到 RD_ACK 报文，表示当前父节点已成功接收数据。此时节点还要判断 RD_ACK 的 energy 域的值，如果 energy=1，节点将该父节点顺序移到 CIT 中的后面，以便下轮传输数据时轮替使用，这样可分散且均衡父节点的能量消耗；如果 energy=0，表示父节点的能耗即将消耗殆尽，并且以此为父节点的所有子节点都会侦听到此信息，并立即把此父节点从自己的 CIT 中删除，不再用该父节点转发数据。如果节点在 T_{RD_ACK} 时间内没有收到当前父节点所回复的 RD_ACK 报文，节点会重发一次，如果又经过 T_{RD_ACK} 时间还是无法收到 RD_ACK 报文，则表示该父节点能量可能耗尽或外力因素造成此次通信出现异常，无法正常通信，节点就将该节点从候选父节点中删除，避免造成多余的数据传输，浪费能耗。因提供给节点的能量有限，作为父节点的节点其剩余能量需有一定的限制，例如：可以设定节点的剩余能量为 20%左右时（根据应用的需求灵活设置）就不再转发数据，仅发送节点本身采集到的数据，以延长该节点的生存时间。

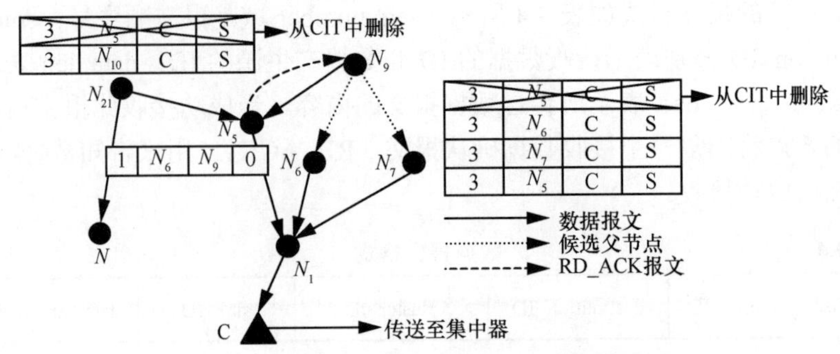

图 9.14 节点接收 RD_ACK 报文后的数据传输方法

下面以图 9.15 为例进一步详细说明数据传输的过程，图 9.15 中，节点 N_9 有节点 N_5、N_6 和 N_7 3 个候选父节点，当节点 N_9 发送数据时，它会先选择父节点 N_5 中继转发，如果在 T_{RD_ACK} 时间内节点 N_9 收到节点 N_5 回复的 RD_ACK 报文，且 energy=1，节点 N_9 就把节点 N_5 移到自己 CIT 最后的位置，下轮节点 N_9 传输数据时会选择以节点 N_6 作为中继转发数据。依上述方法，等 3 个候选父节点都被选择过一次后，再从节点 N_5 开始，选择成转发数据的父节点。如果节点 N_9 在 T_{RD_ACK} 内没有收到 RD_ACK 报文，表示父节点可能已经损坏，则将该候选父节点从 CIT 中删除，以避免下次仍选择此节点为父节点转发数据。

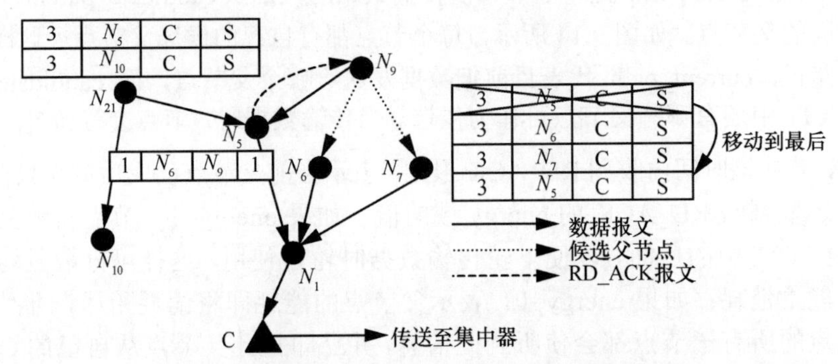

图 9.15 节点未接收到 RD_ACK 报文的数据传输方法

父节点通过 RD_ACK 报文将自己的能量即将耗尽的信息告知其所有子节点，子节点删除其 CIT 中此父节点信息，避免再次选择该父节点转发数据，这样不仅可以延长该父节点的生存时间，而且避免子节点进行多余的数据重发操作，降低子节点的能量消耗。如图 9.16 所示，节点 N_{21} 和节点 N_9 有共同的父节点 N_5，当节点 N_9 把数据发送给父节点 N_5 时，节点 N_5 回复 RD_ACK 给节点 N_9，其中 RD_ACK 报文中的 energy=0，即表示父节点 N_5 能量即将耗尽，因此节点 N_9 会将该父节点信息从 CIT 中删除，并且另一个子节点 N_{21} 会监听此报文，也把父节点 N_5

从自己的 CIT 中删除，以避免再以父节点 N_5 转发数据，这样可节约节点 N_{21} 的能耗，延长其生存时间。

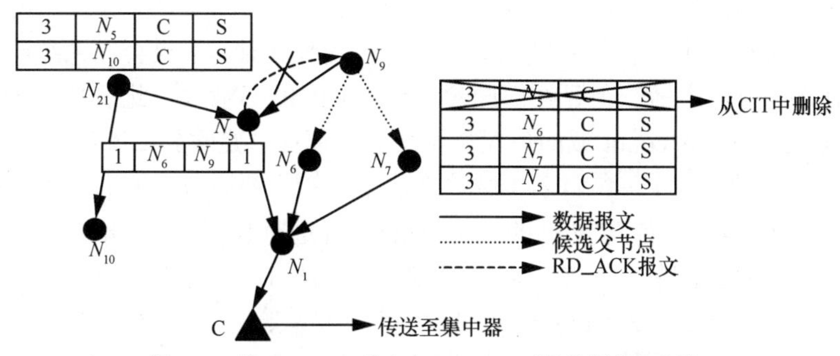

图 9.16　当 RD_ACK 报文中 energy=0 时的数据传输方法

以轮流选择候选父节点方式，不仅可以产生不同数据传输路径，而且每轮节点都选择不同的父节点转发数据，而非使用一条固定路径传输，这样有利于将能量消耗分散，以最大限度地延长整个网络的生存周期。

综上所述，在数据传输阶段，每个节点都会充分利用自己建立的 CIT 来选择每轮传输数据的父节点，并且利用 RD_ACK 报文判断其父节点是否收到数据以及判断其父节点是否已损坏和能量状况。该阶段工作流程如图 9.17 所示。

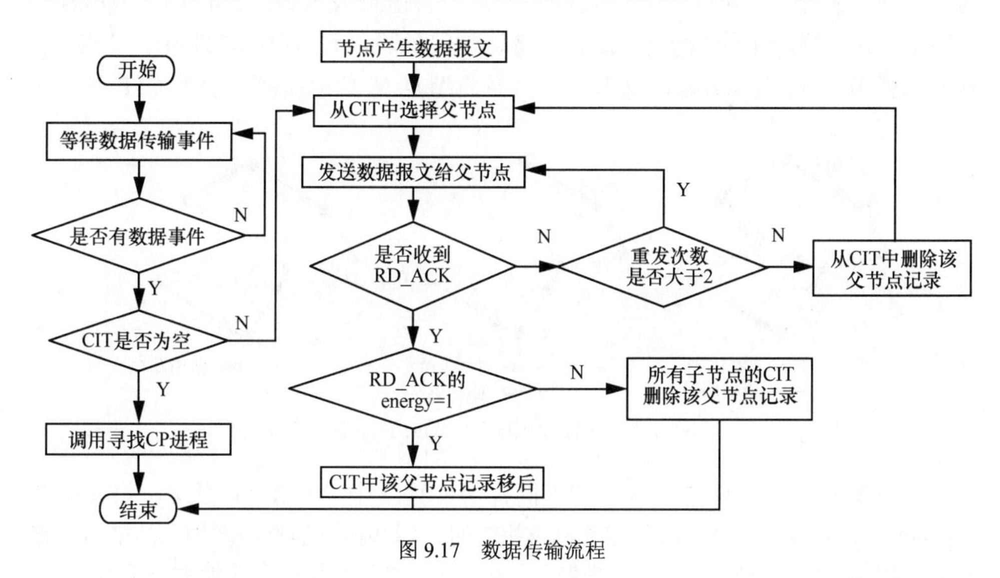

图 9.17　数据传输流程

9.4.4　数据路由的维护

无线抄表网络中，一些节点可能因能量耗尽而死亡或外力因素造成损毁，会造成某些节点的 CIT 中无候选父节点，一些新的节点也可能加入网络。这些都会引起网络拓扑的动态变化。因此，当这些情况发生时，整个网路必须引入对节点的动态处理机制，自主地进行路由的维护。

当节点的 CIT 中没有任何候选父节点能转发数据时，节点会以系统约定的发射功率对邻近节点广播一个寻找候选父节点的 CP_REQ 报文，此报文与 TC_REQ 报文相似，只是 hop_count 域的值保持不变。当邻居节点收到 CP_REQ 报文时，首先判断自己的剩余能量是否大于阈值 E_{threhold}，如果邻居节点的能量足够，就将报文内的 hop_count 值与自己的 hop_value 值进行比较，若 hop_count 小于 hop_value，就直接回复一个 TC_REQ 报文（格式与 RD_ACK 相同）；若不相等，则邻居节点会将发送 CP_REQ 报文的源节点信息从自己的 CIT 中删除，表示此 CP_REQ 报文是由邻居候选父节点发送的。节点广播 CP_REQ 报文后，如果一直没有收到 TC_REQ 报文，表示没有其他节点在其广播的范围内或是其邻居节点也尚未加入到树状结构中，因此将周期性的重新广播 CP_REQ 报文，并逐次加大发射功率，直至收到 TC_REQ 报文，然后加入到网络结构中。如图 9.18 所示，节点 N_{21} 有节点 N_{14} 一个父节点，当这个父节点损坏时，节点 N_{21} 会广播一个 CP_REQ 报文，邻居节点 N_7 和节点 N_{20} 收到报文后，会先衡量自己的电量是否足够，若足够，再判断自己的 hop_value，如果 hop_value<3，则回复 TC_REQ 报文给节点 N_{21}，而节点 N_{21} 收到这个回复的 TC_REQ 报文后，将信息写入到自己的 CIT 中，若多个回复，就选择最小的 hop_value 值，将这些信息写入到自己的 CIT 中，节点 N_{21} 就会选择节点 N_7 当作其新的父节点，并且将节点 N_7 信息写到自己的 CIT 中。

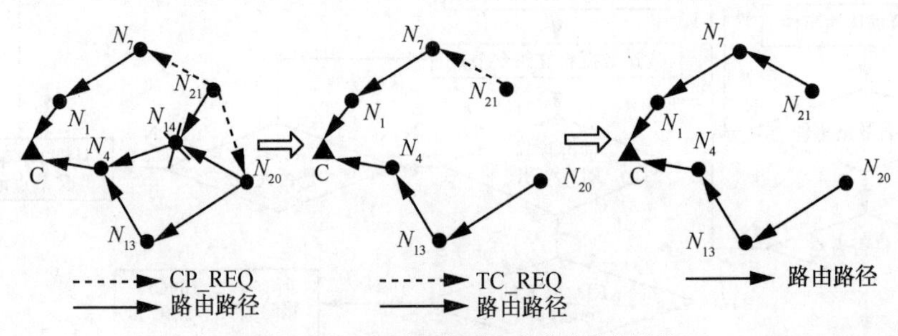

图 9.18　当 CIT 中无候选父节点的维护过程

当新加入一个节点时，新的节点同样会广播一个 CP_REQ 报文，报文中的 hop_count 为无穷大。当邻居节点收到该报文时，即知道该消息由新加入的节点广播出来。如果自己本身能量足够且跳数小于 $h_{\max}$（$h_{\max}$ 为系统约定的最大跳数），会立即回复一个包含自己信息的 TC_REQ 报文，新的节点收到邻居节点所回复的 TC_REQ 报文后，选择最小的 hop_count 的报文，将报文信息写到自己的 CIT 中，并建立路由。由于新加入的节点能量最充足，如果在收到的 TC_REQ 报文中，含有跳数比自己本身的跳数大于 1 的节点，新节点将再单播一个 TC_REQ 报文给该节点，让新节点成为该节点的候选父节点。图 9.19 所示为新节点寻找候选父节点的过程。

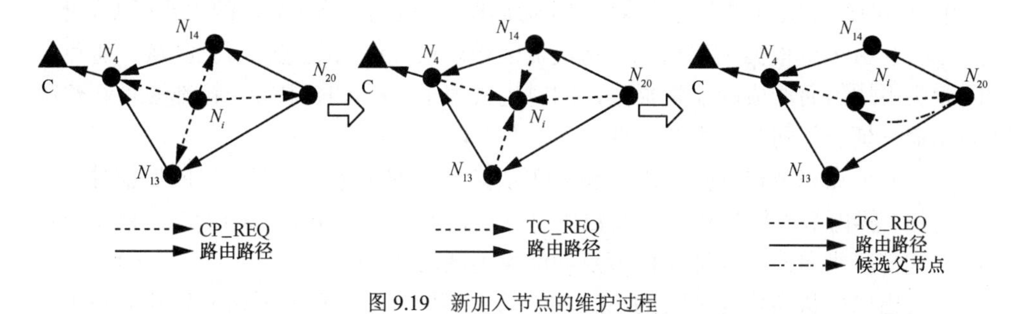

图 9.19　新加入节点的维护过程

无线抄表网络执行一段时间后，有些节点不可避免会损坏，或有些新节点会加入，整个网络必须要有能力自动维护建立新的路由，这样才能确保系统正常工作，图 9.20 是节点收到 CP_REQ 报文后的工作流程。

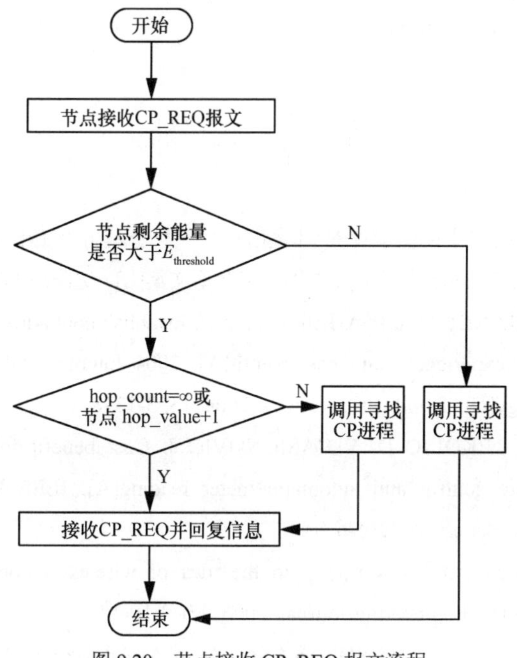

图 9.20　节点接收 CP_REQ 报文流程

9.5　本章小结

本章的研究内容实际上是无线传感器网络网络层的研究内容，主要分析几种典型分簇路由协议，并借鉴它们的优秀思路，结合无线抄表系统的实际复杂工作环境提出一种能量高效的、静态分簇的 EEMLC 路由算法。其簇内采用单/多跳混合、簇间采用多跳的通信方式来延长网络的生命周期。EELMC 路由算法的主要特点如下。

（1）由 BS 根据全局信息，将覆盖区域以最优簇头数划分簇类区域，避免了因簇头不均匀而造成的能耗损失，同时也去掉了 LEACH 中每一轮都要重新建簇的冗余，延长了网络的生命周期。

（2）节点完全根据剩余能量和 CIT 决定自身的状态，具有良好的伸缩性。

（3）簇内节点根据跳数等参数信息确定自己的发射功率，采用单/多跳相结合的方式与簇头通信，保证簇内节点的能量消耗均衡。

提出以树状结构为基础的 EELMC 路由实现方法，首先网络开始建立整个树状结构，每个节点建立自己的 CIT，知道自己的层次值及候选的父节点后，即进入数据传输阶段。节点通过自己的 CIT 将数据回传至集中器，最后通过一个路由维护机制来维护整个网络结构。除此之外，在节点传输的过程中使用单跳的方式传送数据，以便节约簇头近端节点转发数据的能量，将整个网络所消耗的能量分散，进而延长网络的生存周期。

参 考 文 献

[1] 严明亮.浅谈城市住宅小区供水管理“计量出户、一户一表”的实施[A]. 2007 年全国给水排水技术信息技术信息网成立三十五周年暨年会论文集[C]. 沈阳, 2007. 238-239.

[2] GRAABAK I, GRANDE O S, IKAHEIMO J, *et al*. Establishment automatic meter reading and load management,experiences and cost/benefit[A]. 2004 International Conference on Power System Technology[C]. Trondheim, Norway, 2004. 1333-1338.

[3] RAJAKOVIC N, NIKOLIC D, VUJASIONOVIC J. Cost benefit for implementation of a system for remote control and automatic meter reading[A]. IEEE Bucharest Power Tech Conference[C]. Bucharest, 2009. 1-6.

[4] BRASEK C. Urban utilities warm up to the idea of wireless automatic meter reading[J]. Computing & Control Engineering Journal, 2005, 15(6):10-14.

[5] HEINZELMAN W R, CHANDRAKASA A, BALAKRISHNAN H. Energy-efficient communication protocol for wireless microsensor network[A]. The 33th Hawaii International Conference on system sciences[C]. 2000. 174-185.

[6] LINDSEY S, RAGHAVENDRA C S. PEGASIS: power-efficient gathering in sensor informationsystems[A]. IEEE Aerospace Conference Processings[C]. Singapore, 2002. 1125-1130.

[7] MANJESHWAR A, AGRAWAL D E. TEEN: a routing protocol for enhanced efficiency in wireless sensor networks[A]. The 15th Parallel and Distributed Processing Symposium (IPDPS'01) Workships[C]. San Francisco, California, 2001. 2009-2015.

[8] FOSTER I, KESSELMAN C, NICK J M, *et al.* Grid service for distributed systems integration[J]. IEEE Computer, 2002, 35(6):37-46.

[9] HEINZELMAN W R, CHANDRAKASAN A, BALAKRISHNAN H. An application-specific protocol architecture for wireless microsensor network[J]. IEEE Transactions on Wireless Networking, 2002, 1(4):660-670.

[10] HEINZELMAN W R, CHANDRAKASA A, BALAKRISHNAN H. Energy-efficient communication protocol for wireless microsensor network[A]. The 33th Hawaii International Conference on system sciences[C]. 2000. 174-185.

[11] YOUNIS O, FAHMY S. Heed: a hybrid, energy-efficient, distributed clustering approach for Ad-Hoc sensor networks[J]. IEEE Transactions on Mobile Computing, 2004, 3(4):660-669.

[12] 林岂,赵海,尹震宇,罗玎玎.一种基于能量预测的无线传感器网络分蔟算法[J]. 电子学报, 2008, 36(4):824-828.

[13] 胡静,沈连丰,宋铁成,任德盛.新的无线传感器网络分簇算法[J]. 通信学报, 2008, 29(7):20-26.

[14] GUO P, JIANG T, ZHANG K, *et al.* Clustering algorithm in initialization of multi-hop wireless sensor networks[J]. IEEE Transactions on Wireless Communication, 2009, 8(12):5713-5717.

[15] WANG W D, ZHU Q X. A hierarchical clustering algorithm and cooperation analysis for wireless sensor networks[J]. Journal of Software, 2006, 17(5):1157-1167.

[16] SMARAGDAKIS G, MATTA I, BESTAVROS A. SEP: a stable election protocol for clustered heterogeneous wireless sensor networks[A]. Proceedings of SANPA’ 04[C]. Boston, Massachusetts, 2004. 1-11.

[17] LI Q, ZHU Q X, WANG M W. A distributed energy-efficient clustering algorithm for heterogeneous wirless sensor networks[J]. Journal of Softeware, 2006, 17(3):481-489.

[18] YI S, HEO J, CHO Y, HONG J. PEACH: power-efficient and adaptive clustering hierarchy protocol for wireless sensor networks[J]. Computer Communications, 2007, 30(14):2842-2854.

[19] 沈波，张世永，钟亦平. 无线传感器网路分簇路由协议[J]. 软件学报，2006, 17(7):1588-1600.

[20] ABBASI A A, YOUNIS M. A survey on clustering algorithms for wireless sensor networks[J]. Computer Communications, 2007, 30(15):2826-2841.

[21] YING Q, ZHOU J F, CHEN K S, *et al.* Prolonging the lifetime of wireless sensor network via multihop clustering[A]. COMPUTER SCIENCE, LNCS 4003[C]. 2006. 118-129.

[22] CHEN Z Z, YANG C Y. Energy efficiency of cooperative diversity at PHY layer in wireless sensor

networks[A]. The 8th International Conference on Signal Processing[C]. Beijing, China, 2006. 16-20.

[23] PARK J, SAHNI S. Maximum liftetime broadcasting in wireless networks[J]. IEEE Transaction on Computers, 2005, 54(9):1081-1090.

[24] DAGHER J C, MARCELLIN M W. A theory for maximizing the lifetime of sensor networks[J]. IEEE Transaction on Communications, 2007, 55(2):323-332.

[25] JIN Z, PAPAVASSILIOU S. On the energy-efficient organization and the lifetime of multi-hop sensor networks[J]. IEEE Communication Letters, 2003, 7(11):537-539.

[26] LIOYD E L, XUE G L. Relay node placement in wireless sensor networks[J]. IEEE Transactions on Computers, 2007, 56(1):134-138.

[27] 刘述钢, 刘宏立, 詹杰等. 无线传感网络中能量均衡的混合通信算法研究[J]. 通信学报, 2009, 30(1):12-17.